数学理论与应用系列

离散数学（第二版）

胡新启 编著

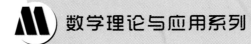

WUHAN UNIVERSITY PRESS
武汉大学出版社

图书在版编目(CIP)数据

离散数学/胡新启编著．—2 版．—武汉：武汉大学出版社，2014.9
(数学理论与应用系列)
ISBN 978-7-307-14444-6

Ⅰ.离…　Ⅱ.胡…　Ⅲ.离散数学　Ⅳ.O158

中国版本图书馆 CIP 数据核字(2014)第 224320 号

责任编辑:顾素萍　　责任校对:汪欣怡　　版式设计:马　佳

出版发行：**武汉大学出版社**　(430072　武昌　珞珈山)
(电子邮件：cbs22@ whu. edu. cn　网址：www. wdp. com. cn)
印刷：湖北民政印刷厂
开本：720 × 1000　1/16　印张:21.5　字数:358 千字　插页:1
版次:2007 年 11 月第 1 版　2014 年 9 月第 2 版
2014 年 9 月第 2 版第 1 次印刷
ISBN 978-7-307-14444-6　定价:39.00 元

前　言

离散数学是高等院校应用数学专业及相关专业重要的专业基础课。一方面，它为相关专业课如数据结构、编译系统、操作系统、数据库、信息管理系统等提供必要的数学基础；另一方面，通过离散数学的学习，可以培养学生的逻辑思维能力与抽象思维能力。

离散数学涉及的内容非常广泛，不同的作者往往有不同的选材内容。本书主要介绍集合论、代数系统、图论、数理逻辑等四部分内容，这和大多数离散数学教材差不多。本书的主要特点有：

(1) 内容组织上层次分明，结构清晰；

(2) 叙述严谨，重点突出，深入浅出，便于自学；

(3) 对部分定理只给出了直观解释，没有给出证明，主要是为了重点突出，避免舍本逐末；

(4) 书中各章配有大量的例题与习题，希望培养与提高学生运用基础理论来分析问题、解决问题的能力。

本书是编者在长期从事离散数学教学工作的基础上，分析比较了国内外同类型教材编写而成的。编者对这些教材的作者们表示衷心感谢！本书作为教材，主要适用于应用数学专业的本科生，同时也适用于计算机科学与工程及其他专业和层次的学生。

离散数学教学大多安排 72 学时，也有 54 学时或 108 学时的，可根据教学学时的多少，选讲其中部分内容。少数内容可供学有余力的同学们自学。

尽管编者竭尽全力，但由于水平有限，书中难免仍有不妥甚至错误之处，恳请广大读者和同行提出宝贵意见。

编　者

2014 年 6 月

目　　录

第 1 章　集　　合

集合是数学中的基本概念，集合论观点目前已渗透到现代数学的各个领域．本章主要介绍集合论的基础知识，包含集合的定义与表示，集合的运算及相关性质，集合的幂集，笛卡儿积，集合的覆盖与划分以及有限集合的计数等．

1.1　集合的基本概念

集合是数学中没有给出精确定义的基本的最原始的数学概念，只能给出它的描述，这正如平面几何里的“点”、“线”、“面”作为最原始的概念不加定义一样．

一般来说，将具有共同性质的一些对象汇集成的一个整体称为一个**集合**．如自然数集、实数集、全部英文字母形成的集合、C 语言的全体基本字符形成的集合等．通常用大写英文字母表示集合，如 A,B,X 等．组成一个集合的不再细分的个体(或对象)，称为**元素**，常用小写英文字母表示，如 a,b,x 等．若 a 是集合 A 中的元素，则称 a **属于**集合 A，记为 $a \in A$；用 $x \notin X$ 表示元素 x 不在集合 X 中．当 $a_1 \in A$，$a_2 \in A$，…，$a_n \in A$ 时，常简写为 $a_1,a_2,\cdots,a_n \in A$．元素与集合之间是属于或者不属于的关系，两者必有且只有一个成立．

“集合”、“元素”和“属于”是关于集合的三个基本概念，它们是未加形式定义的原始概念，仅作了上面的直观描述．集合论中的其他概念，均可由此三个概念出发，给出严格的定义．

常用的表示集合的方法有列举法和描述法两种．

列举法（或**枚举法**）是列出集合中的所有元素（元素较少时），或列出足够多的元素（元素较多或无穷时）以反映集合中元素的特征，其间用逗号相隔，放在花括号内，如 $A=\{1,2,3\}$，$B=\{\{a\},b,春,夏,秋,冬\}$，

$\mathbf{N}=\{0,1,2,3,\cdots\}$, $\mathbf{I}_m=\{0,1,2,\cdots,m-1\}$, $\mathbf{P}_m=\{1,2,\cdots,m\}$. 有限集都可用列举法表示.

描述法是将集合中元素应当满足的条件描述出来, 如:

$$B=\{n^2 \mid n\in\mathbf{N}\},\quad C=\{x \mid x\in\mathbf{R},\ 且\ -1<x<1\}$$

等. 一般来说, 设集合 $A=\{x \mid P(x)\}$, 是指 A 中元素 x 均具有性质 $P(x)$, 而凡具有性质 $P(x)$ 的元素 x 均在集合 A 中.

上述两种表示法中, 列举法适用于元素不太多或元素的规律比较明显、简单的情况, 而描述法则刻画了集合中元素的共同特征.

对于某些有规律的无限集, 例如: 其元素与自然数可建立一一对应的关系的集合, 也可使用列举法表示, 如 $C=\{\cdots,-4,-2,0,2,4,\cdots\}$. 这种表示一定得让人能看出其元素间的规律.

虽然此处给出了集合的两种表示方法, 但这一说明并不是十分准确的, 并且我们也并不十分在意到底用的是何种表示方法, 例如也可通过集合的运算, 如 $X=A\cup(B-C)$, 来表示集合 X, 或其他方式, 如递归定义, 来表示集合等.

集合由它的元素所确定, 集合也简称集. 集合中的元素具有如下性质:

- 确定性. 对一个具体的集合来说, 其元素是确定的. 对集合 A, 任一元素 a 或者属于 A 或者不属于 A, 两者必居其一.
- 无重复性. 集合中的元素彼此不同. 这与后面图论中涉及的多重集合不同, 那里因为特殊的原因允许有重复的元素. 例如: 我们认为 $\{a,a,b\}=\{a,b\}$.
- 无序性. 集合中的元素无顺序. 如: $\{1,2,3\}=\{2,3,1\}$.
- 抽象性. 集合中的元素是抽象的, 甚至可以是集合. 如: $A=\{1,\alpha,\{1\}\}$, 这里 $\{1\}$ 是一个集合, 同时又是 A 中的一个元素.

例 1.1 设 $A=\{a,\{a,b\},\{1,2\}\}$. 可以看出, $a\in A$, 但 $b\notin A$; $1\in\{1,2\}$, 但 $1\notin A$. 集合 A 中仅含有 3 个元素, 即 $a,\{a,b\},\{1,2\}$.

经常用到的几个集合有:

N——自然数集（包含整数 0）;

Z——整数集;

Q——有理数集;

R——实数集;

C——复数集.

空集和全集是两个特殊的集合, 在集合论中的地位很重要. 不含任何元素的集合称为**空集**, 用 $\varnothing$ 或 $\{\ \}$ 表示. 在所讨论的问题中, 所涉及的全体对象构成的集合称为**全集**（也称为论域）, 通常用 U 或 E 表示. 全集随着研讨问题的不同而不同. 不同问题可以取不同的全集, 甚至对同一问题也可以取不同的全集, 例如平面几何问题, 可以把整个平面作为全集, 也可以将整个三维空间作为全集.

集合中元素的个数可以是有限的, 也可以是无限的, 前者所对应的集合称为**有限集**, 后者所对应的集合称为**无限集**. 若 A 是有限集, 用 $|A|$ 表示 A 中元素的数目, 并称之为集合的**基数**, $|A|$ 也可记为 $\text{card}(A)$ 或 $\kappa(A)$. 显然有 $|\varnothing|=0$. 我们将含有 n 个元素的集合简称为 n **元集**.

1.2 子集与集合的相等

包含与相等是集合间的两种基本关系, 也是集合论中的两个基本概念.

定义 1.1 设有 A,B 两集合. 若 B 中的每个元素都是 A 中的元素, 则称 B 是 A 的**子集**, 也称 B **包含于** A, 或 A **包含** B, 记为 $B\subseteq A$ 或 $A\supseteq B$. 若 B 是 A 的子集, 且 A 中至少有一个元素不属于 B, 则称 B 为 A 的**真子集**, 记为 $B\subset A$ 或 $A\supset B$, 也称 B **真包含于** A, 或 A **真包含** B.

例如: 设 $A=\{1,2,3\}$, $B=\{1\}$, 则有 $B\subset A$, $A\supseteq A$, $\mathbf{N}\supset B$.

通常用“$\Leftrightarrow$”表示“当且仅当”或“等价于”, 则根据定义有

$$B\subseteq A \ \Leftrightarrow\ \forall x\in B,\ 有 x\in A;$$

$$B\subset A \ \Leftrightarrow\ \forall x\in B,\ 有 x\in A,\ 且 \exists x_0\in A,\ 使 x_0\notin B.$$

由此可得出: $B\nsubseteq A \ \Leftrightarrow\ \exists x_0\in B,\ x_0\notin A$.

这里“$\forall$”表示对任意的, 对每一个; “$\exists$”表示存在某个. 以后不再说明.

由定义可知: 对任意的集合 A, 有 $\varnothing\subseteq A$, $A\subseteq A$. 特别地, 有 $\varnothing\subseteq\varnothing$. 称集合 A 的子集 $\varnothing$ 和 A 为 A 的**平凡子集**; 任何集合都是全集的子集.

事实上, 假设存在集合 A, 使 $\varnothing\nsubseteq A$, 则 $\exists x\in\varnothing$, $x\notin A$, 这与空集 $\varnothing$ 的定义矛盾.

由定义易得: 空集是唯一的.

注意符号$\in$和$\subseteq$意义的区别. $\in$表示元素与集合之间的从属关系, 而$\subseteq$表示集合与集合之间的包含关系. 由于集合的抽象性, 集合中的元素可以是集合, 故可以发生如$A\in B$且$A\subseteq B$的情形. $A\in B$表示集合A是集合B中的一个元素; $A\subseteq B$表示集合A中的每个元素都是集合B中的元素.

定义 1.2 若两集合A与B包含的元素相同, 则称A与B**相等**, 记为$A=B$. 也可解释为: 若A是B的子集且B是A的子集, 则称A与B**相等**, 即

$$A=B\Leftrightarrow A\subseteq B \text{ 且 } B\subseteq A.$$

例如: $A=\{1,2\}$, $B=\{x\mid x^2-3x+2=0\}$, 则显然有$A=B$.

说明 要证明两个集合相等, 只需证明两集合互为子集或互相包含即可. 这是证明集合相等的基本思路和依据. 从这个定义可以推证, 两集合相等当且仅当它们有完全相同的元素. 下一章“关系”中, 很多地方涉及证明两关系相等, 由于关系实际上是一种特殊的集合, 因此也可用集合相等的证明方法来证明.

若A与B不相等, 则$B\not\subseteq A$和$A\not\subseteq B$至少有一个发生.

注意 $\{a\}\neq\{\{a\}\}$, 因为$\{a\}$与$\{\{a\}\}$中元素不相同, 一个是a, 另一个是$\{a\}$. 又如$\varnothing\neq\{\varnothing\}$, 但$\varnothing\in\{\varnothing\}$.

例 1.2 列出下列集合的子集:

(1) $A=\{a,\{b\},c\}$;

(2) $B=\{\varnothing\}$;

(3) $C=\varnothing$.

解 (1) 因为$\varnothing$是任何集合的子集, 所以$\varnothing$是集合A的子集; 由A的任何一个元素构成的集合, 都是A的子集, 所以$\{a\}$, $\{\{b\}\}$, $\{c\}$是A的子集; 由A的任何两个元素构成的集合, 都是A的子集, 所以$\{a,\{b\}\}$, $\{a,c\}$, $\{\{b\},c\}$是A的子集; 由A的任何 3 个元素构成的集合, 都是A的子集, 所以$\{a,\{b\},c\}=A$是A的子集. 于是集合A的所有子集为（共 8 个）

$$\varnothing,\ \{a\},\ \{\{b\}\},\ \{c\},\ \{a,\{b\}\},\ \{a,c\},\ \{\{b\},c\},\ \{a,\{b\},c\}.$$

(2) 理由同(1), B的子集有$\varnothing$, $\{\varnothing\}$.

(3) $\varnothing$是C的子集. 因为C中没有元素, 所以C没有其他子集, 故C的子集只有$\varnothing$.

例 1.3 设集合 $A=\{2,a,\{3\},4\}$，$B=\{\{a\},b,1\}$，判定下列命题是否正确，并说明理由.

(1) $\{a\}\in A$； (2) $\{a\}\in B$；

(3) $\{\{a\},b,1\}\subset B$； (4) $\{3\}\subseteq A$；

(5) $\{\varnothing\}\subseteq B$； (6) $\varnothing\subseteq\{\{3\},4\}$.

解 (1) 错误. A 中无元素 $\{a\}$.

(2) 正确. 虽然 $\{a\}$ 是一个集合，但它又是 B 中的一个元素，应该用从属关系.

(3) 错误. 集合 $\{\{a\},b,1\}$ 与 B 是相同集合，但 $\{\{a\},b,1\}$ 不是 B 的真子集.

(4) 错误. A 中无元素 3，虽然 $\{3\}$ 是一个集合，但它只是 A 中的一个元素，不能用包含关系.

(5) 错误. 因为集合 B 中没有元素 $\varnothing$，所以 $\{\varnothing\}$ 不是 B 的子集.

(6) 正确. 因为 $\varnothing$ 是任意一个集合的子集.

说明 集合与集合之间是一种包含关系，用"$\subseteq$"或"$\supseteq$"表示，而元素与集合之间是一种从属关系，用"$\in$"表示，因此，将集合的元素看做子集，用包含关系表示，或者将集合的子集看做元素，用从属关系表示都是错误的.

1.3 集合的运算及其性质

给定集合 A 和 B，可以通过集合的并 $\cup$、交 $\cap$、相对补 $-$、绝对补 $^{-}$、对称差 $\oplus$ 等运算产生新的集合，这也是表示集合的一种方法.

定义1.3 任意两集合 A 与 B 的**并**是一个集合，它由所有至少属于 A 或 B 之一的元素所构成，记为 $A\cup B$.

任意两集合 A 与 B 的**交**是一个集合，它由所有属于 A 且属于 B 的元素所构成，记为 $A\cap B$.

任意两集合 A 与 B 的**差**是一个集合，它由所有属于 A 但不属于 B 的元素所构成，记为 $A-B$（或 $A\setminus B$），也称为 B **相对** A **的补集**.

任意两集合 A 与 B 的**对称差**（也称为**环和**）是一个集合，它由所有属于 A 不属于 B 和属于 B 不属于 A 的元素所构成，记为 $A\oplus B$（有教材记为 $A\Delta B$）.

集合 A 的**补集**是一个集合，它由所有不属于 A 的元素所构成，记为 $\overline{A}$（或 $\sim A, A^c, A'$ 等），也称为 A 的**绝对补集**.

对任意两集合 A 与 B，若 $A\cap B=\varnothing$，即 A 与 B 没有公共的元素，则称 A 与 B 是**不相交**的.

由以上定义，有

$$A\cup B=\{x\,|\,x\in A \text{ 或 } x\in B\},\quad A\cap B=\{x\,|\,x\in A \text{ 且 } x\in B\},$$
$$A-B=\{x\,|\,x\in A \text{ 且 } x\notin B\},\quad A\oplus B=(A-B)\cup(B-A),$$
$$\overline{A}=\{x\,|\,x\in U \text{ 且 } x\notin A\}.$$

例 1.4 设全集 $U=\{1,2,3,4,a,b,c,d\}$，$A=\{1,2,a,b,c\}$，$B=\{2,3,b,d\}$，则

$$A\cup B=\{1,2,3,a,b,c,d\},\quad A\cap B=\{2,b\},$$
$$A-B=\{1,a,c\},\quad B-A=\{3,d\},$$
$$A\oplus B=\{1,3,a,c,d\},\quad \overline{A}=\{3,4,d\}.$$

上面集合的并和交的定义可以推广到 n 个集合的并和交:

$$\bigcup_{i=1}^{n} A_i=A_1\cup A_2\cup\cdots\cup A_n,$$
$$\bigcap_{i=1}^{n} A_i=A_1\cap A_2\cap\cdots\cap A_n.$$

上面定义中若 $n=1$，约定 $\bigcup\limits_{i=1}^{n} A_i=A_1$，$\bigcap\limits_{i=1}^{n} A_i=A_1$.

并和交的运算还可推广到无穷集合的情形. 设 J 为一非空指标集，则有

$$\bigcup_{j\in J} A_j=\{x\,|\,\exists j_0\in J,\ x\in A_{j_0}\},$$
$$\bigcap_{j\in J} A_j=\{x\,|\,\forall j\in J,\ x\in A_j\}.$$

集合之间的相互关系和运算可以用文氏图（Venn 图）形象描述. 它的优点是形象直观、易于理解，缺点是理论基础不够严谨，因此只能用于说明，不能用于证明.

在文氏图中，用矩形代表全集 U，矩形内部的点表示全集中的全体元素，用（椭）圆或其他闭曲线代表 U 的子集，其内部的点表示不同集合的元素，并将运算结果得到的集合用阴影部分表示. 图 1-1 中各图分别表示 5 种基本运算，阴影（斜线）部分表示经过相应运算得到的集合.

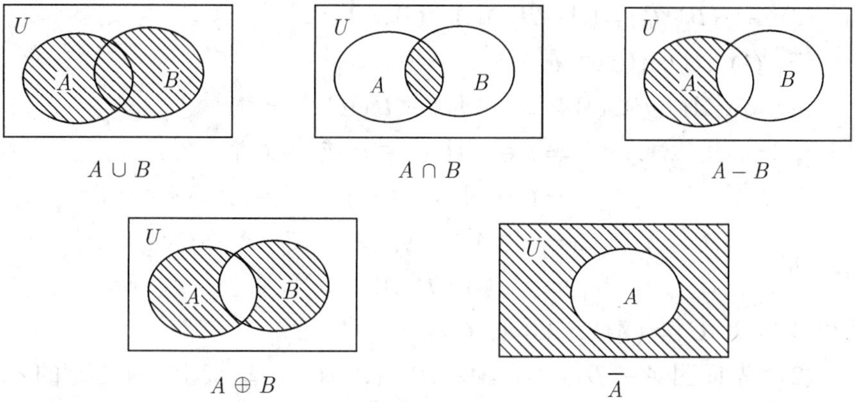

图 1-1

集合的运算具有下面一些基本性质:

定理 1.1 对于全集 U 的任意子集 A,B,C，有表 1-1.

表 1-1

等幂律	$A \cup A = A$	$A \cap A = A$
结合律	$(A \cap B) \cap C = A \cap (B \cap C)$	$(A \cup B) \cup C = A \cup (B \cup C)$
交换律	$A \cap B = B \cap A$	$A \cup B = B \cup A$
分配律	$A \cap (B \cup C) = (A \cap B) \cup (A \cap C)$	$A \cup (B \cap C) = (A \cup B) \cap (A \cup C)$
同一律	$A \cup \varnothing = A$	$A \cap U = A$
零律	$A \cup U = U$	$A \cap \varnothing = \varnothing$
双补律	$A \cup \overline{A} = U$	$A \cap \overline{A} = \varnothing$
德·摩根律 (De Morgan)	$\overline{A \cup B} = \overline{A} \cap \overline{B}$ $A - (B \cup C) = (A - B) \cap (A - C)$	$\overline{A \cap B} = \overline{A} \cup \overline{B}$ $A - (B \cap C) = (A - B) \cup (A - C)$
吸收律	$A \cap (A \cup B) = A$	$A \cup (A \cap B) = A$
对合律	$\overline{\overline{A}} = A$	

关于上面结论，我们选分配律的第一个式子和德·摩根律的第三个式子来证明，其他请读者自证.

例 1.5 证明:

(1) $A \cap (B \cup C) = (A \cap B) \cup (A \cap C)$;

(2) $A-(B\cup C)=(A-B)\cap(A-C)$.

证 (1) 对于任意的x, 有

$$\begin{aligned}x\in A\cap(B\cup C)&\Leftrightarrow x\in A\text{且}x\in B\cup C\\&\Leftrightarrow x\in A\text{且}(x\in B\text{或}x\in C)\\&\Leftrightarrow(x\in A\text{且}x\in B)\text{或}(x\in A\text{且}x\in C)\\&\Leftrightarrow x\in A\cap B\text{或}x\in A\cap C\\&\Leftrightarrow x\in(A\cap B)\cup(A\cap C),\end{aligned}$$

所以$A\cap(B\cup C)=(A\cap B)\cup(A\cap C)$.

(2) 先证明$A-(B\cup C)\subseteq(A-B)\cap(A-C)$. 事实上, 对任意的$x$, 若$x\in A-(B\cup C)$, 则$x\in A$但$x\notin B\cup C$, 故$x\in A$但$x\notin B$, 并且$x\in A$但$x\notin C$, 所以$x\in A-B$并且$x\in A-C$, 于是有$x\in(A-B)\cap(A-C)$. 因此,

$$A-(B\cup C)\subseteq(A-B)\cap(A-C).$$

再证明$(A-B)\cap(A-C)\subseteq A-(B\cup C)$. 事实上, 对任意的$x$, 若$x\in(A-B)\cap(A-C)$, 则$x\in A-B$并且$x\in A-C$, 故$x\in A$但$x\notin B$, 并且$x\in A$但$x\notin C$, 所以$x\in A$但$x\notin B\cup C$, 于是有$x\in A-(B\cup C)$. 因此,

$$(A-B)\cap(A-C)\subseteq A-(B\cup C).$$

综上所述, $A-(B\cup C)=(A-B)\cap(A-C)$成立.

例 1.6 设$A\cup C=B\cup C$, 且$A\cap C=B\cap C$, 试证$A=B$.

证 根据$A\cup C=B\cup C$并且$A\cap C=B\cap C$, 再由定理 1.1 中的集合恒等式, 有

$$\begin{aligned}A&=A\cup(A\cap C) &&\text{(吸收律)}\\&=A\cup(B\cap C) &&(A\cap C=B\cap C)\\&=(A\cup B)\cap(A\cup C) &&\text{(分配律)}\\&=(A\cup B)\cap(B\cup C) &&(A\cup C=B\cup C)\\&=(B\cup A)\cap(B\cup C) &&\text{(交换律)}\\&=B\cup(A\cap C) &&\text{(分配律)}\\&=B\cup(B\cap C) &&(A\cap C=B\cap C)\\&=B. &&\text{(吸收律)}\end{aligned}$$

例 1.7 化简$((A\cup(B-C))\cap A)\cup(B-(B-A))$.

解 $((A\cup(B-C))\cap A)\cup(B-(B-A))$

$$\begin{aligned}&=A\cup(B-(B-A))=A\cup(A\cap B)\\&=A.\end{aligned}$$

说明 观察∪或∩符号两边的集合之间是否存在包含关系，如果存在，则可利用公式简化计算．因 $A\subseteq A\cup(B-C)$，所以 $(A\cup(B-C))\cap A=A$（或直接由吸收律得到）．因 $B=(A\cap B)\cup(B-A)$，且 $A\cap B$ 与 $B-A$ 不相交，所以 $B-(B-A)=A\cap B$．因 $A\cap B\subseteq A$，所以 $A\cup(A\cap B)=A$．

或者直接运算：

$$B-(B-A)=B\cap\overline{B\cap\bar{A}}=B\cap(\bar{B}\cup A)=B\cap A.$$

关于集合的差与对称差，还有下面一些性质：

定理 1.2 设 A,B,C 为任意集合，则有

(1) $A-B=A\cap\bar{B}$，通常用此式将差运算转化为其他的集合运算；

(2) $A-B=A-(A\cap B)$；

(3) $A\cup(B-A)=A\cup B$；

(4) $A\cap(B-C)=(A\cap B)-C$；

(5) $(B-A)\cap A=\varnothing$；

(6) $A\cap(B-C)=(A\cap B)-(A\cap C)$；

(7) $A\oplus B=B\oplus A$；

(8) $A\oplus\varnothing=A$，$A\oplus A=\varnothing$，$A\oplus U=\bar{A}$，$A\oplus\bar{A}=U$；

(9) $(A\oplus B)\oplus C=A\oplus(B\oplus C)$；

(10) $A\cap(B\oplus C)=(A\cap B)\oplus(A\cap C)$；

(11) $\bar{A}\oplus\bar{B}=A\oplus B$；

(12) $\overline{A\oplus B}=\bar{A}\oplus B=A\oplus\bar{B}$．

下面给出(9), (10)的证明，其他请读者自证．

证 (9)

$$\begin{aligned}A\oplus(B\oplus C)&=(A\cap(\overline{B\oplus C}))\cup((B\oplus C)\cap\bar{A})\\&=(A\cap\overline{(B\cap\bar{C})\cup(C\cap\bar{B})})\cup(((B\cap\bar{C})\cup(C\cap\bar{B}))\cap\bar{A})\\&=(A\cap((\bar{B}\cup C)\cap(\bar{C}\cup B)))\cup(B\cap\bar{C}\cap\bar{A})\cup(C\cap\bar{B}\cap\bar{A})\\&=(A\cap((\bar{B}\cap\bar{C})\cup(B\cap C)))\cup(B\cap\bar{C}\cap\bar{A})\cup(C\cap\bar{B}\cap\bar{A})\\&=(A\cap\bar{B}\cap\bar{C})\cup(A\cap B\cap C)\cup(B\cap\bar{C}\cap\bar{A})\cup(C\cap\bar{B}\cap\bar{A}).\end{aligned}$$

这是一个关于 A,B,C 对称的式子，同样可以证明：

$$(A\oplus B)\oplus C=(A\cap\bar{B}\cap\bar{C})\cup(A\cap B\cap C)\cup(B\cap\bar{C}\cap\bar{A})\cup(C\cap\bar{B}\cap\bar{A}).$$

故结论得证．

(10) 本式可用集合相等的定义证明（请读者自己完成），下面利用集

合的运算性质证明.

$$\begin{aligned}(A\cap B)\oplus(A\cap C)&=\left(A\cap B\cap\overline{A\cap C}\right)\cup\left(A\cap C\cap\overline{A\cap B}\right)\\&=\left(A\cap B\cap(\bar{A}\cup\bar{C})\right)\cup\left(A\cap C\cap(\bar{A}\cup\bar{B})\right)\\&=\left(A\cap B\cap\bar{A}\right)\cup\left(A\cap B\cap\bar{C}\right)\cup\left(A\cap C\cap\bar{A}\right)\cup\left(A\cap C\cap\bar{B}\right)\\&=\left(A\cap B\cap\bar{C}\right)\cup\left(A\cap C\cap\bar{B}\right)\\&=A\cap\left((B\cap\bar{C})\cup(C\cap\bar{B})\right)\\&=A\cap(B\oplus C),\end{aligned}$$

故结论得证. ▮

说明 $A\cup(B\oplus C)=(A\cup B)\oplus(A\cup C)$ 不一定成立, 如: $A=\{a,b,c\}$, $B=\{a\}$, $C=\{b\}$, 则等式右边为空集, 但左边非空.

说明一个集合为另一集合的子集是我们经常遇到的问题. 借助于已知的结论, 可以证明下面结论等价, 这些结论也可以直接使用:

① $A\subseteq B$;　② $A\cup B=B$;　③ $A\cap B=A$;
④ $\bar{B}\subseteq\bar{A}$;　⑤ $A-B=\varnothing$;　⑥ $A\cap\bar{B}=\varnothing$;
⑦ $\bar{A}\cup B=U$.

例 1.8 试证明: 如果 $A\oplus B=A\oplus C$, 则 $B=C$.

此题可用定义证明, 但比较烦琐, 也可借助于对称差的性质来证明.

证 方法 1 用集合相等的定义证明. 对任意的 $x\in B$,

a. 若 $x\in A$, 则 $x\in A\cap B$, 从而 $x\notin A\oplus B=A\oplus C$; 由 $x\in A$ 和 $x\notin A\oplus C$, 可得 $x\in A\cap C$, 从而 $x\in C$;

b. 若 $x\notin A$, 则 $x\in B-A$, 从而 $x\in A\oplus B=A\oplus C$; 由 $x\notin A$ 和 $x\in A\oplus C$, 可得 $x\in C$.

故 $B\subseteq C$. 同理可证 $C\subseteq B$. 因此 $B=C$.

方法 2 利用对称差的性质. 由于对称差满足结合律, 由 $A\oplus B=A\oplus C$, 有 $A\oplus(A\oplus B)=A\oplus(A\oplus C)$, 即

$$(A\oplus A)\oplus B=(A\oplus A)\oplus C,$$

由性质(8), 得 $\varnothing\oplus C=\varnothing\oplus B$, 故 $B=C$.

说明 证明集合恒等式一般有两种方法: 其一是应用集合运算的基本定律进行等值演算. 其二是由集合的构造, 证明左右两边互相包含.

例 1.9 说明在下列条件下集合 A 和 B 是什么关系，或者 A 与 B 是什么集合:

(1) $A\cap B=A$;　　(2) $A-B=B-A$;

(3) $(A-B)\cup(B-A)=A$;　　(4) $A-B=B$.

解 (1) 显然 $A\subseteq B$，即 A 是 B 的子集.

(2) 因为 $A-B\subseteq A$，$B-A\subseteq B$，且由条件有 $A-B=B-A$，故

$$A-B=B-A\subseteq A\cap B.$$

结合差集的定义，有 $A-B=B-A=A\cap B=\varnothing$，即 $A=B$.

(3) B 为空集. 因若 $\exists x\in B$，则 x 有两种情况：若 $x\in A$，则 $x\notin B-A$，从而 $x\notin(A-B)\cup(B-A)=A$，发生矛盾；若 $x\notin A$，则 $x\in B-A$，从而 $x\in(A-B)\cup(B-A)=A$，也发生矛盾. 故可得结论：$B=\varnothing$.

(4) A,B 均为空集. 因为若存在 $x\in B$，则有 $x\in B=A-B=A\cap\overline{B}$，故 $x\in\overline{B}$，即 $x\notin B$，得出矛盾，所以 B 中不含任何元素. 此时有 $A-B=A-\varnothing=A=\varnothing$，从而有 $A=B=\varnothing$.

1.4 幂集

定义 1.4 设 A 是一集合，A 的所有子集构成的集合称为 A 的**幂集**，记为 $P(A)$（或 $\mathscr{P}(A),2^A$），即 $P(A)=\{B\mid B\subseteq A\}$.

根据幂集的定义，因为 $\varnothing\subseteq A$，$A\subseteq A$，显然有 $\varnothing\in P(A)$，$A\in P(A)$.

定理 1.3 若 A 是有限集，则有 $|P(A)|=2^{|A|}$.

证 设 $|A|=n$，则 A 的子集只能含有 0 个、1 个…… n 个元素. A 的含有 i $(0\le i\le n)$ 个元素的子集个数为 C_n^i，即从 n 个不同的元素中取 i 个元素的不同组合数，所以 A 的所有子集数为

$$C_n^0+C_n^1+\cdots+C_n^n=(1+1)^n=2^n,$$

从而 $|P(A)|=2^{|A|}$. ▌

为便于在计算机中表示有限集，可对集合中的元素编定一种次序，从而在集合与二进制数间建立对应关系：设全集 $U=\{a_1,a_2,\cdots,a_n\}$，则

- 对于任意 $S\subseteq U$，使 S 与一个 n 位二进制数 $b_1b_2\cdots b_n$ 对应，其中 $b_i=1$ 当且仅当 $a_i\in S$;

- 对于一个 n 位二进制数 $b_1b_2\cdots b_n$，使之对应一个集合 $S=\{a_i \mid b_i=1\}$.

这样, 含 n 个元素的集合的子集个数与 n 位二进制数的个数相同, 这也说明了定理的正确性.

由于给定集合的不同, 可能表现出来的幂集形式上有一定差别. 如 $A=\{a\}$ 和 $B=\{\{a\}\}$, 它们的幂集是不同的, $P(A)=\{\varnothing,\{a\}\}$, 而 $P(B)=\{\varnothing,\{\{a\}\}\}$.

例 1.10 容易得到:

(1) $P(\{a,b,c\})=\{\varnothing,\{a\},\{b\},\{c\},\{a,b\},\{a,c\},\{b,c\},\{a,b,c\}\}$;

(2) $P(\varnothing)=\{\varnothing\}$;

(3) $P(\{\varnothing\})=\{\varnothing,\{\varnothing\}\}$;

(4) $P(\{a,\varnothing\})=\{\varnothing,\{a\},\{\varnothing\},\{a,\varnothing\}\}$.

(5) 设 $A=\{\varnothing,a,\{a\}\}$, 则

$$P(A)=\{\varnothing,\{\varnothing\},\{a\},\{\{a\}\},\{\varnothing,a\},\{\varnothing,\{a\}\},\{a,\{a\}\},A\}.$$

对于幂集, 还有下面的结论:

定理 1.4 对任意集合 A,B, 有

(1) 若 $A\subseteq B$, 则 $P(A)\subseteq P(B)$; 反之, 若 $P(A)\subseteq P(B)$, 则 $A\subseteq B$;

(2) 若 $A=B$, 则 $P(A)=P(B)$; 反之, 若 $P(A)=P(B)$, 则 $A=B$;

(3) $P(A)\cup P(B)\subseteq P(A\cup B)$;

(4) $P(A)\cap P(B)=P(A\cap B)$.

证 下面给出部分证明, 其他的请读者自证.

(3) $\forall X\in P(A)\cup P(B)$, 有 $X\in P(A)$ 或 $X\in P(B)$, 即有 $X\subseteq A$ 或 $X\subseteq B$, 从而 $X\subseteq A\cup B$, $X\in P(A\cup B)$. 得证 $P(A)\cup P(B)\subseteq P(A\cup B)$.

或: 由结论 (1), 因 $A\subseteq A\cup B$, 则有 $P(A)\subseteq P(A\cup B)$, 同理有 $P(B)\subseteq P(A\cup B)$, 故 $P(A)\cup P(B)\subseteq P(A\cup B)$.

(4) $\forall X\in P(A)\cap P(B)$, 有 $X\in P(A)$ 且 $X\in P(B)$, 即有 $X\subseteq A$ 且 $X\subseteq B$, 从而 $X\subseteq A\cap B$, $X\in P(A\cap B)$. 由于上述过程可逆, 故

$$P(A)\cap P(B)=P(A\cap B).$$ ∎

说明 可举例说明 $P(A)\cup P(B)\neq P(A\cup B)$. 也可从集合中元素数目的角度说明两者不等.

(3)式等号成立的条件为 $A\subseteq B$ 或 $B\subseteq A$．事实上，若存在有 $x\in A$, $x\notin B$, 且存在有 $y\in B$, $y\notin A$, 则 $\{x,y\}\in P(A\cup B)$, 但 $\{x,y\}\notin P(A)\cup P(B)$.

1.5 序偶与笛卡儿积

称 $\langle a,b\rangle$ 为由元素 a 和 b 组成的**有序对**（或**序偶**），其中 a 为第一元素，b 为第二元素，a,b 可以相同．有教材也将此有序对表示为 (a,b)．

有序对具有如下的性质:

$$\langle x,y\rangle=\langle u,v\rangle \Leftrightarrow x=u,\ y=v.$$

上式说明有序对就是有顺序的二元数组，如 $\langle x,y\rangle$，x,y 的位置是确定的, 不能随意放置.

定义 1.5 设 A,B 为两集合, 取 A 中元素为第一元素，B 中元素为第二元素，构成有序对, 所有这样的有序对组成的集合称为 A 与 B 的**笛卡儿积**（也称为**直积**或**叉积**），记为 $A\times B$，即

$$A\times B=\{\langle a,b\rangle\,|\,a\in A,\ b\in B\}.$$

由定义1.5 可知, 若 A 或 B 中有一个空集, 则 $A\times B=\varnothing$，且一般来说,

$$A\times B\neq B\times A.$$

例 1.11 设集合 $A=\{a,b,c\}$，$B=\{1,2\}$，则

$$A\times B=\{a,b,c\}\times\{1,2\}=\{\langle a,1\rangle,\langle a,2\rangle,\langle b,1\rangle,\langle b,2\rangle,\langle c,1\rangle,\langle c,2\rangle\},$$
$$B\times A=\{1,2\}\times\{a,b,c\}=\{\langle 1,a\rangle,\langle 1,b\rangle,\langle 1,c\rangle,\langle 2,a\rangle,\langle 2,b\rangle,\langle 2,c\rangle\}.$$

所以 $A\times B\neq B\times A$．

推广上面的概念, 可以用 n 元数组定义 n 阶笛卡儿积:

若 $n>1$ 为自然数, 而 $A_1,A_2,\cdots,A_n$ 是 n 个集合, 它们的 n **阶笛卡儿积**记为 $A_1\times A_2\times\cdots\times A_n$，并定义为

$$A_1\times A_2\times\cdots\times A_n=\left\{\langle x_1,x_2,\cdots,x_n\rangle\,\middle|\,x_i\in A_i,\ i=1,2,\cdots,n\right\}.$$

例 1.12 设集合 $A=\{a,b\}$，$B=\{1,2,3\}$，$C=\{\theta\}$，求 $A\times B\times C$, A^2.

解 $A\times B\times C=\{\langle a,1,\theta\rangle,\langle a,2,\theta\rangle,\langle a,3,\theta\rangle,\langle b,1,\theta\rangle,\langle b,2,\theta\rangle,\langle b,3,\theta\rangle\}$,

$$A^2=\{\langle a,a\rangle,\langle a,b\rangle,\langle b,a\rangle,\langle b,b\rangle\}.$$

关于笛卡儿积, 有下面几条性质:

定理 1.5 对任意集合 A,B,C, 有

(1) $A\times(B\cup C)=(A\times B)\cup(A\times C)$;

(2) $A\times(B\cap C)=(A\times B)\cap(A\times C)$;

(3) $(B\cup C)\times A=(B\times A)\cup(C\times A)$;

(4) $(B\cap C)\times A=(B\times A)\cap(C\times A)$;

(5) $A\times(B-C)=(A\times B)-(A\times C)$;

(6) $(B-C)\times A=(B\times A)-(C\times A)$;

(7) 若 $C\neq\varnothing$, 则 $A\subseteq B\Leftrightarrow A\times C\subseteq B\times C\Leftrightarrow C\times A\subseteq C\times B$;

(8) 若 A,B,C,D 非空, 则 $A\times B\subseteq C\times D$ 的充要条件是 $A\subseteq C$ 且 $B\subseteq D$.

证明略去.

注意 上面结论(7)在条件 $C\neq\varnothing$ 不满足时, 结论不一定成立.

例 1.13 设 A,B,C,D 为集合, 证明:

$$(A-B)\times(C-D)\subseteq(A\times C)-(B\times D).$$

证 对任意的 $\langle x,y\rangle\in(A-B)\times(C-D)$, 有 $x\in A-B$, $y\in C-D$, 从而 $x\in A$, $x\notin B$, $y\in C$, $y\notin D$, 即 $\langle x,y\rangle\in A\times C$, $\langle x,y\rangle\notin B\times D$, 故有

$$\langle x,y\rangle\in(A\times C)-(B\times D),$$

得证 $(A-B)\times(C-D)\subseteq(A\times C)-(B\times D)$.

说明 有例为证, 上式可以不相等, 如: $A=B=\{1\}$, $C=\{2\}$, $D=\{3\}$, 则右边为 $\{\langle 1,2\rangle\}$, 而左边集合因 $A-B$ 为空而为空集, 两者不相等.

例 1.14 试证明: $(A\oplus B)\times C=(A\times C)\oplus(B\times C)$.

证 用定理 1.5 证明. 因

$$(A-B)\times C=(A\times C)-(B\times C),$$
$$(B-A)\times C=(B\times C)-(A\times C),$$

两边分别对应取并集, 有

$$((A-B)\times C)\cup((B-A)\times C)=((A\times C)-(B\times C))\cup((B\times C)-(A\times C)),$$

从而 $((A-B)\cup(B-A))\times C=(A\times C)\oplus(B\times C)$, 即

$$(A\oplus B)\times C=(A\times C)\oplus(B\times C).$$

本题也可用定义证明.

关于有限集合的基数, 有下面一些结论（假定下面出现的集合均为有限集合）:

(1) $|A_1 \times A_2 \times \cdots \times A_n| = |A_1| \times |A_2| \times \cdots \times |A_n|$;

(2) $|A \cup B| \le |A| + |B|$;

(3) $|A \cap B| \le \min\{|A|, |B|\}$;

(4) $|A - B| \ge |A| - |B|$;

(5) $|A \oplus B| = |A| + |B| - 2|A \cap B|$.

1.6 集合的覆盖与划分

定义 1.6 设 A 是非空集, 称 Π 是集合 A 的**划分**, 若 Π 是 A 的非空子集的集合, 即 $\Pi = \{A_\alpha \mid A_\alpha \subseteq A,\ A_\alpha \ne \varnothing\}$, 且满足:

① $A_\alpha \cap A_\beta = \varnothing,\ \alpha \ne \beta$;

② $\bigcup_\alpha A_\alpha = A$.

定义 1.7 非空集 A 的一个**覆盖** C 是 A 的非空子集的集合, 即 $C = \{A_\alpha \mid A_\alpha \subseteq A,\ A_\alpha \ne \varnothing\}$, 满足 $\bigcup_\alpha A_\alpha = A$.

集合的覆盖与划分的区别在于: 覆盖不要求各个子集两两之交为空集.

例 1.15 设集合 $S = \{1,2,3,4,5\}$, 则

(1) $A = \{\{1,2\},\{2,3,4\},\{4,5\}\}$ 是 S 的一个覆盖, 不是划分, 因为不满足划分定义中的条件①;

(2) $B = \{\{1,2\},\{2,3\},\{3,4\}\}$ 不是 S 的覆盖, 更不是划分, 因为 B 的任意一个子集均没有元素 $5 \in S$;

(3) $C = \{\{1,2\},\{3,4\},\{5\}\}$ 是 S 的覆盖, 也是其划分.

任一给定集合 S, 其覆盖或划分, 均不一定是唯一的; 给定了非空集合 S 的一个覆盖或划分, 则 S 唯一确定.

1.7 基本计数原理

1.7.1 鸽巢原理（抽屉原理）

定理 1.6 把 $n+1$ 个物体放入 n 个盒子里, 则至少有一个盒子里有两个或两个以上的物体.

例 1.16 设 n 和 $a_1,a_2,\cdots,a_{n+1}$ 都是正整数，则总可以找到一对数 a_i 和 a_j（$1\le i<j\le n+1$），使得它们的差能够被 n 整除.

证 对 a_i-a_1 取被 n 除后的余数，$i=2,3,\cdots,n+1$，则有余数 n 个.

若 n 个数互不相同，则其中必有一个数为 0，不妨设为 $a_{i_0}-a_1$，则 $a_{i_0}-a_1$ 能够被 n 整除.

否则，由鸽巢原理，必有两个数相同，不妨设 a_i-a_1 与 a_j-a_1 的余数相同，则 a_i-a_j 能被 n 整除.

推广的鸽巢原理:

定理 1.6* 把 n 个物体放入 m 个盒子里，则至少有一个盒子里至少有 $\left[\dfrac{n-1}{m}\right]+1$ 个物体.

1.7.2 容斥原理

有限个有限集合的并仍是有限集合，容斥原理刻画了有限个有限集合的并集与各有限集合之间在元素个数上的联系.

最简单情形:

定理 1.7 A,B 均为有限集，则有

$$|A\cup B|=|A|+|B|-|A\cap B|.$$

有 3 个集合时，容斥原理的表现形式:

定理 1.7* A,B,C 均为有限集，则有

$$\begin{aligned}|A\cup B\cup C|=&|A|+|B|+|C|-|A\cap B|-|B\cap C|\\&-|C\cap A|+|A\cap B\cap C|.\end{aligned}$$

一般情形:

定理 1.7** 设 $A_1,A_2,\cdots,A_n(n\ge 2)$ 是有限集，则有

$$\begin{aligned}|A_1\cup A_2\cup\cdots\cup A_n|=&\sum_{i=1}^{n}|A_i|-\sum_{1\le i<j\le n}|A_i\cap A_j|+\sum_{1\le i<j<k\le n}|A_i\cap A_j\cap A_k|\\&+\cdots+(-1)^{n-1}|A_1\cap A_2\cap\cdots\cap A_n|.\end{aligned}$$

可以用数学归纳法证明，这里略去.

由德 · 摩根律，有 $\overline{A_1}\cap\overline{A_2}\cap\cdots\cap\overline{A_n}=\overline{A_1\cup A_2\cup\cdots\cup A_n}$，而

$$\left|\overline{A_1\cup A_2\cup\cdots\cup A_n}\right|=|U|-|A_1\cup A_2\cup\cdots\cup A_n|,$$

于是有下列推论:

推论 $$|\overline{A_1}\cap\overline{A_2}\cap\cdots\cap\overline{A_n}|=|U|-\sum_{i=1}^{n}|A_i|+\sum_{1\le i<j\le n}|A_i\cap A_j|$$
$$-\sum_{1\le i<j<k\le n}|A_i\cap A_j\cap A_k|+\cdots+(-1)^n|A_1\cap\cdots\cap A_n|.$$

例 1.17　求在 1 和 1 000 之间不能被 5 或 6，也不能被 8 整除的数的个数.

解　设 1 到 1 000 的整数构成全集 U . 用 A,B,C 分别表示由能被 5, 6, 8 整除的数构成的集合，则 $\bar{A}\cap\bar{B}\cap\bar{C}$ 表示不能被 5 或 6，也不能被 8 整除的数构成的集合．注意到能被 6 整除的数集和能被 8 整除的数集之交是能被 24 整除的数集，文氏图如图 1–2 所示．因

$$|A|=[1\ 000/5]=200,$$
$$|B|=[1\ 000/6]=166,$$
$$|C|=[1\ 000/8]=125,$$
$$|A\cap B|=[1\ 000/30]=33,$$
$$|A\cap C|=[1\ 000/40]=25,$$
$$|B\cap C|=[1\ 000/24]=41,$$
$$|A\cap B\cap C|=[1\ 000/120]=8,$$

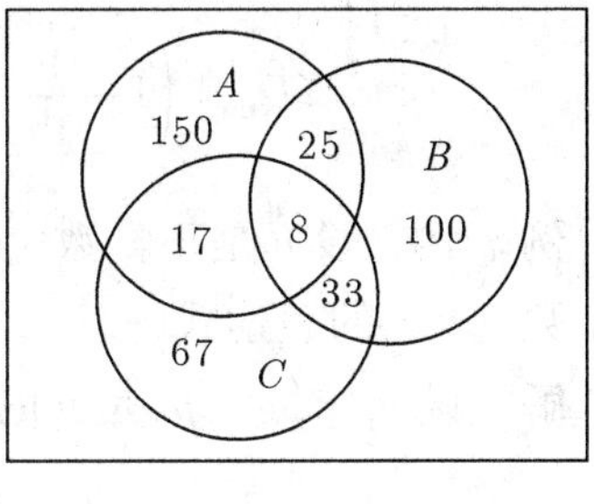

图 1–2

由容斥原理，有

$$|\bar{A}\cap\bar{B}\cap\bar{C}|=|U|-|A|-|B|-|C|+|A\cap B|+|B\cap C|+|C\cap A|$$
$$-|A\cap B\cap C|$$
$$=1\ 000-200-166-125+33+41+25-8=600.$$

例 1.18　设有集合 $\{1,2,\cdots,n\}$，若某无重复的一个排列 $(a_1,a_2,\cdots,a_n)$ 满足 $a_i\ne i$，$i=1,2,\cdots,n$，则称该排列为一个**错排列**，求证：集合 $\{1,2,\cdots,n\}$ 的错排列的个数为

$$D_n=\left(1-\frac{1}{1!}+\frac{1}{2!}-\frac{1}{3!}+\cdots+(-1)^n\frac{1}{n!}\right)\cdot n!.$$

证 令 S 是 $\{1,2,\cdots,n\}$ 的所有无重复的排列集合, 则 $|S|=n!$. 设 A_i 表示 i 恰好在第 i 个位置上的排列的集合, 则 $A_i \subseteq S$. 所以, 全部错排列的集合为 $\overline{A_1}\cap\overline{A_2}\cap\cdots\cap\overline{A_n}$. 易得

$$|A_i|=(n-1)!,\ |A_i\cap A_j|=(n-2)!,\quad i\neq j.$$

对于 $1\le i_1<i_2<\cdots<i_k\le n$, 有 $\left|A_{i_1}\cap A_{i_2}\cap\cdots\cap A_{i_k}\right|=(n-k)!$. 又

$$\left|\overline{A_1}\cap\overline{A_2}\cap\cdots\cap\overline{A_n}\right|$$

$$=|S|-\sum_{i=1}^{n}\left|A_i\right|+\sum_{1\le i<j\le n}\left|A_i\cap A_j\right|-\sum_{1\le i<j<k\le n}\left|A_i\cap A_j\cap A_k\right|+\cdots$$

$$+(-1)^n\left|A_1\cap A_2\cap\cdots\cap A_n\right|,$$

所以,

$$D_n=n!-C_n^1(n-1)!+C_n^2(n-2)!-\cdots$$

$$+(-1)^k C_n^k(n-k)!+\cdots+(-1)^n C_n^n\cdot 0!$$

$$=n!-\frac{n!}{1!}+\frac{n!}{2!}-\cdots+(-1)^n\frac{n!}{n!},$$

可得

$$D_n=\left(1-\frac{1}{1!}+\frac{1}{2!}-\frac{1}{3!}+\cdots+(-1)^n\frac{1}{n!}\right)\cdot n!.$$

例 1.19 设 n 是正整数, $n\ge 2$, $\varphi(n)$ 表示小于 n 且与 n 互质的正整数的个数, 求它的表达式.

解 设 $p_1,p_2,\cdots,p_k$ 是 n 的互不相同的质因数, 则 n 有分解式:

$$n=p_1^{a_1}\times p_2^{a_2}\times\cdots\times p_k^{a_k}.$$

令 $U=\{1,2,\cdots,n\}$, $T_i=\{x\,|\,x\in U$ 且 x 是 p_i 的倍数$\}$, 则 U 中与 n 互质的整数是不属于 $T_i(1\le i\le k)$ 的数, 即

$$\varphi(n)=\left|\overline{T_1}\cap\overline{T_2}\cap\cdots\cap\overline{T_k}\right|.$$

注意到, 若 d 整除 n, 则 U 中有 n/d 个 d, 于是有

$$|T_i|=\frac{n}{p_i},\ \left|T_i\cap T_j\right|=\frac{n}{p_ip_j},\ \cdots,\ |T_1\cap T_2\cap\cdots\cap T_k|=\frac{n}{p_1p_2\cdots p_k}.$$

由定理 1.7 的推论, 有

$$\varphi(n)=n-\sum_{i=1}^{k}\frac{n}{p_i}+\sum_{1\le i<j\le k}\frac{n}{p_ip_j}+\cdots+(-1)^k\frac{n}{p_1p_2\cdots p_k}$$

$$=n\left(1-\frac{1}{p_1}\right)\left(1-\frac{1}{p_2}\right)\cdots\left(1-\frac{1}{p_k}\right).$$

例如: $24=2^3\times 3$, $\varphi(24)=24\left(1-\frac{1}{2}\right)\left(1-\frac{1}{3}\right)=8$, 即小于 24 且与 24 互质的正整数有 8 个, 它们是 1, 5, 7, 11, 13, 17, 19, 23.

1.8 本章小结

1. 介绍了集合的定义及其表示, 并介绍了集合的运算及其性质.

集合的运算有并、交、补、差、对称差. 由这些运算, 派生出 10 条运算律(即运算的性质), 即交换律、结合律、分配律、等幂律、同一律、零律、双补律、吸收律、德・摩根律和对合律等.

集合的运算部分涉及三个方面内容: 其一是进行集合的运算; 其二是集合运算式的化简; 其三是集合恒等式的推理证明.

集合恒等式的证明方法通常有两种: 一种是要证明 $A=B$, 需要证明 $A\subseteq B$, 再证明 $A\supseteq B$. 另一种是通过运算律进行等式推导.

用文氏图来表示集合, 有助于理解元素与集合、集合与集合之间的关系, 对集合的计数也有帮助.

2. 介绍了幂集的定义及相关性质, 对于有限集的幂集所含元素个数的证明所使用的方法和思想应该理解.

3. 介绍了序偶和笛卡儿积的概念, 这是第 2 章关系的基础.

4. 集合的划分与覆盖也是本章的一个值得注意的问题. 要十分清楚划分的定义, 这与下一章中的等价关系密切相关.

5. 鸽巢原理主要用来证明某些问题, 容斥原理通常用来计算某些集合的元素的数目, 可以用类似文氏图一样的表示来帮助解题.

习 题 1

1. 用列举法表示下列集合:

(1) 大于 2 而小于或等于 9 的整数的集合;

(2) $|x|<5$ 的奇数解的集合;

(3) 满足 $0\leq x\leq 2$, $-1\leq y\leq 0$ 且 $x,y\in \mathbf{Z}$ 的点 (x,y) 的集合.

2．写出 $\{a,b,c,d\}$ 的全部子集．

3．设 $A=\{1,2,3\}$，$B=\{1,3,5\}$，$C=\{2,4,6\}$，求 $A\cap B$，$A\cup B\cup C$，$C-A$，$A\oplus B$．

4．设 $A=\{x|3<x<5,\ x\in\mathbf{R}\}$，$B=\{x|x>4,\ x\in\mathbf{R}\}$，求 $A\cap B$，$A\cup B$，$A-B$，$A\oplus B$．

5．确定以下各式:

(1) $\varnothing\cap\{\varnothing\}$；　　(2) $\{\varnothing,\{\varnothing\}\}-\varnothing$；

(3) $\{\varnothing,\{\varnothing\}\}-\{\varnothing\}$．

6．设 A,B,C 是集合，

(1) 如果 $A\notin B$ 且 $B\notin C$，是否一定有 $A\notin C$？

(2) 如果 $A\in B$ 且 $B\notin C$，是否一定有 $A\notin C$？

(3) 如果 $A\subseteq B$ 且 $B\notin C$，是否一定有 $A\notin C$？

(4) 如果 $A\in B$ 且 $B\subseteq C$，是否一定有 $A\in C$？

(5) 如果 $A\in B$ 且 $B\subseteq C$，是否一定有 $A\subseteq C$？

(6) 如果 $A\subseteq B$ 且 $B\in C$，是否一定有 $A\in C$？

(7) 如果 $A\subseteq B$ 且 $B\in C$，是否一定有 $A\subseteq C$？

(8) 如果 $A\in B$ 且 $B\not\subset C$，是否一定有 $A\notin C$？

7．设 A,B,C 为三个任意集合，证明:

(1) $(A\cup(B-A))-C=(A-C)\cup(B-C)$；

(2) $(A-B)-C=A-(B\cup C)=(A-C)-B=(A-C)-(B-C)$．

8．化简下列集合表达式:

(1) $((A\cup B)\cap B)-(A\cup B)$；

(2) $((A\cup B\cup C)-(B\cup C))\cup A$；

(3) $(B-(A\cap C))\cup(A\cap B\cap C)$；

(4) $(A\cap B)-(C-(A\cup B))$；

(5) $(A-B-C)\cup\big((A-B)\cap C\big)\cup(A\cap B-C)\cup(A\cap B\cap C)$．

9．证明或否定下面的结论:

(1) 若 $A\cap B=A\cap C$，则 $B=C$；

(2) 若 $A\cup B=A\cup C$，则 $B=C$；

(3) 若 $A\cup B\subseteq A\cap B$，则 $A=B$；

(4) 若 $A\subset B$ 且 $C\subset D$，则 $A\cap C\subset B\cap D$；

(5) 若 $A\subseteq B$ 且 $C\subseteq D$，则 $A-D\subseteq B-C$．

10．确定下列集合 A 的幂集:

(1) $\{\{a\}\}$;

(2) $\{\varnothing,\{\varnothing\}\}$;

(3) $\{\varnothing,\{a\},\{b\}\}$.

11．设 $A=\{\varnothing\}$，$B=P(P(A))$.

(1) 是否 $\varnothing\in B$？是否 $\varnothing\subseteq B$？

(2) 是否 $\{\varnothing\}\in B$？是否 $\{\varnothing\}\subseteq B$？

(3) 是否 $\{\{\varnothing\}\}\in B$？是否 $\{\{\varnothing\}\}\subseteq B$？

12．设 $A=\{\varnothing,a,\{a\}\}$.

(1) 是否 $\{a\}\in P(A)$？

(2) 是否 $\{a\}\subseteq P(A)$？

(3) 是否 $\{\{a\}\}\in P(A)$？

(4) 是否 $\{\{a\}\}\subseteq P(A)$？

13．对任意的集合 A 和 B，证明：$P(A)\in P(B)\Rightarrow A\in B$．举例说明其逆不成立.

14．设 $A=\{a,b\}$，$B=\{\alpha,\beta\}$，求 $A\times B$, $B\times A$, $A\times A$, $B\times B$.

15．设 $A=\{a,b\}$，$B=\{1,2,3\}$，$C=\{3,4\}$，求 $A\times(B\cap C)$, $(A\times B)\cap(A\times C)$, $A\times B$, $A\times C$.

16．对任意 3 个集合 A,B,C，试证明:

(1) 若 $A\times A=B\times B$，则 $A=B$;

(2) 若 $A\neq\varnothing$，且 $A\times B=A\times C$，则 $B=C$.

17．若 $A\cap B\neq\varnothing$，求证:

(1) $(A\cup B)\times(A\cap B)\subseteq(A\times A)\cup(B\times B)$;

(2) $(A\cap B)\times(A\cup B)\subseteq(A\times A)\cup(B\times B)$.

18．$X=\{1,2,3,4,5,6,7,8,9\}$，判定下面是不是 X 的划分:

(1) $\{\{1,3,6\},\{2,8\},\{5,7,9\}\}$;

(2) $\{\{1,5,7\},\{2,4,8,9\},\{3,5,6\}\}$;

(3) $\{\{2,4,5,8\},\{1,9\},\{3,6,7\}\}$.

19．n 个人相互握手，两人之间最多握一次，但没有人一次也不握，则至少有两个人握手次数相同.

20．(1) 证明：任意给出 4 个整数，则其中至少有 2 个整数它们除以 3 的余数相同.

(2) 证明：若 $a_1, a_2, \cdots, a_{p+1}$ 是整数，则其中至少有 2 个数模 p 同余．

21．(1) 一背包里装有 50 个不同的小球，颜色共有 4 种，说明其中至少有 13 个小球的颜色相同．

(2) 如果正好有 8 个小球的颜色是红的，说明至少 14 个小球有相同的颜色．

22．设 $a_1, a_2, \cdots, a_n$ 为 n 个整数 $1,2,\cdots,n$ 的一个排列，$b_1, b_2, \cdots, b_n$ 是 n 个整数 $1,2,\cdots,n$ 的另一个排列．用鸽巢原理证明：当 n 为奇数时，必存在 i $(1 \le i \le n)$，使得 $a_i - b_i$ 为偶数．

23．120 个学生参加考试，这次考试有 A,B 和 C 共 3 道题，考试结果如下：12 个学生 3 道题都做对了；20 个学生做对了 A 题与 B 题；16 个学生做对 A 题与 C 题；28 个学生做对 B 题与 C 题；做对 A 题的有 48 个学生；做对 B 题的有 56 个学生；还有 16 个学生一道题也没做对．试求做对 C 题的学生有多少个．

24．令 $S = \{100, 101, \cdots, 999\}$，$|S| = 900$．

(1) 在 S 中有多少个数，其中至少含有数字 3 或 7？如：300, 707, 736, 997．

(2) 在 S 中有多少个数，其中至少含有一个数字 3 和一个数字 7？如：736, 377．

第2章 关　　系

所谓"关系"，指客体之间的相互联系，它是现实世界中一种普遍存在的客观现象．计算机主要用来处理各种数据，而处理单个数据是无多大意义的，人们总是着眼于数据之间的相互关系，因此不论对计算机科学的理论还是应用来说，关系都是十分重要的．本章介绍关系的基本概念和理论，至于关系在计算机里是如何具体表示和处理的，则主要是"数据结构"课程和各具体应用领域的任务．

本章主要讨论了二元关系．利用第 1 章笛卡儿积的定义及集合的一些基本性质讨论了二元关系的定义及表示，关系的运算(并、交、差、补、复合、逆关系、闭包等)、关系的基本类型(自反、反自反、对称、反对称、传递等)，以及由此导出的等价关系，集合的划分等，并讨论了两种特殊的关系：相容关系和偏序关系．

2.1　关系的定义及表示

在日常生活和科学技术工作中，我们经常碰到"关系"这个词．如人与人之间有朋友关系、父子关系、师生关系等，两个数之间有大于关系、相等关系、整除关系等，两个变量之间有函数关系，计算机的程序之间有调用关系等．所谓"关系"，是指客体之间的相互联系，它是现实世界中一种普遍存在的客观现象．

2.1.1　关系的定义

定义 2.1　设 A,B 是两个非空集合，若 $R\subseteq A\times B$，则 R 称为集合 A 到 B 的**关系**．若 $\langle a,b\rangle\in R$，则称 a **与** b **有关系** R，也记为 aRb．与集合一样，若

有 $\langle a,b\rangle \notin R$，则称 a **与** b **没有关系** R，也可写为 $a\bar{R}b$ 或 $a\not R b$．我们特别称 A 到 A 的关系为 A **上的关系**，即：若 $R\subseteq A\times A$，则称 R 为 A 上的关系．

特别地，若 $R=\varnothing$，则称 R 为**空关系**；若 $R=A\times B$，则称 R 为**全关系**．

A 上的几种常见关系有：空关系 $\varnothing_A$ (简记为 $\varnothing$)，恒等关系 I_A (明确 A 时，简记为 I)，全域关系 E_A 等，分别为

$$\varnothing=\{\},\ I_A=\{\langle x,x\rangle \mid x\in A\},\ E_A=\{\langle x,y\rangle \mid x,y\in A\}.$$

一般教材上大多谈到多元关系，但实际只涉及二元关系，因此，这里也仅涉及二元关系，并简称其为关系．有些教材中也用圆括号表示有序对，即用 $(a,b)\in R$ 表示 $\langle a,b\rangle \in R$．

若 $R:A\to B$，则 R 的定义域 $\mathrm{Dom}(R)$ 和值域 $\mathrm{Ran}(R)$ 分别定义为

$$\mathrm{Dom}(R)=\{x\mid x\in A,\ \exists y\in B,\ \langle x,y\rangle\in R\},$$

$$\mathrm{Ran}(R)=\{y\mid y\in B,\ \exists x\in A,\ \langle x,y\rangle\in R\}.$$

显然，$\mathrm{Dom}(R)\subseteq A$，$\mathrm{Ran}(R)\subseteq B$．

例 2.1 (1) 设 A 是某大学全体同学组成的集合，

$$R=\{\langle a,b\rangle | a\in A,\ b\in A,\ a\text{ 与 }b\text{ 是老乡}\}\subseteq A\times A,$$

则 R 是该大学里同学之间的老乡关系．

(2) 考查集合 $P_4=\{1,2,3,4\}$ 上元素之间的“大于”关系，设此关系为“$>$”，则有 $>=\{\langle 4,1\rangle,\langle 4,2\rangle,\langle 4,3\rangle,\langle 3,1\rangle,\langle 3,2\rangle,\langle 2,1\rangle\}$，或

$$>=\{\langle x,y\rangle \mid x\in P_4,\ y\in P_4,\ x>y\},$$

即 $\langle 4,1\rangle\in >$，而 $\langle 2,4\rangle\notin >$，或 $4>1$，而 $2\not> 4$．显然 $>\subseteq P_4\times P_4$，且

$$\mathrm{Dom}(>)=\{4,3,2\},\ \mathrm{Ran}(>)=\{1,2,3\}.$$

(3) 设 $P(A)$ 是 A 的幂集，$P(A)$ 上的包含关系“$\subseteq$”定义为

$$\subseteq=\left\{\langle S,T\rangle \middle| S\in P(A),\ T\in P(A),\ S\subseteq T\right\}.$$

说明 通过上面例子可以看出，不管是“R”，还是“$>$”，“$\subseteq$”，仅是一个符号，这里表示一个关系，同时它也是一个集合．

例 2.2 设 $A=\{1,2,3,4,5\}$，定义 A 上的关系 R：$\langle a,b\rangle\in R$ 当且仅当 $\dfrac{a-b}{3}$ 是整数．于是

$$\begin{aligned}R&=\left\{\langle a,b\rangle \middle| \frac{a-b}{3}\text{是整数}\right\}\\&=\{\langle 1,1\rangle,\langle 2,2\rangle,\langle 3,3\rangle,\langle 4,4\rangle,\langle 5,5\rangle,\langle 1,4\rangle,\langle 4,1\rangle,\langle 2,5\rangle,\langle 5,2\rangle\}.\end{aligned}$$

上例所讨论的二元关系 R 称为 A **上的模 3 同余关系**. 若 $\langle a,b\rangle\in R$, 也可记为 $a\equiv b \pmod 3$, 它是整数集及其子集上的一个重要的关系. 一般地, 设 $A\subseteq \mathbf{Z}$, 对于给定的正整数 n, A **上的模** n **同余关系** R 为

$$\begin{aligned}R&=\left\{\langle a,b\rangle \left| \frac{a-b}{n}\text{是整数}\right.\right\}\\&=\left\{\langle a,b\rangle \mid a-b\text{是}n\text{的整数倍}\right\}\\&=\left\{\langle a,b\rangle \mid a\text{和}b\text{关于}n\text{的余数相同}\right\}\\&=\left\{\langle a,b\rangle \mid a\equiv b \pmod n\right\}.\end{aligned}$$

一般说来, 若 $|A|=m$, $|B|=n$, 由于 $|A\times B|=mn$, 从而 $A\times B$ 的不同的子集共有 2^{mn} 个, A 到 B 的不同的关系对应着 $A\times B$ 的不同的子集, 则 A 到 B 共有 2^{mn} 个二元关系, A 上共有 2^{m^2} 个二元关系.

设 $R:A\to B$, $S:C\to D$. 若 $R=S$ (作为集合含有相同的元素), 且 $A=C$, $B=D$, 则称两关系 R 和 S **相等**. 并仍用 $R=S$ 表示.

2.1.2 关系的表示

因为关系是一种集合, 所以通常用来表示集合的方法自然可用来表示关系, 如例 2.1、例 2.2. 除此以外, 关系还可以用关系矩阵或关系图来表示, 并且这两种表示更能体现关系的特点.

1. 用关系矩阵表示

设 $R:A\to B$, A 和 B 都是有限集, 且 $|A|=n$, $|B|=m$, A,B 中的元素已按一定的次序排列. 若 $A=\{x_1,x_2,\cdots,x_n\}$, $B=\{y_1,y_2,\cdots,y_m\}$, 则 R 的关系矩阵是一个 n 行 m 列的矩阵 $\boldsymbol{M}(R)=(r_{ij})_{n\times m}$, 其中元素 r_{ij} 定义为

$$r_{ij}=\begin{cases}1, & \langle x_i,y_j\rangle\in R,\\0, & \langle x_i,y_j\rangle\notin R,\end{cases}\quad i=1,2,\cdots,n;\ j=1,2,\cdots,m.$$

矩阵 $\boldsymbol{M}(R)$ 的元素取值为 0 或 1. 这样的矩阵称为**布尔矩阵**. 有教材也将 $\boldsymbol{M}(R)$ 记为 $\boldsymbol{M}_R$. 这里我们两种符号同时使用.

显然, 当有限集 A 和 B 的元素已按一定的次序排列, 则从 A 到 B 的关系 R 与其对应的关系矩阵 $\boldsymbol{M}(R)$ 是一一对应的.

例 2.3 设 R 为 A 到 B 上的关系, $A=\{x_1,x_2,x_3,x_4\}$, $B=\{y_1,y_2,y_3\}$, $R=\{\langle x_1,y_2\rangle,\langle x_2,y_1\rangle,\langle x_2,y_3\rangle,\langle x_3,y_3\rangle\}$, 则其所对应的关系矩阵为

$$
\boldsymbol{M}(R)=\begin{array}{c} \\ x_1 \\ x_2 \\ x_3 \\ x_4 \end{array}\begin{array}{c} \begin{array}{ccc} y_1 & y_2 & y_3 \end{array} \\ \begin{pmatrix} 0 & 1 & 0 \\ 1 & 0 & 1 \\ 0 & 0 & 1 \\ 0 & 0 & 0 \end{pmatrix} \end{array}.
$$

例 2.4 例 2.1 (2)中的关系“>”及例 2.2 中关系“R”的关系矩阵依次为

$$
\boldsymbol{M}_{>}=\begin{array}{c} \\ 1 \\ 2 \\ 3 \\ 4 \end{array}\begin{array}{c} \begin{array}{cccc} 1 & 2 & 3 & 4 \end{array} \\ \begin{pmatrix} 0 & 0 & 0 & 0 \\ 1 & 0 & 0 & 0 \\ 1 & 1 & 0 & 0 \\ 1 & 1 & 1 & 0 \end{pmatrix} \end{array},\quad \boldsymbol{M}_{R}=\begin{array}{c} \\ 1 \\ 2 \\ 3 \\ 4 \\ 5 \end{array}\begin{array}{c} \begin{array}{ccccc} 1 & 2 & 3 & 4 & 5 \end{array} \\ \begin{pmatrix} 1 & 0 & 0 & 1 & 0 \\ 0 & 1 & 0 & 0 & 1 \\ 0 & 0 & 1 & 0 & 0 \\ 1 & 0 & 0 & 1 & 0 \\ 0 & 1 & 0 & 0 & 1 \end{pmatrix} \end{array}.
$$

对集合 $A=\{x_1,x_2,\cdots,x_n\}$，易知 A 上的全域关系 $E_A=A\times A$，恒等关系 I_A 及空关系 $\varnothing_A$ 的关系矩阵分别是

$$
\boldsymbol{M}(E_A)=\begin{pmatrix} 1 & 1 & \cdots & 1 \\ 1 & 1 & \cdots & 1 \\ \vdots & \vdots & \ddots & \vdots \\ 1 & 1 & \cdots & 1 \end{pmatrix}_{n\times n},\quad \boldsymbol{M}(I_A)=\begin{pmatrix} 1 & 0 & \cdots & 0 \\ 0 & 1 & \cdots & 0 \\ \vdots & \vdots & \ddots & \vdots \\ 0 & 0 & \cdots & 1 \end{pmatrix}_{n\times n},
$$

$$
\boldsymbol{M}(\varnothing_A)=\begin{pmatrix} 0 & 0 & \cdots & 0 \\ 0 & 0 & \cdots & 0 \\ \vdots & \vdots & \ddots & \vdots \\ 0 & 0 & \cdots & 0 \end{pmatrix}_{n\times n}.
$$

一方面，给定两个集合及它们之间的一个关系，我们可以写出其对应的关系矩阵；另一方面，若给定两个集合上的某个关系的关系矩阵，也可以写出其对应的关系.

例 2.5 设集合 $A=\{a,b,c,d\}$，A 上的关系 R 所对应的关系矩阵 $\boldsymbol{M}(R)$ 为

$$
\boldsymbol{M}(R)=\begin{pmatrix} 1 & 0 & 1 & 0 \\ 0 & 1 & 0 & 0 \\ 1 & 0 & 1 & 1 \\ 1 & 1 & 0 & 1 \end{pmatrix},
$$

则 $R=\{\langle a,a\rangle,\langle a,c\rangle,\langle b,b\rangle,\langle c,a\rangle,\langle c,c\rangle,\langle c,d\rangle,\langle d,a\rangle,\langle d,b\rangle,\langle d,d\rangle\}$.

2. 用关系图表示

关系图是表示关系的另一种直观形象的方法. 限定 A,B 均为有限集, 设 $A=\{a_1,a_2,\cdots,a_n\}$, $B=\{b_1,b_2,\cdots,b_m\}$, R 是 A 到 B 的二元关系. R 所对应的关系图的具体作法是: 将 A 和 B 的元素分别作为两列, $a_1,a_2,\cdots,a_n$ 和 $b_1,b_2,\cdots,b_m$ 分别是两列的节点, 用空心点 ∘ 或实心点 • 表示. 若 $a_i\in A$, $b_j\in B$, 且 $\langle a_i,b_j\rangle\in R$, 则作出从 a_i 到 b_j 的一条有向线段, 用 a_i ∘⟶∘ b_j 表示. 例 2.3 中关系 R 所对应的关系图如图 2–1 (1)所示.

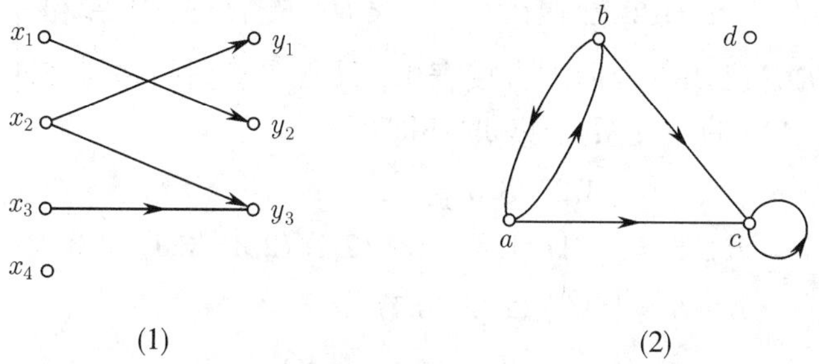

图 2–1

对集合 A 上的关系, 通常将 A 上的元素画成一行或适当地表示在一个平面上. 若 $\langle a_i,a_j\rangle\in R$, 则从 a_i 到 a_j 引一条有向线段, 用 a_i ∘⟶∘ a_j 表示. 若 $\langle a_i,a_i\rangle\in R$, 则从 a_i 到 a_i 用一带箭头的小圆圈表示. 例如: $A=\{a,b,c,d\}$, $R:A\rightarrow A$, $R=\{\langle a,b\rangle,\langle a,c\rangle,\langle b,a\rangle,\langle b,c\rangle,\langle c,c\rangle\}$, R 的关系图如图 2-1 (2)所示.

在关系图中, 代表集合元素的点称为**节点**, 代表元素间联系的有向线段或弧称为**有向边**; 从节点 x_i 到节点 x_j 的有向边记为 $\langle x_i,x_j\rangle$, 像图 2-1 (2) 中节点 c 处的闭弧称为**环**.

2.2 关系的运算

2.2.1 关系的基本运算

关系作为一种集合, 具有集合所具有的运算(如: 并、交、差、补等). 当然两个关系运算之后的结果仍为一个关系, 即仍为某一笛卡儿积的子集, 这就要求两个进行运算的关系应满足一定的前提条件, 即一般我们要求两个关系应是同一笛卡儿积的子集.

定义 2.2 设 A,B 是集合, $R\subseteq A\times B$, $S\subseteq A\times B$, 则两关系运算的结果仍为 $A\times B$ 的子集:

$$R\cap S=\left\{\langle x,y\rangle \middle| xRy,xSy\right\},\ R\cup S=\left\{\langle x,y\rangle \middle| xRy \text{ 或 } xSy\right\},$$

$$R-S=\left\{\langle x,y\rangle \middle| xRy,x\bar{S}y\right\},$$

$$\bar{R}=\left\{\langle x,y\rangle \middle| x\bar{R}y\right\}=\left\{\langle x,y\rangle \middle| \langle x,y\rangle\in A\times B,\ \langle x,y\rangle\notin R\right\}.$$

有教材用 R^{c} 表示关系 R 的补关系, 即 $\bar{R}=R^{c}$.

例 2.6 设 R 和 S 是 $A=\{1,2,3\}$ 上的关系. $R=\{\langle 1,1\rangle,\langle 1,2\rangle,\langle 2,3\rangle,\langle 3,1\rangle,\langle 3,3\rangle\}$; $S=\{\langle 1,2\rangle,\langle 1,3\rangle,\langle 2,1\rangle,\langle 3,3\rangle\}$. 求 $R\cap S,R\cup S,R-S$ 和 $\bar{R}$.

解 R,S 已用集合形式直接表出, 只要取它们的并与交即可. 对 $\bar{R}$, 利用 $A\times A$ 是 A 上的全关系(全集)取补即可.

$$R\cap S=\{\langle 1,2\rangle,\langle 3,3\rangle\},$$

$$R\cup S=\{\langle 1,1\rangle,\langle 1,2\rangle,\langle 1,3\rangle,\langle 2,1\rangle,\langle 2,3\rangle,\langle 3,1\rangle,\langle 3,3\rangle\},$$

$$R-S=\{\langle 1,1\rangle,\langle 2,3\rangle,\langle 3,1\rangle\},$$

$$\bar{R}=\{\langle 1,3\rangle,\langle 2,1\rangle,\langle 2,2\rangle,\langle 3,2\rangle\}.$$

既然可以用矩阵来表示关系, 当然也可以用矩阵来表示关系运算之后的结果. 首先说明一下布尔矩阵的乘法、加法运算.

定义在 $\{0, 1\}$ 上的布尔加 $\vee$ 和布尔乘 $\wedge$ 运算如下:

$$0\vee 0=0,\ 0\vee 1=1\vee 0=1\vee 1=1;$$

$$0\wedge 0=0\wedge 1=1\wedge 0=0,\ 1\wedge 1=1.$$

设 A 与 B 为两个布尔矩阵, 则两矩阵的布尔加 $\vee$ 和布尔乘 $\wedge$ 运算定义如下:

$$(A\vee B)_{ij}=a_{ij}\vee b_{ij},\ (A\wedge B)_{ij}=a_{ij}\wedge b_{ij}.$$

有下面的结论:

(1) $M(R\cup S)=M(R)\vee M(S)$;

(2) $M(R\cap S)=M(R)\wedge M(S)$;

(3) $M(\bar{R})=M(E_A)-M(R)$, 即全关系 E_A 对应的矩阵与 R 对应的矩阵进行通常的矩阵减法;

(4) $M(R-S)=\big(M(R)-M(S)\big)\vee M(0)$, 即与零矩阵取大.

例 2.6 中, $R,S,R\cap S,R\cup S,R-S$ 和 $\bar{R}$ 的关系矩阵分别是

$$\boldsymbol{M}_R=\begin{pmatrix}1&1&0\\0&0&1\\1&0&1\end{pmatrix},\ \boldsymbol{M}_S=\begin{pmatrix}0&1&1\\1&0&0\\0&0&1\end{pmatrix},\ \boldsymbol{M}_{R\cap S}=\begin{pmatrix}0&1&0\\0&0&0\\0&0&1\end{pmatrix},$$

$$\boldsymbol{M}_{R\cup S}=\begin{pmatrix}1&1&1\\1&0&1\\1&0&1\end{pmatrix},\ \boldsymbol{M}_{R-S}=\begin{pmatrix}1&0&0\\0&0&1\\1&0&0\end{pmatrix},\ \boldsymbol{M}_{\overline{R}}=\begin{pmatrix}0&0&1\\1&1&0\\0&1&0\end{pmatrix}.$$

2.2.2 逆关系

关系的运算除了并、交、补、差等基本运算外, 作为一种特殊的集合, 关系还具有下面的一些运算:

定义 2.3 设有集合 A 和 B, $R:A\to B$, 则关系 $\{\langle y,x\rangle\mid\langle x,y\rangle\in R\}$ 是从 B 到 A 的关系, 称为 R 的**逆关系**, 记为 $\widetilde{R}$. 显然有 $\widetilde{R}\subseteq B\times A$.

若关系 R 所对应的关系矩阵为 $\boldsymbol{M}(R)$, 则关系 $\widetilde{R}$ 所对应的矩阵为 $\boldsymbol{M}(\widetilde{R})=(\boldsymbol{M}(R))^{\mathrm{T}}$, $(\boldsymbol{M}(R))^{\mathrm{T}}$ 表示矩阵 $\boldsymbol{M}(R)$ 的转置. 由 R 的关系图作 $\widetilde{R}$ 的关系图十分简单, 只需将前者各有向边的指向改为相反的方向即可.

说明 $\overline{R}$ 表示关系 R(作为集合)的补集, 而 $\widetilde{R}$ 表示关系 R 的逆关系, 两者是不同的集合.

例 2.7 (1) 设 $A=\{a,b,c\}$, $B=\{1,2\}$, $R:A\to B$, $R=\{\langle a,1\rangle,\langle a,2\rangle,\langle b,2\rangle,\langle c,1\rangle\}$, 则 $\widetilde{R}=\{\langle 1,a\rangle,\langle 2,a\rangle,\langle 2,b\rangle,\langle 1,c\rangle\}$ 是从 B 到 A 的关系.

(2) 考查 P_4 上的 "小于或等于" 关系 $\leq$:

$$\leq\ =\{\langle 1,1\rangle,\langle 1,2\rangle,\langle 1,3\rangle,\langle 1,4\rangle,\langle 2,2\rangle,\langle 2,3\rangle,\langle 2,4\rangle,\langle 3,3\rangle,\langle 3,4\rangle,\langle 4,4\rangle\}.$$

它的逆关系是

$$\widetilde{\leq}=\{\langle 1,1\rangle,\langle 2,1\rangle,\langle 3,1\rangle,\langle 4,1\rangle,\langle 2,2\rangle,\langle 3,2\rangle,\langle 4,2\rangle,\langle 3,3\rangle,\langle 4,3\rangle,\langle 4,4\rangle\}.$$

显然它是 P_4 上的 "大于或等于" 关系, 即 $\widetilde{\leq}=\geq$.

关于逆运算与前面关系的并、交、补、差运算结合在一起有下面结论:

定理 2.1 设 R,S 是集合 A 到 B 的关系, 则有

(1) $\overline{\overline{R}}=R$;　　(2) $\widetilde{\widetilde{R}}=R$;

(3) $\widetilde{R\cup S}=\widetilde{R}\cup\widetilde{S}$;　　(4) $\widetilde{R\cap S}=\widetilde{R}\cap\widetilde{S}$;

(5) $\widetilde{R-S}=\widetilde{R}-\widetilde{S}$;　　(6) $(\widetilde{\overline{R}})=\overline{(\widetilde{R})}$;

(7) $S\subseteq R\Leftrightarrow\widetilde{S}\subseteq\widetilde{R}$;　　(8) $S\subseteq R\Leftrightarrow\overline{S}\supseteq\overline{R}$.

上面定理的证明是简单的, 请读者自己完成.

2.2.3 复合关系

定义 2.4 设 $R: A \to B$, $S: B \to C$, 则 R 与 S 的**复合(或合成)**是从 A 到 C 的关系, 记为 $R \circ S$, 定义为

$$R \circ S = \{\langle x,z\rangle \mid x \in A,\ z \in C,\ \exists y \in B,\ \text{使得}\langle x,y\rangle \in R,\ \langle y,z\rangle \in S\}.$$

设 $R: A \to B$, $S: B \to C$, $|A| = m$, $|B| = n$, $|C| = p$, 则 R 和 S 的复合 $R \circ S$ 对应的关系矩阵为

$$\boldsymbol{M}(R \circ S) = \left(\bigvee_{k=1}^{n}(r_{ik} \wedge s_{kj})\right)_{m \times p}.$$

例 2.8 令 $A = \{1,2,3\}$, $B = \{a,b,c\}$, $C = \{x,y,z\}$. $R: A \to B$, $S: B \to C$, 且 $R = \{\langle 1,b\rangle, \langle 2,a\rangle, \langle 2,c\rangle\}$, $S = \{\langle a,y\rangle, \langle b,x\rangle, \langle c,y\rangle, \langle c,z\rangle\}$.

(1) 求复合关系 $R \circ S$.

(2) 求表示关系 R,S 和 $R \circ S$ 的矩阵 $\boldsymbol{M}_R, \boldsymbol{M}_S$ 和 $\boldsymbol{M}_{R\circ S}$, 并比较 $\boldsymbol{M}_{R\circ S}$ 与 $\boldsymbol{M}_R \cdot \boldsymbol{M}_S$.

解 (1) 关系 R 和 S 的关系图如图 2-2 所示. 可知, A 中元素 1 和 C 中元素 x 被 "通道" $1 \to b \to x$ 所连接, 因此 $\langle 1,x\rangle \in R \circ S$. 类似地有 $\langle 2,y\rangle, \langle 2,z\rangle \in R \circ S$. 即 $R \circ S = \{\langle 1,x\rangle, \langle 2,y\rangle, \langle 2,z\rangle\}$.

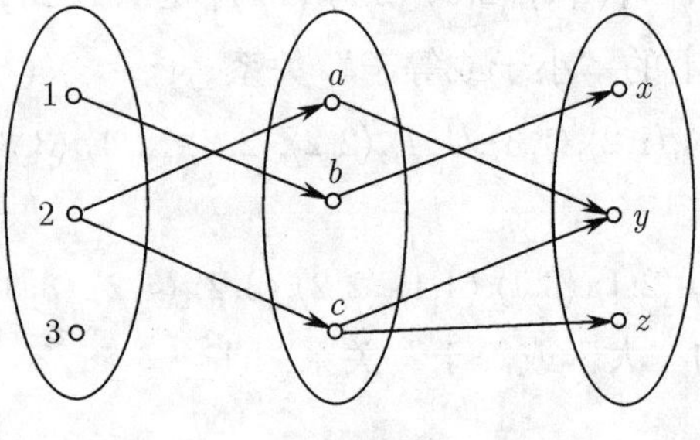

图 2-2

(2) 关系矩阵分别为

$$\boldsymbol{M}_R = \begin{matrix} & a & b & c \\ 1 & 0 & 1 & 0 \\ 2 & 1 & 0 & 1 \\ 3 & 0 & 0 & 0 \end{matrix},\quad \boldsymbol{M}_S = \begin{matrix} & x & y & z \\ a & 0 & 1 & 0 \\ b & 1 & 0 & 0 \\ c & 0 & 1 & 1 \end{matrix},\quad \boldsymbol{M}_{R\circ S} = \begin{matrix} & x & y & z \\ 1 & 1 & 0 & 0 \\ 2 & 0 & 1 & 1 \\ 3 & 0 & 0 & 0 \end{matrix}.$$

将 $\boldsymbol{M}_R$ 与 $\boldsymbol{M}_S$ 相乘得

$$\boldsymbol{M}_R \cdot \boldsymbol{M}_S = \begin{pmatrix} 1 & 0 & 0 \\ 0 & 2 & 1 \\ 0 & 0 & 0 \end{pmatrix}.$$

可以看出，$\boldsymbol{M}_{R\circ S}$ 与 $\boldsymbol{M}_R \cdot \boldsymbol{M}_S$ 有相同的零分量.

定理 2.2　关系的复合具有下面一些性质：

(1) 若 $R: A \to B$，则 $R \circ I_B = R$，$I_A \circ R = R$；

(2) A, B, C, D 是集合，若 $R: A \to B$，$S: B \to C$，$T: C \to D$，则有

$$(R \circ S) \circ T = R \circ (S \circ T),$$

即复合作为一种运算满足结合律.

证　(1)是显然的，只证明(2).

由关系复合的定义，显然 $R \circ S$ 是 A 到 C 的关系，$S \circ T$ 是 B 到 D 的关系. $\forall \langle x, w \rangle \in (R \circ S) \circ T$，由定义，存在 $z \in C$，使得

$$\langle x, z \rangle \in R \circ S，\langle z, w \rangle \in T.$$

对 $\langle x, z \rangle \in R \circ S$，又根据定义，存在 $y \in B$，使得 $\langle x, y \rangle \in R$，$\langle y, z \rangle \in S$，于是由定义得 $\langle y, w \rangle \in S \circ T$，进而有 $\langle x, w \rangle \in R \circ (S \circ T)$，所以

$$(R \circ S) \circ T \subseteq R \circ (S \circ T).$$

同理可证 $(R \circ S) \circ T \supseteq R \circ (S \circ T)$. 故

$$(R \circ S) \circ T = R \circ (S \circ T). \quad \blacksquare$$

图 2–3 是关系的复合运算满足结合律的示意图.

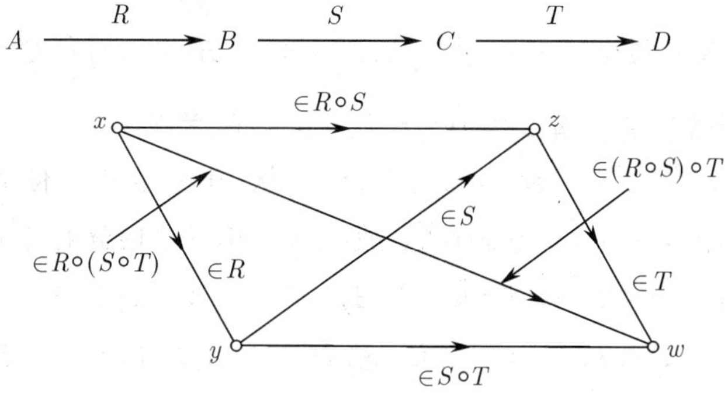

图 2–3

定理 2.3　(1) 设 A 是集合，$R: A \to A$，定义 R^n 如下：

a. $R^0 = I_A = \{\langle a,a\rangle \mid a \in A\}$;

b. $R^1 = R$;

c. $R^{n+1} = R^n \circ R = R \circ R^n$,

则有 $R^m \circ R^n = R^{m+n}$, $(R^m)^n = R^{mn}$, 这里 $m,n \in \mathbf{N}$.

(由数学归纳法和复合运算满足结合律容易证明上面的结论成立.)

(2) A,B,C,D 是集合, 且 $R_1 : A \to B$, $R_2 : B \to C$, $R_3 : B \to C$, $R_4 : C \to D$, 则有

a. $R_1 \circ (R_2 \cup R_3) = (R_1 \circ R_2) \cup (R_1 \circ R_3)$;

b. $(R_2 \cup R_3) \circ R_4 = (R_2 \circ R_4) \cup (R_3 \circ R_4)$;

c. $R_1 \circ (R_2 \cap R_3) \subseteq (R_1 \circ R_2) \cap (R_1 \circ R_3)$;

d. $(R_2 \cap R_3) \circ R_4 \subseteq (R_2 \circ R_4) \cap (R_3 \circ R_4)$.

利用关系复合的定义, 关系的并、交运算, 集合包含与相等的定义等容易证明上述结论, 请读者自己证明.

上面定理说明, 关系的复合运算对并运算分配律成立, 但对交运算分配律不成立. 上面的 c,d 两个式子可以是真包含, 例如: 设 $A = \{1,2,3\}$, $B = \{a,b\}$, $C = \{x,y,z\}$, $R_1 = \{\langle 1,a\rangle, \langle 1,b\rangle\}$, $R_2 = \{\langle a,x\rangle\}$, $R_3 = \{\langle b,x\rangle\}$, 则 $R_2 \cap R_3 = \varnothing$, 从而 $R_1 \circ (R_2 \cap R_3) = \varnothing$, 但

$$(R_1 \circ R_2) \cap (R_1 \circ R_3) = \{\langle 1,x\rangle\} \neq \varnothing .$$

故 $R_1 \circ (R_2 \cap R_3) \subset (R_1 \circ R_2) \cap (R_1 \circ R_3)$.

同样可以给出另一个真包含的例子.

关于复合运算的逆具有下面性质:

定理 2.4 设有集合 A,B,C, 关系 $R: A \to B$, $S: B \to C$, 则有 $\widetilde{R \circ S} = \widetilde{S} \circ \widetilde{R}$.

证 首先注意到等式两边均是从 C 到 A 的关系.

若 $\langle z,x\rangle \in \widetilde{R \circ S}$, 则 $\langle x,z\rangle \in R \circ S$, 从而 $\exists y \in B$, 使得 $\langle x,y\rangle \in R$, $\langle y,z\rangle \in S$, 即 $\langle z,y\rangle \in \widetilde{S}$, $\langle y,x\rangle \in \widetilde{R}$, 故 $\langle z,x\rangle \in \widetilde{S} \circ \widetilde{R}$, 因此有 $\widetilde{R \circ S} \subseteq \widetilde{S} \circ \widetilde{R}$.

反过来, 若 $\langle z,x\rangle \in \widetilde{S} \circ \widetilde{R}$, 则 $\exists y \in B$, 使得 $\langle z,y\rangle \in \widetilde{S}$, $\langle y,x\rangle \in \widetilde{R}$, 即 $\langle x,y\rangle \in R$, $\langle y,z\rangle \in S$, 故 $\langle x,z\rangle \in R \circ S$, 因此 $\langle z,x\rangle \in \widetilde{R \circ S}$, 于是

$$\widetilde{R \circ S} \supseteq \widetilde{S} \circ \widetilde{R} .$$

故定理 2.4 成立. ∎

图 2-4 是定理 2.4 的示意图.

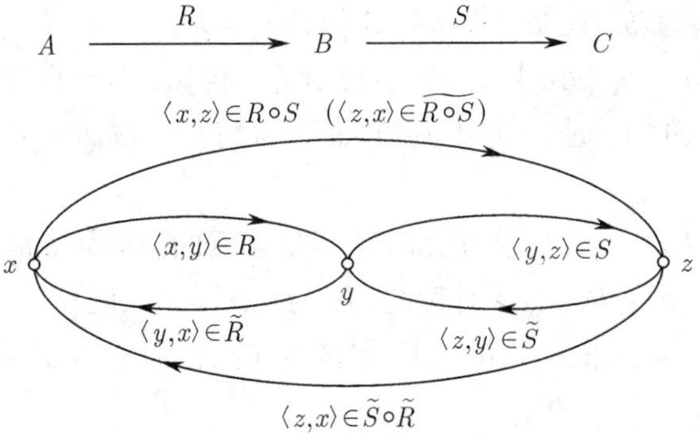

图 2–4

2.3 关系的基本类型

关系有 5 种最基本的类型——自反、反自反、对称、反对称和传递. 关系的这几种基本类型既是对关系概念的加深, 又是关系的闭包、等价关系和偏序关系的基础.

定义 2.5 设 R 是集合 A 上的关系.

(1) 若 $\forall x\in A$, 必有 $\langle x,x\rangle\in R$, 则称 R 是有自反特性的, 或说 R 是**自反的**.

(2) 若 $\forall x\in A$, 都有 $\langle x,x\rangle\notin R$, 则称 R 是有反自反特性的, 或说 R 是**反自反的**.

(3) $\forall x,y\in A$, 若 $\langle x,y\rangle\in R$, 必有 $\langle y,x\rangle\in R$, 则称 R 是有对称特性的, 或说 R 是**对称的**.

(4) $\forall x,y\in A$, 若 $\langle x,y\rangle\in R$, 且 $\langle y,x\rangle\in R$, 必有 $x=y$, 则称 R 是有反对称特性的, 或说 R 是**反对称的**.

(5) $\forall x,y,z\in A$, 若 $\langle x,y\rangle\in R$, $\langle y,z\rangle\in R$, 必有 $\langle x,z\rangle\in R$, 则称 R 是有传递特性的, 或说 R 是**传递的**.

反对称也可定义为: 若 R 满足: $\forall\langle x,y\rangle\in R$, 且 $x\neq y$, 必有 $\langle y,x\rangle\notin R$, 则称 R 是**反对称的**. 显然这两个定义是等价的.

例 2.9 设集合 $A=\{a,b,c\}$, R 为 A 上的关系, 则有

(1) $R=\{\langle a,a\rangle,\langle a,b\rangle,\langle b,a\rangle\}$ 对称. 不是自反的, 因为 $\langle b,b\rangle\notin R$. 不是反自反的, 因为 $\langle a,a\rangle\in R$. 不是反对称的, 因为 $\langle a,b\rangle,\langle b,a\rangle\in R$, 但 $a\neq b$. 不

是传递的, 因为$\langle b,a\rangle \in R$, $\langle a,b\rangle \in R$但$\langle b,b\rangle \notin R$.

(2) $R=\{\langle a,b\rangle,\langle a,c\rangle\}$反自反、反对称、传递, 不是自反的, 也不是对称的. R是传递的, 是因为不存在如下的情形: $\langle x,y\rangle \in R$, $\langle y,z\rangle \in R$, 但$\langle x,z\rangle \notin R$.

(3) $R=\{\langle a,a\rangle,\langle a,b\rangle,\langle b,a\rangle,\langle a,c\rangle\}$不是自反的, 因为$\langle b,b\rangle \notin R$. 不是反自反的, 因为$\langle a,a\rangle \in R$. 不是对称的, 因为$\langle a,c\rangle \in R$, 但$\langle c,a\rangle \notin R$. 不是反对称的, 因为$\langle a,b\rangle,\langle b,a\rangle \in R$. 不是传递的, 因为$\langle b,a\rangle \in R$, $\langle a,b\rangle \in R$但$\langle b,b\rangle \notin R$.

(4) $R=\{\langle a,a\rangle,\langle b,b\rangle\}$不是自反的, 因为$\langle c,c\rangle \notin R$. 不是反自反的, 因为$\langle a,a\rangle \in R$. 是对称的, 也是反对称的、传递的. 说$R$是反对称的, 是因为不存在如下的情形: $\langle x,y\rangle \in R$, $\langle y,x\rangle \in R$, 而$x \neq y$.

(5) $R=\varnothing$是反自反、对称、反对称、传递的.

(6) $R=E_A$(全关系)是自反、对称、传递的.

对几种基本类型——自反、反自反、对称、反对称、传递等定义, 希望通过上面例子加深理解.

对于上述5个性质的判定, 可以根据定义、关系矩阵或关系图得到. 其中对传递性的判定, 难度稍大一点, 可以用如下方法判定: 只要不破坏传递性的定义, 就认为具有传递性. 例如空关系具有传递性.

如果用关系图来表示, 则有下面结论:

(1) 在关系图中, 若每个节点都有环, 则此关系是自反的;
(2) 在关系图中, 若每个节点都无环, 则此关系是反自反的;
(3) 在关系图中, 若任何一对不同的节点之间, 或者有方向相反的两条边, 或者无任何边, 则此关系是对称的;
(4) 在关系图中, 若任何一对节点之间, 至多有一条边存在, 则此关系是反对称的;
(5) 在关系图中, 任何3个节点x,y,z之间, 若从x到y有一条边存在, 从y到z有一条边存在, 则从x到z一定有一条边存在, 那么此关系是传递的.

如果用矩阵来表示, 则有下面结论:

(1) 在关系矩阵中, 若对角线上元素全为1, 则此关系是自反的;
(2) 在关系矩阵中, 若对角线上元素全为0, 则此关系是反自反的;

(3) 若关系矩阵是对称矩阵，则此关系是对称的;

(4) 若关系矩阵除对角线元素外，对称位置上两个元素不同时为 1，则此关系是反对称的;

(5) 在关系矩阵中，对任意的 $i,j,k\in\{1,2,\cdots,n\}$，满足 $r_{ij}=1$ 且 $r_{jk}=1$，一定有 $r_{ik}=1$，则此关系是传递的.

具体表现为: 设 R 所对应的关系矩阵 $\boldsymbol{M}(R)$ 中第 i 行第 j 列的元素为 r_{ij}，则有:

定理 2.5 设 R 是集合 $A=\{x_1,x_2,\cdots,x_n\}$ 上的关系，则有

(1) R 自反 $\Leftrightarrow r_{ii}=1,\ \forall i=1,2,\cdots,n$;

(2) R 反自反 $\Leftrightarrow r_{ii}=0,\ \forall i=1,2,\cdots,n$;

(3) R 对称 $\Leftrightarrow r_{ij}=r_{ji},\ \forall i,j=1,2,\cdots,n$;

(4) R 反对称 $\Leftrightarrow r_{ij}+r_{ji}\le 1,\ \forall i\ne j,\ i,j=1,2,\cdots,n$;

(5) R 传递 $\Leftrightarrow c_{ij}\le r_{ij},\ \forall i,j=1,2,\cdots,n$，这里 c_{ij} 是 $\boldsymbol{M}(R^2)$ 中第 i 行第 j 列的元素.

其中性质(5)是基于下面定理 2.6 中的结论(5).

基于上面对几个基本类型的描述，可以证明下面一些结论:

定理 2.6 设 R 是集合 A 上的关系，则有

(1) R 自反 $\Leftrightarrow R\supseteq I_A$;

(2) R 反自反 $\Leftrightarrow R\cap I_A=\varnothing$;

(3) R 对称 $\Leftrightarrow R=\widetilde{R}$;

(4) R 反对称 $\Leftrightarrow R\cap\widetilde{R}\subseteq I_A$;

(5) R 传递 $\Leftrightarrow R^2\subseteq R$.

证 (1), (2)的证明略去.

(3) 若 R 对称，即 $\forall\langle x,y\rangle\in R$ 有 $\langle y,x\rangle\in R$，即 $\langle x,y\rangle\in\widetilde{R}$，故 $R\subseteq\widetilde{R}$. 反过来，$\widetilde{R}\subseteq R$ 的证明是一样的，得证 $R=\widetilde{R}$.

若 $R=\widetilde{R}$，则 $\forall\langle x,y\rangle\in R=\widetilde{R}$，$\langle x,y\rangle\in\widetilde{R}$，即 $\langle y,x\rangle\in R$，从而 R 对称.

(4) 若 R 反对称，则 $\forall\langle x,y\rangle\in R\cap\widetilde{R}$，有 $\langle x,y\rangle\in R$, $\langle x,y\rangle\in\widetilde{R}$，即 $\langle x,y\rangle\in R$, $\langle y,x\rangle\in R$，由反对称性，有 $x=y$，从而 $R\cap\widetilde{R}\subseteq I_A$.

若 $R\cap\widetilde{R}\subseteq I_A$，$\forall\langle x,y\rangle\in R$，$\langle y,x\rangle\in R$，则 $\langle x,y\rangle\in R$，$\langle x,y\rangle\in\widetilde{R}$，从而

$\langle x,y\rangle \in R\cap \widetilde{R}\subseteq I_A$，则 $x=y$，由反对称的定义，R 是反对称的.

(5) 若 R 传递，则 $\forall\langle x,z\rangle\in R^2=R\circ R$，存在 $y\in A$，使得 $\langle x,y\rangle\in R$，$\langle y,z\rangle\in R$，由 R 传递，有 $\langle x,z\rangle\in R$，从而 $R^2\subseteq R$.

另一方面，若 $R^2\subseteq R$，$\forall x,y,z\in A$，若 $\langle x,y\rangle\in R$，$\langle y,z\rangle\in R$，则 $\langle x,z\rangle\in R^2$，由 $R^2\subseteq R$，有 $\langle x,z\rangle\in R$，故 R 传递. ▌

例 2.10 设 $X=\{1,2,3,4\}$，R 是 X 上的二元关系，

$$R=\{\langle 1,1\rangle,\langle 3,1\rangle,\langle 1,3\rangle,\langle 3,3\rangle,\langle 3,2\rangle,\langle 4,3\rangle,\langle 4,1\rangle,\langle 4,2\rangle,\langle 1,2\rangle\}.$$

(1) 画出 R 的关系图.

(2) 写出 R 的关系矩阵.

(3) 说明 R 是否具有自反、反自反、对称、传递特性.

解 (1) R 的关系图如图 2-5 所示.

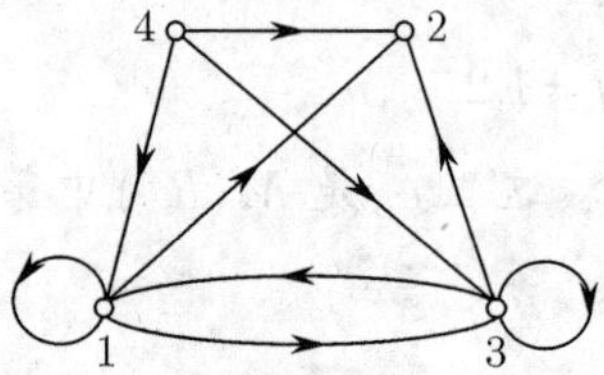

图 2-5

(2) R 的关系矩阵是

$$\begin{pmatrix}1&1&1&0\\0&0&0&0\\1&1&1&0\\1&1&1&0\end{pmatrix}.$$

(3) 由于对角线上不全为 1，R 不是自反的；由于对角线上存在非零元素，R 不是反自反的；由于矩阵不对称，R 不是对称的；经计算可得

$$\boldsymbol{M}(R^2)=\begin{pmatrix}1&1&1&0\\0&0&0&0\\1&1&1&0\\1&1&1&0\end{pmatrix}=\boldsymbol{M}(R),$$

可知 R 是传递的.

说明 (1) 本题也可以通过关系图本身来说明：因节点 2 处无环，故关系 R 不是自反的；因节点 1 处有环，故 R 不是反自反的；因有节点 4 到节点 2 的边，但无 2 到 4 的边，故 R 不是对称的；不存在如下情形：有 a 到 b 的边，b 到 c 的边，无 a 到 c 的边，故 R 是传递的.

(2) 也可以直接从以集合形式表示的关系来判断：因 $\langle 2,2\rangle\notin R$，故 R 不自反；因 $\langle 1,1\rangle\in R$，故 R 不反自反；因 $\langle 4,2\rangle\in R$，$\langle 2,4\rangle\notin R$，故 R 不对称；因不存在如下情形：有 $\langle a,b\rangle\in R$，$\langle b,c\rangle\in R$，但 $\langle a,c\rangle\notin R$，故 R 传递.

例 2.11　判断下列关系矩阵所具有的性质. $R_i\,(i=1,2,3,4,5)$ 均为集合 $\{1,2,3\}$ 上的关系.

$$
\boldsymbol{M}_{R_1}=\begin{pmatrix}1&1&0\\1&1&1\\1&0&1\end{pmatrix},\ \boldsymbol{M}_{R_2}=\begin{pmatrix}1&0&1\\1&1&1\\0&0&1\end{pmatrix},\ \boldsymbol{M}_{R_3}=\begin{pmatrix}1&1&1\\0&1&1\\0&1&1\end{pmatrix},
$$

$$
\boldsymbol{M}_{R_4}=\begin{pmatrix}1&0&1\\1&0&0\\0&1&0\end{pmatrix},\ \boldsymbol{M}_{R_5}=\begin{pmatrix}1&1&1\\1&1&1\\1&1&1\end{pmatrix}.
$$

解　R_1: 自反、不对称、不传递; 因为对角线性所有元素为 1, 故自反; 因矩阵不对称, 故关系不对称也不反对称; 因 $\langle 1,2\rangle,\langle 2,3\rangle\in R_1$, 但 $\langle 1,3\rangle\notin R_1$, 故关系不传递.

R_2: 自反、反对称、传递; 因为对角线上所有元素为 1, 故自反; 因矩阵反对称, 故关系反对称; 通过计算可得 $R_2^2\subseteq R_2$, 从而关系传递.

R_3: 自反、不对称、传递; 因为对角线上所有元素为 1, 故自反; 因矩阵不对称, 故关系不对称; 通过计算可得 $R_3^2\subseteq R_3$, 从而关系传递.

R_4: 不自反、不对称、反对称、不传递; 对角线上存在元素为 1, 且不是所有元素为 1, 故不自反; 因矩阵不对称, 故关系不对称; 由于除对角线上元素外, 对称位置上两元素不同时为 1, 故关系反对称; 因 $\langle 2,1\rangle,\langle 1,3\rangle\in R_4$, 但 $\langle 2,3\rangle\notin R_4$, 故关系不传递.

R_5: 自反、对称、传递. 因为关系是全关系, 满足自反、对称、传递的定义.

说明　上面在说明某个关系是否具有传递性时, 可由定理 2.6 的结论 (5), 通过对相应矩阵的运算来说明.

例 2.12　试判断图 2–6 中关系的性质.

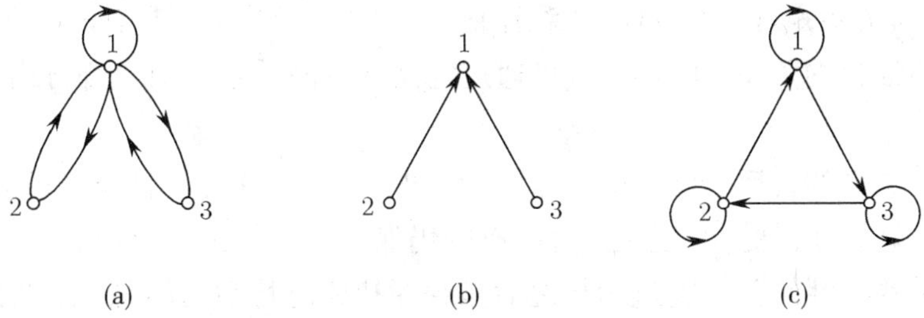

图 2–6

解 图 2-6 中(a)的关系在集合 $\{1,2,3\}$ 上是对称的, 因为节点 1 与 2, 1 与 3 之间的有向弧是成对出现且方向相反; 它不是自反的, 也不是反自反的, 因为有的节点处有环, 有的节点没有环. 它不是传递的, 因为 $\langle 1,2\rangle \in R$, $\langle 2,1\rangle \in R$, 若 R 是传递关系, 应该有 $\langle 2,2\rangle \in R$, 然而节点 2 处没有环.

图 2-6 中(b)是反自反的, 因为每个节点都没有环. 它也是反对称的, 因为两条边都是单向边; 它又是传递的, 因为不存在节点 $x,y,z\in\{1,2,3\}$, 使得 x 到 y 有边, y 到 z 有边, 但 x 到 z 没有边.

图 2-6 中(c)的关系自反的, 反对称的, 但不是传递的. 因为 2 到 1 有边, 1 到 3 有边, 但 2 到 3 没有边.

例 2.13 设 $A=\{1,2,3\}$, R 是 $P(A)$ 上的二元关系, 且 $R=\{\langle a,b\rangle \mid a\cap b\neq\varnothing\}$. 则 R 不满足下列哪些性质? 为什么?

(1) 自反性; (2) 反自反性;

(3) 对称性; (4) 反对称性;

(5) 传递性.

解 (1) 因 $\varnothing\in P(A)$, 但 $\varnothing\cap\varnothing=\varnothing$, 有 $\langle\varnothing,\varnothing\rangle\notin R$, R 不满足自反性.

(2) $\{1\}\in P(A)$ 且 $\{1\}\cap\{1\}=\{1\}\neq\varnothing$, 有 $\langle\{1\},\{1\}\rangle\in R$, R 不满足反自反性.

(3) 若 $\langle x,y\rangle\in R$, 则 $x\cap y\neq\varnothing$, 从而 $y\cap x\neq\varnothing$, 有 $\langle y,x\rangle\in R$, R 满足对称性.

(4) 令 $x=\{1,2\}$, $y=\{1,3\}$, 则 $x\cap y=y\cap x=\{1\}\neq\varnothing$, 由 R 的定义易知: $\langle x,y\rangle\in R$, 且 $\langle y,x\rangle\in R$, 但 $x\neq y$, R 不满足反对称性.

(5) 令 $x=\{1\}$, $y=\{1,2\}$, $z=\{2\}$, 则有 $x\cap y=\{1\}\neq\varnothing$ 且 $y\cap z=\{2\}\neq\varnothing$, 有 $\langle x,y\rangle\in R$ 且 $\langle y,z\rangle\in R$, 但 $x\cap z=\varnothing$, 故 $\langle x,z\rangle\notin R$, R 不满足传递性.

上面通过几个例子, 说明了如何通过关系的具体表达方式如集合(例 2.10)、关系矩阵(例 2.11)、关系图(例 2.12)来判断关系所具有的基本特性, 对一些抽象的关系(例 2.13)也可通过定义来判断. 这是对这部分内容的基本要求.

关系的自反、反自反、对称、反对称、可传递性等性质经过关系的并、交、差、补、复合、逆运算后, 有的仍保持, 有的则不再保持. 关于两个具有某些特性的关系经过运算之后是否保持原有特性的问题, 有如下结论:

定理 2.7 设 R,S 均为 A 上的关系, 则有

(1) 若 R,S 是自反的, 则 $\widetilde{R}, R\cup S, R\cap S, R\circ S$ 也是自反的;

(2) 若 R,S 是反自反的, 则 $\widetilde{R}, R\cup S, R\cap S, R-S$ 也是反自反的;

(3) 若 R,S 是对称的, 则 $\widetilde{R}, R\cup S, R\cap S, R-S, \overline{R}$ 也是对称的;

(4) 若 R,S 是反对称的, 则 $\widetilde{R}, R\cap S, R-S$ 也是反对称的;

(5) 若 R,S 是传递的, 则 $\widetilde{R}, R\cap S$ 也是传递的.

证明略, 请读者自证. 以表格形式给出, 定理 2.7 如表 2–1 所示.

表 2–1

R,S	$\widetilde{R}$	$\overline{R}$	$R\cup S$	$R\cap S$	$R-S$	$R\circ S$
自反	√	×	√	√	×	√
反自反	√	×	√	√	√	×
对称	√	√	√	√	√	×
反对称	√	×	×	√	√	×
传递	√	×	×	√	×	×

从上面表格可以看出, 逆运算和交运算较好地保持了原来的性质, 而复合运算和并运算则相对要差一点, 有些特性没有保持. 例如: 若 R,S 是对称的, 则 $R\circ S$ 不一定对称; 若 R,S 反对称, 则 $R\circ S$ 不一定反对称; 若 R,S 传递, 则 $R\cup S$ 不一定传递. 希望读者能举一些没有保持原有特性的例子, 以加深对以上结论的理解.

2.4 关系的闭包

给定集合上的一个关系 R, 它不一定具有自反、对称或传递的特性, 而这些性质又很重要. 于是从 R 出发, 如何添加一些序偶成为一个新的关系 R', 使 R' 具有我们所要求的性质, 同时添加的序偶尽可能地少(否则添加成为全关系一定具有这些性质), 这一想法导致了关系的闭包这一概念的引入.

定义 2.6 设 R 是集合 A 上的关系, 则 R 的**自反(对称、传递)闭包**是

A上的关系R', 它满足下面三个条件:

(1) $R \subseteq R'$;

(2) R'是自反的(对称的、传递的);

(3) 对A上的任意关系R'', 若它满足条件(1), (2), 则必有$R' \subseteq R''$.

分别用$r(R), s(R), t(R)$表示R的自反闭包、对称闭包、传递闭包.

简单地说, 一个关系的某种闭包就是"包含原关系的具有所求性质的一种最小的关系", 有时我们也将这句话作为闭包的定义.

由定义可以得出R的自反(对称、传递)闭包是唯一的. 因为若R', R''都是R的闭包, 则由定义中条件(3), 有$R' \subseteq R''$, $R'' \subseteq R'$, 从而$R' = R''$.

通常也用R^+表示关系R的传递闭包, 即$R^+ = t(R)$, 用R^*表示关系R的自反传递闭包, 即$R^* = t(r(R))$.

给出一个关系R, 如何确定它的闭包, 这是一个有意义的问题. 下面的定理实质上给出了这一方法.

定理 2.8 设R是非空集合A上的关系, 则

(1) $r(R) = R \cup I_A$;

(2) $s(R) = R \cup \widetilde{R}$;

(3) $t(R) = \bigcup_{i=1}^{\infty} R^i = R \cup R^2 \cup R^3 \cup \cdots$.

证 (1) 显然$R \cup I_A$是自反的, 且$R \subseteq R \cup I_A$, 若又有自反关系R'满足$R \subseteq R'$, 则因为R'是自反的, 有$I_A \subseteq R'$, 从而有$R \cup I_A \subseteq R'$, 命题得证.

(2) 首先$R \cup \widetilde{R}$是对称的, 这是因为$\widetilde{R \cup \widetilde{R}} = R \cup \widetilde{R}$. 显然$R \subseteq R \cup \widetilde{R}$. 若有对称关系$R'$满足$R \subseteq R'$, 则$\forall \langle x,y \rangle \in R \cup \widetilde{R}$, 有$\langle x,y \rangle \in R$或$\langle x,y \rangle \in \widetilde{R}$, 即$\langle x,y \rangle \in R$或$\langle y,x \rangle \in R$. 因$R \subseteq R'$, 则有$\langle x,y \rangle \in R'$或$\langle y,x \rangle \in R'$. 由$R'$对称, 有$\langle x,y \rangle \in R'$, 从而有$R \cup \widetilde{R} \subseteq R'$, 即$s(R) = R \cup \widetilde{R}$.

(3) 记$R^+ = \bigcup_{i=1}^{\infty} R^i = R \cup R^2 \cup R^3 \cup \cdots$. 首先证$t(R) \subseteq R^+$, 这只需证$R^+$是可传递的, 因为若$R^+$是传递的, 而又有$R \subseteq R^+$, 则根据传递闭包的定义有$t(R) \subseteq R^+$. 为证$R^+$传递, 我们考查$\forall x,y,z \in A$, 若$\langle x,y \rangle \in R^+$且$\langle y,z \rangle \in R^+$, 则必存在自然数$n,m$使得$\langle x,y \rangle \in R^n$且$\langle y,z \rangle \in R^m$, 故有$\langle x,z \rangle \in R^n \circ R^m = R^{n+m}$, 从而$\langle x,z \rangle \in R^+$, 因此$R^+$传递.

再证 $R^+\subseteq t(R)$，这只需证对任意的自然数 $n\geq 1$ 有 $R^n\subseteq t(R)$，为此用数学归纳法.

当 $n=1$ 时，根据传递闭包的定义有 $R\subseteq t(R)$.

假设当 $n=k$ 时，有 $R^k\subseteq t(R)$. 当 $n=k+1$ 时，因 $R^{k+1}=R^k\circ R$，所以 $\forall x,z\in A$，若 $\langle x,z\rangle\in R^{k+1}$，则必存在 $y\in A$ 使得 $\langle x,y\rangle\in R^k\subseteq t(R)$ 且 $\langle y,z\rangle\in R\subseteq t(R)$，而 $t(R)$ 是传递的，因此有 $\langle x,z\rangle\in t(R)$，从而 $R^{k+1}\subseteq t(R)$.

故对任意的自然数 $n\geq 1$ 有 $R^n\subseteq t(R)$，因此 $R^+\subseteq t(R)$. 而上面已经证明了 $t(R)\subseteq R^+$，所以有 $R^+=t(R)$. ▌

上面第三个结论形式上是一个无限的过程，但我们实际上处理的几乎全部是有限集合. 对有限集，有比上面简单一点的结论:

定理 2.9 对有限集 A，设 $|A|=n$，R 是 A 上的关系，则有

$$t(R)=\bigcup_{i=1}^{n}R^i=R\cup R^2\cup\cdots\cup R^n.$$

证 由定理 2.8(3)，显然 $R\cup R^2\cup\cdots\cup R^n\subseteq t(R)$，下面只需证

$$t(R)\subseteq R\cup R^2\cup\cdots\cup R^n.$$

设 $\langle x,y\rangle\in\bigcup_{i=1}^{\infty}R^i$，则存在正整数 p，使得 $\langle x,y\rangle\in R^p$，若 $p\leq n$，则 $\langle x,y\rangle\in\bigcup_{i=1}^{n}R^i$. 若 $p>n$，根据关系的幂的定义，在 A 中存在元素序列 $x_0=x,x_1,x_2,\cdots,x_p=y$，使

$$\langle x_0,x_1\rangle\in R,\ \langle x_1,x_2\rangle\in R,\ \cdots,\ \langle x_{p-1},x_p\rangle\in R,$$

共有 p 个序偶. 上述元素序列中共有 p 个元素，而 $p>n$，由鸽巢原理，其中至少有两个相同，设 $x_s=x_t$，$s<t$，将元素序列中从 x_{s+1} 到 x_t 这一段删除，共删除 $t-s$ 个元素，得一新的元素序列共有 $q=p-(t-s)$ 个元素，且相应的序偶共有 q 个. 若 q 仍大于 n，则新的元素序列中仍有相同元素，可继续进行上述删除工作，此过程一直进行到元素序列的个数小于或等于 n 为止. 因此 $p>n$ 时，仍有 $\langle x,y\rangle\in\bigcup_{i=1}^{n}R^i$. 故 $t(R)=R\cup R^2\cup\cdots\cup R^n$. ▌

根据定理 2.8 和关系矩阵所对应的结论，可以计算闭包所对应的矩阵. 如

$$\boldsymbol{M}(r(R))=\boldsymbol{M}(R)\vee\boldsymbol{M}(I_A),\ \boldsymbol{M}(s(R))=\boldsymbol{M}(R)\vee\boldsymbol{M}(\widetilde{R}),$$

$$\boldsymbol{M}(t(R))=\bigvee_{i=1}^{\infty}\boldsymbol{M}(R^i).$$

例 2.14 设集合 $A=\{a,b,c,d\}$，定义集合 A 上的关系 R 为

$$R=\{\langle a,b\rangle,\langle b,a\rangle,\langle b,c\rangle,\langle c,d\rangle\},$$

求 $r(R),s(R),t(R)$.

解 求自反闭包，R 不具有自反性，由自反性的定义，只需在 R 上添加 I_A，于是

$$r(R)=R\cup I_A=\{\underline{\langle a,a\rangle},\langle a,b\rangle,\langle b,a\rangle,\underline{\langle b,b\rangle},\langle b,c\rangle,\underline{\langle c,c\rangle},\langle c,d\rangle,\underline{\langle d,d\rangle}\},$$

其中下画线者为添加的元素.

$$s(R)=R\cup\widetilde{R}=\{\langle a,b\rangle,\langle b,a\rangle,\langle b,c\rangle,\underline{\langle c,b\rangle},\langle c,d\rangle,\underline{\langle d,c\rangle}\},$$

$$\begin{aligned}t(R)&=R\cup\{\langle a,a\rangle,\langle b,b\rangle,\langle a,c\rangle,\langle a,d\rangle,\langle b,d\rangle\}\\&=\{\underline{\langle a,a\rangle},\langle a,b\rangle,\underline{\langle a,c\rangle},\underline{\langle a,d\rangle},\langle b,a\rangle,\underline{\langle b,b\rangle},\langle b,c\rangle,\underline{\langle b,d\rangle},\langle c,d\rangle\}.\end{aligned}$$

说明 在求传递闭包时可通过关系矩阵来计算. 因为

$$\boldsymbol{M}(R)=\begin{pmatrix}0&1&0&0\\1&0&1&0\\0&0&0&1\\0&0&0&0\end{pmatrix},\ \boldsymbol{M}(R^2)=\begin{pmatrix}1&0&1&0\\0&1&0&1\\0&0&0&0\\0&0&0&0\end{pmatrix},$$

$$\boldsymbol{M}(R^3)=\begin{pmatrix}0&1&0&1\\1&0&1&0\\0&0&0&0\\0&0&0&0\end{pmatrix},\ \boldsymbol{M}(R^4)=\begin{pmatrix}1&0&1&0\\0&1&0&1\\0&0&0&0\\0&0&0&0\end{pmatrix},$$

所以

$$\boldsymbol{M}\big(t(R)\big)=\boldsymbol{M}(R)\vee\boldsymbol{M}(R^2)\vee\boldsymbol{M}(R^3)\vee\boldsymbol{M}(R^4)=\begin{pmatrix}1&1&1&1\\1&1&1&1\\0&0&0&1\\0&0&0&0\end{pmatrix}.$$

若给出了一个关系的关系图，如何求出它对应的闭包呢?

(1) 求一个关系的自反闭包，只需将图中的所有无环的节点加上环.

(2) 求一个关系的对称闭包，在图中任何一对不同节点之间，若仅存在一条边，则加上方向相反的另一条边即可.

(3) 求一个关系的传递闭包，在图中，对任意节点 a,b,c，若 a 到 b 有一条边，同时 b 到 c 有一条边，则从 a 到 c 增加一条边(当 a 到 c 无边时). 继续这样下去，直到不能再添加边为止.

根据闭包的定义, 容易证明下面结论:

定理 2.10 (1) R是自反的 $\Leftrightarrow r(R)=R$.

(2) R是对称的 $\Leftrightarrow s(R)=R$.

(3) R是传递的 $\Leftrightarrow t(R)=R$.

定理 2.11 设R,S是集合A上的关系, 且有$R\supseteq S$, 则有

$$r(R)\supseteq r(S),\ s(R)\supseteq s(S),\ t(R)\supseteq t(S).$$

证 只证明$r(R)\supseteq r(S)$, 其余两个同理可证. 由于$r(R)$是自反的, 且有$S\subseteq R\subseteq r(R)$, 按照自反闭包的定义有$r(S)\subseteq r(R)$. ▌

由定理 2.8 容易证明:

定理 2.12 设R,S是集合A上的关系, 则有

(1) $r(R\cup S)=r(R)\cup r(S)$;

(2) $s(R\cup S)=s(R)\cup s(S)$;

(3) $t(R\cup S)\supseteq t(R)\cup t(S)$.

说明 结论(3)可能发生不相等的情况, 希望读者能举出这样的例子.

定理 2.13 设R是非空集合A上的关系.

(1) 若R是自反的, 则$s(R)$和$t(R)$也是自反的.

(2) 若R是对称的, 则$r(R)$和$t(R)$也是对称的.

(3) 若R是传递的, 则$r(R)$也是传递的.

证 (1) 显然成立, 因为有$I_A\subseteq R\subseteq s(R)$和$I_A\subseteq R\subseteq t(R)$.

(2) $r(R)$是对称的, 因为

$$\widetilde{r(R)}=\widetilde{I_A\cup R}=\widetilde{I_A}\cup\widetilde{R}=I_A\cup R=r(R).$$

为证$t(R)$对称, 先证明: 若R对称, 则$\forall n\geq 1$, R^n对称. 用数学归纳法. $n=1$时显然成立, 假设$n=k$时R^n对称, 当$n=k+1$时, 任给$x,y\in A$, 若$\langle x,y\rangle\in R^{k+1}$, 则存在$z\in A$, 使得$\langle x,z\rangle\in R^k$, $\langle z,y\rangle\in R$, 因R^k和R均对称, 有$\langle z,x\rangle\in R^k$, $\langle y,z\rangle\in R$, 从而$\langle y,x\rangle\in R\circ R^k=R^{k+1}$. 故$n=k+1$时, R^n对称. 因此, 若R对称, 则$\forall n\geq 1$, R^n对称.

又

$$\begin{aligned}\langle x,y\rangle\in t(R)&\Leftrightarrow\langle x,y\rangle\in R\cup R^2\cup\cdots\Rightarrow\exists n(\langle x,y\rangle\in R^n)\\&\Leftrightarrow\exists n(\langle y,x\rangle\in R^n)\Rightarrow\langle y,x\rangle\in t(R),\end{aligned}$$

因此 $t(R)$ 对称.

(3) 因为

$$r(R)\circ r(R)=(I_A\cup R)\circ(I_A\cup R)=I_A\cup R\cup(R\circ R)$$
$$\subseteq I_A\cup R=r(R),$$

所以 $r(R)$ 传递. ∎

说明 在 R 传递时, $s(R)$ 不一定传递, 请举例说明.

定理 2.14 设 R 是集合 A 上的关系, 则有

(1) $rs(R)=sr(R)$;

(2) $rt(R)=tr(R)$;

(3) $st(R)\subseteq ts(R)$,

其中, $sr(R),st(R),rt(R),tr(R)$ 或 $ts(R)$ 等分别理解为 $s(r(R)),s(t(R)),r(t(R)),t(r(R))$ 或 $t(s(R))$.

证 (1) $rs(R)=r\big(s(R)\big)=r(R\cup\widetilde{R})=I_A\cup(R\cup\widetilde{R})$

$$=I_A\cup R\cup\widetilde{I_A}\cup\widetilde{R}=\big(I_A\cup R\big)\cup\widetilde{I_A\cup R}$$
$$=r(R)\cup\widetilde{r(R)}=s\big(r(R)\big).$$

(2) $t\big(r(R)\big)=t\big(I_A\cup R\big)=\bigcup_{i=1}^{\infty}\big(I_A\cup R\big)^i=\bigcup_{i=1}^{\infty}\left(I_A\cup\bigcup_{j=1}^{i}R^j\right)$

$$=I_A\cup\bigcup_{i=1}^{\infty}\left(\bigcup_{j=1}^{i}R^j\right)=I_A\cup\bigcup_{i=1}^{\infty}(R^i)$$
$$=I_A\cup t(R)=r\big(t(R)\big).$$

(3) 由定理 2.11, 因 $R\subseteq s(R)$, 故 $t(R)\subseteq t\big(s(R)\big)$, 得

$$s\big(t(R)\big)\subseteq s\Big(t\big(s(R)\big)\Big).$$

又由定理 2.13 结论(2), 因 $s(R)$ 是对称的, 从而 $t\big(s(R)\big)$ 对称, 即

$$s\Big(t\big(s(R)\big)\Big)=t\big(s(R)\big),$$

从而有 $s\big(t(R)\big)\subseteq s\Big(t\big(s(R)\big)\Big)=t\big(s(R)\big)$, 即 $st(R)\subseteq ts(R)$. ∎

例 2.15 整数集 $\mathbf{Z}$ 上的 $<$ (小于)关系, 其自反闭包为 $r(<)=\leq$ (小于或等于关系), 其对称闭包为 $s(<)=\neq$ (不等于关系), 传递闭包为 $t(<)=<$. 虽然 $<$ 关系是传递的, 但 $s(<)$ 不是传递的. $st(<)=s(<)=\neq$, $ts(<)=$

$t(\neq)=E_{\mathbf{Z}}$, 从而 $st(<)$ 与 $ts(<)$ 不相等.

根据上述几个定理, 可以给出求包含 R 的具有自反、对称、传递特性的最小的关系的定理:

定理 2.15 对集合上的任意关系 R, $tsr(R)$ 是包含 R 并同时具有自反、对称、传递特性的最小关系. 此处 $tsr(R)$ 表示 $t(s(r(R)))$.

证 显然 $tsr(R)$ 是自反、对称、传递的. 因为 $r(R)$ 自反, 两次应用定理 2.13 结论(1), 可知 $tsr(R)$ 是自反的; 因为 $sr(R)$ 对称, 由定理 2.13 结论(2), 知 $tsr(R)$ 是对称的; $tsr(R)$ 自然是传递的.

设 R' 是任意一个包含 R 的具有自反、对称、传递特性的关系. 由 $R\subseteq R'$, 有 $r(R)\subseteq r(R')$; 因 R' 自反, 故 $r(R')=R'$, 得 $r(R)\subseteq R'$, 于是 $sr(R)\subseteq s(R')$; 因 R' 对称, 故 $s(R')=R'$, 有 $sr(R)\subseteq R'$, 从而 $tsr(R)\subseteq t(R')$; 再由 R' 的传递性, 有 $t(R')=R'$, 可得 $tsr(R)\subseteq R'$. 因此 $tsr(R)$ 是包含 R 并同时具有自反、对称、传递特性的最小关系. ∎

2.5 等价关系与集合的划分

等价关系是集合上的一种常见的很重要、很普遍的关系, 它和集合的划分有密切的联系. 由等价关系可以将集合中的元素划分成等价类, 得到相对于等价关系而言的商集. 首先给出定义:

定义 2.7 对非空集合 A 上的关系 R, 若 R 是自反、对称、传递的, 则称 R 为 A 上的**等价关系**.

例如, 平面上三角形集合中的相似关系就是等价关系; 数集上的相等关系是等价关系; 例 2.1 (1)中老乡关系也是等价关系.

例 2.16 给定集合 $P_8=\{1,2,3,4,5,6,7,8\}$, R 是 P_8 上的模 3 同余关系, 即 $R=\{\langle a,b\rangle \mid a\equiv b \pmod 3,\ a,b\in P_8\}$, 则

$$
\begin{aligned}
R=\{&\langle 1,1\rangle,\langle 1,4\rangle,\langle 1,7\rangle,\langle 2,2\rangle,\langle 2,5\rangle,\langle 2,8\rangle,\langle 3,3\rangle,\langle 3,6\rangle,\\
&\langle 4,1\rangle,\langle 4,4\rangle,\langle 4,7\rangle,\langle 5,2\rangle,\langle 5,5\rangle,\langle 5,8\rangle,\langle 6,3\rangle,\langle 6,6\rangle,\\
&\langle 7,1\rangle,\langle 7,4\rangle,\langle 7,7\rangle,\langle 8,2\rangle,\langle 8,5\rangle,\langle 8,8\rangle\}.
\end{aligned}
$$

R 的关系图如图 2–7 所示, 易知 R 是自反、对称、传递的, 所以 R 是等价关系.

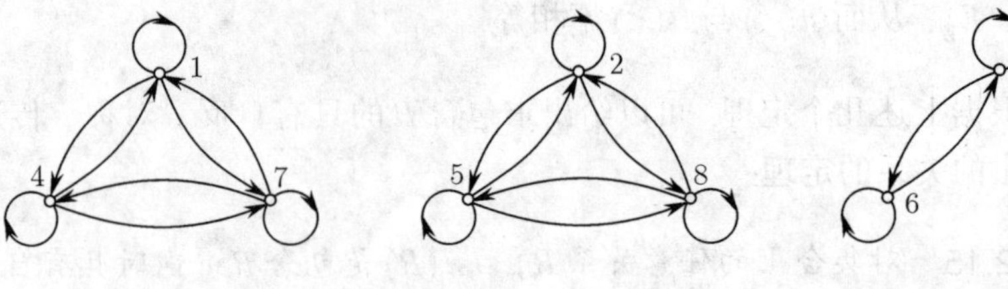

图 2-7

从图 2-7 可以看出，P_8 上的模 3 同余关系 R，将 P_8 分成了 3 个子集：$\{1,4,7\}$，$\{2,5,8\}$，$\{3,6\}$，每个子集中的任意两个元素均有关系 R，它们都不是空集，且两两不相交，它们的并集即为 P_8．对一般的非空集合上的等价关系，是否也有类似的结论呢？回答是肯定的．

定义 2.8 设 R 是非空集合 A 上的等价关系，$a\in A$，由 A 中所有与 a 具有关系 R 的全体元素组成的 A 的子集，称为 a 关于 R 的**等价类**，记为 $[a]_R$，简称 a 的等价类，在不引起混淆的情况下记为 $[a]$，即

$$[a]_R=\{x\,|\,x\in A,\ xRa\}.$$

A 关于等价类全体构成的集合，称为 A 关于 R 的**商集**，记为 A/R，即

$$A/R=\{[a]_R\,|\,a\in A\}.$$

例如：对 P_8 中的模 3 同余关系 R 有三个等价类：

$$[1]_R=\{1,4,7\},\ [2]_R=\{2,5,8\},\ [3]_R=\{3,6\},$$

P_8 关于 R 的商集为 $P_8/R=\{[1]_R,[2]_R,[3]_R\}$．

将上面的"模 3 同余"的关系推广，可以获得整数集合 $\mathbf{Z}$ 上的"模 n 同余"关系，即

$$R=\left\{\langle a,b\rangle\middle|a\equiv b\ (\operatorname{mod} n),\ a,b\in\mathbf{Z}\right\}.$$

可以根据任何整数除以 n（n 为正整数）所得余数进行分类，构成 n 个等价类，记为

$$[i]_R=\left\{nz+i\middle|z\in\mathbf{Z}\right\},\quad i=0,1,\cdots,n-1,$$

即

$$[0]_R=\{\cdots,-2n,-n,0,n,2n,\cdots\},$$
$$[1]_R=\{\cdots,-2n+1,-n+1,1,n+1,2n+1,\cdots\},$$
$$\cdots,$$
$$[n-1]_R=\{\cdots,-n-1,-1,n-1,2n-1,3n-1,\cdots\}.$$

由此可得，整数集合 $\mathbf{Z}$ 上的"模 n 同余"关系 R 的商集为

$$\mathbf{Z}/R=\left\{[0]_R,[1]_R,[2]_R,\cdots,[n-1]_R\right\}.$$

定理 2.16　设 R 是集合 A 上的等价关系，则

(1) A 上关于 R 的每个等价类不是空集；

(2) 对 A 中任意两个元素 a 和 b，若 aRb，则 $[a]_R=[b]_R$；若 $a\bar{R}b$，则 $[a]_R\cap[b]_R=\varnothing$；

(3) $\bigcup\limits_{a\in A}[a]_R=A$.

证　(1) $\forall a\in A$，因为 R 自反，有 aRa，故 $a\in[a]_R$，即 $[a]_R$ 不是空集.

(2) 若 aRb，则 $\forall x\in[a]_R$，有 xRa．因 R 传递，有 xRb，即 $x\in[b]_R$，故 $[a]_R\subseteq[b]_R$．同理可证 $[b]_R\subseteq[a]_R$，因此 $[a]_R=[b]_R$.

若 $a\bar{R}b$，假设 $[a]_R\cap[b]_R\neq\varnothing$，设 $z\in[a]_R\cap[b]_R$，于是 $z\in[a]_R$ 且 $z\in[b]_R$，即 zRa, zRb；由 R 的对称性，有 aRz；再由 R 的传递性，有 aRb，与假设矛盾；所以 $[a]_R\cap[b]_R=\varnothing$.

(3) 显然 $\bigcup\limits_{a\in A}[a]_R\subseteq A$．$\forall x\in A$，因为 $x\in[x]_R$，故 $x\in\bigcup\limits_{a\in A}[a]_R$，从而 $A\subseteq\bigcup\limits_{a\in A}[a]_R$，得 $\bigcup\limits_{a\in A}[a]_R=A$.　∎

根据第 1 章划分的定义，由定理 2.16 知，等价关系确定集合的一个划分．反过来，一个划分能否确定一个等价关系呢？关于等价关系与集合的划分之间的相应关系，有下面的定理:

定理 2.17　设 R 是非空集合 A 上的等价关系，则商集 A/R 是 A 的一个划分；反之，对集合 A 的任一划分 $\varPi$，可确定 A 上的一个等价关系 R，且 R 所对应的商集 $A/R=\varPi$.

事实上，对于给定集合 A 的一个划分 $\varPi=\{A_\alpha\mid A_\alpha\subseteq A,\ A_\alpha\neq\varnothing\}$，考查 A 上的关系 $R=\bigcup\limits_{\alpha}(A_\alpha\times A_\alpha)$．$R$ 实际上是这样一个关系：xRy 当且仅当 x 与 y 同属于划分 $\varPi$ 的某一块．显然 R 是一个等价关系，相应的等价类就是各个块，它们组成的集合即商集 A/R 是原先给出的划分 $\varPi$.

容易证明：同一个集合上的两个等价关系，若它们所对应的商集相同，则这两个等价关系一定相等．因此，结合定理 2.17 可知：集合 A 上的任一等价关系可以唯一确定 A 的一个划分；反过来，A 的任一划分也可以唯一确定 A 上的一个等价关系．这样 A 有多少个不同的划分，A 上就有多少个不同的等价关系，反之亦然.

例 2.17 设集合 $A=\{a,b,c,d,e\}$，A 上的关于等价关系 R 的等价类为 $[a]_R=\{a,b,e\}$，$[d]_R=\{c,d\}$.

(1) 求等价关系 R.

(2) 画出关系图.

解 (1) $R=([a]_R\times[a]_R)\cup([d]_R\times[d]_R)$

$$=\{\langle a,a\rangle,\langle a,b\rangle,\langle a,e\rangle,\langle b,a\rangle,\langle b,b\rangle,\langle b,e\rangle,\langle e,a\rangle,\langle e,b\rangle,\langle e,e\rangle,\langle c,c\rangle,\langle c,d\rangle,\langle d,c\rangle,\langle d,d\rangle\}.$$

(2) R 的关系图如图 2-8 所示.

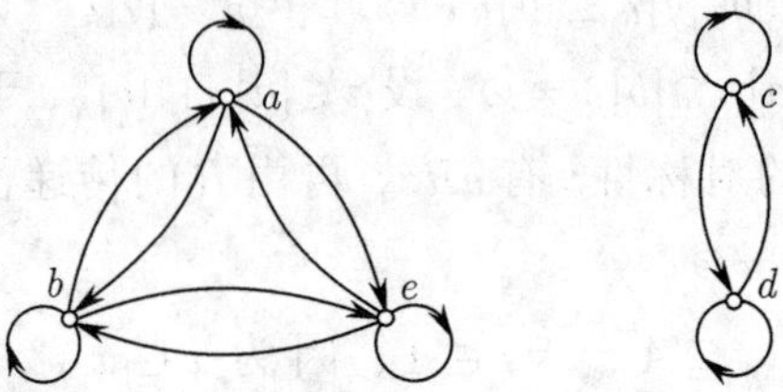

图 2-8

2.6 相容关系与集合的覆盖

集合的划分与等价关系有密切联系，但等价关系中的传递性是个较复杂的问题，实际问题中有些关系不一定具有传递性．例如父子关系、朋友关系就不具有传递性，下面介绍一种应用广泛的新关系——相容关系．

定义 2.9 设 R 是非空集合 A 上的关系，若 R 是自反、对称的，则称 R 是集合 A 上的**相容关系**．对相容关系，若 aRb，则称 a 与 b **相容**.

显然，等价关系一定是相容关系．相容关系比等价关系更普遍．例如朋友关系就是相容关系，但朋友关系不是等价关系．

对相容关系，可根据其特性简化关系图：每个节点处的环略去，两点之间双向的边用一条无向边替代，这样简化后得到的图简称为**相容关系图**.

设 R 是集合 A 上的相容关系，若 A 的非空子集 S 满足：

(1) S 中任意元素与 S 中所有元素相容；

(2) $A-S$ 中任意元素不与 S 中所有元素相容，

则称 S 是相容关系 R 的**极大相容类**，也称为**最大相容类**.

例 2.18 设 $A=\{\text{gold, lock, neck, key, egg}\}$，$A$ 上关系 R 定义为

$$R=\{\langle x,y\rangle \mid x,y\in A \text{ 且 } x \text{ 和 } y \text{ 至少有一个相同字母}\},$$

则 R 是 A 上相容关系．它有 4 个极大相容类:

$$\{\text{gold, lock}\},\ \{\text{lock, neck, key}\},\ \{\text{neck, key, egg}\},\ \{\text{egg, gold}\}.$$

关系 R 的关系图及简化后的相容关系图分别如图 2–9 (1), (2)所示．

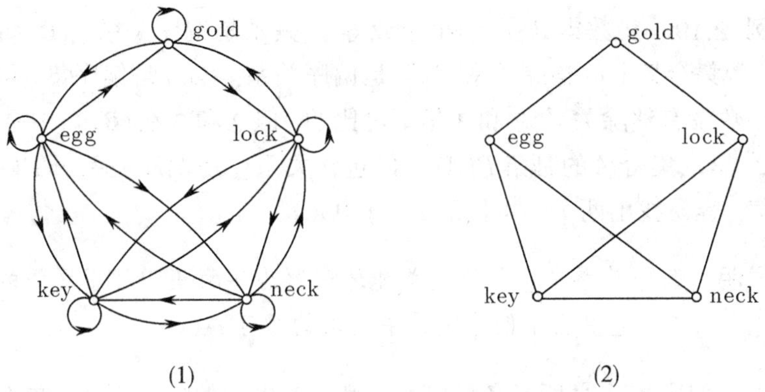

图 2–9

根据第 1 章中覆盖的定义, 由非空集合 A 上的相容关系 R 所确定的极大相容类组成的集合是 A 的一个覆盖, 称之为由相容关系 R 确定的**覆盖**.

不同于等价关系与划分之间的相互关系的结论（定理 2.17）, 对相容关系和覆盖, 没有相似的结论．虽然由覆盖可以得到相容关系, 由相容关系也可以得到覆盖, 但两者之间并不是一一对应的．集合上不同的覆盖确定的相容关系可能是相同的．如: 对集合 $A=\{1,2,3\}$，覆盖 $C=\{\{1,2\},\{2,3\},\{3,1\}\}$ 确定(用和由划分来确定等价关系相同的方法)的相容关系 R 为

$$R=\{\langle 1,1\rangle,\langle 2,2\rangle,\langle 3,3\rangle,\langle 1,2\rangle,\langle 2,1\rangle,\langle 1,3\rangle,\langle 3,1\rangle,\langle 2,3\rangle,\langle 3,2\rangle\},$$

而由相容关系 R 所确定的覆盖是 $\{\{1,2,3\}\}$ 而不是 C．另一方面, 覆盖 $\{\{1,2,3\}\}$ 也可确定相容关系 R.

2.7 偏序关系

偏序关系是一种特殊的二元关系, 定义如下:

定义 2.10 对非空集合 A 上的关系 R, 若 R 是自反、反对称、传递的, 则称 R 为 A 上的**偏序关系**, 常用符号 $\leq$ 表示. 若 aRb, 可写成 $a\leq b$，称为 a 比 b 小, 或 b 比 a 大. A 及其上的偏序关系 $\leq$ 合称为**偏序集**, 记为 $(A,\leq)$.

若$\le$是集合A上的偏序关系，则其逆关系$\tilde{\le}$也是A上的偏序关系，常将$\tilde{\le}$记为$\ge$.

若两个不同的元素x,y，既没有$x\le y$也没有$y\le x$，则称x,y是**不可比的**.由此定义知，当说两个元素x,y可比时，指$x\le y$或$y\le x$必有一式成立.

例 2.19 实数集$\mathbf{R}$上$\le$(小于或等于)关系是偏序关系，$(\mathbf{R},\le)$是偏序集. 整数集合$\mathbf{Z}$上的整除关系"$|$"是偏序关系，$(\mathbf{Z},|)$是偏序集，可以找到两个整数没有整除关系，2 和 3 是不可比的，但 2 和 3 在$(\mathbf{R},\le)$中是可比的，因为$2\le 3$. 集合A的幂集$P(A)$上的包含关系$\subseteq$是偏序关系，$(P(A),\subseteq)$是偏序集，容易找出两个不可比的$P(A)$中元素.

说明 偏序关系"$\le$"不能单纯地理解为实数集中元素之间的"小于或等于"关系，它仅表示偏序关系中元素的顺序.

由于偏序集本身所具备的特性，用图来描述偏序关系时，在不引起混淆的情况下，可以将其中的一些显然的因素略去不管，其关系图可以简化:

① 将图中每个节点的环略去.

② 图中若有有向边$\langle a,b\rangle,\langle b,c\rangle$，则必有有向边$\langle a,c\rangle$，将边$\langle a,c\rangle$略去(或这样解释：$\forall a,b\in A$，$a\ne b$，若$a\le b$，且$a$与$b$之间不存在$c\in A$，使得$a\le c$，$c\le b$，则$a$与$b$之间用一条线连接，否则不用线相连).

③ 如果图中有有向边$\langle a,b\rangle$，我们总将a画在b的下方，从而a到b的箭头也省去.

按此约定简化后的图，称为偏序集所对应的**哈斯(Hasse)图**(或**次序图**). 哈斯图在第 5 章中有进一步的应用. 给定一个有限集合所对应的偏序关系，当集合中元素的数目不太多时，我们应能画出其对应的哈斯图.

例 2.20 偏序集$(A,\le)$的关系图如图 2-10 所示，根据上面约定，可以画出$(A,\le)$的哈斯图如图 2-11 所示.

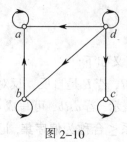

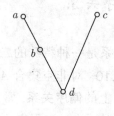

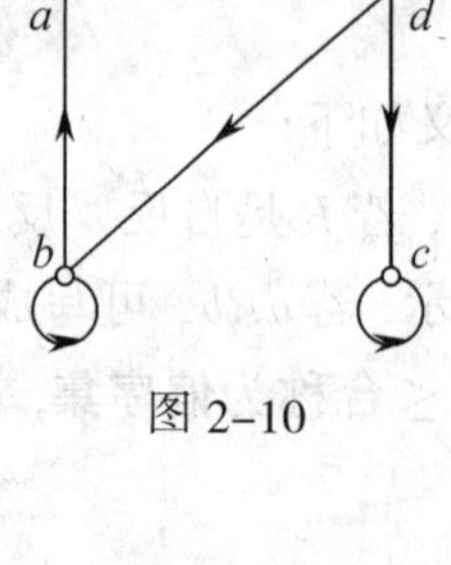

图 2-10

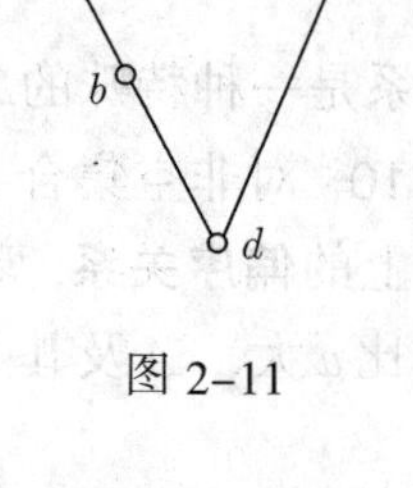

图 2-11

例 2.21　设 $S=\{a,b,c,d\}$，可以画出 $(P(S),\subseteq)$ 的哈斯图如图 2–12 所示.

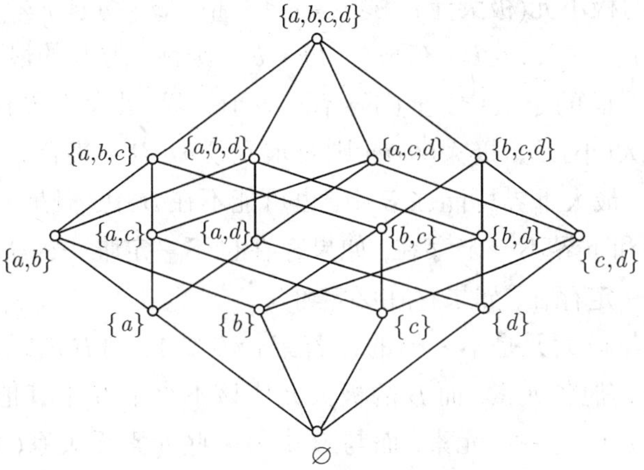

图 2–12

例 2.22　画出偏序集 $(A,|)$ 的哈斯图，这里“|”表示整除关系：

(1) $A=\{1,2,3,6,9,18\}$；

(2) $A=\{3,4,12,24,48,72\}$.

解　两个偏序集所对应的哈斯图分别如图 2–13、图 2–14 所示.

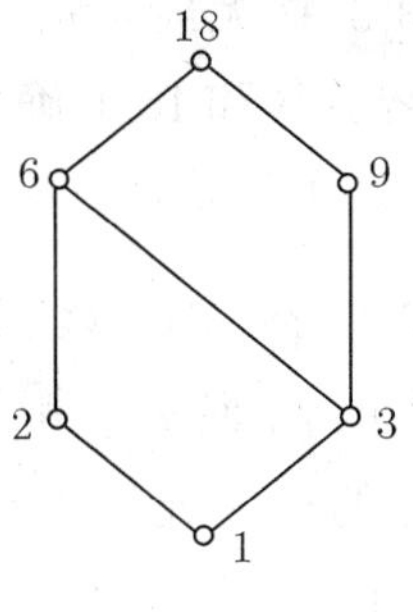

图 2–13

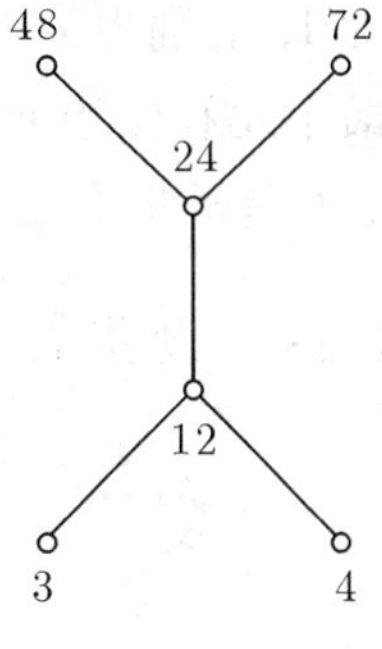

图 2–14

下面几个概念在第 5 章讨论格与布尔代数时将要用到.

定义 2.11　设偏序集 $(A,\le)$，非空集合 $B\subseteq A$.

(1) 若存在 $b\in A$，使得 $\forall x\in B$，有 $b\le x$ $(x\le b)$，则称 b 为 B 的一个**下(上)界**.

(2) b 是 B 的下界(上界)，若对 B 的任意下界(上界) x，有 $x\le b$ $(b\le x)$，则称 b 为 B 的**最大下界(最小上界)**，也称为**下确界(上确界)**.

(3) $b \in B$．若 B 中不存在满足 $x < b$ ($b < x$) 的元素 x，则称 b 是 B 的**极小元(极大元)**；或定义为：对任意的 $x \in B$，若满足 $x \le b$ ($b \le x$)，则有 $x = b$，则称 b 是 B 的**极小元(极大元)**．这里“$<$”指“$x \le y$ 且 $x \ne y$”．

(4) $b \in B$．若 $\forall x \in B$，有 $b \le x$ ($x \le b$)，则称 b 为 B 的**最小元(最大元)**．

注意 上面的定义中，上(下)界、最小上界(最大下界)只需元素满足 $b \in A$，而最大(小)元、极大(小)元则要求元素 $b \in B$．集合 B 的上界、下界和最小上界、最大下界可能在 B 中，也可能不在 B 中，但是一定在 A 中；而且 B 的上界和下界不一定存在，如果存在也不一定唯一；B 的最小上界和最大下界不一定存在，如果存在必定唯一．

最大元与极大元是不一样的．若集合 $B \subseteq A$，则 B 的最大元应该大于或等于 B 中其他各元素，而 B 的极大元应该不小于 B 中其他各元素，即它大于或等于 B 中的一些元素，而与 B 中另一些元素无关系(不可比)．最大元不一定存在，如果存在，必定唯一．在非空有限集合 B 中，极大元必定存在，但不一定唯一．类似地，最小元与极小元也有这种区别．

例如：若集合 $A = \{2,3,4,6,8\}$，偏序关系是整除关系，则 6 和 8 是 A 的极大元，2 和 3 是 A 的极小元，无最大元也无最小元．

例 2.22 (1)中集合 A 的最大元是 18，极大元是 18，最小元、极小元均为 1．子集 $\{2,3,6\}$ 的最大元和极大元都是 6，2 和 3 均是极小元；上界为 6 和 18，下界为 1，上确界为 6，下确界为 1．子集 $\{3,6,9\}$ 无最大元，6 和 9 均是极大元，最小元和极小元都是 3，上界为 18，下界为 3 和 1，上确界为 18，下确界为 3．6 是子集 $\{1,2,3\}$ 的一个上界(18 也是其上界)，而 9 则不是．

例 2.23 设集合 $A = \{a,b,c\}$，$P(A)$ 是集合 A 的幂集，试给出 $(P(A),\subseteq)$ 的哈斯图，并指出子集 $\{\{a\},\{b\}\}$ 的极大元、极小元、最大元、最小元、上界、下界、上确界、下确界(如果存在的话)．

解 $(P(A),\subseteq)$ 的哈斯图如图 2–15 所示．$\{\{a\},\{b\}\}$ 的极大元是 $\{a\},\{b\}$；极小元是 $\{a\},\{b\}$；最大元不存在；最小元不存在；上界有 $\{a,b\},\{a,b,c\}$；下界为 $\varnothing$；上确界为 $\{a,b\}$；下确界为 $\varnothing$．

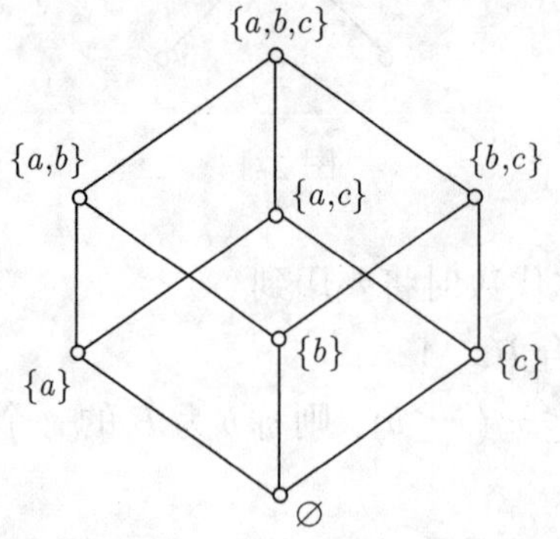

图 2–15

与偏序相关的还有几个概念：

定义 2.12 (1) 对集合 A 上的关系 R，若 R 是反自反、反对称、传递的，则称 R 为 A 上的**拟序关系**，称 (A,R) 为**拟序集**.

(2) 对偏序集 $(A,\leq)$，若对任意 $x,y\in A$，总有 $x\leq y$ 或 $y\leq x$，二者必居其一，则称 $(A,\leq)$ 为**全序集**(也叫线性序). 称 $\leq$ 为**全序关系**.

(3) 对偏序集 $(A,\leq)$，若 A 的任何非空子集都有最小元素，则 $(A,\leq)$ 称为**良序集**，称 $\leq$ 为**良序关系**.

良序一定是全序，反之不一定. 每个有限的全序集一定是良序集，但无限的全序集就不一定是良序集，如：$[0,1]$ 上的 $\leq$ 关系是全序，但不是良序. 自然数集 **N** 上的小于或等于关系 $\leq$ 是全序关系. 集合 $A=\{\varnothing,\{a\},\{a,b\},\{a,b,c\}\}$ 上的包含关系 $\subseteq$ 是全序关系. 全序集中一个重要的例子是词典序，如英语词典和汉语词典.

例 2.24 计算机科学中常用的字典排序如下：设 Σ 是一有限的字母表，其字母已经按规定的次序 $\leq$ 排序. Σ 上的字母组成的字母串称为 Σ 上的字；Σ^* 是 Σ 上的所有字组成的集合，建立 Σ^* 上的字典次序 R 如下：

设 $x=x_1x_2\cdots x_n$，$y=y_1y_2\cdots y_m$，其中 $x_i,y_j\in\Sigma\,(1\leq i\leq n,\ 1\leq j\leq m)$，

(1) 当 $x_1\neq y_1$ 时，若 $x_1\leq y_1$，则 xRy；若 $y_1\leq x_1$，则 yRx.

(2) 若存在最大的 k 且 $k<\min\{n,m\}$，使 $x_i=y_i$ ($i=1,2,\cdots,k$)，若 $x_{k+1}\leq y_{k+1}$，则 xRy；若 $y_{k+1}\leq x_{k+1}$，则 yRx.

(3) 若存在最大的 k 且 $k=\min\{n,m\}$，使 $x_i=y_i$ ($i=1,2,\cdots,k$)，此时，若 $n\leq m$，则 xRy；若 $m\leq n$，则 yRx.

容易说明上面定义的关系 R 是 Σ^* 上的一个全序关系.

综合前面的定义，非空集合上的等价关系、相容关系、偏序关系、拟序关系具有的性质如表 2–2 所示.

表 2–2

	自反	反自反	对称	反对称	传递
等价关系	√	×	√		√
相容关系	√	×	√		
偏序关系	√	×		√	√
拟序关系	×	√		√	√

注意 表 2-2 中, 有些地方没有填上, 这只是为了说明: 有时相关性质也可能发生.

显然, 若 $B\subseteq A$ 有最大下界(最小上界), 或有最小元(最大元), 则它们都是唯一的, 且由定义可以知道, 若 B 有最小元(最大元) b, 则 b 也是 B 的最大下界(最小上界).

根据上面定义有如下结论:

定理 2.18 设 $(A,\leq)$ 是一偏序集, B 是 A 的子集, 则

(1) 若 b 是 B 的最大元, 则 b 是 B 的极大元、上界、上确界;

(2) 若 b 是 B 的最小元, 则 b 是 B 的极小元、下界、下确界;

(3) 若 a 是 B 的上确界, 且 $a\in B$, 则 a 是 B 的最大元;

(4) 若 a 是 B 的下确界, 且 $a\in B$, 则 a 是 B 的最小元;

(5) 若"$\leq$"是一个全序关系, 则 $b\in B$ 是 B 的最大元 $\Leftrightarrow$ $b\in B$ 是 B 的极大元;

(6) 若"$\leq$"是一个全序关系, 则 $b\in B$ 是 B 的最小元 $\Leftrightarrow$ $b\in B$ 是 B 的极小元.

2.8 本章小结

1. 介绍了二元关系的形式定义及其各种表示方法: 序偶、关系矩阵、关系图等, 三者均可以相互唯一确定; 要能正确使用集合表达式、关系矩阵、关系图等表示给定的关系, 并能够从一种形式写出另外两种形式.

2. 介绍了关系的并、交、补、差运算等, 以及关系的复合和关系的逆运算. 应能通过图形直观给出两个关系复合之后的结果.

3. 介绍了二元关系的几种特殊性质: 自反、反自反、对称、反对称、传递等, 有时需要判别某关系是否具有自反、对称、传递等性质. 有多种做法, 例如: 可以直接考查集合中序偶出现的情况, 也可以通过关系图来判断, 还可以通过关系矩阵来判定.

4. 介绍了二元关系闭包的定义和简单性质, 并给出了相应的公式. 要能求出有限集上的简单二元关系的闭包. 关系的闭包之间的相互关系体现在定理 2.11、定理 2.12、定理 2.13、定理 2.14 中. 希望通过例子对没有出现的一些性质能够理解.

5. 介绍了等价关系、相容关系(重点是等价关系)的概念, 并说明了覆

盖、划分、等价类、商集的定义和基本性质，要弄清楚等价关系与划分之间的关系.

6. 介绍了偏序、偏序集、全序、良序等概念，以及偏序集的极大元、极小元、最大元、最小元、上界、下界、最大下界、最小上界等概念. 哈斯图清楚地描述了集合中元素间的次序关系.

两个元素是否可比，应能够通过哈斯图确定. 对哈斯图中的两个元素 a,b，从图形直观看，虽然 a 在 b 的下方，但若没有从 a 到 b 的通路(方向始终朝上)，则 a 和 b 是不可比的. 如图 2–16 所示的 3 个偏序集所对应的哈斯图中，a,b 都是不可比的.

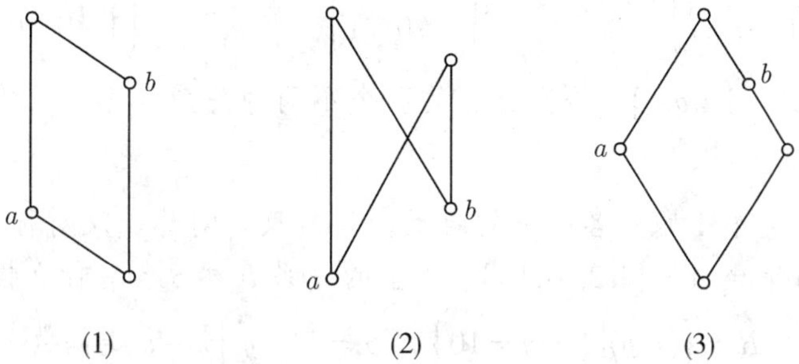

图 2–16

习 题 2

1. 对 $A=\{0,1,2,3,4\}$ 上的下列关系，给出关系图和关系矩阵:

(1) $R_1=\{\langle x,y\rangle | x\geq 2,\ y\leq 2\}$;

(2) $R_2=\{\langle x,y\rangle | 0\leq x-y\leq 3\}$;

(3) $R_3=\{\langle x,y\rangle | x$ 和 y 互质$\}$;

(4) $R_4=\{\langle x,y\rangle | x<y$ 或 x 是质数$\}$;

(5) $R_5=\{\langle x,y\rangle | \max\{x,y\}=3\}$.

2. 列出下列关系 R 的元素:

(1) $A=\{0,1,2\}$，$B=\{0,2,4\}$，$R=\{\langle x,y\rangle | x,y\in A\cap B\}$;

(2) $A=\{1,2,3,4,5\}$，$B=\{1,2,3\}$，$R=\left\{\langle x,y\rangle \middle| x\in A,\ y\in B,\ x=y^2\right\}$.

3. 对 A 到 B 的关系 R，$a\in A$，定义 B 的子集 $R(a)$ 为 $R(a)=\{b|aRb\}$. 在 $C=\{-4,-3,-2,-1,0,1,2,3,4\}$ 上定义关系:

$$R=\{\langle x,y\rangle|x<y\},\ S=\{\langle x,y\rangle|x-1<y<x+2\},$$
$$T=\left\{\langle x,y\rangle\middle|x^2\le y\right\}.$$

写出集合 $R(0),R(1),S(0),S(-1),T(0),T(-1)$.

4．对集合 $A=\{a,b,c,d\}$ 上的两个关系 $R_1=\{\langle a,b\rangle,\langle a,c\rangle,\langle b,d\rangle\}$，$R_2=\{\langle a,d\rangle,\langle b,c\rangle,\langle b,d\rangle,\langle c,b\rangle\}$，求 $R_1\circ R_2,R_2\circ R_1,R_1^2,R_2^2$.

5．对于下面的布尔矩阵，确定对应的集合 $\{1,2,3\}$ 上的关系 R，并确定关系 R^2 的关系矩阵:

(1) $\begin{pmatrix}1&1&0\\0&1&1\\1&0&1\end{pmatrix}$;　　(2) $\begin{pmatrix}1&0&1\\0&1&0\\1&0&1\end{pmatrix}$;　　(3) $\begin{pmatrix}0&0&0\\0&1&0\\1&0&0\end{pmatrix}$.

6．对 $A=\{a,b,c\}$，给出 A 上的两个不同的关系 R_1 和 R_2，使 $R_1^2=R_2$ 且 $R_2^2=R_1$.

7．确定第 1 题中各关系的自反、反自反、对称、反对称、传递性质.

8．对集合 $A=\{1,2,\cdots,10\}$，A 上的关系 R 和 S 各有什么性质:

$$R=\left\{\langle x,y\rangle\middle|x+y=10\right\},\ S=\left\{\langle x,y\rangle\middle|x+y\text{ 是偶数}\right\}.$$

9．举出一个集合 $A=\{1,2,3\}$ 上的关系 R 的例子，要求画出 R 的关系图，使它具有以下性质:

(1) R 同时是对称的且反对称的且传递的;

(2) R 传递但不是对称的也不是反对称的;

(3) R 是传递的，但 $R\cup\widetilde{R}$ 不是传递的;

(4) R 同时不满足自反性、反自反性、对称性、反对称性和传递性.

10．集合 $A=\{a,b,c,d\}$ 中有关系

$$R=\{\langle a,a\rangle,\langle a,b\rangle,\langle b,d\rangle\},\ S=\{\langle a,d\rangle,\langle b,c\rangle,\langle b,d\rangle,\langle c,b\rangle\},$$

试给出 $(\widetilde{R\circ S})^2$ 的关系矩阵，并说明它们具有什么性质，为什么?

11．R 是集合 A 上自反和传递的关系，试证明: $R\circ R=R$.

12．设 $R\subseteq X\times X$，如果 R 是反自反的，并且 $R\circ R\subseteq R$，证明: R 一定是反对称的.

13．有人说，如果非空集合 X 上的一个关系 R 是对称的、传递的，则一定是自反的，从而是等价关系．其论证过程是: 因 R 对称，则由 aRb 可得 bRa $(a,b\in X)$，因 R 传递，由 aRb 和 bRa 可得 aRa . 这个推理正确吗? 为什么?

14．若集合 A 上的关系 R,S 具有对称性，证明：$R \circ S$ 对称的充要条件是 $R \circ S = S \circ R$.

15．对集合 $A=\{1,2,3,4\}$，A 上的关系 R 为

$$R=\{\langle 1,2\rangle,\langle 4,3\rangle,\langle 2,2\rangle,\langle 2,1\rangle,\langle 3,1\rangle\},$$

说明 R 不是传递的．构造 A 上的关系 R_1，使 $R \subseteq R_1$ 且 R_1 是传递的．还能找出另一个 R_2，$R_2 \supseteq R$，也是传递的吗？

16．集合 $\{a,b,c,d\}$ 上关系 R 的关系图如图 2–17 所示，求 R 的传递闭包．(用关系图来表示)

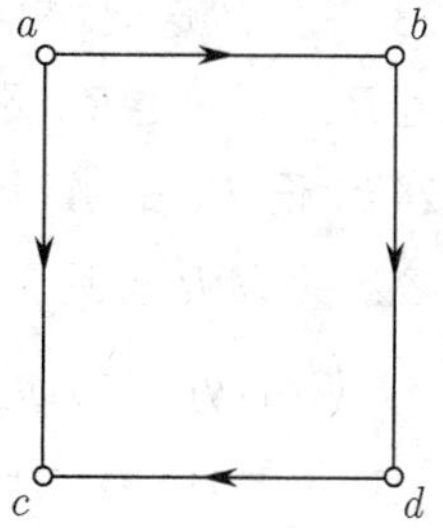

图 2–17

17．考虑集合 $\{1,2,3\}$ 上的关系 R，关系矩阵是

$$\begin{pmatrix} 0 & 1 & 0 \\ 0 & 0 & 0 \\ 0 & 0 & 1 \end{pmatrix},$$

求出下列关系的关系矩阵：

(1) $r(R)$；　(2) $s(R)$；　(3) $rs(R)$；

(4) $sr(R)$；　(5) $tsr(R)$.

18．对 $A=\{a,b,c,d\}$ 上的关系 $R=\{\langle a,b\rangle,\langle b,a\rangle,\langle b,c\rangle,\langle c,d\rangle\}$，分别用关系矩阵和关系图法表示 $r(R),s(R),t(R)$.

19．已知集合 X 上的二元关系 R 的关系矩阵为

$$\boldsymbol{M}_R=\begin{pmatrix} 0 & 1 & 0 & 0 & 1 & 0 \\ 0 & 0 & 1 & 0 & 0 & 0 \\ 1 & 0 & 0 & 0 & 0 & 0 \\ 0 & 0 & 0 & 0 & 0 & 0 \\ 0 & 0 & 0 & 0 & 1 & 0 \\ 1 & 0 & 0 & 0 & 0 & 0 \end{pmatrix},$$

求(1) $\boldsymbol{M}_{t(R)}$；(2) $\boldsymbol{M}_{rst(R)}$.

20．设自然数集合 $\mathbf{N}$ 上的二元关系 R：$R=\{\langle x,y\rangle \mid x\in\mathbf{N},\ y\in\mathbf{N},\ x+y$ 是偶数$\}$.

(1) 证明 R 是一个等价关系.

(2) 求关系 R 的等价类.

(3) 试设计一个从 $\mathbf{N}$ 到 $\mathbf{N}$ 的函数 f，使得由 f 诱导的等价关系就是关系 R .

21．$A=\{1,2,3\}\times\{1,2,3,4\}$，$A$ 上关系 R 定义为：$\langle x,y\rangle R\langle u,v\rangle$ 当且仅当 $|x-y|=|u-v|$，证明 R 是等价关系，并求由 R 确定的 A 的划分．

22．设 $S=\{1,2,3,4\}$，并设 $A=S\times S$，在 A 上定义关系 R 为：$\langle a,b\rangle R\langle c,d\rangle$ 当且仅当 $a+b=c+d$．

(1) 证明 R 是等价关系；

(2) 计算 A/R．

23．设 R 是集合 A 上的自反关系．证明：R 是等价关系当且仅当若 $\langle a,b\rangle\in R$，$\langle a,c\rangle\in R$，则 $\langle b,c\rangle\in R$．

24．设 R_1 是 A 上的等价关系，R_2 是 B 上的等价关系，$A\neq\varnothing$ 且 $B\neq\varnothing$．关系 R 满足：

$$\langle\langle x_1,y_1\rangle,\langle x_2,y_2\rangle\rangle\in R \text{ 当且仅当 } \langle x_1,x_2\rangle\in R_1 \text{ 且 } \langle y_1,y_2\rangle\in R_2 .$$

试证明：R 是 $A\times B$ 上的等价关系．

25．设 $A=\{1,2,3,4,5,6\}$，定义 A 上的二元关系：

$$R=\{\langle 1,1\rangle,\langle 1,4\rangle,\langle 2,2\rangle,\langle 2,3\rangle,\langle 2,6\rangle,\langle 3,2\rangle,\langle 3,3\rangle,\langle 3,6\rangle,$$
$$\langle 4,1\rangle,\langle 4,4\rangle,\langle 5,5\rangle,\langle 6,2\rangle,\langle 6,3\rangle,\langle 6,6\rangle\}.$$

(1) 判定 R 是否等价关系．

(2) 若 R 是等价关系，写出 A 的关于 R 的等价类．

26．已知 R,S 是集合 A 上的等价关系，且商集为

$$A/R=\{\{a,b,c\},\{d,e,g\},\{f\}\},$$
$$A/S=\{\{a,c\},\{b,d,e\},\{f,g\}\}.$$

证明：$R\cap S$ 也是等价关系，画出 $R\cap S$ 关系图，再写出商集 $A/(R\cap S)$．

27．A,B 是全集 E 的子集，给出各命题及由这些命题构成的集合 $X=\{p,q,r,s,t,u,v,w,y,z\}$，其中

$$p:A\cup B=E,\ q:A\cup B=B,\ r:A\subseteq B,$$
$$s:A^c\subseteq B^c,\ t:A^c\subseteq B,\ u:B^c\subseteq A^c,$$
$$v:A\cap B=\varnothing,\ w:A\cap B=B,\ y:A\subseteq B^c,\ z:B\subseteq A,$$

又 R 是 X 上命题间的等价关系，求商集 X/R．

28．(1) 集合 $A=\{0,1,2,3\}$ 有多少个不同的划分？A 中有多少个不同的等价关系？

(2) 设 $A=\{1,2,3,4,5\}$，A 中有多少个不同的等价关系？

29．设 R 是非空集合 A 上的一个关系，证明：$S=I_A\cup R\cup\widetilde{R}$ 是 A 上的相容关系．

30. 对图 2–18 所示的两个相容关系图, 分别求出相应的极大相容类.

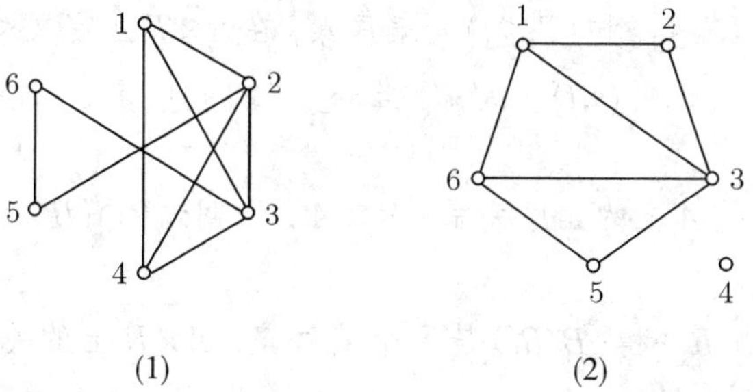

图 2–18

31. 集合 $X=\{x_1,x_2,x_3,x_4,x_5,x_6\}$, 图 2–19 是 X 上关系 R 的关系图.

(1) 检验 R 是 X 上的相容关系.

(2) 确定由 R 决定的 X 的覆盖.

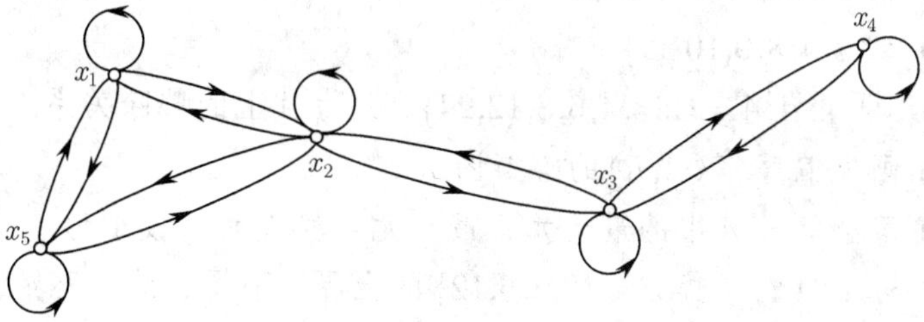

图 2–19

32. R 是整数集 $\mathbf{Z}$ 上的关系, 定义为: aRb 当且仅当 $a=2b$. R 是否 $\mathbf{Z}$ 上偏序关系? 若不是, 说明哪些条件不满足.

33. 集合 $A=\{a,b,c,d,e\}$ 上的二元关系 R 为

$$R=\{\langle a,a\rangle,\langle a,b\rangle,\langle a,c\rangle,\langle a,d\rangle,\langle a,e\rangle,\langle b,b\rangle,\langle b,c\rangle,\langle b,e\rangle,\langle c,c\rangle,\langle c,d\rangle,\langle c,e\rangle,\langle d,d\rangle,\langle d,e\rangle,\langle e,e\rangle\}.$$

(1) 写出 R 的关系矩阵.

(2) 判断 R 是否偏序关系, 为什么?

34. 设集合 $A=\{a,b,c,d,e\}$ 上的二元关系为

$$R=\{\langle a,a\rangle,\langle a,b\rangle,\langle a,c\rangle,\langle a,d\rangle,\langle a,e\rangle,\langle b,b\rangle,\langle b,c\rangle,\langle b,e\rangle,\langle c,c\rangle,\langle c,e\rangle,\langle d,d\rangle,\langle d,e\rangle,\langle e,e\rangle\}.$$

验证 (A,R) 是偏序集, 并画出哈斯图.

35. 设 A 为 54 的正因子构成的集合，$R \subseteq A \times A$，且 $\forall x, y \in A$，$xRy \Leftrightarrow x$ 整除 y. 画出偏序集 $\langle A, R \rangle$ 的哈斯图.

36. 假设 $(S, \leq_1)$ 和 $(T, \leq_2)$ 是偏序集，在 $S \times T$ 上定义 $\leq$：

$$\langle s, t \rangle \leq \langle s', t' \rangle \text{ 当 } s \leq_1 t \text{ 或 } s' \leq_2 t'.$$

说明 $\leq$ 是否偏序.

37. 设 R 是 A 上的偏序关系，$B \subseteq A$. 证明：$R \cap (B \times B)$ 是 B 上的偏序关系.

38. 设 (A, R_1) 和 (B, R_2) 是两个偏序集，$A \times B$ 上的关系 R 定义为：对 $a_1, a_2 \in A$ 和 $b_1, b_2 \in B$，有

$$\langle a_1, b_1 \rangle R \langle a_2, b_2 \rangle \Leftrightarrow a_1 R_1 a_2, b_1 R_2 b_2.$$

证明：R 是 $A \times B$ 上的偏序关系.

39. 画出下列集合上整除关系的哈斯图，并指出它们的最大元、极大元、最小元、极小元.

(1) $\{1,2,3,4,5,8,12,24\}$；

(2) $\{2,3,4,8,9,10,11\}$.

40. 设集合 $A = \{2,3,4,6,8,12,24\}$，R 为 A 上的整除关系.

(1) 画出偏序集 (A, R) 的哈斯图.

(2) 写出集合 A 中的最大元、最小元、极大元、极小元.

(3) 写出 A 的子集 $B = \{2,3,6,12\}$ 的上界、下界、最小上界、最大下界.

41. 设 A 为集合，$B = P(A) - \{\varnothing\} - \{A\}$，且 $B \neq \varnothing$. 求偏序集 $\langle B, \subseteq \rangle$ 的极大元、极小元、最大元和最小元.

42. 在平面 $\mathbf{R} \times \mathbf{R}$ 上定义关系 $<$，$\leqslant$，$\leq$ 分别如下：

$$\langle x, y \rangle < \langle z, w \rangle, \quad \text{当 } x^2 + y^2 < z^2 + w^2;$$

$$\langle x, y \rangle \leqslant \langle z, w \rangle, \quad \text{当 } \langle x, y \rangle < \langle z, w \rangle \text{ 或 } \langle x, y \rangle = \langle z, w \rangle;$$

$$\langle x, y \rangle \leq \langle z, w \rangle, \quad \text{当 } x^2 + y^2 \leq z^2 + w^2.$$

(1) 说明哪些是偏序关系.

(2) 说明哪些是拟序关系.

(3) 在平面 $\mathbf{R} \times \mathbf{R}$ 上表示 $\{\langle x, y \rangle | \langle x, y \rangle \leqslant \langle 3, 4 \rangle\}$.

(4) 在平面 $\mathbf{R} \times \mathbf{R}$ 上表示 $\{\langle x, y \rangle | \langle x, y \rangle \leq \langle 3, 4 \rangle\}$.

43. 图 2-20 给出了集合 $\{1,2,3,4\}$ 上的 4 个偏序关系图（省略了每个点处的环），画出它们的哈斯图，并说明哪一个是全序，哪一个是良序.

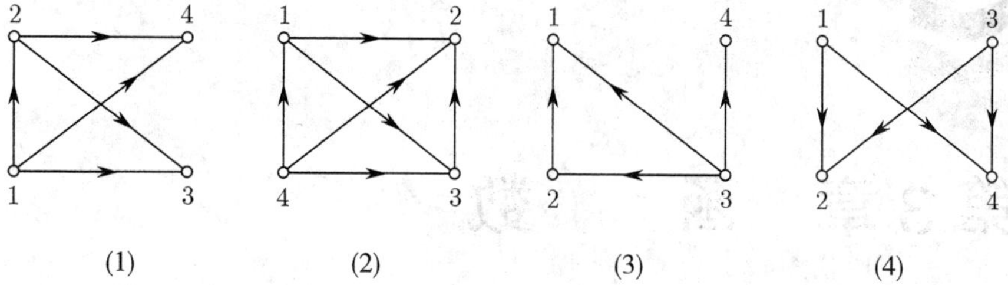

图 2-20

44．给出含有 3 个元素的所有不同的偏序集的哈斯图．

第 3 章　函　　数

在高等数学中，函数的定义域和值域通常都是在实数集上讨论的．现在我们把函数的概念加以推广，将函数视为一种特殊的关系，其定义域和值域可以是一般集合．本章介绍函数的基本概念、函数的复合、反函数等．

3.1　函数的基本性质

3.1.1　函数的基本概念

函数也称为映射，是一种特殊的二元关系．

定义 3.1　设 A 和 B 是集合，f 是从 A 到 B 的关系，若对任意 $x \in A$，均存在唯一的 $y \in B$，使得 $\langle x,y\rangle \in f$，则称 f 是从 A 到 B 的**函数**或**映射**，记为 $f:A \to B$．$\langle x,y\rangle \in f$ 也记为 $f(x)=y$．y 称为 x 在 f 下的**像**（函数值），x 称为 y 在 f 下的一个**原像**．特别地，称 $f:A \to A$ 为 A 上的函数（或映射）．

注意　A 到 B 的函数与 A 到 B 的一般关系的不同在于:

① 函数要求 A 中一个元素只对应一个像，关系则可以是一个元素对应多个像;

② 函数要求集合 A 中每个元素都存在像，而关系不要求这一点，A 中元素可以没有像.

根据定义可以看出，集合 A 到 B 的关系成为函数有两个条件:

(1) A 的每个元素都要有像（存在性条件）;

(2) A 的每个元素都只有一个像（唯一性条件）.

例 3.1　设集合 $A=\{a,b,c,d\}$ 到集合 $B=\{1,2,3,4,5\}$ 的关系为

$$R_1=\{\langle a,1\rangle,\langle b,1\rangle,\langle c,1\rangle,\langle d,2\rangle\},$$
$$R_2=\{\langle a,1\rangle,\langle b,1\rangle,\langle b,2\rangle,\langle c,1\rangle,\langle d,4\rangle\},$$

$$R_3=\{\langle a,2\rangle,\langle b,3\rangle,\langle c,4\rangle\},$$

则 R_1 是函数，R_2,R_3 不是，因为 R_2 不满足唯一性条件，A 中元素 b 有两个不同的像；R_3 不满足存在性条件，因为 A 中元素 d 没有像.

对函数 $f:A\to B$，A 称为 f 的**定义域**，记为 $\mathrm{Dom}(f)$．集合 $\mathrm{Im}(f)=\{f(x)\mid x\in\mathrm{Dom}(f)\}$ 称为 f 的**像**或**值域**．有时也将 $\mathrm{Im}(f)$ 记为 $f(A)$ 或 $\mathrm{Ran}(f)$，它是 B 的子集（可能是真子集）.

设 $f:A\to B$，$g:C\to D$．如果 $A=C$，$B=D$，并且 $\forall a\in A$，有 $f(a)=g(a)$，则称函数 f 与 g **相等**，记为 $f=g$.

设 $|A|=m$，$|B|=n$，函数的定义域为 A，任一从 A 到 B 的函数 f 是由 A 中 m 个元素的取值所唯一确定的，对任意 $x\in A$，B 中 n 个元素中任意一个可作为它的像，因而从集合 A 到集合 B 共有

$$\underbrace{n\cdot n\cdot\ \cdots\ \cdot n}_{m\text{个}}=n^m$$

个不同的函数.

用 B^A 表示 A 到 B 的函数的全体构成的集合，即 $B^A=\{f\mid f:A\to B\}$．由上面分析，有 $|B^A|=|B|^{|A|}$.

例 3.2 设 $A=\{1,2,3\}$，$B=\{a,b\}$．从 A 到 B 的不同的函数共有 8 个：

$$f_1=\{\langle 1,a\rangle,\langle 2,a\rangle,\langle 3,a\rangle\},\ f_2=\{\langle 1,a\rangle,\langle 2,a\rangle,\langle 3,b\rangle\},$$

$$f_3=\{\langle 1,a\rangle,\langle 2,b\rangle,\langle 3,a\rangle\},\ f_4=\{\langle 1,a\rangle,\langle 2,b\rangle,\langle 3,b\rangle\},$$

$$f_5=\{\langle 1,b\rangle,\langle 2,a\rangle,\langle 3,a\rangle\},\ f_6=\{\langle 1,b\rangle,\langle 2,a\rangle,\langle 3,b\rangle\},$$

$$f_7=\{\langle 1,b\rangle,\langle 2,b\rangle,\langle 3,a\rangle\},\ f_8=\{\langle 1,b\rangle,\langle 2,b\rangle,\langle 3,b\rangle\},$$

于是 $B^A=\{f_1,f_2,f_3,\cdots,f_8\}$.

定义 3.2 设 $f:A\to B$，$g:A_1\to B_1$，若 $A\subseteq A_1$，$B\subseteq B_1$，且对每个 $x\in A$，都有 $f(x)=g(x)$，则称 f 是 g 在集合 A 上的**限制**，记 $f=g|_A$，称 g 是 f 在集合 A_1 上的**扩充**.

显然有 $g|_A=g\cap(A\times B_1)$.

例如：取 $A_1=\{a,b,c,d\}$，$B_1=\{1,2,3,4,5\}$，$g=\{\langle a,1\rangle,\langle b,1\rangle,\langle c,3\rangle,\langle d,4\rangle\}$ 是 A_1 到 B_1 的函数．令 $A=\{a,b,c\}$，$f=\{\langle a,1\rangle,\langle b,1\rangle,\langle c,3\rangle\}$，则

$$f=g|_A.$$

3.1.2 函数的基本性质

定义 3.3 设函数 $f:A\to B$.

(1) 若 $\forall x_1,x_2\in A$, 且 $x_1\neq x_2$, 必有 $f(x_1)\neq f(x_2)$, 则称 f 是**单射**或一对一的映射（又叫**内射**或**入射**）.

此定义和以下说法是等价的:

$\forall x_1,x_2\in A$, 若由 $f(x_1)=f(x_2)$, 必有 $x_1=x_2$, 则称 f 是**单射**.

(2) 若 $f(A)=B$, 则称 f 是**满射**（或映上的映射）. 也可定义为: 若每个元素均存在原像, 即: $\forall y\in B$, $\exists x\in A$, 使得 $f(x)=y$, 则称 f 是**满射**.

(3) 若 f 是单射且是满射, 则称 f 是**双射**或**一一对应**.

注意 单射要求不同的点对应不同的像, 通常证明某个映射是单射时, 我们使用的是它的等价定义, 即: 若像相同, 则原像相等. 满射则要求每个点均存在原像. 可以直接按定义来证, 或者通过集合的演算得到. 有时要说明一个映射不是单射, 只需找到两个不同的点有相同的像即可, 而要说明映射不是满射, 则需找到某个点, 说明它不存在原像.

例 3.3 (1) $f:\{1,2\}\to\{0\}$, $f(1)=f(2)=0$, f 是满射, 不是单射.

(2) $f:\mathbf{N}\to\mathbf{N}$, $f(x)=2x$, f 是单射, 不是满射.

(3) $f:\mathbf{Z}\to\mathbf{Z}$, $f(x)=x+1$ 是单射也是满射, 从而是双射.

(4) 设 $A=\{1,2,3\}$, f 是 A 上的函数, 定义为 $f(1)=f(2)=f(3)=1$, 则 f 既不是单射也不是满射.

例 3.4 对下列的集合 A 和 B, 分别构造从 A 到 B 的双射:

(1) $A=\mathbf{R}$, $B=\mathbf{R}_+=\left\{x\,\middle|\,x>0,\ x\in\mathbf{R}\right\}$;

(2) $A=\mathbf{N}\times\mathbf{N}$, $B=\mathbf{N}$.

解 (1) 令 $f:\mathbf{R}\to\mathbf{R}_+$, $f(x)=\mathrm{e}^x$.

(2) $\mathbf{N}\times\mathbf{N}$ 是由自然数构成的所有有序对的集合. 这些有序对可以排列在直角坐标系一个象限中, 构成一个无限的点阵. 如下所示:

$$\begin{array}{ccccc}
\langle 0,0\rangle & \langle 0,1\rangle & \langle 0,2\rangle & \langle 0,3\rangle & \cdots \\
\langle 1,0\rangle & \langle 1,1\rangle & \langle 1,2\rangle & \langle 1,3\rangle & \cdots \\
\langle 2,0\rangle & \langle 2,1\rangle & \langle 2,2\rangle & \langle 2,3\rangle & \cdots \\
\langle 3,0\rangle & \langle 3,1\rangle & \langle 3,2\rangle & \langle 3,3\rangle & \cdots \\
\vdots & \vdots & \vdots & \vdots &
\end{array}$$

构造满足要求的双射，就是把点阵中有序对排成一列并依次编号0,1,2,⋯. 可以这样排序，其排列次序是

$$\langle 0,0\rangle,\ \langle 0,1\rangle,\ \langle 1,0\rangle,\ \langle 0,2\rangle,\ \langle 1,1\rangle,\ \langle 2,0\rangle,\ \langle 0,3\rangle,\ \langle 1,2\rangle,\ \cdots,$$

即对有序对进行排序时，以两个坐标和从小到大的顺序，当和相等时，以第一坐标从小到大的顺序．这相当于

$$f(\langle 0,0\rangle)=0,\ f(\langle 0,1\rangle)=1,\ f(\langle 1,0\rangle)=2,\ f(\langle 0,2\rangle)=3,\ \cdots .$$

显然，$\langle m,n\rangle$ 所在的斜线上有 $m+n+1$ 个点．在此斜线上方，各行元素分别有 $1,2,\cdots,m+n$ 个，这些元素排在 $\langle m,n\rangle$ 以前．在此斜线上，m 个元素排在 $\langle m,n\rangle$ 以前．排在 $\langle m,n\rangle$ 以前的元素共有 $[1+2+\cdots+(m+n)]+m$ 个．于是，双射函数 $f:\mathbf{N}\times\mathbf{N}\to\mathbf{N}$ 可以定义为

$$f(\langle m,n\rangle)=\frac{(m+n)(m+n+1)}{2}+m .$$

对无限集合 A,若存在从 A 到 $\mathbf{N}$ 的双射，也可仿照这种方法，把 A 中元素排成一个有序列，按次序遍历 A 中元素，这就构造了从 A 到 $\mathbf{N}$ 的双射.

对两个有限集合 A 和 B，若 $|A|>|B|$，借助于鸽巢原理，可以证明：不存在从 A 到 B 的单射，即有下面结论：

设 A 和 B 均为有限集合，若 $|A|>|B|$，则对任意从 A 到 B 的函数 f，存在 $x_1,x_2\in A$，使得 $f(x_1)=f(x_2)$．

设函数 $f:A\to B$，对 $A_1\subseteq A$，$B_1\subseteq B$，称 $f(A_1)=\{f(x)\,|\,x\in A_1\}$ 为 A_1 在 f 下的**像**，称 $f^{-1}(B_1)=\{x\in A\,|\,f(x)\in B_1\}$ 为 B_1 在 f 下的**原像**(或**逆像**). 若 $B_1=\{y\}$ 为单元素集，有时也记 $f^{-1}(B_1)=f^{-1}(\{y\})=f^{-1}(y)$，注意这并不表明函数 f 存在反函数，仅表示元素 y 的原像构成的一个集合．函数值 $f(x)$ 是对定义域中一个元素而言，而像 $f(A_1)$ 是对定义域的一个子集而言.

例 3.5 $f:\mathbf{Z}\to\mathbf{Z}$ 定义为

$$f(x)=\begin{cases}\dfrac{x}{2}, & x\text{ 是偶数},\\ \dfrac{x-1}{2}, & x\text{ 是奇数},\end{cases}$$

则 $f(\mathbf{N})=\mathbf{N}$，$f(\{-1,0,1\})=\{-1,0\}$，$f^{-1}(\{2,3\})=\{4,5,6,7\}$，$f(\varnothing)=f^{-1}(\varnothing)=\varnothing$.

定理 3.1 设函数 $f:A\to B$，对 $A_1,A_2\subseteq A$，$B_1,B_2\subseteq B$，则有

(1) $f(A_1\cup A_2)=f(A_1)\cup f(A_2)$；

(2) $f(A_1\cap A_2)\subseteq f(A_1)\cap f(A_2)$；

(3) $f(A_1)-f(A_2)\subseteq f(A_1-A_2)$；

(4) $f^{-1}(B_1-B_2)=f^{-1}(B_1)-f^{-1}(B_2)$；

(5) $A_1\subseteq f^{-1}(f(A_1))$，$f(f^{-1}(B_1))\subseteq B_1$；

(6) $f^{-1}(\bar{B}_1)=\overline{f^{-1}(B_1)}$；

(7) $f^{-1}(B_1\cup B_2)=f^{-1}(B_1)\cup f^{-1}(B_2)$；

(8) $f^{-1}(B_1\cap B_2)=f^{-1}(B_1)\cap f^{-1}(B_2)$.

证 (1) 设 $y\in f(A_1\cup A_2)$，则 $\exists x\in A_1\cup A_2$，使得 $f(x)=y$，即 $x\in A_1$ 或 $x\in A_2$，使得 $y=f(x)$. 故 $f(x)\in f(A_1)$ 或 $f(x)\in f(A_2)$，因此 $y\in f(A_1)\cup f(A_2)$，于是

$$f(A_1\cup A_2)\subseteq f(A_1)\cup f(A_2).$$

另一方面，$\forall y\in f(A_1)\cup f(A_2)$，则有 $y\in f(A_1)$ 或者 $y\in f(A_2)$，从而 $\exists x\in A_1$ 或 $\exists x\in A_2$，使得 $f(x)=y$. 不管是怎样的情况，都 $\exists x\in A_1\cup A_2$，使得 $f(x)=y$. 即 $y\in f(A_1\cup A_2)$，所以

$$f(A_1\cup A_2)\supseteq f(A_1)\cup f(A_2).$$

综上所述，得证 $f(A_1\cup A_2)=f(A_1)\cup f(A_2)$.

(2) $\forall y\in f(A_1\cap A_2)$，$\exists x\in A_1\cap A_2$，使得 $f(x)=y$. 即 $x\in A_1$ 且 $x\in A_2$，从而 $f(x)\in f(A_1)$ 且 $f(x)\in f(A_2)$，得 $y=f(x)\in f(A_1)\cap f(A_2)$. 得证

$$f(A_1\cap A_2)\subseteq f(A_1)\cap f(A_2).$$

(3) $\forall y\in f(A_1)-f(A_2)$，则 $\exists x\in A_1$，使 $y=f(x)\in f(A_1)$，且 $x\notin A_2$（否则 $y=f(x)\in f(A_2)$，与 $y\in f(A_1)-f(A_2)$ 矛盾），即 $x\in A_1-A_2$，得 $y=f(x)\in f(A_1-A_2)$，故 $f(A_1)-f(A_2)\subseteq f(A_1-A_2)$.

(4) $\forall x\in f^{-1}(B_1-B_2)$，即 $f(x)\in B_1-B_2$，有 $f(x)\in B_1$ 且 $f(x)\notin B_2$，从而 $x\in f^{-1}(B_1)$，$x\notin f^{-1}(B_2)$，即 $x\in f^{-1}(B_1)-f^{-1}(B_2)$，得

$$f^{-1}(B_1-B_2)\subseteq f^{-1}(B_1)-f^{-1}(B_2).$$

上面过程步步可逆，得证 $f^{-1}(B_1-B_2)\supseteq f^{-1}(B_1)-f^{-1}(B_2)$，故原式成立.

(5) $\forall x\in A_1$，$f(x)\in f(A_1)$，得 $x\in f^{-1}(f(A_1))$，故有 $A_1\subseteq f^{-1}(f(A_1))$.

$\forall y \in f(f^{-1}(B_1))$，$\exists x \in f^{-1}(B_1)$，使得 $f(x)=y$，由 $x \in f^{-1}(B_1)$ 可得 $y=f(x) \in B_1$，得证 $f(f^{-1}(B_1)) \subseteq B_1$.

(6) 由(4)，有

$$f^{-1}(\bar{B}_1)=f^{-1}(B-B_1)=f^{-1}(B)-f^{-1}(B_1)$$
$$=A-f^{-1}(B_1)=\overline{f^{-1}(B_1)}.$$

(7) 因

$$x \in f^{-1}(B_1 \cup B_2) \Leftrightarrow f(x) \in B_1 \cup B_2 \Leftrightarrow f(x) \in B_1 \text{或} f(x) \in B_2$$
$$\Leftrightarrow x \in f^{-1}(B_1) \text{或} x \in f^{-1}(B_2)$$
$$\Leftrightarrow x \in f^{-1}(B_1) \cup f^{-1}(B_2),$$

故 $f^{-1}(B_1 \cup B_2)=f^{-1}(B_1) \cup f^{-1}(B_2)$.

(8) 因

$$x \in f^{-1}(B_1 \cap B_2) \Leftrightarrow f(x) \in B_1 \cap B_2 \Leftrightarrow f(x) \in B_1 \text{且} f(x) \in B_2$$
$$\Leftrightarrow x \in f^{-1}(B_1) \text{且} x \in f^{-1}(B_2)$$
$$\Leftrightarrow x \in f^{-1}(B_1) \cap f^{-1}(B_2),$$

故 $f^{-1}(B_1 \cap B_2)=f^{-1}(B_1) \cap f^{-1}(B_2)$. ▮

说明 有例为证，(2)可能发生真包含．例如：$A=\{1,2\}$，$B=\{a\}$，$f: A \to B$，$f(1)=f(2)=a$，取 $A_1=\{1\}$，$A_2=\{2\}$，则 $A_1 \cap A_2=\varnothing$，从而 $f(A_1 \cap A_2)=\varnothing$，但 $f(A_1) \cap f(A_2)=\{a\} \neq \varnothing$．同样可举出例子说明(3), (5)可能发生真包含.

例 3.6 设 $f: A \to B$，且 $A' \subseteq A$，$B' \subseteq B$，证明:

(1) 如果 f 是满射，则 $f(f^{-1}(B'))=B'$;

(2) 如果 f 是单射，则 $f^{-1}(f(A'))=A'$.

证 (1) 由定理 3.1 结论(5)可知 $f(f^{-1}(B')) \subseteq B'$.

反过来，$\forall y \in B'$，因为 f 是满射，故 $\exists x \in f^{-1}(B')$，使得 $f(x)=y$．因为 $x \in f^{-1}(B')$，故 $y \in f(f^{-1}(B'))$，$f(f^{-1}(B')) \supseteq B'$，得证

$$f(f^{-1}(B'))=B'.$$

(2) 由定理 3.1 结论(5)可知，$f^{-1}(f(A')) \supseteq A'$.

另一方面，$\forall x \in f^{-1}(f(A'))$，则 $f(x) \in f(A')$，故 $\exists x' \in A'$，使得

$f(x)=f(x')$. 因为 f 是单射，故必有 $x=x'$. 即 $x\in A'$，所以 $f^{-1}(f(A'))\subseteq A'$，于是 $f^{-1}(f(A'))=A'$.

3.1.3 几个常用的函数

(1) 集合 A 上的恒等关系是 A 上的函数，称为 A 上的**恒等函数**，记为 I_A. 即 $I_A(x)=x$，$\forall x\in A$.

(2) 设 $f:A\to B$，如果存在某个 $y_0\in B$，使得 $\forall x\in A$ 均有 $f(x)=y_0$，即有 $f(A)=\{y_0\}$，则称 $f:A\to B$ 为**常函数**.

(3) 对非空集合 A，n 为正整数，称函数 $f:A^n\to A$ 为 A 上的 n 元**运算**.

运算是小学里算术运算概念的推广，在后面两章中将对运算作深入研究. 运算的例子有很多，如数字的运算，集合的运算，关系的运算，逻辑联结词在 $\{T,F\}$ 上的运算，等等.

(4) 设 U 是全集，对任意的 $A\subseteq U$，A 的**特征函数** χ_A 定义为

$$\chi_A:\ U\to\{0,1\},\qquad \chi_A(a)=\begin{cases}1, & a\in A,\\ 0, & a\notin A.\end{cases}$$

例如：设 $U=\{a,b,c\}$，$A=\{a,c\}$，则

$$\chi_A(a)=1,\quad \chi_A(b)=0,\quad \chi_A(c)=1.$$

可以在 U 的幂集与 U 的所有特征函数构成的集合之间建立一一对应的函数.

(5) 设 R 是 A 上的等价关系，令 $g:A\to A/R$，$g(a)=[a]_R$，$\forall a\in A$，则称 g 为从 A 到商集 A/R 的**自然映射**或**典型映射**.

例如：设 $A=\{1,2,3\}$，R 是 A 上的等价关系，它诱导的等价类是 $\{1,2\},\{3\}$，则从 A 到 A/R 的自然映射 g 为 $g:\{1,2,3\}\to\{\{1,2\},\{3\}\}$，

$$g(1)=\{1,2\},\ g(2)=\{1,2\},\ g(3)=\{3\}.$$

自然映射一定是满射. 这是因为对任意的等价类 $[x]_R\in A/R$，存在 $x\in A$，使得 $g(x)=[x]_R$. 当等价关系不是恒等关系时，自然映射不是单射.

(6) 设 $A=\{a_1,a_2,\cdots,a_n\}$ 是一个有限集合，$P:A\to A$ 为一个双射函数，称 P 为集合 A 上的**置换函数**，简称为**置换**. $|A|=n$ 称为**置换的阶**.

n 阶置换 $P:A\to A$ 常表示成下面的形式：

$$P=\begin{pmatrix} a_1 & a_2 & \cdots & a_n\\ P(a_1) & P(a_2) & \cdots & P(a_n)\end{pmatrix}.$$

恒等函数显然为一置换，称为**恒等置换**. 当$|A|=n$时，$a_1,a_2,\cdots,a_n$的排列总数共$n!$个，即A上共有$n!$个不同的置换.

3.2 函数的复合、反函数

3.2.1 函数的复合

由关系的复合知道，若有关系$R:A\to B$，$S:B\to C$，则复合关系$R\circ S$是从A到C的关系. 若R,S都是函数，则复合关系$R\circ S$是从A到C的函数，因为有下面定理:

定理 3.2 设有函数$f:A\to B$，$g:B\to C$，则复合关系$f\circ g$是从A到C的函数，且有$(f\circ g)(x)=g(f(x))$.

称$f\circ g$是函数f和g的**复合函数**（或f与g的合成）.

证 首先证明$f\circ g$是从A到C的函数，即对任意的$x\in A$，存在唯一的$z\in C$，使得$\langle x,z\rangle\in f\circ g$.

因为f是函数，$\forall x\in A$，$\exists y\in B$，使得$\langle x,y\rangle\in f$. 对$y\in B$，因为g是函数，$\exists z\in C$，使得$\langle y,z\rangle\in g$，根据关系复合的定义，有$\langle x,z\rangle\in f\circ g$.

若对某个$x_0\in A$，$\exists z_1,z_2\in C$，$z_1\neq z_2$，使得$\langle x_0,z_1\rangle\in f\circ g$，$\langle x_0,z_2\rangle\in f\circ g$，则根据关系复合的定义，$\exists y_1,y_2\in B$，使得$\langle x_0,y_1\rangle\in f$，$\langle y_1,z_1\rangle\in g$及$\langle x_0,y_2\rangle\in f$，$\langle y_2,z_2\rangle\in g$，因$g$是函数，$z_1\neq z_2$，所以$y_1\neq y_2$，这与$f$是函数矛盾.

再证明: $(f\circ g)(x)=g(f(x))$. $\forall x\in A$，因为$\langle x,f(x)\rangle\in f$，$\langle f(x),g(f(x))\rangle\in g$，故$\langle x,g(f(x))\rangle\in f\circ g$，又因$f\circ g$是函数，故可写为

$$(f\circ g)(x)=g(f(x)).$$

▮

例 3.7 设集合$A=\{1,2,3\}$上的函数$f=\{\langle1,2\rangle,\langle2,3\rangle,\langle3,1\rangle\}$，集合$A$到集合$B=\{1,2\}$的函数$g=\{\langle1,2\rangle,\langle2,1\rangle,\langle3,2\rangle\}$，则容易算出$A$到$B$的复合关系$f\circ g=\{\langle1,1\rangle,\langle2,2\rangle,\langle3,2\rangle\}$为$A$到$B$的函数.

与关系的复合一样，函数的复合运算也不满足交换律，即：一般说来，有$f\circ g\neq g\circ f$，但满足结合律，即$(f\circ g)\circ h=f\circ(g\circ h)$.

关于函数的复合与函数的单射、满射、双射有下面的结论:

定理 3.3 设函数 $f:A\to B$，$g:B\to C$.

(1) 若 f,g 是单射，则 $f\circ g$ 也是单射.

(2) 若 f,g 是满射，则 $f\circ g$ 也是满射.

(3) 若 f,g 是双射，则 $f\circ g$ 也是双射.

证 (1) $\forall a_1,a_2\in A$，若 $a_1\neq a_2$，则由 f 是单射可知，$f(a_1)\neq f(a_2)$；再由 g 是单射可知，$g(f(a_1))\neq g(f(a_2))$．故由 $a_1\neq a_2$ 可得 $g\big(f(a_1)\big)\neq g\big(f(a_2)\big)$，即 $f\circ g$ 是单射.

(2) $\forall z\in C$，因为 g 是满射，故 $\exists y\in B$，使得 $z=g(y)$．对 $y\in B$，因为 f 是满射，故 $\exists x\in A$，使得 $f(x)=y$．故 $\forall z\in C$，$\exists x\in A$，使得

$$z=g(y)=g(f(x))=(f\circ g)(x),$$

$f\circ g$ 是满射.

(3) 由(1),(2)可得证. ▮

可以举例说明上面定理的逆命题不成立，但有如下定理:

定理 3.4 设函数 $f:A\to B$，$g:B\to C$.

(1) 若 $f\circ g$ 是单射，则 f 是单射.

(2) 若 $f\circ g$ 是满射，则 g 是满射.

(3) 若 $f\circ g$ 是双射，则 f 是单射，g 是满射.

证 (1) 设 $x_1,x_2\in A$，使得 $f(x_1)=f(x_2)$，则

$$(f\circ g)(x_1)=g\big(f(x_1)\big)=g\big(f(x_2)\big)=(f\circ g)(x_2).$$

因 $f\circ g$ 是单射，可得 $x_1=x_2$，故 f 是单射.

(2) 由于 $f\circ g$ 是满射，$\forall c\in C$，$\exists a\in A$，使得

$$c=(f\circ g)(a)=g\big(f(a)\big),$$

取 $b=f(a)\in B$，有 $c=g(b)$，故 g 是满射.

(3) 由(1),(2)得证. ▮

注意 当 $f\circ g$ 是单射时，g 不一定是单射；当 $f\circ g$ 是满射时，f 不一定是满射．例如：设 $A=\{a\}$，$B=\{b,d\}$，$C=\{c\}$，且 $f:A\to B$，$g:B\to C$ 定义为 $f=\{\langle a,b\rangle\}$，$g=\{\langle b,c\rangle,\langle d,c\rangle\}$，则 $f\circ g=\{\langle a,c\rangle\}$，$f\circ g$ 是满射，但 f 不是满射；$f\circ g$ 是单射，但 g 不是单射.

3.2.2 反函数

任一关系都有它的逆关系，但对于函数来说不一定成立，例如：集合 $A=\{1,2,3,4\}$ 到集合 $B=\{a,b,c\}$ 的关系 $f=\{\langle 1,a\rangle,\langle 2,a\rangle,\langle 3,b\rangle,\langle 4,c\rangle\}$ 是函数，作为关系来说它的逆关系为 $\tilde{f}=\{\langle a,1\rangle,\langle a,2\rangle,\langle b,3\rangle,\langle c,4\rangle\}$，但 $\tilde{f}$ 不是 B 到 A 的函数.

定义 3.4 设函数 $f:A\to B$，若逆关系 $\tilde{f}:B\to A$ 是从 B 到 A 的函数，则称 f **可逆**，$\tilde{f}$ 是 f 的**反函数**，并记 $\tilde{f}$ 为 f^{-1}（也称为**逆函数**）.

由定义可知：当函数 $f:A\to B$ 的反函数 f^{-1} 存在，若 $f(x)=y$，则 $f^{-1}(y)=x$，且有下面结论成立：

$$f\circ f^{-1}=I_A，\ f^{-1}\circ f=I_B .$$

由上面定义易知：

定理 3.5 函数 $f:A\to B$ 存在反函数的充分必要条件是 f 是双射.

定理 3.6 设 $f:A\to B$，若存在 $g:B\to A$，使得 $g\circ f=I_B$，$f\circ g=I_A$，则

(1) f,g 都是可逆映射；

(2) $g=f^{-1}$，$f=g^{-1}$.

该定理的证明参见后面定理 3.8 的证明.

定理 3.7 设 $f:A\to B$，$g:B\to C$ 均为可逆映射，则

(1) $f\circ f^{-1}=I_A$，$f^{-1}\circ f=I_B$；

(2) $(f^{-1})^{-1}=f$；

(3) $(f\circ g)^{-1}=g^{-1}\circ f^{-1}$.

证 只证(1)，其他请读者自证.

$\forall x\in A$，因为 f 是函数，则有 $\langle x,f(x)\rangle\in f$，因 f 可逆，则有 $\langle f(x),x\rangle\in f^{-1}$. 因为 f^{-1} 是函数，则可写为 $f^{-1}\big(f(x)\big)=x$. 即 $\forall x\in A$，有 $f^{-1}(f(x))=(f\circ f^{-1})(x)=x=I_A(x)$，于是 $f\circ f^{-1}=I_A$.

$\forall y\in B$，类似可证 $f(f^{-1}(y))=y$，从而可得

$$f^{-1}\circ f=I_B . \qquad \blacksquare$$

对非双射的函数 $f:A\to B$，是否存在函数 $g:B\to A$ 使 $f\circ g=I_A$ 呢？

是否存在函数 $h:B\to A$ 使 $h\circ f=I_B$ 呢?

定义 3.5 设 $f:A\to B$，$g:B\to A$，如果 $f\circ g=I_A$，则称 g 为 f 的**右逆**；如果 $g\circ f=I_B$，则称 g 为 f 的**左逆**.

例 3.8 设 $f_1:\{a,b\}\to\{0,1,2\}$，$f_1(a)=1$，$f_1(b)=2$，则 f_1 存在右逆，如 g_1：$g_1(1)=a$，$g_1(2)=b=g_1(0)$；f_1 不存在左逆.

设 $f_2:\{a,b,c\}\to\{0,1\}$，$f_2(a)=f_2(b)=0$，$f_2(c)=1$，则 f_2 存在左逆，如 g_2：$g_2(0)=a$，$g_2(1)=c$（也可定义 $g_2(0)=b$）. f_2 不存在右逆.

设 $f_3:\{a,b,c\}\to\{0,1,2\}$，$f_3(a)=0$，$f_3(b)=1$，$f_3(c)=2$，则易知 f_3 既存在左逆也存在右逆，均为 f_3 的反函数 f_3^{-1}，即 $f_3^{-1}(0)=a$，$f_3^{-1}(1)=b$，$f_3^{-1}(2)=c$.

定理 3.8 设 $f:A\to B$，$A\neq\varnothing$，则

(1) f 存在右逆，当且仅当 f 是单射；

(2) f 存在左逆，当且仅当 f 是满射；

(3) f 存在右逆又存在左逆，当且仅当 f 是双射；

(4) 若 f 是双射，则 f 的左逆等于右逆.

证 (1) 先证必要性. 设 g 为 f 的右逆且存在 $x_1,x_2\in A$，使得 $f(x_1)=f(x_2)$，则

$$x_1=(f\circ g)(x_1)=g\big(f(x_1)\big)=g\big(f(x_2)\big)=(f\circ g)(x_2)=x_2.$$

所以 f 是单射.

再证充分性. 若 f 是单射，则 $f:A\to\mathrm{Im}(f)$ 是双射，从而 f 的逆关系限制在 $\mathrm{Im}(f)$ 上是双射，还是沿用 f^{-1} 记号，因 $A\neq\varnothing$，存在 $a\in A$，构造 $g:B\to A$ 为

$$g(y)=\begin{cases}f^{-1}(y), & y\in\mathrm{Im}(f),\\ a, & y\in B-\mathrm{Im}(f),\end{cases}$$

显然，g 是函数 $g:B\to A$. 对任意 $x\in A$，因 $f(x)\in\mathrm{Im}(f)$，有

$$(f\circ g)(x)=g\big(f(x)\big)=f^{-1}\big(f(x)\big)=x.$$

所以 $f\circ g=I_A$，g 为 f 的右逆.

(2) 先证必要性. 设 f 的左逆为 $h:B\to A$，有 $h\circ f=I_B$，则 $\forall y\in B$，取 $x\in A$，$x=h(y)$，则

$$y=I_B(y)=(h\circ f)(y)=f\big(h(y)\big)=f(x).$$

故 f 是满射.

再证充分性. 因为 f 是满射, $\forall y\in B$, $\exists x\in A$, 使得 $f(x)=y$, 构造函数 $h:B\to A$, 满足: $\forall y\in B$, $h(y)=x$, 其中 x 为某个确定的满足 $f(x)=y$ 的元素. 则

$$(h\circ f)(y)=f\big(h(y)\big)=f(x)=y=I_B(y),\ \forall y\in B.$$

所以 $h\circ f=I_B$, h 是 f 的左逆.

(3) 由(1),(2)得证.

(4) 设 f 的右逆为 $g:B\to A$, 左逆为 $h:B\to A$, 即 $f\circ g=I_A$, $h\circ f=I_B$, 则

$$g=I_B\circ g=(h\circ f)\circ g=h\circ(f\circ g)=h\circ I_A=h.$$

故 $g=h$. ▌

3.3 本章小结

1. 要清楚函数的定义. A 到 B 上的函数不同于 A 到 B 上的关系. 要求掌握函数的基本概念.

2. 要弄清单射、满射、双射之间的区别.

3. 理解集合的像及原像的定义及相关性质. 给定一个函数, 要能确定一点的像, 一个集合的像, 一个集合的原像等. 一个子集的像及子集的原像之间的相应关系应通过例子加以理解, 且应能够通过集合的验算来证明, 或通过举反例说明.

4. 弄清楚复合函数和反函数的定义及其存在的条件. 对函数的复合及反函数, 要能够求出指定函数的复合及反函数.

习 题 3

1. 下面的关系哪些是函数? 其中 xRy 定义为 $x^2+y^2=1$, x,y 为实数.

(1) $0\le x\le 1$, $0\le y\le 1$;　　(2) $-1\le x\le 1$, $-1\le y\le 1$;

(3) $-1\le x\le 1$, $0\le y\le 1$;　　(4) x 任意, $0\le y\le 1$.

2．设 $S=\{1,2,3,4,5\}$，考虑 S 到 S 的函数：$I_S(n)=n$，$f(n)=6-n$，$g(n)=\max\{3,n\}$，$h(n)=\max\{1,n-1\}$．

(1) 将上述函数写成序偶的集合．

(2) 将上述函数看做特殊的关系，作出关系图．

(3) 哪些函数是单射，哪些函数是满射？

3．对下列函数：

(1) $f:\mathbf{R}\to\mathbf{R}$，$f(x)=x$，$S=\{8\}$；

(2) $f:\mathbf{R}\to\mathbf{R}^+$ (正实数集)，$f(x)=2^x$，$S=\{1\}$；

(3) $f:\mathbf{N}\to\mathbf{N}\times\mathbf{N}$，$f(n)=\langle n,n+1\rangle$，$S=\{\langle 2,2\rangle\}$；

(4) $f:\mathbf{N}\to\mathbf{N}$，$f(n)=2n+1$，$S=\{2,3\}$；

(5) $f:\mathbf{Z}\to\mathbf{N}$，$f(x)=|x|$，$S=\{0,1\}$；

(6) $f:[0,1]\to[0,1]$，$f(x)=\dfrac{x}{2}+\dfrac{1}{4}$，$S=\left[0,\dfrac{1}{2}\right]$；

(7) $f:\mathbf{R}\to\mathbf{R}$，$f(x)=3$，$S=\mathbf{N}$；

(8) $f:[0,\infty)\to\mathbf{R}$，$f(x)=\dfrac{1}{1+x}$，$S=\left\{0,\dfrac{1}{2}\right\}$；

(9) $f:(0,1)\to(0,\infty)$，$f(x)=\dfrac{1}{x}$，$S=\{0,1\}$．

请作表回答如下问题：

(1) 是单射、满射或双射？

(2) 函数的像是什么？

(3) 给定集合 S 的原像是什么？

(4) 若 f 是双射，写出 f^{-1} 的表达式．

4．有下面 3 个 $P(\mathbf{N})\times P(\mathbf{N})\to P(\mathbf{N})$ 的函数（$\mathbf{N}$ 是自然数集）：

$\mathrm{union}(\langle A,B\rangle)=A\cup B$，$\mathrm{inter}(\langle A,B\rangle)=A\cap B$，$\mathrm{sym}(\langle A,B\rangle)=A\oplus B$．

证明：(1) 它们都是满射；(2) 它们都不是单射．

5．两个从自然数集 $\mathbf{N}$ 到 $\mathbf{N}$ 的移位函数为 $f(n)=n+1$，$g(n)=\max\{0,n-1\}$．证明：

(1) f 是单射而不是满射；

(2) g 是满射而不是单射；

(3) $f\circ g=I_{\mathbf{N}}$，但 $g\circ f\neq I_{\mathbf{N}}$．

6．令 X 为实数集 $\mathbf{R}$ 到 $[0,1]$ 的函数的全体．若 $f,g\in X$，定义 $\langle f,g\rangle\in S$ 当且仅当 $\forall x\in[0,1]$，$f(x)-g(x)\geq 0$．证明：S 是一个偏序，并且判断 S 是否

为全序？

7．设 $(A,\leq)$ 是偏序集，$\forall a\in A$，$f(a)=\{x\,|\,x\in A,\ x\leq a\}$．证明：$f:A\to P(A)$ 是一个单射，且当 $a\leq b$ 时，有 $f(a)\subseteq f(b)$．

8．设 $A=\{1,2,3\}$，$f\in A^A$，且 $f(1)=f(2)=1$，$f(3)=2$，定义 $G:A\to P(A)$，$G(x)=f^{-1}(x)$．说明 G 有什么性质(单射、满射或双射)，计算值域 $\mathrm{Ran}\,G$．

9．设函数 $f:\mathbf{R}\times\mathbf{R}\to\mathbf{R}\times\mathbf{R}$，$f$ 定义为 $f(\langle x,y\rangle)=\langle x+y,x-y\rangle$．

(1) 证明 f 是单射；

(2) 证明 f 是满射；

(3) 求反函数 f^{-1}；

(4) 求复合函数 $f^{-1}\circ f$ 和 $f\circ f$．

10．f 和 g 是集合 $\{1,2,3,4\}$ 到其自身的函数，$f(m)=\max\{2,4-m\}$，$g(m)=5-m$．

(1) 将 f 和 g 作为关系 R_f,R_g，确定其关系矩阵．

(2) 给出 $R_f\circ R_g$ 和 $R_{f\circ g}$ 的关系矩阵并作比较．

(3) 给出 $\widetilde{R_f}$ 和 $\widetilde{R_g}$ 的关系矩阵，判断 $\widetilde{R_f}$ 和 $\widetilde{R_g}$ 是否为函数？

11．设 $f:A\to A$，$B\subseteq A$ 为 A 的子集．试确定 $f(f^{-1}(B))$，B，$f^{-1}(f(B))$ 三者之间的包含关系．

12．假定 $f:X\to Y$，$g:Y\to\mathbf{Z}$ 是两个映射，$f\circ g$ 是一个满射，若 g 是单射，求证 f 是满射．

13．令 $f:S\to T$，对 $A\subseteq S$，$f(A)$ 表示 A 中元素的像的集合．证明或否定下面的命题：

(1) $f(A_1)\cap f(A_2)=f(A_1\cap A_2)$，$A_1,A_2\subseteq S$；

(2) $f(A_1)-f(A_2)=f(A_1-A_2)$，$A_1,A_2\subseteq S$；

(3) 若 $f(A_1)=f(A_2)$，则 $A_1=A_2$．

14．(1) 若 $f:T\to U$，f 是单射；$g,h:S\to T$，满足 $g\circ f=h\circ f$，证明：$g=h$．

(2) 给出函数 f,g,h 的实例，$f:T\to U$，$g,h:S\to T$，$g\circ f=h\circ f$，但 $g\neq h$．

(3) $f:A\to B$，$g,h:B\to C$．给出 f 的条件，使得由 $f\circ g=f\circ h$ 可得出 $g=h$．

15．指出以下函数是否为单射？满射？双射？说明理由．然后按要求进行计算．其中 $\mathbf{N}$ 是非负整数集．

(1) $f:\mathbf{N}\times\mathbf{N}\to\mathbf{N}$，$f(\langle x,y\rangle)=x+y+1$．计算 $f(\mathbf{N}\times\{1\})$．

(2) $f:\mathbf{N}\to\mathbf{N}\times\mathbf{N}$，$f(x)=\langle x,x+1\rangle$．计算 $f(\{0,1,2\})$．

(3) $f:\mathbf{N}\times\mathbf{N}\to\mathbf{N}$，$f(\langle x,y\rangle)=xy$．计算 $f(\mathbf{N}\times\{1\}),f^{-1}(\{0\})$．

16．设 X 为非空集合，定义函数 f 和 g 如下：设 $A,B\subseteq X$，

$$f(A,B)=(A\cup B)-B,\ g(A,B)=B-(A\cap B).$$

判断下述关系的正确性，并阐述理由：

(1) $f(A,B)\cap g(A,B)=\varnothing$；

(2) $f(A,B)=g(B,A)$；

(3) $f\big(f(A,B),B\big)=f\big(A,f(A,B)\big)$；

(4) $f\big(A,g(A,B)\big)=g\big(f(B,A),A\big)$．

第 4 章　代数系统

代数系统是在集合中定义了若干运算而成的系统，它在计算机科学及其他领域有着广泛的应用．本章主要研究半群和群两种代数系统，同时对环、域等代数系统也作简要介绍．

4.1　代数运算与代数系统

前面讨论了集合及集合中元素之间的关系，本章讨论集合中元素之间的运算性质．通俗地讲，集合及集合上的运算合在一起称为**代数系统**．

4.1.1　代数运算

第 3 章在几个常用的函数中我们曾提到运算，实际上运算就是函数．先看一个例子：

整数集合 $\mathbf{Z}$ 上定义的普通加法运算，记为 $+$．任意 $a,b\in\mathbf{Z}$，在 $\mathbf{Z}$ 中存在唯一元素 c，作为对 a 和 b 施行加法运算的结果并记为 $a+b=c$．加法运算的运算对象有两个，即 a 和 b，通常我们称这种运算是**二元运算**．在 $\mathbf{Z}$ 上定义的加法运算，从函数的角度来说，实际上定义了集合 $\mathbf{Z}^2$ 到 $\mathbf{Z}$ 的一个函数 f：$\mathbf{Z}^2\to\mathbf{Z}$，例如 $f(\langle 1,2\rangle)=3$，$f(\langle -4,2\rangle)=-2$ 等．只是我们总写为 $1+2=3$，$(-4)+2=-2$ 等，而不是写成函数的形式．

集合 $\mathbf{Z}$ 上的负运算是 $\mathbf{Z}$ 到 $\mathbf{Z}$ 的函数 f：$\mathbf{Z}\to\mathbf{Z}$，例如 $f(1)=-1$，$f(-2)=2$，它的运算对象只有一个，我们总写为 $-(1)=-1$，$-(-2)=2$，这种运算称为**一元运算**．

定义 4.1　设 A 是一非空集合，函数 $f:A^n\to A$ 称为 A 上的一个 n 元运算，简称为 n **元运算**．这里 n 为正整数，以后不再说明．

我们常常考查集合的二元或一元运算．通常用 $\circ$, $*$, $+$, $\times$, $\cdot$, $\triangle$, $\oplus$, $\otimes$ 等

符号表示二元运算，称为**算符**．设 f 是 A 上的二元运算，简记 $f(a,b)$ 为 $a*b$ (或 $a\circ b$, $a\cdot b$ 等)．通常用 $-,\neg,^{-}$ 等表示一元运算，设 f 是 A 上的一元运算，简记 $f(a)$ 为 $-a$ (或 $\neg a$, $\bar{a}$ 等)．

例 4.1 (1) 实数集合 $\mathbf{R}$ 上的加法、乘法运算都是二元运算．

(2) n 阶实可逆方阵集合上定义的普通矩阵乘法运算是二元运算，求逆矩阵运算是一元运算．

(3) 集合 A 的幂集 $P(A)$ 上定义的并、交及差运算是 $P(A)$ 上的二元运算，而把 A 作为全集，对于任意 $B\subseteq A$ 的补集为 $\overline{B}=A-B$，于是求补运算是 $P(A)$ 上的一元运算．

(4) 设 $R(A)$ 表示集合 A 上关系的全体，则定义在 $R(A)$ 上的关系复合运算 $\circ$ 是 $R(A)$ 上的二元运算．

设 f 是 A 上的一个 n 元运算，T 是 A 的一个非空子集，若 $\forall a_1,a_2,\cdots,a_n\in T$，恒有 $f(a_1,a_2,\cdots,a_n)\in T$，则称 T 对运算 f 是**封闭的**(或 f 在 T 上是封闭的)．此时 f 也是 T 上的 n 元运算．例如正整数集对普通加法运算是封闭的，但对减法运算不封闭，因为两个正整数相减后不一定还是一个正整数，从而不一定仍属于正整数集合．

根据上面定义易知，A 上定义的 n 元运算的重要特性就是运算的封闭性．只要 f 是集合 A 上的 n 元运算，则 A 关于 f 是封闭的；反之，只要 f 是对 A 封闭的函数，则 f 是 A 上的运算．因为从本质上讲，集合 A 上的一个 n 元运算就是一个从 A^n 到 A 的函数，由此也可知道，运算的结果是唯一的．

对一个有限集合 $A=\{a_1,a_2,\cdots,a_n\}$，A 上的一元运算和二元运算可用列表的方式给出．这种表格称为该运算的**运算表**或**乘法表**．如表 4-1、表 4-2 所示．

表 4-1 **一元运算**

a	$\neg a$
a_1	$\neg a_1$
a_2	$\neg a_2$
$\vdots$	$\vdots$
a_n	$\neg a_n$

表 4-2 **二元运算**

$\circ$	a_1	a_2	$\cdots$	a_n
a_1	$a_1\circ a_1$	$a_1\circ a_2$	$\cdots$	$a_1\circ a_n$
a_2	$a_2\circ a_1$	$a_2\circ a_2$	$\cdots$	$a_2\circ a_n$
$\vdots$	$\vdots$	$\vdots$		$\vdots$
a_n	$a_n\circ a_1$	$a_n\circ a_2$	$\cdots$	$a_n\circ a_n$

下面是几个常见的例子:

例 4.2 (1) $A=\{0,1\}$, A 上的两种运算: 布尔加法 $\vee$, 布尔乘法 $\wedge$ 的定义为

$\vee$	0	1
0	0	1
1	1	1

$\wedge$	0	1
0	0	0
1	0	1

记 $+_m$ 为模 m 加法, $\times_m$ 为模 m 乘法.

(2) $\mathbf{I}_2=\{0,1\}$, $+_2, \times_2$ 为 $\mathbf{I}_2$ 上的二元运算, 运算表为

$+_2$	0	1
0	0	1
1	1	0

$\times_2$	0	1
0	0	0
1	0	1

(3) $\mathbf{I}_3=\{0,1,2\}$, $+_3, \times_3$ 的运算表如下:

$+_3$	0	1	2
0	0	1	2
1	1	2	0
2	2	0	1

$\times_3$	0	1	2
0	0	0	0
1	0	1	2
2	0	2	1

(4) 设 $A=\{1,2\}$, 则 $P(A)=\{\varnothing,\{1\},\{2\},A\}$, $P(A)$ 上的补运算 "$\overline{}$" 及差运算 "$-$" 的运算表如下:

X	$\overline{X}$
$\varnothing$	A
$\{1\}$	$\{2\}$
$\{2\}$	$\{1\}$
A	$\varnothing$

$-$	$\varnothing$	$\{1\}$	$\{2\}$	A
$\varnothing$	$\varnothing$	$\varnothing$	$\varnothing$	$\varnothing$
$\{1\}$	$\{1\}$	$\varnothing$	$\{1\}$	$\varnothing$
$\{2\}$	$\{2\}$	$\{2\}$	$\varnothing$	$\varnothing$
A	A	$\{2\}$	$\{1\}$	$\varnothing$

下面是几个常用的定义:

定义 4.2 设 $\circ, *$ 为集合 A 上的二元运算.

(1) 如果 $\forall x,y\in A$，都有 $x\circ y=y\circ x$，则称二元运算 $\circ$ 是**可交换的**或称 $\circ$ 在 A 上满足**交换律**.

(2) 如果 $\forall x,y,z\in A$，都有 $(x\circ y)\circ z=x\circ(y\circ z)$，则称二元运算 $\circ$ 在 A 上是**可结合的**或称 $\circ$ 在 A 上满足**结合律**.

(3) 如果 $\forall x\in A$，都有 $x\circ x=x$，则称 $\circ$ 在 A 上满足**等幂律**.

(4) 设 $\circ$ 和 $*$ 是集合 A 上的两个二元运算，若 $\forall x,y,z\in A$，有

$$x*(y\circ z)=(x*y)\circ(x*z),\quad (y\circ z)*x=(y*x)\circ(z*x),$$

则称 $*$ 对 $\circ$ 满足**分配律**.

(5) $\forall x,y\in A$，有 $x*(x\circ y)=x$，$x\circ(x*y)=x$，则称 $\circ$ 和 $*$ 满足**吸收律**.

例 4.3 (1) 实数集 $\mathbf{R}$ 上的加法运算、乘法运算是可交换、可结合的，乘法对加法是可分配的，但加法对乘法不是可分配的，普通减法运算则是不可交换也不可结合的．$\times$ 和 $+$ 不满足吸收律，例如 $2\times(2+1)=6\neq 2$，$2+(2\times 1)=4\neq 2$.

(2) $\cup$ 和 $\cap$ 为 $P(A)$ 上的二元运算，$\cup$ 对 $\cap$ 是可分配的，$\cap$ 对 $\cup$ 也是可分配的，$\cup$ 和 $\cap$ 也满足等幂律．由于 $\forall X,Y\in P(A)$，有

$$X\cup(X\cap Y)=X,\quad X\cap(X\cup Y)=X,$$

所以 $\cup$ 和 $\cap$ 满足吸收律.

若运算 $\circ$ 满足结合律，可定义幂次

$$x^n=\underbrace{x\circ x\circ\cdots\circ x}_{n\text{个}}.$$

容易证明：$x^m\circ x^n=x^{m+n}$；$(x^m)^n=x^{mn}$，其中 m,n 为正整数.

下面定义集合中与二元运算相联系的一些特殊元素:

定义 4.3 设 $\circ$ 为集合 A 上的二元运算.

(1) 设 $e_l\in A$（或 $e_r\in A$），若 $\forall a\in A$，都有 $e_l\circ a=a$（或 $a\circ e_r=a$），则称 e_l（或 e_r）是 A 中关于运算 $\circ$ 的**左**（或**右**）**单位元**．如果 A 中的元素 e 既是左单位元又是右单位元，则称 e 是 A 中关于运算 $\circ$ 的**单位元**.

(2) 设 $\theta_l\in A$（或 $\theta_r\in A$），若 $\forall a\in A$，都有 $\theta_l\circ a=\theta_l$（或 $a\circ\theta_r=\theta_r$），则称 θ_l（或 θ_r）是 A 中关于运算 $\circ$ 的**左**（或**右**）**零元**．如果 A 中的元素 θ 既是左零元又是右零元，则称 θ 是 A 中关于运算 $\circ$ 的**零元**.

(3) 设 e 是 A 中关于二元运算 $\circ$ 的单位元．对于 $a\in A$，如果 $\exists b\in A$，使得 $b\circ a=e$ (或 $a\circ b=e$)，则称 b 是 a 的**左**（或**右**）**逆元**．如果 $b\in A$ 既是 a 的

左逆元, 又是 a 的右逆元, 则称 b 为 a 的**逆元**（此时 a 与 b 互为逆元）, 通常记为 a^{-1}（在逆元唯一时）. 如果元素 a 存在逆元, 则称 a 是**可逆的**.

(4) 若对 A 中元素 a, 有 $a \circ a = a$, 则称 a 是 A 中关于运算 $\circ$ 的**等幂元**.

(5) 对元素 a, 若 $\forall x, y \in A$, 都有

$$a \circ x = a \circ y \Rightarrow x = y, \quad x \circ a = y \circ a \Rightarrow x = y,$$

则称 a 在 A 上关于运算 $\circ$ 是**可约元**（或称**可消去元**）.

例 4.4　在例 4.1 中,

(1) 实数集 $\mathbf{R}$ 上的加法运算有单位元为 0, 没有零元, 每个元素 x 关于加法运算的逆元为 $-x$; 乘法运算有单位元 1, 零元为 0, 每个非零元素 x 有逆元 $\dfrac{1}{x}$, 零元 0 没有逆元.

(2) n 阶实可逆矩阵集合上定义的普通矩阵乘法运算有单位元, 其单位元为 n 阶单位阵 $\boldsymbol{I}_n$, 没有零元, 每个可逆矩阵的逆元为其逆矩阵.

(3) 非空集合 A 的幂集 $P(A)$ 上定义的并运算有单位元为 $\varnothing$, 零元为 A, 除单位元 $\varnothing$ 外, 任一元素没有逆元; 交运算有零元为 $\varnothing$, 单位元为 A, 除单位元 A 外, 任一元素没有逆元; 差运算有右单位元为 $\varnothing$, 没有左单位元, 有左零元为 $\varnothing$, 没有右零元.

(4) $R(A)$ 上的关系复合运算有单位元为恒等关系 I_A, 有零元为空关系 $\varnothing$, 每个为双射的关系存在逆元, 其逆元为其逆映射.

(5) 设集合 $A = \{a, b, c, d, e\}$, 定义 A 上的二元运算 $\circ$ 如下表所示:

$\circ$	a	b	c	d	e
a	a	b	c	d	e
b	b	d	a	c	d
c	c	a	b	a	b
d	d	a	c	d	c
e	e	d	a	c	e

则 a 是单位元, 没有零元; b 的左逆元是 c 和 d, 右逆元是 c; c 的左逆元为 b 和 e, 右逆元为 b 和 d, 即 b, c 互为逆元; d 的左逆元为 c, 而右逆元为 b; e 的右逆元是 c, 但 e 没有左逆元.

例 4.5　对任意的 $a, b \in \mathbf{R}$, 定义

$$a\circ b=a+b+2ab.$$

因对任意的$b\in\mathbf{R}$,

$$\left(-\frac{1}{2}\right)\circ b=-\frac{1}{2}+b+2\cdot\left(-\frac{1}{2}\right)\cdot b=-\frac{1}{2},$$

$$b\circ\left(-\frac{1}{2}\right)=b+\left(-\frac{1}{2}\right)+2\cdot b\cdot\left(-\frac{1}{2}\right)=-\frac{1}{2},$$

故$-\frac{1}{2}$为$\circ$的零元.

因$0\circ a=0+a+2\cdot 0\cdot a=a=a\circ 0$，故0为运算$\circ$的单位元.

易验证$\circ$满足结合律，即$\forall a,b,c\in\mathbf{R}$，$(a\circ b)\circ c=a\circ(b\circ c)$.

例 4.6 $\forall x,y\in\mathbf{Z}$，定义$x*y=|x-y|$，则

$$x*y=|x-y|=|y-x|=y*x,$$

交换律成立．但

$$(1*2)*5=|1-2|*5=1*5=|1-5|=4,$$
$$1*(2*5)=1*|2-5|=1*3=|1-3|=2,$$

故结合律不成立.

由于$2*2=|2-2|=0\neq 2$，等幂律不成立.

由 $0*0=|0-0|=0$，得0为等幂元.

例 4.7 设$A=\{a,b,c\}$，定义运算$\circ$为：$\forall x,y\in A$，$x\circ y=x$，则其运算表为

$\circ$	a	b	c
a	a	a	a
b	b	b	b
c	c	c	c

由于$a\circ b=a$，$b\circ a=b$，故交换律不成立.

设x,y,z是A中的任意三个元素，由于

$$(x\circ y)\circ z=x\circ z=x,$$

$$x\circ(y\circ z)=x\circ y=x,$$

故$\circ$满足结合律.

因$\forall x\in A$，有$x\circ x=x$，故$\circ$满足等幂律.

由运算表观察易得 a,b,c 均为右单位元，也均为左零元．不存在单位元，也不存在零元．

关于上面几个定义，有下面结论：

定理 4.1　设 A 是非空集合，$\circ$ 是 A 上的二元运算．

(1) 若 A 关于运算 $\circ$ 存在左零元 θ_l 和右零元 θ_r，则有 $\theta_l=\theta_r=\theta$，且 θ 是 A 上关于运算 $\circ$ 的唯一零元．

(2) 若 A 关于运算 $\circ$ 存在左单位元 e_l 和右单位元 e_r，则有 $e_l=e_r=e$，且 e 是 A 上关于运算 $\circ$ 的唯一单位元．

(3) 若运算满足结合律，e 是单位元，则若 A 中元素 a 有左逆元 b_l 和右逆元 b_r，则 $b_l=b_r=b$，且 b 是 a 关于运算 $\circ$ 的唯一逆元．

证　(1) 若 θ_l 和 θ_r 分别是集合 A 关于 $\circ$ 的左、右零元，则有

$$\theta_l=\theta_l\circ\theta_r=\theta_r,$$

即左、右零元相等，它们均是零元，且零元是唯一的．

(2) 若 e_l 和 e_r 分别是集合 A 关于 $\circ$ 运算的左、右单位元，则有

$$e_l=e_l\circ e_r=e_r,$$

即左、右单位元相等，它们均是单位元，且单位元是唯一的．

(3) 若 b_l 和 b_r 分别是 a 的左、右逆元，则

$$b_l=b_l\circ e=b_l\circ(a\circ b_r)=(b_l\circ a)\circ b_r=e\circ b_r=b_r.$$

所以 $b_l=b_r=b$ 是 a 的逆元．

假设 a 存在另一个逆元 b'，则

$$b=b\circ e=b\circ(a\circ b')=(b\circ a)\circ b'=e\circ b'=b'.$$

所以 a 的逆元唯一．　▮

注意　若不满足结合律，则结论(3)不一定成立．例如：运算表 4–3 中，c 是单位元，a 和 b 都是 a 的逆元，但运算不满足结合律，如：

$$(a*b)*b=c*b=b\neq a*(b*b)=a*a=c.$$

运算表 4–4 中，运算也不满足结合律，如：

$$(a\circ b)\circ b=c\circ b=b\neq a\circ(b\circ b)=a\circ c=a.$$

但每一个元素的逆元都是唯一的．这两个例子及定理 4.1 中结论(3)说明结合律成立是逆元唯一的充分但不必要的条件．

表 4-3

$*$	a	b	c
a	c	c	a
b	c	a	b
c	a	b	c

表 4-4

$\circ$	a	b	c
a	c	c	a
b	b	c	b
c	a	b	c

例 4.8 $A=\{a,b,c\}$，$\circ$为A上的二元运算，运算表为

$\circ$	a	b	c
a	a	b	c
b	b	c	a
c	c	a	b

可以验证$\circ$满足结合律. 由运算表可知，a为单位元，没有零元，且$a^{-1}=a$，$b^{-1}=c$，$c^{-1}=b$.

例 4.9 设$A=\{a,b,c\}$，$*$为A上的二元运算，运算表为

$*$	a	b	c
a	a	b	c
b	b	a	c
c	c	c	c

则a为单位元，c为零元，且$a^{-1}=a$，$b^{-1}=b$，c不是可逆元.

定理 4.2 对集合A上运算$\circ$，当$\circ$满足结合律时，有：若a,b可逆，则

(1) $(a^{-1})^{-1}=a$；

(2) $(a\circ b)^{-1}=b^{-1}\circ a^{-1}$.

证明略去，请读者自己证明.

4.1.2 代数系统

定义 4.4 集合A及其上的若干运算$*_1,*_2,\cdots,*_k$一起称为一个**代数系统**，记为$(A,*_1,*_2,\cdots,*_k)$或$\langle A,*_1,*_2,\cdots,*_k\rangle$. 若$A$是有限集，也称该系统为**有限代数系统**.

下面是一些常见的例子:

例 4.10 (1) $(\mathbf{N},+)$, $(\mathbf{Z},+,\cdot)$, $(\mathbf{R},+,\cdot)$, $(P(A),\cup,\cap,^{-})$ 都是代数系统.

(2) 设集合 $R_A=\{\rho\,|\,\rho$ 是集合 A 上的二元关系$\}$, 则关系的复合运算对 R_A 是封闭的, $(R_A,\circ)$ 是一个代数系统.

(3) 例 4.2 中 4 个例子均为有限代数系统.

定义 4.5 设 $V=(A,\circ_1,\circ_2)$ 是代数系统, $A_0\subseteq A$, 如果 A_0 对运算 $\circ_1,\circ_2$ 都是封闭的, 则 $V_0=(A_0,\circ_1,\circ_2)$ 也是代数系统, 称为 V 的**子代数系统**, 简称**子代数**. 对于代数系统 $(A,\circ)$ 的子代数也可类似定义.

简单地说, 若原集合的一个子集对原代数系统的所有运算均封闭, 则该子集及原来所有的运算合在一起称为原代数系统的一个子代数系统.

例 4.11 (1) $(\mathbf{N},+)$ 是 $(\mathbf{Z},+)$ 的子代数, $(\mathbf{Z},+,\cdot)$ 是 $(\mathbf{R},+,\cdot)$ 的子代数.

(2) 设 $F_A=\{f\,|\,f$ 是集合 A 上的双射$\}$, R_A 是 A 上的关系的全体, 则 $F_A\subseteq R_A$, 因 A 上的双射对复合运算 $\circ$ 封闭, 故 $(F_A,\circ)$ 是 $(R_A,\circ)$ 的子代数.

两个代数系统可以生成一个新的代数系统——积代数.

定义 4.6 设 $V_i=(A_i,\circ_i)$ $(i=1,2)$ 都是代数系统, $\circ_1$ 和 $\circ_2$ 为二元运算, 称 $(A_1\times A_2,\circ)$ 为 V_1,V_2 的**积代数系统**, 记为 $V_1\times V_2$, 对任意 $\langle x_1,y_1\rangle,\langle x_2,y_2\rangle\in A_1\times A_2$, $\circ$ 定义为

$$\langle x_1,y_1\rangle\circ\langle x_2,y_2\rangle=\langle x_1\circ_1 x_2,y_1\circ_2 y_2\rangle.$$

对于 $\circ_1,\circ_2$ 同为一元运算的情形可类似定义.

例 4.12 已知 $V_1=(\boldsymbol{I}_2,\times_2)$, $V_2=(\boldsymbol{I}_3,+_3)$ 都是代数系统, 求积代数 $V_1\times V_2$.

解 $V_1\times V_2=\{\langle 0,0\rangle,\ \langle 0,1\rangle,\ \langle 0,2\rangle,\ \langle 1,0\rangle,\ \langle 1,1\rangle,\ \langle 1,2\rangle\}$, 对任意的 $\langle x_1,y_1\rangle,\langle x_2,y_2\rangle\in\boldsymbol{I}_2\times\boldsymbol{I}_3$, 有

$$\langle x_1,y_1\rangle*\langle x_2,y_2\rangle=\langle x_1\times_2 x_2,y_1+_3 y_2\rangle.$$

如

$$\langle 1,2\rangle*\langle 0,2\rangle=\langle 1\times_2 0,\ 2+_3 2\rangle=\langle 0,1\rangle,$$

运算表如下所示:

$*$	$\langle 0,0\rangle$	$\langle 0,1\rangle$	$\langle 0,2\rangle$	$\langle 1,0\rangle$	$\langle 1,1\rangle$	$\langle 1,2\rangle$
$\langle 0,0\rangle$	$\langle 0,0\rangle$	$\langle 0,1\rangle$	$\langle 0,2\rangle$	$\langle 0,0\rangle$	$\langle 0,1\rangle$	$\langle 0,2\rangle$
$\langle 0,1\rangle$	$\langle 0,1\rangle$	$\langle 0,2\rangle$	$\langle 0,0\rangle$	$\langle 0,1\rangle$	$\langle 0,2\rangle$	$\langle 0,0\rangle$
$\langle 0,2\rangle$	$\langle 0,2\rangle$	$\langle 0,0\rangle$	$\langle 0,1\rangle$	$\langle 0,2\rangle$	$\langle 0,0\rangle$	$\langle 0,1\rangle$
$\langle 1,0\rangle$	$\langle 0,0\rangle$	$\langle 0,1\rangle$	$\langle 0,2\rangle$	$\langle 1,0\rangle$	$\langle 1,1\rangle$	$\langle 1,2\rangle$
$\langle 1,1\rangle$	$\langle 0,1\rangle$	$\langle 0,2\rangle$	$\langle 0,0\rangle$	$\langle 1,1\rangle$	$\langle 1,2\rangle$	$\langle 1,0\rangle$
$\langle 1,2\rangle$	$\langle 0,2\rangle$	$\langle 0,0\rangle$	$\langle 0,1\rangle$	$\langle 1,2\rangle$	$\langle 1,0\rangle$	$\langle 1,1\rangle$

4.1.3 同态与同构

设 $U=(A,*_1,*_2,\cdots,*_s)$，$V=(B,\bar{*}_1,\bar{*}_2,\cdots,\bar{*}_s)$ 是两个代数系统，若 $*_i,\bar{*}_i$ 都是 k_i 元运算，$i=1,2,\cdots,s$，称两个代数系统是**同类型的**.

定义 4.7 若代数系统 $U=(A,\times,+)$，$V=(B,\otimes,\oplus)$ 是两个同类型的代数系统，4 种运算均为二元运算．若存在映射 $h:A\to B$，满足 $\forall a,b\in A$，有

$$h(a\times b)=h(a)\otimes h(b),\ h(a+b)=h(a)\oplus h(b).$$

则称 h 是从 U 到 V 的一个**同态映射**，简称**同态**．$h(A)$ 称为 A 的一个**同态像**．若 $U=V$，称 h 是 A 上**自同态**.

若同态映射 h 是单射，则称 h 是**单同态**；若 h 是满射，则称 h 是**满同态**；若 h 是双射，则称 h 是**同构映射**，这时也称 U 和 V **同构**.

上面我们只针对两个都只具有二元运算的代数系统给出了同态的定义．实际上，也可以给出针对一元运算等的同态的定义：

设两个代数系统 $U=(A,-)$，$V=(B,\neg)$，两种运算均为一元运算．若存在映射 $h:A\to B$，满足 $\forall a,b\in A$，有

$$h(-a)=\neg h(a),$$

则称 h 是从 U 到 V 的一个同态.

简单地，可以认为同态映射是保持两个同类型代数系统之间运算的映射.

例 4.13 设有代数系统 $(\mathbf{Z},+)$ 和 $(Y,\cdot)$，其中 $Y=\{-1,1\}$，$+$ 和 $\cdot$ 分别是普通加法和乘法，对任意 $a\in\mathbf{Z}$，映射 h：$\mathbf{Z}\to Y$ 定义为 $h(a)=1$，则 h 为 $\mathbf{Z}$ 到 Y 的一个同态映射，这是因为对任意 $a,b\in\mathbf{Z}$，有 $h(a)=1$，$h(b)=1$，$h(a+b)=1$，从而

$$h(a)\cdot h(b)=1\cdot 1=1=h(a+b).$$

但 h 既不是单同态也不是满同态.

若定义另一个映射 φ: $\mathbf{Z} \to Y$ 为

$$\varphi(a)=\begin{cases}1, & a \text{ 是偶数}, \\ -1, & a \text{ 是奇数},\end{cases} \quad \forall a \in \mathbf{Z},$$

则 φ 是一个满射. 容易验证 φ 是一个同态, 从而 φ 是一个满同态.

说明 若 h 定义为 $h(a)=-1$, $\forall a \in \mathbf{Z}$, 则 h 不是一个同态, 这是因为存在 $a,b \in \mathbf{Z}$, 使得

$$h(a+b)=-1 \neq (-1)\cdot(-1)=h(a)\cdot h(b).$$

实际上, 上式 $\forall a,b \in \mathbf{Z}$ 均如此.

例 4.14 (1) 设 $V_1=(\mathbf{Z},+)$, $V_2=(\mathbf{I}_n,+_n)$, 定义 φ: $\mathbf{Z} \to \mathbf{I}_n$, $\varphi(i)=(i) \bmod n$, 则对于任意的 $i,j \in \mathbf{Z}$, 有

$$\begin{aligned}\varphi(i+j)&=(i+j) \bmod n=(i) \bmod n +_n (j) \bmod n \\ &=\varphi(i) +_n \varphi(j),\end{aligned}$$

φ 是 V_1 到 V_2 的同态映射, 显然是满同态.

(2) 设代数系统 $V_1=(\mathbf{Z},+,\cdot)$, $V_2=(\mathbf{I}_3,+_3,\times_3)$, 定义 φ: $\mathbf{Z} \to \mathbf{I}_3$, $\varphi(x)=(x) \bmod 3$, 则对任意的 $x,y \in \mathbf{Z}$, 有

$$\varphi(x+y)=\varphi(x) +_3 \varphi(y), \quad \varphi(x\cdot y)=\varphi(x) \times_3 \varphi(y),$$

φ 也是 V_1 到 V_2 的同态映射, 显然还是满同态.

(3) 记 $\mathbf{R}^+$ 为全体正实数所组成的集合, 定义 φ: $\mathbf{R}^+ \to \mathbf{R}$, $\varphi(x)=\ln x$, 则显然是 $\mathbf{R}^+$ 到 $\mathbf{R}$ 的一个双射, 且

$$\varphi(a\cdot b)=\ln(a\cdot b)=\ln a+\ln b=\varphi(a)+\varphi(b),$$

故 φ 是 $(\mathbf{R}^+,\cdot)$ 到 $(\mathbf{R},+)$ 的一个同构映射.

例 4.15 设 φ 是代数系统 $V_1=(A,\circ)$ 到 $V_2=(B,*)$ 的同态, $\circ,*$ 都是二元运算, 则 $\varphi(V_1)=(\varphi(A),*)$ 是 V_2 的子代数.

证 显然有 $\varphi(A) \subseteq B$, 只要证明 $\varphi(A)$ 对运算 $*$ 封闭.

$\forall y_1,y_2 \in \varphi(A)$, 则 $\exists x_1,x_2 \in A$, 使得 $\varphi(x_1)=y_1$, $\varphi(x_2)=y_2$, 于是

$$y_1 * y_2=\varphi(x_1)*\varphi(x_2)=\varphi(x_1 \circ x_2) \in \varphi(A).$$

所以 $*$ 对 $\varphi(A)$ 是封闭的, 因此, $\varphi(V_1)$ 是 V_2 的子代数.

同态映射具有较好的性质, 体现在如下定理中.

定理 4.3 设 $U=(A,\times,+)$ 和 $V=(B,\otimes,\oplus)$ 是两个代数系统，$\times,+,\otimes,\oplus$ 都是二元运算，h 是从 U 到 V 的满同态，则

(1) 若 $\times$ 满足结合律，则 $\otimes$ 也满足结合律；

(2) 若 $\times$ 满足交换律，则 $\otimes$ 也满足交换律；

(3) 若 $\times$ 对 $+$ 满足分配律，则 $\otimes$ 对 $\oplus$ 也满足分配律；

(4) 若 A 对 $\times$ 有单位元 e，则 B 对 $\otimes$ 也有单位元 $h(e)$；

(5) 若 A 对 $+$ 有零元 θ，则 B 对 $\oplus$ 也有零元 $h(\theta)$；

(6) 若 A 中元素 a 对 $\times$ 有逆元 b，则 B 中元素 $h(a)$ 对 $\otimes$ 也有逆元 $h(b)$.

证 只证(4)，其他请读者自己证明.

$\forall y\in B$，因为 h 是满射，所以 $\exists x\in A$，使得 $h(x)=y$，于是

$$h(e)\otimes y=h(e)\otimes h(x)=h(e\times x)=h(x)=y.$$

同理 $y\otimes h(e)=y$，故 $h(e)$ 是关于运算 $\otimes$ 的单位元. ∎

由定理 4.3 及例 4.15 可知，若 h 是从代数系统 U 到 V 的同态，则 U 的主要性质，如交换律、结合律、分配律以及单位元、零元、逆元的存在性等，在 U 的同态像 $h(U)$ 中仍保持.

由于两个同构的代数系统，它们互为同态像，因此它们除了所用的符号不同外，没有本质上的差别. 研究某一代数系统所导出的各种结果可直接应用于任一与之同构的其他代数系统. 于是在研究某一新的代数系统的性质时，确定它与一性质已知的代数系统同构，是十分重要的.

4.2 同余关系与商代数

设 $(A,\odot)$ 为一个代数系统，其中 $\odot$ 为二元运算. R 为 A 上的等价关系，R 的等价类构成对 A 的划分，等价类的全体记为 A/R，称为商集. 在商集上定义二元运算 $\odot_R$：对于任意的 $[a]_R,[b]_R\in A/R$，

$$[a]_R\odot_R[b]_R=[a\odot b]_R.$$

显然此运算是封闭的. 问题是这个二元运算是否合理？因为二元运算 $\odot_R$ 是通过等价类 $[a]_R$ 中的代表元素 a 的二元运算来定义的，要使得二元运算 $\odot_R$ 有意义，就必须使所得结果只与等价类相关，而与等价类中所选元素无关. 由此可见，要使得能在商集 A/R 上定义的二元运算 $\odot_R$ 合理，仅仅要求等价关系是不够的，它还必须能保持等价类的运算. 这就是我们要介

绍的同余关系, 也是我们为什么引入同余关系的原因.

定义 4.8 设$(A,\odot)$是一个代数系统, R为A上的等价关系, 称R为A上的**同余关系**, 如果满足下面条件: 对任意的$a,b,a',b'\in A$, 若aRa', bRb', 则$(a\odot b)R(a'\odot b')$.

例 4.16 对任意正整数m, 整数集$\mathbf{Z}$的关系$\equiv_m$定义如下:

$$\text{对任意} i,j\in \mathbf{Z},\ i\equiv_m j \Leftrightarrow m\big|(i-j), \text{即} m \text{整除} i-j.$$

可以验证$\equiv_m$是$(\mathbf{Z},+,\cdot)$上的同余关系, 称为$\mathbf{Z}$上的**模m同余关系**. 事实上,

(1) 容易说明$\equiv_m$是等价关系, 略去.

(2) 对任意$i_1,i_2,j_1,j_2\in\mathbf{Z}$, 若$i_1\equiv_m j_1$, $i_2\equiv_m j_2$, 即$m|(i_1-j_1)$, $m|(i_2-j_2)$, 则存在$p_1,p_2\in\mathbf{Z}$, 使得$i_1-j_1=p_1m$, $i_2-j_2=p_2m$, 于是

$$i_1+i_2=p_1m+p_2m+j_1+j_2,$$

所以$m\big|((i_1+i_2)-(j_1+j_2))$, 故$(i_1+i_2)\equiv_m(j_1+j_2)$.

$$i_1\cdot i_2=(p_1m+j_1)\cdot(p_2m+j_2)=p_1p_2m^2+p_1j_2m+p_2j_1m+j_1\cdot j_2,$$

所以$m\big|((i_1\cdot i_2)-(j_1\cdot j_2))$, 故$(i_1\cdot i_2)\equiv_m(j_1\cdot j_2)$.

因此$\equiv_m$是$(\mathbf{Z},+,\cdot)$上的同余关系.

由上面的讨论可知, 代数系统$(A,\odot)$上的同余关系, 诱导出一个新的代数系统$(A/R,\odot_R)$, 称为$(A,\odot)$关于R的**商代数**. 很容易构造从$(A,\odot)$到商代数$(A/R,\odot_R)$的一个满同态映射如下:

$$f: (A,\odot)\to(A/R,\odot_R),\ f(a)=[a]_R,\ \forall a\in A.$$

请读者自己验证, 这是一个满同态, 我们称之为**自然同态**.

同余与同态关系密切. 由上面讨论知, 代数系统$(A,\odot)$上的同余关系, 诱导出了$(A,\odot)$到$(A/R,\odot_R)$的一个同态. 反过来, 如果$(A,\cdot)$到$(B,\odot)$存在同态映射, 是否可以诱导出$(A,\cdot)$上的一个同余关系呢?

定理 4.4 设h是$(A,\cdot)$到$(B,\odot)$一个同态映射, 由h诱导的A的关系R_h定义为

$$aR_hb \Leftrightarrow h(a)=h(b),\ \forall a,b\in A,$$

则R_h是A上的同余关系.

证 容易验证R_h是一个等价关系, 这里略去.

对任意$a_1,a_2,b_1,b_2\in A$, 若$a_1R_hb_1,a_2R_hb_2$, 则$h(a_1)=h(b_1)$, $h(a_2)=$

$h(b_2)$. 因 h 是同态, 故有

$$h(a_1 \cdot a_2) = h(a_1) \odot h(a_2) = h(b_1) \odot h(b_2) = h(b_1 \cdot b_2),$$

即 $(a_1 \cdot a_2) R_h (b_1 \cdot b_2)$. 因此 R_h 是 A 上的同余关系. ▮

最后, 我们给出代数学中同态的基本定理:

定理 4.5 设 h 是 $(A,\otimes)$ 到 $(B,\odot)$ 的一个满同态, 则商代数 $(A/R_h,\otimes_h)$ 与 $(B,\odot)$ 同构.

证 由定理 4.4, 定义 $\tilde{h}: A/R_h \to B$ 为

$$\tilde{h}\big([a]_{R_h}\big) = h(a),\ \ \forall a \in A.$$

由 R_h 的定义, $\tilde{h}$ 是有意义的. 因为 h 是满射, 易见 $\tilde{h}$ 也是满射. 因 $h(a) = h(b) \Rightarrow [a]_{R_h} = [b]_{R_h}$, $\tilde{h}$ 是单射, 故 $\tilde{h}$ 是双射.

又因为

$$\begin{aligned}\tilde{h}\big([a]_{R_h} \otimes_h [b]_{R_h}\big) &= \tilde{h}\big([a \otimes b]_{R_h}\big) = h(a \otimes b) = h(a) \odot h(b) \\ &= \tilde{h}\big([a]_{R_h}\big) \odot \tilde{h}\big([b]_{R_h}\big),\end{aligned}$$

故 $(A/R_h,\otimes_h)$ 与 $(B,\odot)$ 同构. ▮

4.3 半群和生成元

前面两节讨论了一般代数系统的基本概念, 现在开始介绍几个具体的代数系统. 首先介绍只有一个二元运算的代数系统, 即半群和群.

定义 4.9 设 S 是一个非空集合, $*$ 是 S 上的二元运算, 如果 $*$ 是可结合的, 则称 $(S,*)$ 为**半群**. 含有单位元的半群称为**独异点** (或含幺半群).

若运算 $*$ 是可交换的, 称 $(S,*)$ 是**可交换半群**. 相应地有可交换独异点 (可交换含幺半群) 等概念.

设 S 是半群, $H \subseteq S$. 若 H 对 S 中的运算仍构成一个半群, 则称半群 H 为 S 的**子半群**.

设 S 是一个独异点, e 是单位元, $H \subseteq S$, 且 $e \in H$. 若 H 对 S 的运算仍构成一个独异点, 则称独异点 H 为 S 的**子独异点** (或子含幺半群).

注意 含幺半群的子半群可以是含幺半群, 但不一定是子含幺半群. 例如: 集合 $\{e,a\}$ 上运算 $*$ 定义如表 4-5 所示. 容易验证 $*$ 满足结合律, e 是单位元, 所以 $(\{e,a\},*)$ 是含幺半群, $(\{e\},*)$ 是子含幺半群, $(\{a\},*)$ 也

是一个含幺半群, 单位元是a, 但$(\{a\},*)$只是$(\{e,a\},*)$的子半群而不是子含幺半群, 因为$e\notin\{a\}$.

表 4–5

$*$	e	a
e	e	a
a	a	a

例 4.17 (1) 整数集$\mathbf{Z}$在通常的加法$+$或乘法$\times$下构成半群$(\mathbf{Z},+)$或$(\mathbf{Z},\times)$. 它们均是独异点, 因为均有单位元, 分别是 0 和 1. 所有正整数构成的集合P在通常加法$+$下构成半群$(P,+)$, 且为$(\mathbf{Z},+)$的子半群, 但不是子独异点, 因为$0\notin P$.

(2) 设S为任意非空集合, S上全体函数构成的集合为S^S, 则$(S^S,\circ)$是半群, 因为函数的复合运算满足结合律, 且有单位元I_S(S上的恒等函数), 因而是独异点.

(3) 设A为任意集合, 则$(P(A),\cup)$为独异点, 其单位元为$\varnothing$. $(P(A),\cap)$也是独异点, 其单位元为A.

(4) 设M_n为n阶方阵的全体, 则$(M_n,\times)$是独异点, 其单位元为n阶单位矩阵$\boldsymbol{I}_n$. 这里$\times$为通常矩阵乘法. 记T_n为所有n阶可逆方阵的全体, 则$(T_n,\times)$为$(M_n,\times)$的子独异点.

(5) 设Σ是有限个符号的集合, 称为字母表, Σ^*是由Σ上字符生成的字符串集合, 具体定义如下:

① 空字符$\varepsilon\in\Sigma^*$;

② 若$w\in\Sigma^*$, $x\in\Sigma$, 则$wx\in\Sigma^*$.

在Σ^*上定义二元运算$\circ$为: $\forall x,y\in\Sigma^*$, 若$x=a_1a_2\cdots a_m$, $y=b_1b_2\cdots b_n$, 其中$a_i\,(i=1,2,\cdots,m),b_j\,(j=1,2,\cdots,n)\in\Sigma$, 则

$$x\circ y=a_1a_2\cdots a_mb_1b_2\cdots b_n.$$

显然, Σ^*关于运算$\circ$封闭, $\circ$满足结合律, 故$(\Sigma^*,\circ)$是半群; 又因空字符$\varepsilon\in\Sigma^*$满足: $\forall w\in\Sigma^*$, $\varepsilon\circ w=w\circ\varepsilon=w$, 故$\varepsilon$是单位元; 从而$(\Sigma^*,\circ)$是独异点. 但$(\Sigma^*,\circ)$不是可交换独异点.

下面考查如何通过一个半群S的少数几个元素来建立该半群. 因为一

个半群可能元素很多, 甚至是无限的. 因此若能以某种方式找到一个相对较小的 S 的子集 A, 由它可以构成 S 的所有元素, 这是很有意义的. 因为从某种意义上说, 子集 A 已包含了 S 的所有信息.

定理 4.6 设 S 是半群, A 是 S 的非空子集, A^+ 是 S 的所有形如 $a_{i_1}\cdot a_{i_2}\cdot\cdots\cdot a_{i_n}$ 的元素组成的集合, 其中 $a_{i_1},a_{i_2},\cdots,a_{i_n}\in A, n\in\mathbf{N}$, $a_{i_1},a_{i_2},\cdots,a_{i_n}$ 可以相同, 则 A^+ 对 S 的运算构成 S 的子半群. 称 A^+ 为由 A 生成的 S 的子半群, 而 A 称为半群 A^+ 的**生成元集**. 若 $A^+=S$, 则说由 A 生成半群 S.

只需说明 A^+ 对运算封闭即可. 具体证明略去.

例 4.18 (1) 对半群 $(\mathbf{Z},+)$, 子半群 $\{2\}^+$ 是由所有 $\{2\}$ 的元素的和组成的, 即 $\{2\}^+$ 由所有和 $2+2+\cdots+2$ 组成. 因此 $\{2\}^+=\{2,4,6,\cdots\}$, 即所有正偶数.

(2) 半群 $(\mathbf{Z},\times)$ 的子半群 $\{2\}^+=\{2,4,8,16,\cdots\}$.

(3) 由 $\{2,7\}$ 生成的 $(\mathbf{Z},\times)$ 的子半群 $\{2,7\}^+=\{2^m7^n\mid m+n\geq 1, m,n\in\mathbf{N}\}$.

(4) 可以证明由矩阵 $\boldsymbol{M}=\begin{pmatrix}1&1\\0&1\end{pmatrix}$ 生成的 $(M_2,\times)$ 的子半群为

$$\{\boldsymbol{M}\}^+=\left\{\begin{pmatrix}1&n\\0&1\end{pmatrix}\middle| n>0,\ n\in\mathbf{N}\right\}.$$

定义 4.10 设 S 是半群, $a\in S$, 由单个元素 a 生成的 S 的子半群 $\{a\}^+$ 称为**循环子半群**, a 称为**生成元**. 若 $S=\{a\}^+$, 则称 S 是由 a 生成的**循环半群**.

例如: 例 4.18 的(1),(2)中 $\{2\}^+$ 均是循环子半群, $\{2\}^+$ 本身是循环半群. 容易证明循环半群是适合交换律的.

4.4 群

4.4.1 群及其性质

定义 4.11 设 G 是一个非空集合, $\circ$ 是 G 上的二元运算, 如果满足下

面3个条件:

(1) $\circ$满足结合律: $(a\circ b)\circ c=a\circ(b\circ c)$;

(2) 存在单位元e: $e\circ a=a\circ e=a$, $\forall a\in G$;

(3) G中的每个元素a都有逆元a^{-1},

则称$(G,\circ)$为**群**.

当不引起混淆时, 我们常把群$(G,\circ)$说成群G, 把半群$(G,\circ)$说成半群G. 称仅含有一个元素的群为**单位元群**. 如果$\circ$是可交换的, 则称$(G,\circ)$为**交换群**或**阿贝尔(Abel)群**.

若G是有限集, 称G是有**限群**, 其元素个数$|G|$称为群的**阶**; 否则称为**无限群**.

例 4.19 $(\mathbf{Z},+)$是群($+$为普通加法), 这是因为

(1) $+$满足结合律, 即$\forall x,y,z\in\mathbf{Z}$, 有$x+(y+z)=(x+y)+z$;

(2) $\forall x\in\mathbf{Z}$, 有$x+0=0+x=x$, 故0是运算$+$的单位元;

(3) 由于$x+(-x)=(-x)+x=0$, 所以x的逆元$x^{-1}=-x$,

从而$(\mathbf{Z},+)$为群.

以下是一些群的例子, 请读者验证其为群.

例 4.20 (1) $M_{n,m}$关于矩阵加法运算是一个交换群, 其中$M_{n,m}$表示n行m列矩阵的全体.

(2) 设A是一个非空集合. PERM(A)是由从A到A的全体双射组成的集合, PERM(A)对函数的复合运算构成一个群, 称为**变换群**, 由于复合运算不是可交换的, 因而不是交换群.

(3) 若A是一个非空有限集, 含有n个元素, 则群PERM(A)称为n个文字上的对称群或n次对称群, 简称**对称群**, 常用S_n表示(S_n的子群常称为**置换群**). 当$n=3$时, S_3有6个元素, 它是一个6阶群.

$S_3=\{p_1,p_2,p_3,p_4,p_5,p_6\}$, 其中

$$p_1=\begin{pmatrix}1&2&3\\1&2&3\end{pmatrix},\quad p_2=\begin{pmatrix}1&2&3\\2&1&3\end{pmatrix},\quad p_3=\begin{pmatrix}1&2&3\\2&3&1\end{pmatrix},$$

$$p_4=\begin{pmatrix}1&2&3\\3&1&2\end{pmatrix},\quad p_5=\begin{pmatrix}1&2&3\\1&3&2\end{pmatrix},\quad p_6=\begin{pmatrix}1&2&3\\3&2&1\end{pmatrix}.$$

括号内下一行是上一行元素对应的像. 其运算表如表4-6所示.

表 4–6

$\circ$	p_1	p_2	p_3	p_4	p_5	p_6
p_1	p_1	p_2	p_3	p_4	p_5	p_6
p_2	p_2	p_1	p_6	p_5	p_4	p_3
p_3	p_3	p_5	p_4	p_1	p_6	p_2
p_4	p_4	p_6	p_1	p_3	p_2	p_5
p_5	p_5	p_3	p_2	p_6	p_1	p_4
p_6	p_6	p_4	p_5	p_2	p_3	p_1

(4) 对集合 $\mathbf{I}_p=\{0,1,2,\cdots,p-1\}$, 在其上定义运算 $+_p$ 为

$$n+_p m=(n+m)\ \bmod p,$$

则 $(\mathbf{I}_p,+_p)$ 构成一个群.

例 4.21 设 $(G,\circ)$ 为代数系统, $G=\{e,a,b,c\}$, 运算表为

$\circ$	e	a	b	c
e	e	a	b	c
a	a	e	c	b
b	b	c	e	a
c	c	b	a	e

证明 $(G,\circ)$ 是交换群.

证 由运算表可见运算 $\circ$ 满足交换律, e 是单位元, 对任意的 $x,y,z\in G$, 逐一验证, 可知

$$(x\circ y)\circ z=x\circ(y\circ z),$$

即运算 $\circ$ 满足结合律.

由运算表可知

$$e^{-1}=e,\quad a^{-1}=a,\quad b^{-1}=b,\quad c^{-1}=c.$$

综上, $(G,\circ)$ 为交换群.

上面的群称为 **Klein 四元群**.

由群中单位元和任一元素的逆元的唯一性, 可以在群中引入元素的幂的概念.

设 $(G,\circ)$ 为群, 对任意的 $x\in G$, 规定

$$x^0=e,\ x^1=x,\ x^{n+1}=x^n\circ x,\ x^{-n}=(x^{-1})^n,\ n>0,$$

则容易证明（用数学归纳法）下面结论成立:

定理 4.7 在群中指数律成立，即对任意的整数 m,n，有

(1) $a^m\circ a^n=a^{m+n}$;

(2) $(a^m)^n=a^{mn}$.

群具有下面一些基本性质:

定理 4.8 (1) 除单位元群外，群不含零元.

(2) 对群中任意元素 a,b，有 $(a^{-1})^{-1}=a$，$(a\circ b)^{-1}=b^{-1}\circ a^{-1}$.

(3) 对群中任意元素 a 和 b，方程 $a\circ x=b$ 和 $y\circ a=b$ 的解存在且唯一.

(4) 群满足消去律，即 $\forall a,b,c\in G$，若 $a\circ b=a\circ c$，则 $b=c$；若 $b\circ a=c\circ a$，则 $b=c$.

(5) 群除单位元外，不含其他等幂元.

(6) 在群的运算表的任一行或列中，群的每个元素必出现且只出现一次.

证 (1) 设群 G 的单位元为 e，若 G 含零元 θ，则 θ 存在逆元 θ^{-1}，得

$$e\xlongequal{\text{单位元的定义}}\theta\circ\theta^{-1}\xlongequal{\text{零元的定义}}\theta.$$

从而对任意 $x\in G$，有 $x=x\circ e=x\circ\theta=\theta$，因此群只含一个元素，即 G 为单位元群.

(2) 由 $a\circ a^{-1}=e$，$a^{-1}\circ a=e$，即得 $(a^{-1})^{-1}=a$. 由

$$(a\circ b)\circ(b^{-1}\circ a^{-1})=a\circ(b\circ b^{-1})\circ a^{-1}=a\circ a^{-1}=e,$$

$$(b^{-1}\circ a^{-1})\circ(a\circ b)=b^{-1}\circ(a\circ a^{-1})\circ b=b^{-1}\circ b=e,$$

即得 $(a\circ b)^{-1}=b^{-1}\circ a^{-1}$.

(3) 因为

$$a\circ(a^{-1}\circ b)=(a\circ a^{-1})\circ b=e\circ b=b,$$

所以 $x=a^{-1}\circ b\in G$ 是 $a\circ x=b$ 的解.

再证唯一性. 设 $x_1\in G$ 也是 $a\circ x=b$ 的解，则 $a\circ x_1=b$. 由于

$$x_1=e\circ x_1=(a^{-1}\circ a)\circ x_1=a^{-1}\circ(a\circ x_1)=a^{-1}\circ b,$$

故方程 $a\circ x=b$ 有唯一解 $x=a^{-1}\circ b$.

同理可证 $y\circ a=b$ 的解存在且唯一.

(4) 由于$a\circ b=a\circ c$，在等式两边同时左乘a^{-1}，则

$$a^{-1}\circ(a\circ b)=a^{-1}\circ(a\circ c),$$

即$(a^{-1}\circ a)\circ b=(a^{-1}\circ a)\circ c$．所以$e\circ b=e\circ c$，得$b=c$．故左消去律成立．

同理可证右消去律成立．

(5) 设$x\in G$是等幂元，则$x^2=x$，即$x\circ x=x\circ e$，由消去律得$x=e$．故群除单位元外，不含其他等幂元．

(6) 本结论实际上是结论(3)的直观表述，证明略去．∎

下面两个定理给出了一个半群为群的充分必要条件:

定理 4.9 半群$(G,\circ)$是群的充分必要条件是：对任意的$a,b\in A$，方程$a\circ x=b$和方程$y\circ a=b$在G中均有解．

证 只需验证代数系统G存在单位元，每个元素有逆元即可．

事实上，若方程$a\circ x=a$有解设为e，则对任意的$g\in G$，因$x\circ a=g$有解，故

$$g\circ e=(x\circ a)\circ e=x\circ(a\circ e)=x\circ a=g,$$

说明e是右单位元，同理可证e是左单位元．从而e是单位元．

因方程$a\circ x=e$，$y\circ a=e$均有解，且G是半群，运算满足结合律，由定理 4.1 结论(3)，知a存在右逆元，a也存在左逆元，且同为a的唯一逆元．

综上所述，G为群．∎

定理 4.10 有单位元且适合消去律的有限半群一定是群．

证 设G是一个有单位元且适合消去律的有限半群，要证G是一群．为此，只需证明G的任一元素a可逆．

考虑$a,a^2,\cdots,a^k,\cdots$．因为G只有有限个元素，故存在$k>l$，使得$a^l=a^k$．令$m=k-l$，有$a^l\circ e=a^l\circ a^m$，其中e是单位元．由消去律，得

$$a^m=e.$$

于是，当$m=1$时，$a=e$，而e是可逆的；当$m>1$时，

$$a\circ a^{m-1}=a^{m-1}\circ a=e.$$

从而a是可逆的，其逆元是a^{m-1}．总之，a是可逆的．∎

说明 实际上条件“有单位元”可以去掉．请读者自证．

4.4.2 元素的周期、循环群

定义 4.12 对群 G，$a \in G$，若存在正整数 n，使得 $a^n = e$，其中 e 是单位元，则说 a 的阶是有限的；使得 $a^n = e$ 成立的最小正整数 n 称为 a 的**周期**（或阶）．若不存在这样的正整数，则称 a 的周期是无限的．

例如群 $(\mathbf{Z},+)$ 中，单位元 0 的周期为 1，元素 1 的周期是无限的，在群 $(\mathbf{I}_3,+_3)$ 中元素 1 的周期为 3．

关于元素的周期，有以下几个结论：

定理 4.11 (1) 只有单位元的周期为 1，即 $e^1 = e$．

(2) 若元素 a 的周期是无限的，则对于任意的正整数 n，有 $a^n \neq e$，从而只有当 $n=0$ 时，$a^n = a^0 = e$．

(3) 群 G 中任意元素 a 和它的逆元 a^{-1} 的周期相同．

(4) 设群 G 中元素 a 的周期为 n，设 $m \in \mathbf{Z}$，则 $a^m = e$ 当且仅当 n 整除 m．

(5) 设群 G 中元素 a 的周期为 n，则 $a^s = a^t$ 当且仅当 n 整除 $s-t$．

(6) 有限群 $(G,\circ)$ 中每个元素的周期都是有限的，且不大于群的阶 $|G|$．

证 (1),(2)直接可由定义得到．

(3) 设 $a \in G$ 的周期为 r，因为

$$\begin{aligned}(a^{-1})^r &= (a^{-1})^r \circ e = (a^{-1})^r \circ a^r \\ &= (a^{-1} \circ a^{-1} \circ \cdots \circ a^{-1}) \circ (a \circ a \circ \cdots \circ a) = e,\end{aligned}$$

所以 a^{-1} 的周期是有限的，设元素 a^{-1} 的周期为 r_1，则 $r_1 \le r$（r_1 是使 $(a^{-1})^n = e$ 成立的所有 n 中的最小者）．又由于

$$\begin{aligned}a^{r_1} &= a^{r_1} \circ e = a^{r_1} \circ (a^{-1})^{r_1} \\ &= (a \circ a \circ \cdots \circ a) \circ (a^{-1} \circ a^{-1} \circ \cdots \circ a^{-1}) = e,\end{aligned}$$

则元素 a 的周期 $r \le r_1$，因此 $r_1 = r$，即 a^{-1} 的周期也为 r．

(4) 充分性．若 $m = kn$，则

$$a^m = (a^n)^k = e^k = e.$$

必要性．由 $a^m = e$，假设 $m = kn + r$，$0 < r < n$，则

$$\begin{aligned}a^r &= a^{m-kn} = a^m \circ a^{-kn} = e \circ (a^n)^{-k} \\ &= e \circ e^{-k} = e.\end{aligned}$$

这与 n 是使 $a^n = e$ 成立的最小的正整数矛盾，因此 $r = 0$，即 $m = kn$．

(5) $a^s=a^t$ 当且仅当 $a^{s-t}=e$，从而由结论(4)直接得证．

(6) 设 a 是有限群 G 中的任一元素，在序列 $a,a^2,\cdots,a^{|G|+1}$ 中至少有两个元素是相同的，设 $a^k=a^s(1\le k<s\le |G|+1)$，则

$$a^{s-k}=a^s\circ a^{-k}=a^k\circ a^{-k}=a^0=e \quad (s-k\le |G|).$$

所以 a 的周期至多为 $s-k\le |G|$． ∎

下面介绍循环群，先给出定义：

定义4.13 设 $(G,\circ)$ 为群，如果存在 $a\in G$，使得 $G=\left\{a^k \mid k\in \mathbf{Z}\right\}$，则称 $(G,\circ)$ 为**循环群**，称 a 为循环群 $(G,\circ)$ 的**生成元**．此时简记 G 为 $G=(a)$ 或 $G=\langle a\rangle$．

例 4.22 $(\mathbf{I}_3,+_3)$ 是 3 阶循环群．

解 由 $(\mathbf{I}_3,+_3)$ 的运算表(见例 4.2(3))，可知 $(\mathbf{I}_3,+_3)$ 为交换群．由于

$$1^1=1,\quad 1^2=1+_3 1=2,\quad 1^3=(1+_3 1)+_3 1=0,$$

故 1 为 $(\mathbf{I}_3,+_3)$ 的生成元，可以验证 2 也是生成元，所以 $(\mathbf{I}_3,+_3)$ 为循环群．

同样可以得到，$(\mathbf{I}_p,+_p)$ 是 p 阶循环群，1 为生成元．

例 4.23 $(\mathbf{Z},+)$ 是无限阶循环群．

前面已证明 $(\mathbf{Z},+)$ 是群，由于 $+$ 满足交换律，所以 $(\mathbf{Z},+)$ 是交换群．

$(\mathbf{Z},+)$ 的单位元为 0，对于 $1\in\mathbf{Z}$，由于 $1+(-1)=0$，所以 $1^{-1}=-1$，于是对任意的 $k\in\mathbf{Z}$，若 $k=0$，则 $1^0=0$；若 $k>0$，则 $1^k=1+1+\cdots+1=k$；若 $k<0$，则

$$\begin{aligned}1^k&=1^{-(-k)}=(1^{-1})^{-k}=(-1)^{-k}\\&=\underbrace{(-1)+(-1)+\cdots+(-1)}_{-k\text{ 个}}\\&=(-1)(-k)=k.\end{aligned}$$

综上所述，有 $1^k=k$，$\forall k\in\mathbf{Z}$．故 $\mathbf{Z}=\left\{1^k \middle| k\in\mathbf{Z}\right\}$，从而 $(\mathbf{Z},+)$ 是无限阶循环群．

同理可证 -1 也是 $(\mathbf{Z},+)$ 的生成元．容易验证除 1 和 -1 外，其他元素均不是生成元，故 $(\mathbf{Z},+)$ 只有两个生成元 1 和 -1．

若 $(G,\circ)$ 为循环群，则 $G=\{a^k \mid k\in\mathbf{Z}\}$，从而 $\forall x,y\in G$，有 $x=a^m$，

$y=a^n$，其中 $m,n\in\mathbf{Z}$，于是

$$x\circ y=a^m\circ a^n=a^{m+n}=a^n\circ a^m=y\circ x.$$

所以循环群一定是交换群，但反之不成立．在例 4.21 中 Klein 四元群 $G=\{e,a,b,c\}$，$(G,\circ)$ 为交换群，但 a,b,c 均不是生成元．故 $(G,\circ)$ 不是循环群．

关于循环群，有下面一些结论：

定理 4.12 (1) 设 $(G,\circ)$ 是循环群，a 是 G 的生成元，a 的阶为 n，则

$$G=\{a^0,a^1,a^2,\cdots,a^{n-1}\},\quad a^n=a^0=e.$$

(2) 阶相同的循环群同构．

证 (1) 首先证明 $a^0,a^1,a^2,\cdots,a^{n-1}$ 中没有相同的，假设有 $a^i=a^j$，$0\le i<j\le n-1$，则 $0<j-i\le n-1$，从而有

$$a^{j-i}=a^j\circ a^{-i}=a^i\circ a^{-i}=a^0=e.$$

因为 $0<j-i\le n-1$，这与 a 的阶为 n 矛盾．

现证明 G 中任一元素 $a^m\in\{a^0,a^1,a^2,\cdots,a^{n-1}\}$．设 $m=kn+r$，$0\le r\le n-1$，则

$$a^m=a^{kn+r}=(a^n)^k\circ a^r=e^k\circ a^r=a^r.$$

(2) 设 $(G,\circ)$ 和 $(T,*)$ 是两个阶相同的循环群，它们的生成元分别是 a 和 b．由结论(1)知，若 G 和 T 是有限群，则它们的生成元的阶都是有限的，且生成元的阶等于群的阶；若 G 和 T 是无限群，则它们的生成元的阶也必是无限的．

若 G 和 T 是无限群，定义函数 $h:G\to T$，$h(a^i)=b^i$，$i\in\mathbf{Z}$，显然 h 是双射，$\forall i,j\in\mathbf{Z}$，有

$$h(a^i\circ a^j)=h(a^{i+j})=b^{i+j}=b^i*b^j=h(a^i)*h(a^j).$$

所以 h 是同态，从而 h 是一个同构．

若 G 和 T 是阶相同的有限群，设它们的阶均为 n，由结论(1)，有

$$G=\{a^0,a^1,a^2,\cdots,a^{n-1}\},\quad T=\{b^0,b^1,b^2,\cdots,b^{n-1}\},$$

$a^n=e_G$，$b^n=e_T$，定义 $h:G\to T$，$h(a^i)=b^i$，$0\le i\le n-1$，显然 h 是双射，对任意的 $0\le i,j\le n-1$，有

$$\begin{aligned}h(a^i\circ a^j)&=h(a^{i+j})=h(a^{kn+r})=h((a^n)^k\circ a^r)\\&=h(e_G^k\circ a^r)=b^r,\quad 0\le r\le n-1;\end{aligned}$$

$$h(a^i)*h(a^j)=b^i*b^j=b^{i+j}=b^{kn+r}=(b^n)^k*b^r$$
$$=e_T^k*b^r=b^r,\ \ 0\le r\le n-1.$$

故 $h(a^i\circ a^j)=h(a^i)*h(a^j)$，即 h 为同态，从而 h 是一个同构. ▌

因为 $(\mathbf{Z},+)$ 是一个无限循环群，$(\mathbf{I}_n,+_n)$ 是一个阶为 n 的有限循环群，由上面定理可得下面推论：

推论 任何循环群或者与群 $(\mathbf{Z},+)$ 同构，或者与某个 $(\mathbf{I}_n,+_n)$ 同构.

4.4.3 子群的定义与判定

定义 4.14 设 $(G,\circ)$ 是一个群，$H\subseteq G$，且 $H\neq\varnothing$，若 $(H,\circ)$ 构成一个群，则称 $(H,\circ)$ 为 G 的**子群**.

群 G 可以看成它自身的子群，异于自身的子群称为群 G 的**真子群**；只含单位元的子群和群 G 自身称为群 G 的**平凡子群**.

例如：群 $(\mathbf{Z},+)$ 是 $(\mathbf{Q},+)$ 的真子群，$(\mathbf{Q},+)$ 是 $(\mathbf{R},+)$ 的真子群，$(\mathbf{Z},+)$ 也是 $(\mathbf{R},+)$ 的真子群.

容易得到：

定理 4.13 (1) 如果 $(G,\circ)$ 是交换群，则它的任一子群也是交换群.

(2) 群 G 的任意多个子群的交仍为 G 的子群.

下面定理给出了子集成为子群的条件：

定理 4.14 群 G 的非空子集 H 成为子群的充分必要条件是下列条件之一成立：

(1) ① 若 $x,y\in H$，则 $x\circ y\in H$；② 若 $x\in H$，则 $x^{-1}\in H$.

(2) 若 $x,y\in H$，则 $x\circ y^{-1}\in H$.

证 (1) 必要性是显然的，只证充分性.

上面条件①说明 H 对运算 $\circ$ 是封闭的，结合律在 G 中成立，当然在 H 中成立，于是群的定义中条件(1)成立，由条件②知每个元素 $x\in H$，存在逆元 $x^{-1}\in H$，故群定义中条件(3)成立. 只需证明群定义中条件(2)，即 H 中含有单位元即可. 设 $x\in H$，则 $x^{-1}\in H$，由条件①，$x\circ x^{-1}=e\in H$. 故 H 为 G 的子群.

(2) 充分性 对任意 $x\in H$，由于 $e=x\circ x^{-1}\in H$，所以 H 有单位元 e，

从而 $x^{-1}=e\circ x^{-1}\in H$．这样，对任意的 $x,y\in H$，由于 $x,y^{-1}\in H$，所以

$$x\circ y=x\circ(y^{-1})^{-1}\in H,$$

即 H 对运算 $\circ$ 封闭，运算 $\circ$ 是可结合的．

综上，$(H,\circ)$ 是群，从而 $(H,\circ)$ 是 $(G,\circ)$ 的子群．

必要性　由于 $(H,\circ)$ 是群，所以对任意的 $x,y\in H$，有 $x,y^{-1}\in H$，从而 $x\circ y^{-1}\in H$． ▌

例 4.24　设 $(G,\circ)$ 是群，$a\in G$，令 $H=\{a^k\mid k\in\mathbf{Z}\}$，则 $(H,\circ)$ 是 $(G,\circ)$ 的子群．

证　显然 $H\subseteq G$，$\forall x,y\in H$，有 $x=a^l$，$y=a^m$，$l,m\in\mathbf{Z}$，从而

$$x\circ y^{-1}=a^l\circ(a^m)^{-1}=a^l\circ a^{-m}=a^{l-m}\in H.$$

由定理 4.14，得 $(H,\circ)$ 是 $(G,\circ)$ 的子群．

对有限集，只需验证运算是否封闭就够了，有下面定理：

定理 4.15　设 H 是群 G 的非空有限子集，则 H 是 G 的子群的充分必要条件是：H 对 G 的运算是封闭的．

证　必要性显然．只证充分性．由定理 4.14，只需证明 $\forall a\in H$，有 $a^{-1}\in H$．

因为 $a\in H$，则 $a^2\in H$，$a^3\in H$，$\cdots$．由于 H 有限，存在 $i,j\in\mathbf{N}$，$i<j$，$a^i=a^j$．$a^{j-i}=a^j\circ a^{-i}=a^i\circ(a^i)^{-1}=e$．

因为 $j-i>0$，所以 $e\in H$，若 $j-i=1$，则 $a=e$，有 $a^{-1}=a\in H$．若 $j-i\geq 2$，则 $j-i-1\geq 1$，

$$a^{-1}=a^{-1}\circ e=a^{-1}\circ a^{j-i}=a^{j-i-1}\in H.$$ ▌

与半群类似，我们也可以引入群的生成元集的概念．由定理 4.14 容易证明：

定理 4.16　设 G 是一个群，A 是 G 的非空子集，集合 $\{a^{-1}|a\in A\}$ 记为 A^{-1}．$\langle A\rangle$ 是由 G 的形如 $a_{i_1}\circ a_{i_2}\circ\cdots\circ a_{i_n}$ 的元素构成的集合，其中 $a_{i_1}\circ a_{i_2}\circ\cdots\circ a_{i_n}\in A\cup A^{-1}$，$n\in\mathbf{N}$，则 $\langle A\rangle$ 对 G 中运算构成 G 的子群．称此子群为由 A **生成的子群**，而 A 称为 $\langle A\rangle$ 的**生成元集**．若 $\langle A\rangle=G$，则说由 A 生成群 G．

定义 4.15 设G是群，$a\in G$，则单个元素生成的子群$\langle\{a\}\rangle$称为G的**循环子群**.

定理 4.17 循环群的子群是循环群.

证 设循环群$G=(a)$，a是生成元. H是G的子群. 当$H=\{e\}$时，H是循环群.下面设$H\neq\{e\}$. 注意到$a^n\in H\Leftrightarrow a^{-n}\in H$, 知$\{n\,|\,n\in\mathbf{Z}^+, a^n\in H\}$非空，故可令

$$k=\min\{n\,|\,n\in\mathbf{Z}^+,\ a^n\in H\}.$$

下面证明$H=(a^k)$.

首先，$a^k\in H$，则有$(a^k)\subseteq H$.

其次，对于任一$a^n\in H$，设$n=sk+l$, $0\leq l<k$. 于是，

$$a^l=a^{n-sk}=a^n(a^k)^{-s}.$$

而$a^n,a^k\in H\Rightarrow a^l\in H$. 根据$k$的定义，必有$l=0$. 得证$k|n\Rightarrow a^n\in(a^k)$. 从而$H\subseteq(a^k)$，故有$H=(a^k)$. ∎

例 4.25 求$(\mathbf{I}_5,+_5)$的所有子群.

解 $(\mathbf{I}_5,+_5)$是循环群，生成元为 1，它的子群也是循环群，由$\mathbf{I}_5$的元素生成，$(\mathbf{I}_5,+_5)$的单位元为 0，由 0 生成的子群只能是$(\{0\},+_5)$. 由 1 生成的子群是$(\mathbf{I}_5,+_5)$. 由于

$$2^0=1,\quad 2^1=2,\quad 2^2=2+_5 2=4,\quad 2^3=2^2+_5 2=1,$$
$$2^4=2^3+_5 2=3,\quad 2^5=2^4+_5 2=0,$$

所以 2 也是$(\mathbf{I}_5,+_5)$的生成元，直接计算可得 3,4 都是$(\mathbf{I}_5,+_5)$的生成元，从而$(\mathbf{I}_5,+_5)$只有两个平凡子群，除此之外，没有其他子群.

4.4.4 群的同态

定义 4.16 设$(G,*)$和$(T,\circ)$是两个群，f是G到T的映射，若$\forall a,b\in G$，都有$f(a*b)=f(a)\circ f(b)$，则称f是G到T的**同态映射**. G在f下的像记为$\mathrm{Im}(f)$，即$\mathrm{Im}(f)=f(G)$. 如果同态映射f是满射，称f是G到T的**满同态**. 如果f是单射，则称f是G到T的**单同态**. 如果f是双射，则称f是G和T的**同构映射**. 如果G和T之间存在同构映射，称G和T **同构**，记为$G\cong T$.

关于两个群之间的同态，有下面的结论:

定理 4.18 若 f 是 $(G,*)$ 和 $(T,\circ)$ 之间的同态映射，则同态像 $\mathrm{Im}(f)$ 是 T 的子群且

$$f(e_G)=e_T\text{，}\ \left(f(a)\right)^{-1}=f(a^{-1})\text{，}$$

其中 e_G 和 e_T 分别是群 G 和群 T 的单位元，$f(a)$ 是 $f(G)$ 中任一元素.

证 $\forall f(a),f(b)\in \mathrm{Im}(f)=f(G)$，有 $f(a)\circ f(b)=f(a*b)\in f(G)=\mathrm{Im}(f)$，故 $\mathrm{Im}(f)$ 对运算 $\circ$ 封闭. 显然 $\mathrm{Im}(f)$ 对运算 $\circ$ 满足结合律. 因

$$f(e_G)=f(e_G*e_G)=f(e_G)\circ f(e_G)\text{，}$$

故 $f(e_G)\circ f(e_G)^{-1}=f(e_G)\circ f(e_G)\circ f(e_G)^{-1}$. 从而

$$e_T=f(e_G)\circ e_T=f(e_G)\text{.}$$

又 $f(a)\circ f(a^{-1})=f(a*a^{-1})=f(e_G)=e_T$，同理可证 $f(a^{-1})\circ f(a)=e_T$，故

$$\left(f(a)\right)^{-1}=f(a^{-1})\text{.}$$

综上所述，$\mathrm{Im}(f)$ 是 T 的子群且上面结论成立. ∎

定理 4.19 令 $K=\{x\,|\,x\in G,f(x)=e_T\}$，则 K 是 G 的子群，称 K 为同态映射 f 的核，记为 $\mathrm{Ker}(f)$.

证 若 $x,y\in K$，即 $f(x)=e_T$，$f(y)=e_T$，则

$$\begin{aligned}f(x*y^{-1})&=f(x)\circ f(y^{-1})=f(x)\circ f(y)^{-1}\\&=e_T\circ e_T^{-1}=e_T\circ e_T=e_T\text{，}\end{aligned}$$

即 $x*y^{-1}\in K$，由定理 4.14 可知，K 是 G 的子群. ∎

例 4.26 $(\mathbf{Z},+)$ 和 $(\mathbf{I}_n,+_n)$ 都是群，定义

$$\varphi\text{：}\ \mathbf{Z}\to\mathbf{I}_n\text{，}\ \varphi(i)=(i)\ \mathrm{mod}\,n\text{，}$$

则 φ 是群 $(\mathbf{Z},+)$ 到群 $(\mathbf{I}_n,+_n)$ 的满同态，φ 的核为

$$\begin{aligned}\mathrm{Ker}(\varphi)&=\left\{a\,\middle|\,a\in\mathbf{Z}\ \text{且}\ \varphi(a)=(a)\ \mathrm{mod}\,n=0\right\}\\&=\{\cdots,-3n,-2n,-n,0,n,2n,3n,\cdots\}\text{.}\end{aligned}$$

定理 4.20 群同态是单同态的充分必要条件是：其核是由单位元构成的单元素集.

证 必要性 设 h 是群 $(G,*)$ 到群 $(T,\circ)$ 的单同态，则 e_T 在 G 中只有一个原像 e_G，即 $\mathrm{Ker}(h)=\{e_G\}$.

充分性　若$a,b\in G$，且$h(a)=h(b)$，因为

$$h(a*b^{-1})=h(a)\circ h(b^{-1})=h(a)\circ h(b)^{-1}=h(b)\circ h(b)^{-1}=e_T,$$

所以$a*b^{-1}\in \mathrm{Ker}(h)$．又因为$\mathrm{Ker}(h)=\{e_G\}$，所以$a*b^{-1}=e_G$．于是$a*b^{-1}*b=e_G*b$，得$a=b$，因此$h$是单同态．▌

定理 4.21　设$(G,\circ)$是群，$(H,*)$是代数系统，若存在从G到H的满同态，则$(H,*)$是群．

证　因$(G,\circ)$为群，$\circ$满足结合律，G中存在单位元e_G，$\forall a\in G$，存在逆元$a^{-1}\in G$．设$f:G\to H$为满同态，由定理 4.3 知，$(H,*)$中运算$*$满足结合律，$f(e_G)$为$*$运算的单位元，对任意$h\in H$，存在$a\in G$，使得$f(a)=h$，从而$h^{-1}=f(a)^{-1}=f(a^{-1})\in H$，$h$存在逆元．

故$(H,*)$是群．▌

变换群表面上看是一种特殊的群，可事实并非如此，从某种意义上说，每个群都是一个变换群．有下面定理：

定理 4.22（卡莱（Caylay）定理）　任一群与它的变换群的子群同构．

证　下面建立一个从任一群$(G,*)$到变换群$(\mathrm{PERM}(G),\circ)$的单同态λ，则G与像$\lambda(G)$同构．而由定理 4.18，$\lambda(G)$是$\mathrm{PERM}(G)$的子群．

对G中每个g，建立G到G的映射g^*：

$$g^*(x)=x*g,\quad \forall x\in G.$$

因为G对$*$封闭，$x*g\in G$，所以g^*是G到G的映射，$\forall x\in G$，有

$$(g^*\circ(g^{-1})^*)(x)=(g^{-1})^*(g^*(x))=x*g*g^{-1}=x,$$

所以$g^*\circ(g^{-1})^*$是G上的恒等函数．同样理由，$(g^{-1})^*\circ g^*$也是G上的恒等函数．因此，$(g^{-1})^*$是函数g^*的逆，因g^*有逆，g^*是双射，所以$g^*\in \mathrm{PERM}(G)$．

现在定义λ：$G\to \mathrm{PERM}(G)$，对任意$g\in G$，$\lambda(g)=g^*$．若$g,h\in G$，则$\lambda(g*h)=(g*h)^*$．$\forall x\in G$，因

$$\begin{aligned}(g*h)^*(x)&=x*(g*h)=(x*g)*h=g^*(x)*h\\&=h^*(g^*(x))=(g^*\circ h^*)(x),\end{aligned}$$

所以$(g*h)^*=g^*\circ h^*$，即$\lambda(g*h)=\lambda(g)\circ\lambda(h)$，因此$\lambda$是从$G$到

PERM(G)的同态.

证明λ是单射. 注意若e是G的单位元, 则

$$(\lambda(g))(e)=g^{*}(e)=e*g=g,$$

所以若$\lambda(g)=\lambda(h)$, 则$g=(\lambda(g))(e)=(\lambda(h))(e)=h$. ▌

既然任一群与某个变换群同构, 则变换群在群论研究中的重要性就不言而喻了.

4.4.5 陪集、正规子群、基本同态

定义 4.17 设H是G的子群, x是G中任意元素, 集合

$$H\circ x=\{h\circ x|h\in H\}$$

称为子群H在G中关于x的**右陪集**(也可写为Hx). 类似地, 子群H在G中关于x的**左陪集**$x\circ H$定义为

$$x\circ H=\{x\circ h|h\in H\}.$$

上面的陪集也可以这样定义: 在G上定义关系:

$$\forall a,b\in G,\ a\sim b\ \Leftrightarrow\ \exists h\in H,\ \text{使}a=h\circ b\ (\text{或}b\circ h),$$

可以验证其为等价关系, 该等价关系诱导出的等价类叫做H的**右**(**或左**)**陪集**.

可以证明这两个定义是等价的.

定理 4.23 群的一个子群的全部右陪集构成群的一个划分.

证 考虑G及其子群H, 因$\forall x\in G$, $x=e\circ x\in H\circ x$, 故G中任一元素至少属于H的一个右陪集, 从而G是H的不同右陪集的并, 下面证明H的任意两个不同的右陪集必不相交. 首先证明, 若$z\in H\circ x$, 则$H\circ z=H\circ x$.事实上, 因为$z\in H\circ x$, 则$\exists h\in H$, 使得$z=h\circ x$, 于是$\forall k\in H$, 因$k\circ h\in H$, 有

$$k\circ z=k\circ(h\circ x)=(k\circ h)\circ x\in H\circ x,$$

故$H\circ z\subseteq H\circ x$. 而

$$x=h^{-1}\circ h\circ x=h^{-1}\circ z\in H\circ z$$

(这是因为$h^{-1}\in H$), 只要将前面证明过程中x和z位置交换, 就得出$H\circ x\subseteq H\circ z$, 所以$H\circ z=H\circ x$.

现在假设$z\in(H\circ x)\cap(H\circ y)$, 由上面的证明可知, $H\circ z=H\circ x$且$H\circ z=H\circ y$, 所以$H\circ x=H\circ y$, 这说明, 陪集的交不为空则必相等. ▌

关于左陪集，有下面结论(右陪集时结论类似，这里略去)：

定理 4.24 设 H 是 G 的子群，则

(1) $\forall a \in G$，都有 $a \in aH$；

(2) $eH = H$；

(3) $a \in H$ 的充分必要条件是：$aH = H$；

(4) $b \in aH$ 的充分必要条件是：$aH = bH$；

(5) $aH = bH$ 的充分必要条件是：$a^{-1} \circ b \in H$；

(6) $\forall a, b \in G$，有 $aH = bH$ 或者 $aH \cap bH = \varnothing$.

证 设 $(G, \circ)$ 中单位元为 e. 因 H 是 G 的子群，有 $e \in H$.

(1) $\forall a \in G$，有 $a = a \circ e \in aH$.

(2) $\forall h \in H$，$h = e \circ h \in eH$，有 $H \subseteq eH$；又 $\forall e \circ h \in eH$，$e \circ h = h \in H$，故 $H \supseteq eH$，得证 $eH = H$.

(3) 若 $a \in H$，则 $\forall k = a \circ h \in aH$，因 $a \circ h \in H$，有 $k \in H$，即 $aH \subseteq H$；对任意的 $h \in H$，$h = a \circ a^{-1} \circ h = a \circ (a^{-1} \circ h) \in aH$（因为 $a \in H$，从而 $a^{-1} \in H$），即 $H \subseteq aH$，得 $aH = H$.

反过来，若 $aH = H$，则 $a = a \circ e \in aH = H$.

(4) 若 $b \in aH$，则存在 $h \in H$，使得 $b = a \circ h$. 从而

$$\forall a \circ x \in aH \Leftrightarrow a \circ x = b \circ h^{-1} \circ x = b \circ (h^{-1} \circ x) \in bH.$$

反过来，若 $aH = bH$，则 $b \circ e = b \in bH = aH$.

(5) 由(4)知 $aH = bH$ 当且仅当 $b \in aH$ 而

$$b \in aH \Leftrightarrow b = a \circ h，其中 h \in H \Leftrightarrow a^{-1} \circ b = h \in H.$$

(6) 可由定理 4.23 得证. ▌

定理 4.25 设 H 是 G 的子群，$x \in G$，φ 是从 H 到 $H \circ x$ 的函数，定义为 $\varphi(h) = h \circ x$，则 φ 是一个双射.

证 先证 φ 是满射. 对任意的 $k \in H \circ x$，设 $k = h \circ x$，则 $h = k \circ x^{-1}$，h 的像为

$$\varphi(h) = \varphi(k \circ x^{-1}) = (k \circ x^{-1}) \circ x = k,$$

故 φ 是满射.

再证 φ 是单射. 设 $h_1, h_2 \in H$，则 $\varphi(h_1) = h_1 \circ x$，$\varphi(h_2) = h_2 \circ x$. 若 $h_1 \circ x = h_2 \circ x$，因群满足消去律，有 $h_1 = h_2$，故 φ 是单射. ▌

由上面定理可以得到著名的拉格朗日（Lagrange）定理：

定理 4.26（拉格朗日定理） 设 H 是有限群 G 的子群，则

$$|G|=|G/H|\cdot|H|,$$

其中的 G/H 表示 H 的全体右陪集的集合.

证 H 有 $|G/H|$ 个陪集，由定理 4.25，每个陪集有 $|H|$ 个元素，由定理 4.23，H 的陪集构成对 G 的划分，从而 $|G|=|G/H|\cdot|H|$. ▌

由上面定理可得几个有用的推论：

推论 1 有限群 G 中每一元素的阶数（周期）都是 G 的阶数的因子.

推论 2 阶数为素数的群必是循环群.

推论 3 素数阶群只有平凡子群，而无其他真子群.

推论 4 设 H 是有限群 G 的子群，则 H 的阶整除 G 的阶.

定义 4.18 设 H 是群 G 的子群，若对任意的 $x\in G$，有 $x\circ H=H\circ x$，则称 H 是 G 的**正规子群**（或不变子群），记为 $H\lhd G$. 此时 H 的左、右陪集统称为陪集.

显然，若 G 是一个阿贝尔群，则 G 的子群都是正规子群. 下面定理给出了判断一个子群为正规子群的充分必要条件：

定理 4.27 设 H 是 G 的子群，则 H 是 G 的正规子群当且仅当下面三者之一成立：

(1) $\forall a\in G$ 及 $h\in H$ 有 $aha^{-1}\in H$；

(2) $\forall a\in G$ 有 $aHa^{-1}=H$；

(3) $\forall a\in G$ 有 $aHa^{-1}\subseteq H$.

实际上，由集合相等的定义、左右陪集的定义，以及群中运算满足结合律等，易于验证：对群 G 的任意两个子集 A,B，$\forall x,y\in G$，有

$$(Ax)y=A(xy),\quad x(yA)=(xy)A,$$

$$A\subseteq B\Leftrightarrow xA\subseteq xB\Leftrightarrow Ax\subseteq Bx,$$

$$A=B\Leftrightarrow xA=xB\Leftrightarrow Ax=Bx.$$

从而易证上面三个条件中任意一个均是 H 为正规子群的充分必要条件. 具体证明请读者完成.

定理 4.28 若h是从群$(G,\circ)$到$(T,*)$的同态映射，则

(1) 同态核K是G的正规子群;

(2) 对任意$x\in G$和同态核K，有$K\circ x=\{z|z\in G$ 且 $h(z)=h(x)\}$.

证 (1) 首先证明$K\circ x\subseteq x\circ K$，即对任意$k\in K$，有$k\circ x\in x\circ K$.

因为$k\circ x=x\circ(x^{-1}\circ k\circ x)$，只需证明$x^{-1}\circ k\circ x\in K$，即$h(x^{-1}\circ k\circ x)=e_T$，这里$e_T$是群$T$的单位元.

$$h(x^{-1}\circ k\circ x)=h(x^{-1}\circ k)*h(x)=h(x^{-1})*h(k)*h(x)$$
$$=h(x)^{-1}*e_T*h(x)=e_T,$$

因此$K\circ x\subseteq x\circ K$. 同理可证$x\circ K\subseteq K\circ x$. 所以$x\circ K=K\circ x$，故$K$是$G$的正规子群.

(2) 对$k\in K$，$h(k\circ x)=h(k)*h(x)=e_T\circ h(x)=h(x)$，所以

$$K\circ x\subseteq\{z|z\in G \text{ 且 } h(z)=h(x)\}.$$

另一方面，若$h(z)=h(x)$，则

$$h(z\circ x^{-1})=h(z)*h(x^{-1})=h(x)*h(x)^{-1}=e_T,$$

这说明$z\circ x^{-1}\in K$，所以$z=z\circ x^{-1}\circ x\in K\circ x$，即

$$\{z|z\in G \text{ 且 } h(z)=h(x)\}\subseteq K\circ x.$$ ▌

定理 4.29 设K是群$(G,*)$的正规子群，则

(1) 在G中K的全体陪集的集合G/K中定义运算$\otimes$:

$$(K*x)\otimes(K*y)=K*(x*y),$$

则G/K在运算$\otimes$下是一个群，称$(G/K,\otimes)$为G对K的**商群**.

(2) 映射$\gamma: G\to G/K$，定义为$\gamma(x)=K*x$，它是具有核K的同态映射，称为从群G到商群G/K的**自然同态**.

证 (1) 首先说明所定义的G/K中运算$\otimes$的合理性.

由$(K*x)\otimes(K*y)=K*(x*y)$，显然$K*(x*y)\in G/K$，由定理 4.25 知道，对一个陪集$K*x$，若$z\in K*x$，则$K*x=K*z$，即可用$K*x$中任一元素$z$代替陪集形式$K*x$中的$x$. 于是需要证明：若$K*x=K*x'$，$K*y=K*y'$，则$(K*x)\otimes(K*y)=(K*x')\otimes(K*y')$，即

$$K*(x*y)=K*(x'*y').$$

事实上，因为$K*x=K*x'$，而$K*x'$含有x'，所以$x'\in K*x$，于是$\exists h_1\in K$，$x'=h_1*x$. 同理$\exists h_2\in K$，$y'=h_2*y$，所以

$$K*(x'*y')=K*((h_1*x)*(h_2*y))=K(h_1*(x*h_2*y)).$$

因为 $h_1^{-1}\in K$，所以 $h_1^{-1}*(h_1*(x*h_2*y))$ 即 $x*h_2*y$ 是陪集 $K*(h_1*(x*h_2*y))$ 即 $K*(x'*y')$ 中的元素，于是

$$K*(x'*y')=K*(x*h_2*y).$$

因为 K 是 G 的正规子群，所以 $x*h_2\in x*K=K*x$，于是 $\exists h\in K$，$x*h_2=h*x$，因此

$$K*(x*h_2*y)=K*(h*x*y).$$

$h^{-1}\in K$，所以 $h^{-1}*(h*x*y)=x*y$ 是上述陪集中的元素，于是

$$K*(h*x*y)=K*(x*y).$$

综上所述，$K*(x'*y')=K*(x*y)$.

即运算 $\otimes$ 确是 G/K 中的二元运算，容易验证它是可结合的，$K*e$ 即 K 是单位元，且 $(K*x)^{-1}=K*x^{-1}$，因此 $(G/K,\otimes)$ 是一个群.

(2) 由 $\otimes$ 的定义及(1)，有

$$\begin{aligned}\gamma(x*y)&=K*(x*y)=(K*x)\otimes(K*y)\\&=\gamma(x)\otimes\gamma(y),\end{aligned}$$

所以 γ 是一个同态.

群 G/K 的单位元是 K，若对 $x\in G$，有 $\gamma(x)=K$，即 $K*x=K$，即 $x\in K*x=K$．反之，若 $x\in K$，此时必有 $K*x=K$，则 $\gamma(x)=K*x=K$，所以 K 是 γ 的核. ▌

由此可得：

定理 4.30（同态基本定理） 设 h 是从群 $(G,\circ)$ 到 $(T,*)$ 的同态映射，K 是同态核，则商群 G/K 在 h^* 下与 $h(G)$ 同构，此处 h^* 定义为

$$h^*(K\circ x)=h(x).$$

证 若 $K\circ x=K\circ y$，则由定理 4.29 可知，$h(x)=h(y)$，所以映射 h^* 的定义是合理的.

证明 h^* 是单射，假设 $h^*(K\circ x)=h^*(K\circ y)$，则 $h(x)=h(y)$．由定理 4.29 有 $K\circ x=K\circ y$，所以 h^* 是单射，h^* 的像显然是 $h(G)$，所以 h^* 是双射.

下面仅需证明 h^* 是一个同态.

$$
\begin{aligned}
h^*((K\circ x)\otimes(K\circ y)) &= h^*(K\circ(x\circ y)) && (\otimes\text{的定义})\\
&= h(x\circ y) && (h^*\text{的定义})\\
&= h(x)*h(y) && (h\text{是同态})\\
&= h^*(K\circ x)*h^*(K\circ y). && (h^*\text{的定义})
\end{aligned}
$$

综上所述, 结论成立. ∎

该定理表明: 群 G 的任何一个同态像都与 G 的某个商群同构, 因而在同构意义下, G 的同态像都是 G 的商群, 这对群的性质来说自然有着重要意义.

4.5 环和域

4.5.1 环

定义 4.19 设 R 是一个非空集合, 在 R 上定义两个运算 $+$ 和 $\cdot$, 如果满足

(1) $(R,+)$ 是一个交换群;

(2) $(R,\cdot)$ 是一个半群;

(3) 乘法 $\cdot$ 对加法 $+$ 的分配律成立, 即 $\forall a,b,c\in R$,

$$a\cdot(b+c)=a\cdot b+a\cdot c,\ (b+c)\cdot a=b\cdot a+c\cdot a.$$

则称 $(R,+,\cdot)$ 是一个**环**. 为了方便, 通常将 $+$ 称为加法, 将 $\cdot$ 称为乘法, 把 $(R,+)$ 称为加法群, $(R,\cdot)$ 称为乘法半群. 而且还规定, 乘法的优先级高于加法. 加法的单位元称为环的**零元**, 记为 0; 乘号常省略, 即把 $a\cdot b$ 写成 ab; 也常把环 $(R,+,\cdot)$ 简称为环 R. 若 $a\in R$, 其加法逆元以 $-a$ 表示. 如果环 R 的乘法有单位元, 通常用 1 表示, 称为环 R 的单位元. 在 $(R,\cdot)$ 中, 若 $a\in R$ 的逆元存在, 则以 a^{-1} 表示其乘法逆元. 常常根据环中乘法半群满足不同性质, 将环冠于不同的名称.

给定环 $(R,+,\cdot)$, 若 $(R,\cdot)$ 是可交换半群, 则称 $(R,+,\cdot)$ 是**交换环**; 若 $(R,\cdot)$ 是独异点, 则称 $(R,+,\cdot)$ 是**含幺环**(或**含单位元环**); 若 $(R,\cdot)$ 满足等幂律, 则称 $(R,+,\cdot)$ 是**布尔环**.

例 4.27 (1) 集合 $\mathbf{Z},\mathbf{Q},\mathbf{R}$ 对通常的加法和乘法运算均是封闭的, 且适合交换律和结合律, 乘法对加法适合分配律, 故 $(\mathbf{Z},+,\cdot)$, $(\mathbf{Q},+,\cdot)$, $(\mathbf{R},+,\cdot)$ 均为环, 且均为交换环.

(2) $(\mathbf{I}_m,+_m,\times_m)$ 构成一个环，其中，$+_m,\times_m$ 分别为模加和模乘运算，即 $\forall x,y\in\mathbf{I}_m$，有

$$x+_m y=(x+y) \bmod m,\quad x\times_m y=(xy) \bmod m.$$

此环称为模 m 整数环，它也是交换环.

(3) n 阶矩阵的全体对矩阵的加法和乘法构成环，零矩阵为零元，单位矩阵是单位元，此环为非交换环.

(4) 用 $R[x]$ 表示所有以实系数多项式作为元素构成的集合，对于多项式的加法 $+$ 和多项式乘法 $\times$，$(R[x],+,\times)$ 构成环，是含有单位元为常数 1 的可交换环，称为实数集 $\mathbf{R}$ 上的多项式环.

(5) 对于任意集合 S，在 S 的幂集 $P(S)$ 上定义二元运算 $+$ 和 $\cdot$ 为：对于任意 $A,B\in P(S)$，

$$A+B=A\oplus B,\ A\cdot B=A\cap B,$$

容易证明 $(P(S),+,\cdot)$ 是一个环，称为 S 的子集环．因为运算 $\cap$ 可交换，$(P(S),\cdot)$ 含有单位元 S，因此子集环为含单位元环.

下面讨论环的一些性质．为方便记，$a+(-b)$ 表成 $a-b$．

$$\underbrace{a+a+\cdots+a}_{n\text{个}}$$

记为 na，而 $-na$ 表示 $n(-a)$．容易证明环有下面一些性质，我们将它们罗列如下：

设 $(R,+,\cdot)$ 为环．因 $(R,+)$ 是交换群，因此 $\forall a,b,c\in R$，有

(1) 结合律：$(a+b)+c=a+(b+c)$；

(2) 交换律：$a+b=b+a$；

(3) R 中关于加法的单位元（即环的零元）0，有 $a+0=0+a=a$；

(4) $\forall x\in R$，有唯一负元 $-x\in R$，且满足

$$x+(-x)=(-x)+x=0;$$

(5) 消去律：若 $a+b=a+c$，则 $b=c$；

(6) $\forall m,n\in\mathbf{Z}$，有

$$m(a+b)=ma+na,\ (m+n)a=ma+na,\ (mn)a=m(na).$$

因 $(R,\cdot)$ 是半群，所以有

(7) 结合律：$(ab)c=a(bc)$；

(8) 对加法运算满足分配律，即 $a(b+c)=ab+ac$，$(b+c)a=ba+ca$；

(9) 由(8)可得出 $a0=0=0a$；

(10) 由于 $0=a0=a\big(b+(-b)\big)=ab+a(-b)$，可得

$$a(-b)=-ab=(-a)b\,;$$

(11) 由于 $0=0(-b)=\big(a+(-a)\big)(-b)=a(-b)+(-a)(-b)$，可得

$$(-a)(-b)=ab\,.$$

(12) 乘法对减法的分配律成立，即

$$a(b-c)=ab-ac\,,\ (b-c)a=ba-ca\,.$$

由上面结论可知，环中任意二元素相乘，若其中至少有一个为零元，则乘积必为零元.但反之未必真，这是因为在环中，两个非零元的乘积可能为零元，这便引出了环的零因子的概念.

设 $(R,+,\cdot)$ 为环，若存在 $a,b\in R-\{0\}$，使得 $a\cdot b=0$，则称环 R 为**有零因子环**，并称 a 为环 R 的一个**左零因子**，b 为 R 的一个**右零因子**．如果元素 x 既是左零因子又是右零因子，则称 x 是一个**零因子**.没有零因子的环称为**无零因子环**．注意，零因子其自身非零.

从零因子的定义可以看出，若一个环无左零因子，则一定无右零因子.在交换环中，一个左零因子一定是右零因子，但在非交换环中，一个左零因子不一定是右零因子．一个环是否含有零因子与一个环是否满足消去律有着密切关系:

定理 4.31 环 $(R,+,\cdot)$ 没有零因子的充分必要条件是：$(R,+,\cdot)$ 满足消去律.

证 充分性 设 $(R,+,\cdot)$ 满足消去律，若 a 为 $(R,+,\cdot)$ 的一个左零因子，则 $a\neq 0$ 并且存在 $b\neq 0$，使得 $ab=0$．利用环的性质 $a0=0$．因 $a\neq 0$，由消去律得 $b=0$，与 $b\neq 0$ 矛盾．类似可证 $(R,+,\cdot)$ 无右零因子.

必要性 如果 $ab=ac$，且 $a\neq 0$，则 $a(b-c)=0$．由假设 $(R,+,\cdot)$ 无零因子，从而必有 $b-c=0$ 即 $b=c$，所以 $(R,+,\cdot)$ 满足左消去律．同理可证 $(R,+,\cdot)$ 满足右消去律. ▌

定义 4.20 若环 $(R,+,\cdot)$ 满足:

(1) 运算“·”适合交换律，即环 $(R,+,\cdot)$ 是一个交换环;

(2) 运算“·”有单位元，即 $(R,+,\cdot)$ 是一个有单位元环;

(3) 适合消去律，即 $\forall a,b,c\in A$，$a\neq 0$，若 $a\cdot b=a\cdot c$（或 $b\cdot a=c\cdot a$），则必有 $b=c$，

则称 $(R,+,\cdot)$ 是一个**整环**.

由定理 4.31 知, 环中消去律与无零因子是等价的, 因此整环是无零因子可交换含幺环或者说是满足消去律可交换含幺环.

4.5.2 子环与理想

类似于群中的子群与正规子群, 环中有子环和理想的概念, 它们在环中的作用与地位也相当于子群和正规子群在群中的作用与地位.

定义 4.21 给定环 $(R,+,\cdot)$ 和非空集合 $S\subseteq R$. 若 $(S,+)$ 是 $(R,+)$ 的子群, $(S,\cdot)$ 是 $(R,\cdot)$ 的子半群, 则称 $(S,+,\cdot)$ 是 $(R,+,\cdot)$ 的**子环**.

这里也有平凡子环与真子环之说, 与平凡子群和真子群类似.

由环的定义知道, 若 $(S,+)$ 为群 $(R,+)$ 的子群, $(S,\cdot)$ 是 $(R,\cdot)$ 的子半群, 在 R 上乘法对于加法分配律成立, 则 $(S,+,\cdot)$ 是 $(R,+,\cdot)$ 的子环. 显然由于 $S\subseteq R$ 而分配律、结合律在 R 中成立, 则在 S 中亦成立. 于是, 子环可定义如下:

若

(1) $\varnothing\neq S\subseteq R$;

(2) $(S,+)$ 为群 $(R,+)$ 的子群;

(3) S 对 $\cdot$ 满足封闭性,

则称 $(S,+,\cdot)$ 是 $(R,+,\cdot)$ 的**子环**.

由此及定理 4.14 (2), 便可得到下面定理:

定理4.32 给定环 $(R,+,\cdot)$ 及 $\varnothing\neq S\subseteq R$, 则 $(S,+,\cdot)$ 是 $(R,+,\cdot)$ 的子环的充要条件是对任意 $a,b\in S$, 有 $a-b\in S$ 且 $a\cdot b\in S$. 即 $(S,+,\cdot)$ 是 $(R,+,\cdot)$ 的子环的充要条件是 S 对减法运算和乘法运算均封闭.

由此看出, 含单位元环的子环未必也含单位元. 例如整数环 $(\mathbf{Z},+,\cdot)$ 是含单位元 1 的环, 而其子环——偶数环 $(E,+,\cdot)$ (E 为全体偶数构成的集合) 不再含乘法单位元.

定义 4.22 设 $(T,+,\cdot)$ 为 $(R,+,\cdot)$ 的子环, 若 $\forall t\in T$ 和 $\forall a\in R$, 有 $a\cdot t\in T$ 且 $t\cdot a\in T$, 则称 $(T,+,\cdot)$ 为环 $(R,+,\cdot)$ 的**理想**.

由定义可知, 若 $(T,+,\cdot)$ 为理想, 则 R 中任意两元素相乘时, 若至少有一个元素属于 T, 则乘积必属于 T. 显然, 若 $(R,+,\cdot)$ 是可交换环, $a\cdot t\in T$ 或 $t\cdot a\in T$ 只要其一即可. 任何环 $(R,+,\cdot)$ 都含有两个极端的理想, 最小理想 $\{0\}$ 和最大理想 R, 称之为平凡理想. 由定义直接得:

定理 4.33 给定环 $(R,+,\cdot)$ 及 $\varnothing\neq T\subseteq R$，则 $(T,+,\cdot)$ 为环 $(R,+,\cdot)$ 的理想的充要条件是：对任意 $t_1,t_2\in T$，对任意 $a\in R$，有

$$t_1-t_2\in T,\ a\cdot t_1\in T,\ t_1\cdot a\in T.$$

容易得到：

定理 4.34 若 $(T_1,+,\cdot)$ 与 $(T_2,+,\cdot)$ 同为环 $(R,+,\cdot)$ 之理想，则 $(T_1\cap T_2,+,\cdot)$，$(T_1+T_2,+,\cdot)$ 仍为环 $(R,+,\cdot)$ 之理想，其中

$$T_1+T_2=\left\{t_1+t_2\,\middle|\,t_1\in T_1,\ t_2\in T_2\right\}.$$

设 $(T,+,\cdot)$ 为 $(R,+,\cdot)$ 的理想．就加法运算而言，T 是 R 的正规子群，从而由 T 的陪集构成的集合 $R/T=\{r+T|r\in R\}$ 仍构成加法群：

$$(r_1+T)\oplus(r_2+T)\overset{\Delta}{=}(r_1+r_2)+T,$$

即商群 $(R/T,\oplus)$．如果在 R/T 上定义乘法 $\odot$：

$$(r_1+T)\odot(r_2+T)\overset{\Delta}{=}(r_1r_2)+T,$$

可以证明该定义是合理的：如果 $r_1'+T=r_1+T$，$r_2'+T=r_2+T$，则

$$r_1-r_1'=u\in T,\ r_2-r_2'=v\in T.$$

因 T 是理想，$r_1r_2-r_1'r_2=ur_2\in T$，$r_1'r_2-r_1'r_2'=r_1'v\in T$，又 T 是加法群，从而

$$r_1r_2-r_1'r_2'=ur_2+r_1'v\in T,\ r_1r_2+T=r_1'r_2'+T,$$

即乘法 $\odot$ 与代表元的选取无关．这样 $(R/T,\oplus,\odot)$ 是一个环，称 $(R/T,\oplus,\odot)$ 为环 $(R,+,\cdot)$ 关于理想 $(T,+,\cdot)$ 的商环．

4.5.3 环同态与环同构

定义 4.23 设有环 $(R,+,\cdot)$ 与 $(S,\oplus,\odot)$，给定映射 $f:R\to S$，满足：对任意的 $a,b\in R$，

$$f(a+b)=f(a)\oplus f(b),\ f(a\cdot b)=f(a)\otimes f(b),$$

则称 f 为从环 $(R,+,\cdot)$ 到环 $(S,\oplus,\odot)$ 的**环同态映射**．又若 f 为双射，则称 f 为从 $(R,+,\cdot)$ 到 $(S,\oplus,\odot)$ 的**环同构映射**．

不难看出，环同态意味着群同态与半群同态，而且 f 还能保持可分配性，即 $\forall a,b,c\in R$，有

$$\begin{aligned}f\big(a\cdot(b+c)\big)&=f(a)\odot f(b+c)=f(a)\odot(f(b)\oplus f(c))\\&=(f(a)\odot f(b))\oplus(f(a)\odot f(c)).\end{aligned}$$

若 f 为从环 $(R,+,\cdot)$ 到环 $(S,\oplus,\odot)$ 的环同态映射，0_S 为环 $(S,\oplus,\odot)$ 的零元，则集合 $K(f)=\{k|f(k)=0_S,\ k\in R\}$，称为环同态映射 f 的核，也记为 $\mathrm{Ker}(f)$.

例 4.28 设 $(R,+,\circ)$ 是环，其乘法单位元记为 1，加法单位元记为 0，对于任意的 $a,b\in R$，定义 $a\oplus b=a+b+1$，$a\otimes b=a\circ b+a+b$. 求证：$(R,\oplus,\otimes)$ 也是环，并且与环 $(R,+,\circ)$ 同构.

证 首先证明 $(R,\oplus,\otimes)$ 是环.

(1) $(R,\oplus)$ 是交换群.

① 因 $+$ 具有封闭性，根据定义 $a\oplus b=a+b+1$，知 $\oplus$ 也具有封闭性；

② 因 $+$ 具有可交换性，故 $\oplus$ 也具有可交换性；

③ 因 $+$ 满足结合律，故

$$(a\oplus b)\oplus c=(a\oplus b)+c+1=a+b+1+c+1$$
$$=a+(b\oplus c)+1=a\oplus(b\oplus c);$$

④ 因 $a\oplus(-1)=a+(-1)+1=a$，故 $\oplus$ 的零元为 -1；

⑤ 因 $a\oplus(-a-2)=a+(-a-2)+1=-1$，故 a 的逆元为 $-a-2$.

(2) $(R,\otimes)$ 是含幺半群.

① 因 $\circ$ 具有封闭性，根据定义，$a\otimes b=a\circ b+a+b$，$\otimes$ 也具有封闭性；

② 因 $\circ$ 具有可交换性，故 $\otimes$ 也具有可交换性；

③ $\otimes$ 满足结合律，因为

$$(a\otimes b)\otimes c=(a\otimes b)\circ c+(a\otimes b)+c$$
$$=(a\circ b+a+b)\circ c+(a\circ b+a+b)+c$$
$$=a\circ(b\circ c+b+c)+a+(b\circ c+b+c)$$
$$=a\circ(b\otimes c)+a+(b\otimes c)=a\otimes(b\otimes c);$$

④ 因 $a\otimes 0=a\circ 0+a+0=a$，故 0 是乘法单位元.

(3) $\otimes$ 对 $\oplus$ 满足左、右分配律.

$$a\otimes(b\oplus c)=a\circ(b\oplus c)+a+(b\otimes c)$$
$$=a\circ(b+c+1)+a+(b+c+1),$$
$$(a\otimes b)\oplus(a\otimes c)=(a\circ b+a+b)\oplus(a\circ c+a+c)$$
$$=a\circ b+a+b+a\circ c+a+c+1,$$

有 $a\otimes(b\oplus c)=(a\otimes b)\oplus(a\otimes c)$.

同理可证明 $(b\oplus c)\otimes a=(b\otimes a)\oplus(c\otimes a)$.

由(1),(2)和(3)可知，$(R,\oplus,\otimes)$是环.

然后再证明$(R,\oplus,\otimes)$与环$(R,+,\circ)$同构.

(1) f是双射.

作映射$f:R\to R$, $f(a)=a-1$，则$\forall a\in R$，即$a+1\in R$，有

$$f(a+1)=a+1-1=a,$$

故$a+1$为a的原像，f是满射.

若$b,c\in R$都是a的原像，即$b-1=c-1=a$，得$b=c$．f是单射.

(2) f保持运算.

由于$f(a+b)=a+b-1$及

$$\begin{aligned}f(a)\oplus f(b)&=f(a)+f(b)+1=(a-1)+(b-1)+1\\&=a+b-1,\end{aligned}$$

所以$f(a+b)=f(a)\oplus f(b)$.由于$f(a\circ b)=a\circ b-1$及

$$\begin{aligned}f(a)\otimes f(b)&=f(a)\circ f(b)+f(a)+f(b)\\&=(a-1)\circ(b-1)+(a-1)+(b-1)\\&=a\circ b-1,\end{aligned}$$

所以$f(a\circ b)=f(a)\otimes f(b)$.

故f是环同构映射，得$(R,\oplus,\otimes)$与环$(R,+,\circ)$同构.

关于环同态、环同构，有与群同态、群同构类似的定理，现叙述如下，证明留给读者.

定理 4.35 若f是从环$(R,+,\cdot)$到环$(S,\oplus,\odot)$的环同态映射，且0_R, 0_S, 1_R, 1_S分别为两个环的零元和单位元，则

(1) $f(0_R)=0_S$;

(2) $f(-a)=-f(a)$;

(3) $(\mathrm{Ker}(f),+,\cdot)$是$(R,+,\cdot)$的子环;

(4) $(f(R),\oplus,\odot)$是$(S,\oplus,\odot)$的子环;

(5) f为单射当且仅当$\mathrm{Ker}(f)=\{0_R\}$.

又若f为双射，即f为环同构映射，则

(6) $f(1_R)=1_S$;

(7) 若$a\in R$有乘法逆元a^{-1}，则$f(a^{-1})=f(a)^{-1}$.

此外，由(2)可证环同态映射保持减法运算，因为$\forall a,b\in R$，有

$$f(a-b)=f(a+(-b))=f(a)\oplus f(-b)$$

$$= f(a) \oplus (-f(b)) = f(a) - f(b).$$

下面定理揭示了环同态映射的核有理想结构.

定理 4.36 若 f 为从环 $(R,+,\cdot)$ 到环 $(S,\oplus,\odot)$ 的环同态映射, 则其同态核 $(\mathrm{Ker}(f),+,\cdot)$ 为 $(R,+,\cdot)$ 之理想.

定理 4.37 设 f 为从环 $(R,+,\cdot)$ 到环 $(S,+',\times')$ 的满环同态映射, 则 $(S,+',\times')$ 同构于 $(R,+,\cdot)$ 关于同态核 $\mathrm{Ker}(f)$ 的商环, 即

$$(R/\mathrm{Ker}(f),\oplus,\odot) \cong (S,+',\times').$$

4.5.4 域

对于环 $(R,+,\cdot)$ 施加进一步限制, 即 $(R-\{0\},\cdot)$ 是可交换群, 便得到另外一个代数系统——域.

定义 4.24 若环 $(R,+,\cdot)$ 含非 0 元素, 满足:

(1) 乘法运算适合交换律, 即环是一个交换环;

(2) 对 R 的非 0 元素集合 $R' = R-\{0\}$, $(R',\cdot)$ 是一个群,

则称 $(R,+,\cdot)$ 是一个**域**.

可以证明, 域一定是整环, 一个有限整环也必定是一个域.

例如: 实数集 $\mathbf{R}$ 、有理数集 $\mathbf{Q}$ 、复数集 $\mathbf{C}$ 在通常加法和乘法运算下都构成域.

例 4.29 试证明: $(\mathbf{R}\times\mathbf{R},\oplus,\otimes)$ 是域, 其中 $\mathbf{R}$ 是实数集, 运算 $\oplus,\otimes$ 定义如下:

$$\langle a,b\rangle \oplus \langle c,d\rangle = \langle a+c, b+d\rangle,$$

$$\langle a,b\rangle \otimes \langle c,d\rangle = \langle ac-bd, ad+bc\rangle.$$

证 首先, 证明 $(\mathbf{R}\times\mathbf{R},\oplus)$ 是加法群. 由运算 $\oplus$ 的定义知, 关于运算 $\oplus$ 的交换律、结合律都可以归结为 f: $\mathbf{R}\times\mathbf{R}\to\mathbf{C}$ 关于通常加法的交换律、结合律. 显然 $(\mathbf{R}\times\mathbf{R},\oplus)$ 的零元是 $\langle 0,0\rangle$, 元素 $\langle a,b\rangle$ 的负元是 $\langle -a,-b\rangle$. 所以 $(\mathbf{R}\times\mathbf{R},\oplus)$ 是加法群.

其次, 证明 $(\mathbf{R}\times\mathbf{R}-\{\langle 0,0\rangle\},\otimes)$ 是交换群. 由定义容易验证 $\mathbf{R}\times\mathbf{R}-\{\langle 0,0\rangle\}$ 在 $\otimes$ 下是封闭的, 满足交换律和结合律, 并且单位元是 $\langle 1,0\rangle$, 一个非零元素 $\langle a,b\rangle$ 的逆元是 $\left\langle \dfrac{a}{a^2+b^2}, \dfrac{-b}{a^2+b^2} \right\rangle$.

最后，验证 $\otimes$ 对 $\oplus$ 满足分配律．这也容易验证，因为 $\otimes$ 对 $\oplus$ 的分配律可以归结为通常乘法对加法的分配律． ∎

说明 实际上，$f:\mathbf{R}\times\mathbf{R}\to\mathbf{C}$，$f(\langle a,b\rangle)=a+\mathrm{i}b$ 是从 $(\mathbf{R}\times\mathbf{R},\oplus,\otimes)$ 到 $(\mathbf{C},+,\times)$ 的一个同构，所以 $\oplus,\otimes$ 的定义是自然的，就是由复数的加法和乘法来决定的．

4.6 本章小结

1．运算的封闭性是成为一个代数系统的前提；一般要验证或证明某个代数系统是一个半群或群，首先得说明运算是封闭的．

2．掌握代数系统的概念，对几个定义——运算的封闭性、单位元、零元、逆元、等幂元及相关的结论要有清晰的理解．给定集合和集合上的运算，能够判断该集合对运算是否封闭，能够通过运算表确定单位元、零元、逆元等（如果存在的话）．对交换律、结合律、分配律、吸收律等的表示要十分清楚．给定集合及二元运算表，能够判断运算是否满足交换律，是否满足结合律．

3．同态与同构的判断是整个代数系统的一个重要内容，掌握代数系统的同态与同构的定义．能判断两个给定代数系统间的某个映射是否为同态、同构映射．

4．掌握半群、独异点及群的概念，并能灵活运用群的一些基本性质，理解群的同态与同构．给定一个代数系统及其运算，能够判断是否为半群、独异点、群等．

5．掌握子群的概念并清楚其判别方法．子群的定义及判定，一般用的是定理 4.14，对有限集合，只需验证对运算是否封闭就够了．

6．掌握左陪集、右陪集及正规子群的定义，了解拉格朗日定理．陪集及所确定的等价关系，拉格朗日定理及其推论，经常用来论证某些结论．

7．掌握环及整环的定义．给定集合及两个二元运算，能够判断其是否为环、域、整环等．

8．关于环和整环、域的定义，要清楚它们之间的异同．

习题 4

1．在自然数集 $\mathbf{N}$ 上，下列哪些运算是可结合的？

(1) $a*b=a-b$；　　(2) $a*b=\max\{a,b\}$；

(3) $a*b=a+2b$；　　(4) $a*b=|a-b|$；

(5) $a*b=a+b+3$；　　(6) $a*b=a\cdot b \pmod 3$．

2．设 $S=\{a,b\}$，S 上的 4 个运算 f_1,f_2,f_3,f_4 如下所示．问哪些满足交换律，满足等幂律，哪些有单位元，哪些有零元？

f_1	a	b
a	a	a
b	a	a

f_2	a	b
a	a	b
b	b	a

f_3	a	b
a	b	a
b	a	a

f_4	a	b
a	a	b
b	a	b

3．按下面的条件，给出尽可能简单的代数系统实例．给出的代数系统含有一个二元运算，运算可用运算表定义．

① 有单位元；　　② 非单元素集，同时有单位元和零元；

③ 有零元；　　④ 有单位元，但无零元；

⑤ 有零元但无单位元；　　⑥ 运算不可交换；

⑦ 运算不可结合；　　⑧ 有左零元，无右零元；

⑨ 有右单位元，无左单位元；

⑩ 有单位元，每个元素有逆元．

4．设有代数系统 $(A,*)$，其中 $A=\{a,b,c,d\}$，$*$ 如下面乘法表定义．问 $*$ 是否可交换的；A 是否有单位元？如果有单位元，指出哪些元素是可逆的，并给出它们的逆元．

(1)

$*$	a	b	c	d
a	a	b	c	d
b	b	c	d	a
c	c	d	a	b
d	d	a	b	c

(2)

$*$	a	b	c	d
a	a	a	a	a
b	a	b	c	d
c	d	c	a	b
d	d	d	c	c

5．设 $B=\{a,b,c,d\}$，B 上的二元运算如下表：

$*$	a	b	c	d
a	a	b	c	d
b	b	b	d	d
c	c	d	c	d
d	d	d	d	d

$\circ$	a	b	c	d
a	a	a	a	a
b	a	b	a	b
c	a	a	c	d
d	a	b	c	d

又 $S_1=\{b,d\}$，$S_2=\{b,c\}$，$S_3=\{a,c,d\}$，试问 $(S_1,*,\circ)$，$(S_2,*,\circ)$，$(S_3,*,\circ)$是否为$(B,*,\circ)$的子代数系统.

6. 求$(\mathbf{I}_4,+_4)$的全部子代数.

7. 在实数集合上定义二元运算 $x*y=xy-2x-2y+6$.

(1) 验证$*$是否满足交换律和结合律;

(2) 求$*$的单位元和零元;

(3) 对任何实数a，求其逆元.

8. 有理数集$\mathbf{Q}$中的$*$定义如下：$a*b=a+b-ab$.

(1) $(\mathbf{Q},*)$是半群吗？是可交换的吗？

(2) 求单位元;

(3) $\mathbf{Q}$中是否有可逆元？若有，指出哪些是可逆元，并指出其逆元.

9. 设$(S,*)$是一个半群，$a\in S$，在S上定义$\circ$如下：

$$x\circ y=x*a*y,\ \forall x,y\in S,$$

证明$(S,\circ)$也是一个半群.

10. 试给出$(\mathbf{Z},+)$的下列子半群:

(1) $\{1\}^+$;　　(2) $\{0\}^+$;

(3) $\{-1,2\}^+$;　　(4) $\mathbf{Z}^+$;

(5) $\{2,3\}^+$;　　(6) $\{6\}^+\cap\{9\}^+$.

11. 列出下面的$(M_{3,3},\times)$的有限子半群的元素:

(1) $\left\{\begin{pmatrix}0&1&0\\1&0&0\\0&0&1\end{pmatrix}\right\}^+$;　　(2) $\left\{\begin{pmatrix}0&1&0\\1&0&0\\0&0&1\end{pmatrix},\begin{pmatrix}0&0&1\\1&0&0\\0&1&0\end{pmatrix}\right\}^+$.

12. 下列集合关于指定的运算是否构成群?

(1) 给定$a>0$，且$a\neq1$，集合$G=\{a^n\mid n\in\mathbf{Z}\}$，关于数的乘法;

(2) 正整数集$\mathbf{P}$，关于数的加法;

(3) 正有理数集$\mathbf{Q}^+$，关于数的乘法;

(4) 整数集$\mathbf{Z}$，关于数的减法；

(5) 正实数集$\mathbf{R}^+$，关于数的除法；

(6) 一元实系数多项式集合，关于多项式加法；

(7) 一元实系数多项式集合，关于多项式乘法；

(8) n维线性空间，关于向量加法．

13．根据下列集合G及集合上的运算$*$，问它们是否构成半群、含幺半群、群．如果是含幺半群或群，指出它们的单位元是什么．

(1) $G=\mathbf{N}$，$x*y=\min\{x,y\}$；

(2) $G=\mathbf{R}$，$x*y=(x+y)^2$；

(3) $G=\left\{a\sqrt{2}\mid a\in\mathbf{N}\right\}$，$*$是普通乘法；

(4) $G=\left\{a+b\sqrt{2}\mid a,b\in\mathbf{Z}\right\}$，$*$是普通乘法；

(5) $G=\left\{\begin{pmatrix}1 & x\\0 & 1\end{pmatrix}\middle| x\in\mathbf{Z}\right\}$，$*$是矩阵乘法．

14．下列代数$(S,*)$中，哪些是群？

(1) $S=\{0,1,3,5\}$，$*$是模7加法；

(2) $S=\mathbf{Z}$，$*$是普通减法；

(3) $S=\{1,3,4,5,9\}$，$*$是模11乘法；

(4) $S=\{1,10\}$，$*$是模11乘法．

15．设集合$B=\{1,2,3,4,5\}$，试验证$\left(P(B),\oplus\right)$是群．$P(B)$是集合B的幂集，$\oplus$是集合的对称差运算，令$A=\{1,4,5\}\in P(B)$，求由A生成的子群(A)，并求解方程$A\oplus X=\{2,3,4\}$．

16．在整数集$\mathbf{Z}$上定义：$a\circ b=a+b-2$，$\forall a,b\in\mathbf{Z}$，证明$(\mathbf{Z},\circ)$是一个群．

17．设$\mathbf{R}$是全体实数集，$M=\{\langle a,b\rangle\mid a,b\in\mathbf{R},\ a\neq 0\}$．定义

$$\langle a,b\rangle\circ\langle c,d\rangle=\langle ac,ad+b\rangle.$$

此时M对运算$\circ$构成群吗？试验证之．

18．证明有限群中阶大于2的元素的个数必定是偶数．

19．证明阶为偶数的有限群中必有奇数个阶为2的元素．

20．在偶阶数的有限群中必存在$a\neq e$，使得$a^2=e$，其中e是群的单位元．

21．G为群，$x,y\in G$，且$yxy^{-1}=x^2$，其中$x\neq e$，y是2阶元．这里e

是单位元．求x的阶．要求写出解题过程．

22．设G是一群，H是G的子群，$x\in G$．证明$x\cdot H\cdot x^{-1}=\{x\cdot h\cdot x^{-1}\mid h\in H\}$是$G$的子群．

23．下面哪些是对称群$(S_4,\circ)$的子群?

(1) $\{f\mid f\in S_4,\ f(4)=4\}$；

(2) $\{f\mid f\in S_4,\ f(1)=2\}$；

(3) $\{f\mid f\in S_4,\ f(1)=\{1,2\}\}$；

(4) $\{f\mid f\in S_4, f(1)\in\{1,2\}, f(2)\in\{1,2\}\}$.

24．设$(G,*)$是一群，令

$$R=\{\langle a,b\rangle\mid a,b\in G,\text{存在}\theta\in G,\text{使}b=\theta*a*\theta^{-1}\}.$$

验证R是G上的等价关系．

25．设G是群，A,B为子群，试证明若$A\cup B=G$，则$A=G$或$B=G$．

26．设H是G的子群，试证明H在G的所有陪集中有且只有一个子群．

27．设$(G,\circ)$是循环群，$T\subseteq G$是非空子集，$*$是T上的二元运算，$f:G\to T$是满同态映射，试证$(T,*)$也是循环群．

28．设$G=(A,\circ)$是一个群，$H=(B,*)$是一个代数系统，其中$*$是B上的代数运算．若存在A到B的满同态映射f，则H也是一个群，且G与H同构．

29．求下面的群同态h的核:

(1) 从$(\mathbf{Z},+)$到$(\mathbf{Z},+)$，对任意的n，$h(n)=73n$；

(2) 从$(\mathbf{Z},+)$到$(\mathbf{Z},+)$，对任意的n，$h(n)=0$；

(3) 从$(\mathbf{Z},+)$到$(\mathbf{I}_5,+_5)$，对任意的n，$h(n)=\mathrm{Rem}_5(n)$；

(4) 从$(\mathbf{Z},+)$到$(\mathbf{Z},+)$，对任意的n，$h(n)=n$．

30．设G是非零实数乘法群，下列映射f是否G到G的同态映射？作必要说明．对于同态映射f，求$\mathrm{Im}\,f$和$\mathrm{Ker}(f)$．

(1) $f(x)=|x|$；　　(2) $f(x)=2x$；

(3) $f(x)=x^2$；　　(4) $f(x)=\dfrac{1}{x}$；

(5) $f(x)=-x$；　　(6) $f(x)=x+1$．

31．设G是一群，$a\in G$，定义函数$f:G\to G$，$f(x)=a*x*a^{-1}$．证明：f是G的自同构．

32．设 $G=\{a,b,c,d,e\}$，G 上的运算 $*$ 定义如下表所示：

$*$	a	b	c	d	e
a	e	d	b	c	a
b	a	e	c	d	b
c	b	d	a	e	c
d	c	b	d	a	e
e	a	c	d	b	e

(1) 证明 $\{e,a\}$ 在运算 $*$ 下是一个群．

(2) 由(1)的结果，用拉格朗日定理断定 $(G,*)$ 不是群．

33．设 h 是群 G 上的一个同态，$|G|=12$，$|h(G)|=3$．

(1) 求 $|K|$，其中 K 是 h 的核；

(2) h 将 G 中多少个元素映射到 $h(G)$ 的每个元素？

(3) 求 $|G/K|$．

34．设 H 是形如 $\begin{pmatrix}1 & x\\ 0 & 1\end{pmatrix}$ 的 2×2 矩阵的集合，H 上定义通常的矩阵乘法运算．

(1) 验证 H 是群，$\begin{pmatrix}1 & x\\ 0 & 1\end{pmatrix}^{-1}=\begin{pmatrix}1 & -x\\ 0 & 1\end{pmatrix}$；

(2) 验证 $\begin{pmatrix}0 & 1\\ 1 & 0\end{pmatrix}H\neq H\begin{pmatrix}0 & 1\\ 1 & 0\end{pmatrix}$．这表明 H 不是由所有可逆的 2×2 矩阵构成的群 T 的正规子群．

(3) 证明 H 是所有形如 $\begin{pmatrix}y & z\\ 0 & 1/y\end{pmatrix}$，$y\neq0$ 的 2×2 矩阵构成的群 T 的正规子群，T 中运算是通常的矩阵乘法运算．

(4) h 是从 T 到群 $(\mathbf{R}-\{0\},\times)$ 的映射，定义为 $h\left(\begin{pmatrix}y & z\\ 0 & 1/y\end{pmatrix}\right)=y$，证明 h 是群同态，并求同态核．

35．设 H 是 G 的子群，H 的阶数为 n，且 G 的阶数为 n 的子群只有一个，证明：H 是 G 的正规子群．

36．设 f 是群 G 到 H 的同态映射，$\mathrm{Ker}(f)=K$．证明：对任意的 $a\in G$，

$f^{-1}(f(a))=aK$.

37．设 G 是有限群，K 是 G 的子群，H 是 K 的子群．证明：

$$|G/H|=|G/K|\cdot|K/H|.$$

38．下面哪些集合关于指定的运算构成环？

A．$\left\{a+b\sqrt[3]{2}\,|\,a,b\in\mathbf{Z}\right\}$，关于数的加法和乘法；

B．$\{n$ 阶实数矩阵$\}$，关于矩阵的加法和乘法；

C．$\left\{a+b\sqrt{2}\,|\,a,b\in\mathbf{Z}\right\}$，关于数的加法和乘法；

D．$\left\{\begin{pmatrix} a & b \\ b & a \end{pmatrix}\middle| a,b\in\mathbf{Z}\right\}$，关于矩阵的加法和乘法．

39．区间 $(-\infty,+\infty)$ 上连续函数的全体构成的集合记为 C，规定

$$(f+g)(x)=f(x)+g(x),\ (f\circ g)(x)=g(f(x)).$$

试验证 C 是否构成环．

40．$+,\circ$ 为普通加法和乘法，则下述代数系统 $(S,+,\circ)$ 中哪些是整环？

A．$S=\left\{x\,|\,x=a+b\sqrt{3},\ a,b\in\mathbf{Q}\right\}$；

B．$S=\left\{x\,\middle|\,x\in\mathbf{Z}\text{且}\,|x|\,\text{有非1因子}\right\}\cup\{1\}$；

C．$S=\left\{x\,|\,x=2n,\ n\in\mathbf{Z}\right\}$；

D．$S=\left\{x\,|\,x=2n+1,\ n\in\mathbf{Z}\right\}$．

41．设 $(A,\oplus,\otimes)$ 是环，$A^A=\{f\,|\,f$ 是 A 到 A 的函数$\}$．定义 A^A 上的运算 $\Diamond$ 和 $*$ 如下：设 $f,g\in A^A$，对于任意的 $x\in A$，

$$(f\Diamond g)(x)=f(x)\oplus g(x),\ (f*g)(x)=f(x)\otimes g(x).$$

证明：$(A^A,\Diamond,*)$ 是环．

第 5 章　格与布尔代数

布尔代数是英国数学家布尔（G. Boole）于 1854 年作为研究逻辑的数学工具而创立的，是计算机科学中最重要的基础理论之一，它在开关网络及数字电路设计中有广泛深入的应用．就数学本身来说，它也是一种重要的代数系统，因为许多纯数学或应用数学中的代数系统与它是同构的．

本章主要介绍了格的两种等价定义及其判断、格的基本性质（交换律、结合律、吸收律、等幂律等）、分配格、模格、有补格、布尔代数等．

5.1　格的定义

格有两种定义，其侧重点不同，一种侧重于偏序，另一种则侧重于代数系统，但是两者是等价的．

定义 5.1　设 $(L,\leq)$ 为一偏序集，如果 L 中的任意两个元素 x,y 都有最大下界 $\text{glb}\{x,y\}$ 和最小上界 $\text{lub}\{x,y\}$，则称此偏序集为一个**偏序格**，简称为**格**．

由于最小上界和最大下界的唯一性，可以把求 $\{x,y\}$ 的最小上界和最大下界看成关于 x 与 y 的二元运算 $\vee$ 和 $\wedge$，即 $x\vee y$ 和 $x\wedge y$ 分别表示 x 与 y 的最小上界和最大下界．也称 $x\vee y$ 为**和**、**并**或**保联**，称 $x\wedge y$ 为**积**、**交**或**保交**．

例 5.1　图 5-1 为偏序集所对应的哈斯图，它们均是格．

对于给定的一个偏序集所对应的哈斯图，判断它是否为格是本章的一个基本要求．要把握格的定义，即：任意两元素有最小上界和最大下界．

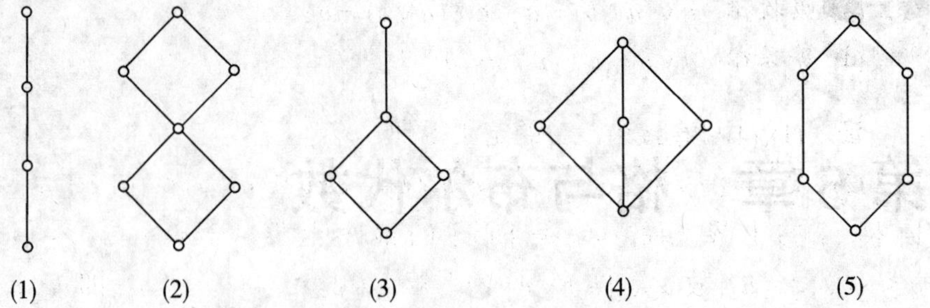

图 5-1

例 5.2 为什么图 5-2 中所给的偏序不是格?

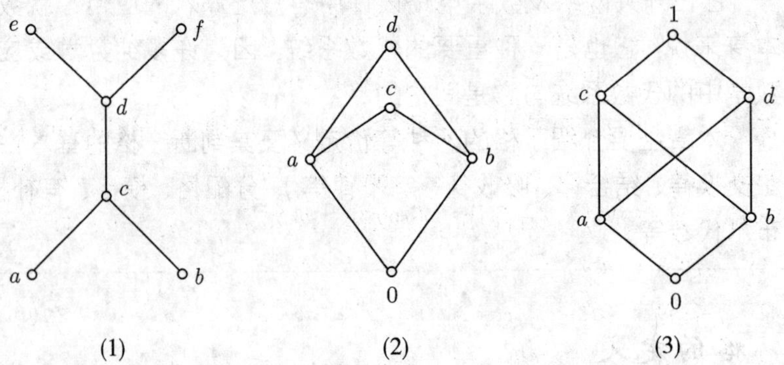

图 5-2

解 图 5-2 (1)中, a,b 没有最大下界(e,f 没有最小上界), 故不是格.

图 5-2 (2)中, a,b 的最小上界不存在(有两个上界 c,d, 但 c,d 均不是其最小上界), 故不是格.

图 5-2 (3)中, a,b 的最小上界不存在($1,c,d$ 均是其上界, 但不存在最小上界), 故不是格. 实际上, c,d 的最大下界也不存在.

可以证明, 如果定义:

$$x\vee y=\mathrm{lub}\{x,y\},\quad x\wedge y=\mathrm{glb}\{x,y\},$$

则这两种运算满足交换律、结合律、吸收律和等幂律, 即有

定理 5.1 设 $(L,\leq)$ 为偏序格, 则运算 $\vee$ 和 $\wedge$ 满足交换律、结合律、吸收律和等幂律, 即 $\forall a,b,c\in L$, 有

(1) 交换律: $a\vee b=b\vee a$, $a\wedge b=b\wedge a$;

(2) 结合律: $(a\vee b)\vee c=a\vee(b\vee c)$, $(a\wedge b)\wedge c=a\wedge(b\wedge c)$;

(3) 吸收律: $a\vee(a\wedge b)=a$, $a\wedge(a\vee b)=a$;

(4) 等幂律: $a\vee a=a$, $a\wedge a=a$.

证　(1),(4)可直接由 $\vee,\wedge$ 的定义得到.

(2) 设 $u=(a\vee b)\vee c$, $v=a\vee(b\vee c)$, 因 $b\leq(a\vee b)\leq u$, $c\leq u$, 故 u 是 $\{b,c\}$ 的上界, 而 $b\vee c$ 是 $\{b,c\}$ 的最小上界, 于是 $(b\vee c)\leq u$. 又 $a\leq(a\vee b)\leq u$, 故 u 是 $\{a,b\vee c\}$ 的上界, 因此 $a\vee(b\vee c)\leq u$, 即 $v\leq u$. 类似可证 $u\leq v$, 因此 $u=v$, 即 $(a\vee b)\vee c=a\vee(b\vee c)$. 对结合律的另一等式可类似证明.

(3) 因对任意的 $x\in L$, 有 $a\leq(a\vee x)$, 从而有 $a\leq\big(a\vee(a\wedge b)\big)$. 又因 $a\leq a$ 及 $(a\wedge b)\leq a$, 故 a 是 $\{a,a\wedge b\}$ 的上界, 于是 $\big(a\vee(a\wedge b)\big)\leq a$. 因此 $a\vee(a\wedge b)=a$. 吸收律的另一等式类似证明. ∎

注意　上面的等幂律可由吸收律得到, 见定理 5.2 的引理证明.

定义 5.2　设 $(L,\vee,\wedge)$ 是一个代数系统, 其中 $\vee,\wedge$ 都是二元运算. 如果两种运算满足交换律、结合律、吸收律, 即如果 $\forall a,b,c\in L$, 有

(1) 交换律: $a\vee b=b\vee a$, $a\wedge b=b\wedge a$;

(2) 结合律: $(a\vee b)\vee c=a\vee(b\vee c)$, $(a\wedge b)\wedge c=a\wedge(b\wedge c)$;

(3) 吸收律: $a\vee(a\wedge b)=a$, $a\wedge(a\vee b)=a$,

则称 $(L,\vee,\wedge)$ 为一**代数格**, 也简称为**格**.

两个定义是等价的, 因为有下面定理:

定理 5.2　代数系统 $(L,\vee,\wedge)$ 中, $\vee,\wedge$ 都是二元运算, 如果满足交换律、结合律、吸收律, 在集合 L 中定义关系 R 如下:

$$xRy\Leftrightarrow x\vee y=y\quad(\text{或 } xRy\Leftrightarrow x\wedge y=x),$$

则

(1) R 是偏序关系, 记为 $\leq$;

(2) 偏序集 $(L,\leq)$ 是一偏序格;

(3) 对格 $(L,\leq)$ 中任意元素 x 和 y, $\mathrm{lub}\{x,y\}=x\vee y$, $\mathrm{glb}\{x,y\}=x\wedge y$. 即由这个偏序格确定的代数系统就是 $(L,\vee,\wedge)$.

为证明该定理, 先给出一个引理:

引理　代数系统 $(L,\vee,\wedge)$ 中, $\vee$ 和 $\wedge$ 是二元运算, 适合交换律、结合律和吸收律, 则

(1) 对任意的 $x \in L$，有 $x \vee x = x$，$x \wedge x = x$，即等幂律成立；

(2) 对 $x, y \in L$，$x \vee y = y$ 当且仅当 $x \wedge y = x$.

证 (1) 令 $x \vee x = y$，由吸收律，有

$$x \vee (x \wedge (x \vee x)) = x \vee (x \wedge y) = x.$$

又由吸收律有 $x \wedge (x \vee x) = x$，代入上式，有 $x \vee x = x$.

对 $x \wedge x = x$ 的证明是类似的.

(2) 设 $x \vee y = y$，则由吸收律，有 $x = x \wedge (x \vee y) = x \wedge y$.

类似地，由 $x \wedge y = x$ 可得出 $x \vee y = y$.

下面证明定理 5.2.

证 首先证明 R 是偏序关系. 由引理，有 $x \vee x = x$，所以 xRx，即 R 是自反的.

设 xRy, yRx，即 $x \vee y = y$，$y \vee x = x$，于是 $x = y \vee x = x \vee y = y$，所以 R 反对称.

若 xRy, yRz，则 $x \vee y = y$，$y \vee z = z$，于是

$$\begin{aligned} x \vee z &= x \vee (y \vee z) && (y \vee z = z) \\ &= (x \vee y) \vee z && (\text{结合律}) \\ &= y \vee z && (x \vee y = y) \\ &= z && (y \vee z = z) \end{aligned}$$

所以 xRz，即 R 是传递的. 因此，R 是偏序关系 $\leq$.

下面证明定理结论中的(2)和(3)，即 $\forall x, y \in L$，$\text{lub}\{x,y\}$ 和 $\text{glb}\{x,y\}$ 存在，且分别等于 $x \vee y$ 和 $x \wedge y$. 我们只证 $\text{lub}\{x,y\} = x \vee y$，$\text{glb}\{x,y\} = x \wedge y$ 的证明类似.

因为 $x \vee (x \vee y) = (x \vee x) \vee y = x \vee y$，根据偏序关系 $\leq$ 的定义，有 $x \leq (x \vee y)$. 类似地有 $y \leq (x \vee y)$，所以 $x \vee y$ 是 $\{x,y\}$ 的上界. 为证明它是最小上界，设 u 是 $\{x,y\}$ 的另一个上界，则 $x \leq u$，$y \leq u$，所以 $x \vee u = u$，$y \vee u = u$，于是有

$$(x \vee y) \vee u = x \vee (y \vee u) = x \vee u = u,$$

即 $(x \vee y) \leq u$，所以 $x \vee y$ 是 $\{x,y\}$ 的最小上界，即 $\text{lub}\{x,y\}$ 存在且等于 $x \vee y$. ∎

由于格的两种定义是等价的，我们以后给出格时，不再区分代数格或偏序格. 若是以偏序形式给出的格，称对应的 $(L, \vee, \wedge)$ 为由偏序格 $(L, \leq)$ 所诱导的代数格. 若是以 $(L, \vee, \wedge)$ 形式给出的格，这时自然蕴含着其上有对应

的偏序关系

$$x \le y \Leftrightarrow x \vee y = y .$$

可以根据题目的要求及目的的不同选取其中之一，或同时使用.

例 5.3　设 A 为非空集合，则 $(P(A),\subseteq)$ 是偏序格，$(P(A),\cup,\cap)$ 是代数格，两者实际上是一样的．这是因为

(1) 对任意的 $X,Y \subseteq A$，有 $X \cup Y \subseteq A$，$X \cap Y \subseteq A$．由于 $X \subseteq X \cup Y$，$Y \subseteq X \cup Y$，则 $X \cup Y$ 是 $\{X,Y\}$ 的一个上界．又若 W 是 $\{X,Y\}$ 的一个上界，则由 $X \subseteq W$，$Y \subseteq W$ 可得 $X \cup Y \subseteq W$，从而 $X \cup Y$ 为 $\{X,Y\}$ 的最小上界，即

$$\operatorname{lub}\{X,Y\} = X \cup Y .$$

同样可类似证明 $\operatorname{glb}\{X,Y\} = X \cap Y$．故 $(P(A),\subseteq)$ 是偏序格.

(2) 由于 $(P(A),\cup,\cap)$ 中两种运算 $\cup,\cap$ 满足交换律、结合律、吸收律，故 $(P(A),\cup,\cap)$ 为代数格.

例 5.4　设 R_0 是实数集 $\mathbf{R}$ 的子集，则 $(R_0,\max,\min)$ 是格，其中对任意的 $a,b \in R_0$，

$$\max\{a,b\} = a,b \text{ 中的较大者}, \quad \min\{a,b\} = a,b \text{ 中的较小者}.$$

易证 $\max,\min$ 满足交换律、结合律，并且 $\max$ 和 $\min$ 满足吸收律．从而 $(R_0,\max,\min)$ 是一个代数格，其偏序"$\le$"定义为

$$x \le y \Leftrightarrow \max\{x,y\} = y .$$

这和通常偏序的定义是一致的.

直接由格的定义可以得到下面的基本性质：

定理 5.3　设 $(L,\vee,\wedge)$ 是一格，则对任意的 $a,b \in L$，均有

(1) $a \le a \vee b$，$b \le a \vee b$，这表明 $a \vee b$ 是 a 和 b 的上界；

(2) $a \wedge b \le a$，$a \wedge b \le b$，这表明 $a \wedge b$ 是 a 和 b 的下界；

(3) 若 $c \le a$，$c \le b$，则 $c \le a \wedge b$，这表明 $a \wedge b$ 是 a 和 b 的最大下界；

(4) 若 $a \le c$，$b \le c$，则 $a \vee b \le c$，这表明 $a \vee b$ 是 a 和 b 的最小上界.

实际上，定理 5.3 是下面定理 5.4（称为**格的保序性**）的一种特殊情况.

定理 5.4　设 $(L,\vee,\wedge)$ 是一格，则 $\forall a,b,c,d \in L$，若 $a \le b$ 且 $c \le d$，则

(1) $a \vee c \le b \vee d$；

(2) $a \wedge c \leq b \wedge d$.

证 (1) $\left.\begin{array}{l}(a \leq b) \Rightarrow (a \leq (b \vee d)) \\ (c \leq d) \Rightarrow (c \leq (b \vee d))\end{array}\right\} \Rightarrow (a \vee c) \leq (b \vee d)$.

(2) 证明是类似的. ∎

直接由最小上界和最大下界的定义可以得到下面结论：

定理 5.5 设 $(L, \vee, \wedge)$ 是一格, 则对任意的 $a, b \in L$, 均有

$$a \leq b \Leftrightarrow a \wedge b = a \Leftrightarrow a \vee b = b.$$

虽然代数格没有分配律, 但可以证明有下面称之为**弱分配律**的性质：

定理 5.6 设 $(L, \vee, \wedge)$ 是一格, 则对任意的 $a, b, c \in L$, 有

(1) $a \wedge (b \vee c) \geq (a \wedge b) \vee (a \wedge c)$;

(2) $a \vee (b \wedge c) \leq (a \vee b) \wedge (a \vee c)$.

证 (1) 因为 $a \geq a \wedge b$, $a \geq a \wedge c$, 所以 $a \geq (a \wedge b) \vee (a \wedge c)$. 又因 $b \geq a \wedge b$, 所以

$$b \vee c \geq b \geq a \wedge b.$$

同理可得 $b \vee c \geq a \wedge c$. 从而由定理 5.4, 有

$$a \wedge (b \vee c) \geq (a \wedge b) \vee (a \wedge c).$$

(2) 与上面证明类似, 有

$$\left.\begin{array}{l}\left.\begin{array}{l}a \leq a \vee b \\ a \leq a \vee c\end{array}\right\} \Rightarrow a \leq (a \vee b) \wedge (a \vee c) \\ \left.\begin{array}{l}b \leq a \vee b \Rightarrow b \wedge c \leq a \vee b \\ c \leq a \vee c \Rightarrow b \wedge c \leq a \vee c\end{array}\right\} \Rightarrow b \wedge c \leq (a \vee b) \wedge (a \vee c)\end{array}\right\}$$

$$\Rightarrow a \vee (b \wedge c) \leq (a \vee b) \wedge (a \vee c).$$ ∎

令 $(L, \leq)$ 是偏序集, 设 $\geq$ 是 $\leq$ 的逆关系, 易证 $(L, \geq)$ 也是偏序集, 称为 $(L, \leq)$ 的对偶偏序集. 若 $(L, \leq)$ 是格, 则 $(L, \geq)$ 也是格, 反之亦然. 从而可知两格互为对偶. 互为对偶的两个格 $(L, \leq)$ 和 $(L, \geq)$ 有着密切关系, 即格 $(L, \leq)$ 中交运算 $\wedge$ 正是格 $(L, \geq)$ 中的并运算 $\vee$, 而格 $(L, \leq)$ 中的并运算 $\vee$ 正是格 $(L, \geq)$ 中的交运算 $\wedge$. 因此, 给出关于格一般性质的任何有效命题, 把 $\leq$ 换成 $\geq$ (或 $\geq$ 换成 $\leq$), 把 $\wedge$ 换成 $\vee$, 把 $\vee$ 换成 $\wedge$, 可得到另一个有效命题, 这就是关于格的对偶原理：

对偶原理　设 P 对任意的格均为真命题，如果在命题 P 中把 $\leq$ 换成 $\geq$，把 $\wedge$ 换成 $\vee$，把 $\vee$ 换成 $\wedge$，就得到另一个命题 Q，我们把 Q 称为 P 的对偶命题，则有结论：Q 对任意的格也是真命题.

例 5.5　证明：在任何格 $(L,\leq)$ 中，对任意的 $a,b,c\in L$，

$$\big((a\wedge b)\vee(a\wedge c)\big)\wedge\big((a\wedge b)\vee(b\wedge c)\big)=a\wedge b$$

成立.

证　由格的基本性质，有

$$a\wedge b\leq(a\wedge b)\vee(a\wedge c),\quad a\wedge b\leq(a\wedge b)\vee(b\wedge c),$$

从而可得

$$a\wedge b\leq\big((a\wedge b)\vee(a\wedge c)\big)\wedge\big((a\wedge b)\vee(b\wedge c)\big).$$

另一方面，由于 $a\wedge c\leq a$，$a\wedge b\leq a$，可得 $(a\wedge b)\vee(a\wedge c)\leq a$；同理可证 $\big((a\wedge b)\vee(b\wedge c)\big)\leq b$．由定理 5.4，可得

$$\big((a\wedge b)\vee(a\wedge c)\big)\wedge\big((a\wedge b)\vee(b\wedge c)\big)\leq a\wedge b.$$

由偏序的反对称性可得 $\big((a\wedge b)\vee(a\wedge c)\big)\wedge\big((a\wedge b)\vee(b\wedge c)\big)=a\wedge b$.

说明　不能够由分配律，得

$$\big((a\wedge b)\vee(a\wedge c)\big)\wedge\big((a\wedge b)\vee(b\wedge c)\big)=(a\wedge b)\vee(a\wedge b\wedge c),$$

从而由吸收律得证．因为这不是分配格（后面有介绍），不一定满足分配律．这里只能用格的基本性质：满足交换律、结合律、吸收律．

5.2　子格与格同态

定义 5.3　设 $(L,\vee,\wedge)$ 是一格，T 是 L 的非空子集，如果 T 关于两种运算都是封闭的，则称 $(T,\vee,\wedge)$ 是 $(L,\vee,\wedge)$ 的**子格**．显然，子格本身是一个格．

例如对 $A=\{a,b,c\}$，$(P(A),\subseteq)$ 构成一格，其哈斯图如图 5-3 所示．而

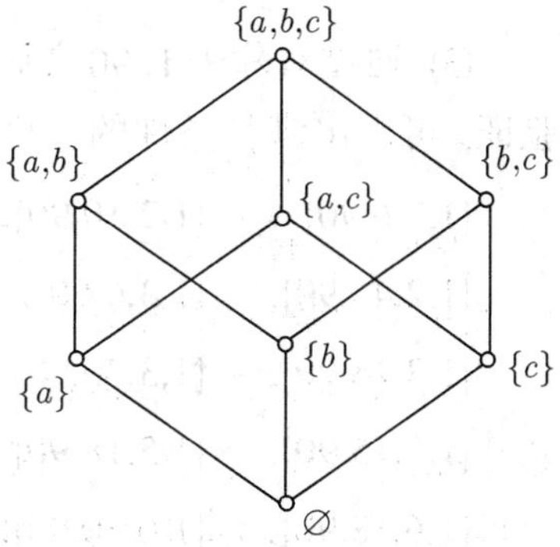

图 5-3

$B_1=\{\varnothing,\{a\},\{b\},\{a,b\}\}$，

$B_2=\big\{\{a\},\{a,c\},\{a,b\},\{a,b,c\}\big\}$，

$B_3=\big\{\{a\}\big\}$，$B_4=\big\{\{a\},\{a,b\}\big\}$，

$$B_5 = \{\{a\},\{a,b\},\{a,b,c\}\},\ \ B_6 = \{\varnothing,\{a\},\{a,b,c\}\},$$

$$B_7 = \{\varnothing,\{a\},\{b,c\},\{a,b,c\}\},\ \ B_8 = \{\varnothing\},\ \ B_9 = P(A)$$

等都是$(P(A),\subseteq)$的子格，其中B_8,B_9为其平凡子格．有兴趣的读者可以自己求一求$(P(A),\subseteq)$共有多少个不同的子格．

例 5.6　D_{90}表示 90 的全体因子的集合，包括 1 和 90，D_{90}上整除$|$关系构成格．

(1) 画出格的哈斯图．

(2) 计算$6\vee 10, 6\wedge 10, 9\vee 30$和$9\wedge 30$．

(3) 求D_{90}的所有含 4 个元素且包含 1 和 90 的子格．

解　(1) 格$(D_{90},|)$所对应的哈斯图如图 5-4 所示．

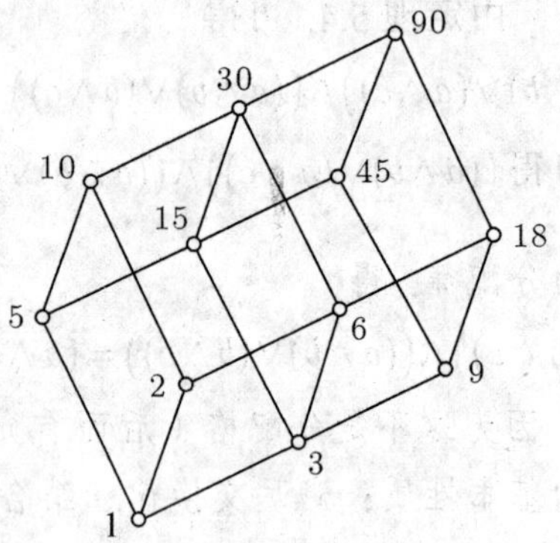

图 5-4

(2) 从图中可以看出：

$$6\vee 10 = 30,\ \ 6\wedge 10 = 2,\ \ 9\vee 30 = 90,\ \ 9\wedge 30 = 3\ .$$

(3) 通过对除去1, 90之后的10个元素的二元素组合共$C_{10}^2 = 45$个进行验证，可求出满足条件的子格共 24 个，有：

{1,2,6,90}，　{1,2,10,90}，　{1,2,18,90}，　{1,2,30,90}，

{1,2,45,90}，　{1,3,6,90}，　{1,3,9,90}，　{1,3,15,90}，

{1,3,18,90}，　{1,3,30,90}，　{1,3,45,90}，　{1,5,10,90}，

{1,5,15,90}，　{1,5,18,90}，　{1,5,30,90}，　{1,5,45,90}，

{1,6,18,90}，　{1,6,30,90}，　{1,9,10,90}，　{1,9,18,90}，

{1,9,45,90}，　{1,10,30,90}，　{1,15,30,90}，　{1,15,45,90}．

说明 对子格的求法，没有统一标准的方法，此题只需通过穷举所有的可能即可.

定义 5.4 设$(L,\vee,\wedge)$和$(S,\vee,\wedge)$是两个代数格，h是L到S的映射. 若对任意$x,y\in L$，有

$$h(x\vee y)=h(x)\vee h(y),$$
$$h(x\wedge y)=h(x)\wedge h(y),$$

则称h是从格L到格S的**格同态**. 若h还是双射，则称h是**格同构映射**. 此时称格$(L,\vee,\wedge)$与格$(S,\vee,\wedge)$**同构**.

例 5.7 设$B=\{0,1\}$，则$B^n=\left\{\langle a_1,a_2,\cdots,a_n\rangle \middle| a_i\in\{0,1\},\ 1\le i\le n\right\}$，在$B^n$中定义偏序关系：

$$\langle a_1,a_2,\cdots,a_n\rangle\le\langle b_1,b_2,\cdots,b_n\rangle \text{当且仅当} a_i\le b_i,\ 1\le i\le n,$$

则$(B^n,\le)$是一个格，且若$a=\langle a_1,a_2,\cdots,a_n\rangle\in B^n$，$b=\langle b_1,b_2,\cdots,b_n\rangle\in B^n$，则

$$a\vee b=\langle a_1\vee b_1,a_2\vee b_2,\cdots,a_n\vee b_n\rangle,$$
$$a\wedge b=\langle a_1\wedge b_1,a_2\wedge b_2,\cdots,a_n\wedge b_n\rangle,$$

其中$a_i\vee b_i$, $a_i\wedge b_i$分别是二进制数字的布尔加和布尔乘.

又设$S=\{s_1,s_2,\cdots,s_n\}$是含有n个元素的集合. $(P(S),\subseteq)$是格，S的子集记为$S_{t_1,t_2,\cdots,t_n}$，其中$t_i\in\{0,1\}$, $1\le i\le n$. 若$t_i=1$表示元素s_i属于该子集，$t_i=0$则表示s_i不属于该子集. 例如：

$$S_{110\cdots01}=\{s_1,s_2,s_n\},\quad S_{00\cdots0}=\varnothing,\quad S_{11\cdots1}=S.$$

从B^n到$P(S)$的映射φ定义为

$$\varphi(\langle a_1,a_2,\cdots,a_n\rangle)=S_{a_1,a_2,\cdots,a_n},$$

则φ是一个格同态，而且还是一个格同构.

作为偏序集的格，经同态映射仍保持次序. 有下面定理：

定理 5.7 设h是格L到格S的同态. $\forall x,y\in L$，若$x\le y$，就有

$$h(x)\le h(y),$$

则称具有这样性质的映射为**保序映射**，因此格同态映射是保序映射.

证 $x\le y\Leftrightarrow x\vee y=y\Leftrightarrow h(x\vee y)=h(y)$

$$\Leftrightarrow h(x)\vee h(y)=h(y)\Leftrightarrow h(x)\le h(y).$$ ▌

5.3 特殊格

下面是几种特殊格的定义：

定义 5.5 具有最大元和最小元的格称为**有界格**. 一般把格中最大元记为 1, 最小元记为 0. 由定义可知, 对任意 $a \in L$, 有 $0 \le a \le 1$, 且

$$a \wedge 0 = 0, \ a \wedge 1 = 1, \ a \vee 0 = a, \ a \vee 1 = 1.$$

定义 5.6 集合元素数目有限的格称为**有限格**.

容易得到下面结论：

定理 5.8 设 $(L,\le)$ 是有限格, 其中 $L = \{a_1, a_2, \cdots, a_n\}$, 则 $(L,\le)$ 是有界格.

事实上, $0 \triangleq a_1 \wedge a_2 \wedge \cdots \wedge a_n$, $1 \triangleq a_1 \vee a_2 \vee \cdots \vee a_n$ 分别是格 $(L,\le)$ 的最小元和最大元.

根据上面结论, 有限格一定是有界格, 但反之不一定. 如[0,1]上通常的小于或等于关系是格, 它有界, 但不是有限格.

定义 5.7 设 $(L,\vee,\wedge)$ 是一格, 若对于任意的 $x,y,z \in L$, 有

$$x \wedge (y \vee z) = (x \wedge y) \vee (x \wedge z),$$

$$x \vee (y \wedge z) = (x \vee y) \wedge (x \vee z).$$

则称格 $(L,\vee,\wedge)$ 是**分配格**. 若一个格既是有界格也是分配格, 则称为**有界分配格**.

例 5.8 格 $(\mathbf{P},|)$ 是一个分配格, 其中 $\mathbf{P}$ 为正整数集, $|$ 表示整除关系. 证明大致如下：

将任一正整数 k 写成素数之积, 例如 $12 = 2 \times 2 \times 3 = 2^2 \times 3$, 每个素数在乘积中出现一定次数, 于是 k 可写成 $k = 2^u \cdots$, 它表示若将 k 写成素数之积时, 2 在该积中出现 u 次. 对其他素数我们暂不考虑, 若 $k = 2^u \cdots$, $m = 2^v \cdots$, $n = 2^w \cdots$, 则

$$k \vee m = \operatorname{lcm}(k,m) = 2^{\max\{u,v\}} \cdots,$$

$$k \wedge m = \gcd(k,m) = 2^{\min\{u,v\}} \cdots.$$

分配律 $k \vee (m \wedge n) = (k \vee m) \wedge (k \vee n)$ 就成为

$$2^{\max\{u,\min\{v,w\}\}} \cdots = 2^{\min\{\max\{u,v\},\max\{u,w\}\}} \cdots.$$

此二者相等, 分配律的另一等式也可类似证明.

由此可得到，D_n（n 的所有的正因子构成的集合)由整除关系构成的格是分配格.

如图 5-5 所示两格不是分配格，因为：图 5-5 (1)中

$$B\vee(C\wedge D)=B\vee A=B,$$

而

$$(B\vee C)\wedge(B\vee D)=E\wedge E=E,$$

两者不等；图 5-5 (2)中

$$a\vee(b\wedge c)=a\vee 0=a,$$

而 $(a\vee b)\wedge(a\vee c)=1\wedge c=c$，两者也不等.

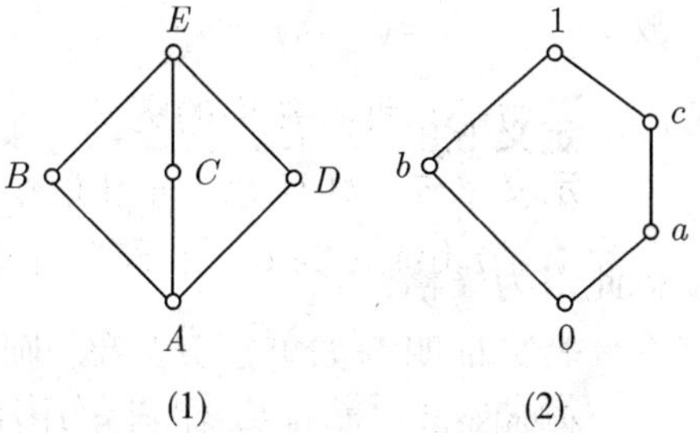

图 5-5

虽然分配格定义中有两个等式，但可以证明分配格定义中的两个等式是等价的，即：若满足其中的一个等式必定满足另一个等式（见下面例 5.9）. 由此，当我们验证一个格是否为分配格时，只需要验证 $\vee$ 对 $\wedge$ 是否可分配或 $\wedge$ 对 $\vee$ 是否可分配即可.

例 5.9　设 $(L,\leq)$ 为一格，证明：对于任意的 $a,b,c\in L$，有

$$a\wedge(b\vee c)=(a\wedge b)\vee(a\wedge c)$$

成立，则 $a\vee(b\wedge c)=(a\vee b)\wedge(a\vee c)$ 也成立. 反之亦然.

证　先证：若 $a\wedge(b\vee c)=(a\wedge b)\vee(a\wedge c)$，则

$$a\vee(b\wedge c)=(a\vee b)\wedge(a\vee c).$$

因为

$$\begin{aligned}(a\vee b)\wedge(a\vee c)&=((a\vee b)\wedge a)\vee((a\vee b)\wedge c) &&\text{(假设条件)}\\ &=a\vee(c\wedge(a\vee b)) &&\text{(吸收律)}\\ &=a\vee((c\wedge a)\vee(c\wedge b)) &&\text{(假设条件)}\\ &=(a\vee(c\wedge a))\vee(c\wedge b) &&\text{(结合律)}\\ &=a\vee(b\wedge c), &&\text{(吸收律)}\end{aligned}$$

故 $a\vee(b\wedge c)=(a\vee b)\wedge(a\vee c)$.

再证：若 $a\vee(b\wedge c)=(a\vee b)\wedge(a\vee c)$，则 $a\wedge(b\vee c)=(a\wedge b)\vee(a\wedge c)$.

因为

$$\begin{aligned}(a\wedge b)\vee(a\wedge c)&=((a\wedge b)\vee a)\wedge((a\wedge b)\vee c) &&\text{(假设条件)}\\ &=a\wedge(c\vee(a\wedge b)) &&\text{(吸收律)}\end{aligned}$$

$$= a\wedge\big((c\vee a)\wedge(c\vee b)\big) \qquad \text{(假设条件)}$$

$$= a\wedge(c\vee b) \qquad \text{(结合律,吸收律)}$$

故 $a\wedge(b\vee c)=(a\wedge b)\vee(a\wedge c)$.

定义 5.8 如果 $\forall x,y,z\in L$，只要 $x\le z$，就有

$$x\vee(y\wedge z)=(x\vee y)\wedge z\,, \quad \text{（模律）}$$

称此格为**模格**.

容易证明：如果是分配格，则一定是模格，但模格不一定是分配格.

例如，可以验证：图 5-5 中(1)是模格，但不是分配格．注意图 5-5(2)不是模格．由于这两格的重要性，分别称为**钻石格**和**五角格**.

下面定理给出了判断一个格是否为分配格的一个充分必要的条件：

定理 5.9 格 $(L,\le)$ 为分配格的充要条件是在该格中没有任一子格可以与图 5-5 所示的两个五元素格中的任一个同构.

证明略去.

定义 5.9 设 $(L,\vee,\wedge)$ 是一个有界格，对 L 中元素 x，若存在 $y\in L$，使得 $x\vee y=1, x\wedge y=0$，则称 y 是 x 的**补元**，并称 x 是**有补元**.

显然上述定义中，x 与 y 是对称的，即：如果 y 是 x 的补元，则 x 也是 y 的补元，所以可称 x 与 y 互补.

若格中每个元素都是有补元，则称此格为**有补格**.

由于补元的定义是在有界格中给出的，可知，有补格一定是有界格．图 5-5 两个格均是有补格.

注意，虽然 0 和 1 互为补元，但并非一个有界格中每个元素都是有补元.另一方面，若某个元素存在补元，其补元也不一定是唯一的，可能有多个补元．如图 5-5 (1)中，B 有补元 C,D；C 有补元 B,D．图 5-5 (2)中，b 有补元 c,a；c 和 a 的补元都是 b.

关于补元的唯一性，有下面一个充分性的定理.

定理 5.10 设 $(L,\vee,\wedge)$ 是一个分配格，而且是一个有界格．若元素 x 是有补元，则它的补元是唯一的.

当补元唯一时，根据运算的不同，我们通常用 x', $\bar{x}$ 或 $\neg x$ 等来表示 x 的补元.

证 设 x 有补元 y 和 z，即

$$x \wedge y = 0,\ x \vee y = 1,\ x \wedge z = 0,\ x \vee z = 1,$$

则

$$\begin{aligned} y &= y \vee 0 \\ &= y \vee (x \wedge z) && (\text{由条件 } x \wedge z = 0) \\ &= (y \vee x) \wedge (y \vee z) && (\text{分配律}) \\ &= 1 \wedge (y \vee z) && (\text{由条件 } x \vee y = 1) \\ &= (x \vee z) \wedge (y \vee z) && (\text{由条件 } x \vee z = 1) \\ &= z \vee (x \wedge y) && (\text{分配律}) \\ &= z \vee 0 && (\text{由条件 } x \wedge y = 0) \\ &= z. \end{aligned}$$

▌

5.4 布尔代数

布尔代数是有三个运算的代数系统.

定义 5.10 一个有补分配格, 称为**布尔代数**（或**布尔格**）, 记为 $(L, \vee, \wedge, ')$, 其中 $'$ 是补运算. 为了强调布尔代数中的最小元 0 和最大元 1, 也记布尔代数为 $(L, \vee, \wedge, ', 0, 1)$. 若 L 还是有限集, 则称相应的布尔代数为**有限布尔代数**或**有限布尔格**.

有教材也这样定义布尔代数:

定义 5.10′ 设 $(B, +, *)$ 是代数系统. 若 $\exists\, 0, 1 \in B$ 且 $\forall a, b, c \in B$, 有

(1) 交换律: $a + b = b + a$, $a * b = b * a$;

(2) 分配律: $a * (b + c) = (a * b) + (a * c)$, $a + (b * c) = (a + b) * (a + c)$;

(3) 同一律: $a * 1 = a$, $a + 0 = a$;

(4) 补元律: 存在 $\overline{a} \in B$, 使得 $a * \overline{a} = 0$, $a + \overline{a} = 1$,

则称 $(B, +, *, \overline{\ }, 0, 1)$ 为一**布尔代数**.

可以证明这两个定义是等价的, 定理 5.13 就是以此来判断一个代数系统是否布尔代数的.

例 5.10 设 A 为集合, 则 $(P(A), \cup, \cap, \overline{\ })$ 为布尔代数.

证 由集合的运算性质可知:

(1) $\cup, \cap$ 都满足交换律;

(2) $\cup$ 对 $\cap$ 及 $\cap$ 对 $\cup$ 都是可分配的;

(3) $\cup$运算的单位元为$\varnothing$，运算$\cap$的单位元为A；

(4) 对任意$X\in 2^A$，有$X\cup\overline{X}=A$，$X\cap\overline{X}=\varnothing$，

所以$(P(A),\cup,\cap,^-)$是布尔代数.

例 5.11 设$B=\{0,1\}$，$(B,\vee,\wedge,^-)$是代数系统，运算表为

$\vee$	0	1
0	0	1
1	1	1

$\wedge$	0	1
0	0	0
1	0	1

x	$\overline{x}$
0	1
1	0

容易验证$(B,\vee,\wedge,^-)$为布尔代数.

例 5.12 设$(L,\vee,\wedge,^-,0,1)$为布尔代数，证明：对于任意的$a,b\in L$，下述4个条件是等价的：

① $a\le b$； ② $a\wedge\overline{b}=0$；

③ $\overline{a}\vee b=1$； ④ $\overline{b}\le\overline{a}$.

证 ①⇒②. 由$a\le b$，有$a\wedge\overline{b}\le b\wedge\overline{b}=0$，由此可得$a\wedge\overline{b}=0$.

②⇒③. 由$a\wedge\overline{b}=0$，因L是有补分配格，$\overline{a}\vee b=\overline{a\wedge\overline{b}}=\overline{0}=1$.

③⇒④. 由$\overline{a}\vee b=1$，且L是分配格，有

$$\overline{b}=(\overline{a}\vee b)\wedge\overline{b}=(\overline{a}\wedge\overline{b})\vee(b\wedge\overline{b})=\overline{a}\wedge\overline{b},$$

即$\overline{b}\le\overline{a}$.

④⇒①. 由$\overline{b}\le\overline{a}$，因$L$是有补分配格，有$a\wedge b=\overline{\overline{a}\vee\overline{b}}=a$，即$a\le b$.

由于布尔代数是有补分配格，从而格、分配格、有补格中成立的算律在布尔代数中也成立，表现在下面定理中：

定理 5.11 设$(L,\vee,\wedge,',0,1)$是一个布尔代数，$\forall x,y,z\in L$，有下述算律成立：

(1) 交换律：$x\vee y=y\vee x$，$x\wedge y=y\wedge x$；

(2) 结合律：$x\vee(y\vee z)=(x\vee y)\vee z$，$x\wedge(y\wedge z)=(x\wedge y)\wedge z$；

(3) 分配律：$x\vee(y\wedge z)=(x\vee y)\wedge(x\vee z)$，$x\wedge(y\vee z)=(x\wedge y)\vee(x\wedge z)$；

(4) 等幂律：$x\wedge x=x$，$x\vee x=x$；

(5) 同一律：$x\vee 0=x$，$x\wedge 1=x$；

(6) 零一律：$x\vee 1=1$，$x\wedge 0=0$；

(7) 双补律：$(x')'=x$；

(8) 互补律：$x\vee x'=1$，$x\wedge x'=0$，$1'=0$，$0'=1$；

(9) 德・摩根律：$(x\vee y)'=x'\wedge y'$，$(x\wedge y)'=x'\vee y'$；

(10) 吸收律：$x\vee(x\wedge y)=x$，$x\wedge(x\vee y)=x$.

上面这些算律并不是独立的，例如可由吸收律推出等幂律. 事实上，有（请自己证明）

定理 5.12　布尔代数$(L,\vee,\wedge,\ ',0,1)$中的上述 10 条算律都可由交换律、分配律、同一律、互补律得到.

上面定理也成为了判断一个代数系统是否为布尔代数的一个结论，体现为下面定理：

定理 5.13　设 B 是一个集合，$+$和$*$是 B 上的两个代数运算. 如果存在 $0,1\in B$ 且 $\forall a,b,c\in B$，有

(1) 交换律：$a+b=b+a$，$a*b=b*a$；

(2) 分配律：$a*(b+c)=(a*b)+(a*c)$，$a+(b*c)=(a+b)*(a+c)$；

(3) 同一律：$a*1=a$，$a+0=a$；

(4) 互补律：存在$\overline{a}\in B$，使得$a*\overline{a}=0$，$a+\overline{a}=1$，

则$(B,+,*,\overline{\ },0,1)$为一布尔代数.

与格同态的定义类似，有两布尔代数之间同态的定义：

定义 5.11　设$(A,\vee,\wedge,',0,1)$和$(B,\cup,\cap,\overline{\ },\hat{0},\hat{1})$是两个布尔代数，$\varphi$是集合 A 到集合 B 的映射. 如果对任意的$a,b\in A$，都有

$$\varphi(a\vee b)=\varphi(a)\cup\varphi(b)，\varphi(a\wedge b)=\varphi(a)\cap\varphi(b)，\varphi(a')=\overline{\varphi(a)},$$

则称φ为$(A,\vee,\wedge,',0,1)$到$(B,\cup,\cap,\overline{\ },\hat{0},\hat{1})$的**布尔同态映射**，简称**布尔同态**. 当φ是单射、满射、双射时分别称为**单一布尔同态**、**满布尔同态**、**布尔同构**.

如例 5.7 中$(B^n,\vee,\wedge,')$与$(P(S),\cup,\cap,\overline{\ })$是同构的，其中$(B^n,\vee,\wedge,')$定义为：对 $a=\langle a_1,a_2,\cdots,a_n\rangle\in B^n$，$a'=\langle a_1',a_2',\cdots,a_n'\rangle$，其中 $a_i'=1-a_i$，$1\le i\le n$.

与一般的代数系统一样，也可以定义布尔代数的子代数系统即子布尔代数.

定义 5.12　设$(L,\vee,\wedge,',0,1)$是布尔代数，非空集合 $T\subseteq L$. 若 T 对运算

$\vee,\wedge,'$封闭, 则称$(T,\vee,\wedge,')$是$(L,\vee,\wedge,',0,1)$的**子布尔代数**. 显然有$0,1\in T$.

显然, 每个子布尔代数都是布尔代数. 但布尔代数的子集不一定是一个布尔代数, 这要从它对运算是否封闭来确定.

例 5.13 对于格$(D_{30},|)$,

(1) 证明格$(D_{30},|)$是布尔格;

(2) 作出对应偏序集的哈斯图;

(3) 找出D_{30}的所有子布尔代数;

(4) 找出一个含有 4 个元素的子格, 满足它不是子布尔代数.

解 (1) 容易说明它是偏序集, 且其中每对元素都存在最大下界和最小上界, 故是格. 又因为满足分配律, 每个元素都有补元, 故是布尔格. 实际上它与三元素的幂集所对应的集合代数同构.

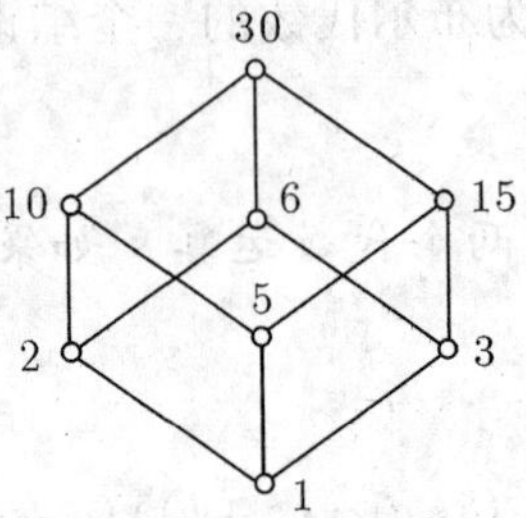

图 5-6

(2) 其哈斯图如图 5-6 所示.

(3) D_{30}的所有子布尔代数有: {1,2,15,30}, {1,3,10,30}, {1,5,6,30}, {1,30}, {1,2,3,5,6,10,15,30}.

(4) 如{1,2,10,30}, {1,2,3,6}, {1,2,5,10}, {1,3,5,15}等是子格, 但不是布尔代数, 其中第一个子格虽然有最大/最小元但 2 的补元 15 不在其中, 后面 3 个子格均不含 30. ▌

5.5 有限布尔代数的表示定理

在集合代数中, 每个子集可表成单元素集的并, 而且这种表示在不计元素的次序情况下是唯一的. 对于任何有限布尔代数, 也将有同样的结果, 这里起着单元素集作用的那些元素, 称为原子.

定义 5.13 设$(L,\vee,\wedge,',0,1)$是一个布尔代数, 如果元素$a\neq 0$, 且对于每个$x\in L$, 有$x\wedge a=a$或$x\wedge a=0$, 则称a为**原子**.

也可等价地定义为: 若不存在$u\in L$, 使得$0<u<a$, 则称a是L的一个原子.

由定义易知, 若a为原子且$x\leq a$, 则$x=0$或$x=a$. 这表明原子在哈斯图中是那些紧位于零元之上的元素. 例如图 5-6 所示的布尔代数中, 2,3,5

均为原子.

由原子的定义, 容易得到下面几个引理：

引理 1　布尔代数中的两个原子 a,b, 若 $a\wedge b\neq 0$, 则 $a\wedge b=a=b$.

引理 2　对布尔代数, 若 a 是原子, 则对任意的 $x\in L$, $a\leq x$, $a\leq x'$ 两式中有且仅有一式成立.

由此说明原子是这样的元素：它把 L 中的元素分为两类, 一类是与它可比较的元素, 它小于或等于这一类中的任何一个元素; 另一类是与它不可比较的元素.

引理 3　对有限布尔代数 L, $\forall x\in L$, $x\neq 0$, 则至少存在一个原子 a, 使得 $a\wedge x=a$ (即 $a\leq x$).

由上面几个引理可以得到

定理 5.14　设 $(L,\vee,\wedge,',0,1)$ 是一个有限布尔代数, 对于任意的 $x\in L$, $x\neq 0$, $a_1,a_2,\cdots,a_n$ 是满足 $a_i\leq x$ 的全部原子, 则

$$x=a_1\vee a_2\vee\cdots\vee a_n,$$

且上式是将 x 表示成为原子的保联的唯一形式. 注意：这里的唯一性仅仅对原子而言, 而不计原子的次序.

证　证明分以下三部分：

(1) 首先证明 L 中任意元素 x, $x\neq 0$, 总能用原子的保联表示, 即

$$x=a_{i_1}\vee a_{i_2}\vee\cdots\vee a_{i_k},\quad a_{i_1},a_{i_2},\cdots,a_{i_k}\in S,$$

其中 S 是 L 的全体原子构成的集合.

如果 x 是一个原子, 则上式显然成立. 如果 x 不是原子, 则存在 $y\in A$, 有 $0<y<x$, 于是

$$x=x\vee y=(x\vee y)\wedge 1=(x\vee y)\wedge(y'\vee y)=(x\wedge y')\vee y,$$

因而 $(x\wedge y')\leq x$, 且显然有 $x\wedge y'\neq 0$. 如果 $x\wedge y'=x$, 则 $x\leq y'$, 又由 $y<x$ 得 $y<y'$, 于是 $0=y\wedge y'=y$, 而这是不可能的, 所以 $(x\wedge y')<x$. 注意到 $x\wedge y'\neq 0$, 因而 $(x\wedge y')$ 是 $<x$ 的非 0 元素. 等式 $x=(x\wedge y')\vee y$ 表明 x 可以用两个更“小”的元素的保联表示. 如果 $x\wedge y'$ 和 y 都是原子, 则已得到我们所需结论, 否则可将不是原子的项再用更“小”的元素的保联表示. 由于 L 是有限的, 此过程必将终止, 并最终将 x 表示成 L 的原子的

保联.

(2) 证明 $x=\vee\{a|a\in S 且 a\le x\}$. 由(1), 最大元 1 可用若干个原子的保联表示, 将未在保联中出现的剩下的原子补充到保联表示式中, 显然这不影响结果, 所以 $1=a_1\vee a_2\vee\cdots\vee a_n$. 于是有

$$\begin{aligned}x&=x\wedge 1=x\wedge(a_1\vee a_2\vee\cdots\vee a_n)\\&=(x\wedge a_1)\vee(x\wedge a_2)\vee\cdots\vee(x\wedge a_n).\end{aligned}$$

由前面所讲的原子的等价定义, 有 $x\wedge a_i=a_i$ 或 $x\wedge a_i=0$. 除去上面等式右边为 0 的项, 并注意到 $x\wedge a_i=a_i$ 与 $a_i\le x$ 是等价的, 就得到

$$x=\vee\{a|a\in S \text{ 且 } a\le x\}.$$

(3) 证明 x 的原子表示是唯一的, 假设

$$x=b_1\vee b_2\vee\cdots\vee b_t,\ b_1,b_2,\cdots,b_t\in S,$$

则对所有 i, 有 $b_i\le x$, 从而所有的 b_i 属于集合 $\{a|a\in S 且 a\le x\}$. 下面证明 $\vee\{a\mid a\in S 且 a\le x\}$ 中任一元素 a 属于 $\{b_1,b_2,\cdots,b_t\}$.

设 $a\in S$ 且 $a\le x$, 则

$$\begin{aligned}0\ne a=a\wedge x&=a\wedge(b_1\vee b_2\vee\cdots\vee b_t)\\&=(a\wedge b_1)\vee(a\wedge b_2)\vee\cdots\vee(a\wedge b_t).\end{aligned}$$

于是至少有某一项 $a\wedge b_i\ne 0$. 因为 a 和 b_i 都是原子, 由引理此时必有 $a\wedge b_i=a=b_i$, 因此 a 是 $b_1,b_2,\cdots,b_t$ 中某一个. 于是

$$\{b_1,b_2,\cdots,b_t\}=\{a|a\in S \text{ 且 } a\le x\}.$$ ▌

定理 5.15（Stone 表示定理、有限布尔代数的表示定理） 设 $(L,\vee,\wedge,',0,1)$ 是有限布尔代数, $S=\{a_1,a_2,\cdots,a_n\}$ 是它的全体原子的集合, 则 $(L,\vee,\wedge,',0,1)$ 与布尔代数 $(P(S),\cup,\cap,\bar{\ })$ 同构.

证 (1) 建立 L 到 $P(S)$ 的双射.

对于任意 $x\in L$, $x\ne 0$, 由定理 5.14, x 可唯一地表示成

$$x=b_1\vee b_2\vee\cdots\vee b_k,\ b_1,b_2,\cdots,b_k\in S.$$

定义映射

$$h:L\to P(S),\ h(x)=\{b_1,b_2,\cdots,b_k\},$$

$h(0)=\varnothing$. 显然 h 是单射, 对于 S 的任意子集 $\{c_1,c_2,\cdots,c_t\}$, 有 L 中元素 $x=c_1\vee c_2\vee\cdots\vee c_t$, $h(x)=\{c_1,c_2,\cdots,c_t\}$, 所以 h 是满射. 因此 h 是 L 到 $P(S)$ 的双射.

(2) 证明 h 是 L 到 $P(S)$ 的同态.

$\forall x,y\in L$, $x\neq 0$, $y\neq 0$, 设 x,y 的原子的保联表示是

$$x=b_1\vee b_2\vee\cdots\vee b_k,\ \ y=c_1\vee c_2\vee\cdots\vee c_t.$$

则 $h(x)=\{b_1,b_2,\cdots,b_k\}$, $h(y)=\{c_1,c_2,\cdots,c_t\}$. 于是有

$$\begin{aligned}h(x\vee y)&=h(b_1\vee b_2\vee\cdots\vee b_k\vee c_1\vee c_2\vee\cdots\vee c_t\}\\&=\{b_1,b_2,\cdots,b_k\}\cup\{c_1,c_2,\cdots,c_t\}\\&=h(x)\cup h(y),\end{aligned}$$

$$\begin{aligned}x\wedge y&=(b_1\vee b_2\vee\cdots\vee b_k)\wedge(c_1\vee c_2\vee\cdots\vee c_t)\\&=\bigvee_{i=1}^{k}\left(\bigvee_{j=1}^{t}(b_i\wedge c_j)\right).\end{aligned}$$

因为 b_i, c_j 都是原子, 由定理 5.14 的引理 1 知道, 若 $b_i\neq c_j$, 则 $b_i\wedge c_j=0$; 若 $b_i=c_j$, 则 $b_i\wedge c_j=b_i=c_j$. 设上式右端不为 0 的全部项是

$$b_{i_1}\wedge c_{j_1},b_{i_2}\wedge c_{j_2},\cdots,b_{i_r}\wedge c_{j_r},$$

于是上述各项即是 $b_{i_1},b_{i_2},\cdots,b_{i_r}$. 因此 $x\wedge y=b_{i_1}\vee b_{i_2}\vee\cdots\vee b_{i_r}$,

$$\begin{aligned}h(x\wedge y)&=\{b_{i_1},b_{i_2},\cdots,b_{i_r}\}=\{b_1,b_2,\cdots,b_k\}\cap\{c_1,c_2,\cdots,c_t\}\\&=h(x)\cap h(y).\end{aligned}$$

对任意的 $x\in L$, $x\neq 0$, $x\neq 1$, 此时 $x'\neq 0$, 由上面的结论, 有

$$h(x)\cup h(x')=h(x\vee x')=h(1)=\{a_1,a_2,\cdots,a_n\}=S,$$
$$h(x)\cap h(x')=h(x\wedge x')=h(0)=\varnothing.$$

在 $P(S)$ 中, $\varnothing,S$ 分别是最小元和最大元, 所以 $h(x')$ 是 $h(x)$ 的补元, 即 $h(x')=\overline{h(x)}$.

当 x,y 中至少有一个元素为 0 时, 例如 $x=0$, 容易验证仍有

$$h(x\vee y)=h(x)\cup h(y),\ \ h(x\wedge y)=h(x)\cap h(y).$$

当 $x=0$ 或 1, 也容易验证仍有 $h(x')=\overline{h(x)}$. ▮

由上面定理可得两个推论:

推论 1　任何有限布尔代数 L, 其原子个数是 n, 则 $|L|=2^n$.

推论 2　元素个数相同的布尔代数是同构的.

从上面两个推论可知, 任一有限布尔代数同构于某个集合代数. 在同构的意义下, 含有 2^n 个元素的布尔代数只有一个, 就是集合代数.

5.6 本章小结

1. 介绍了代数格、偏序格及其等价性, 还介绍了对偶原理. 希望对格及最小上界、最大下界、最小元、最大元等的定义有深刻理解. 通过偏序集的哈斯图表示来作判断是否为格不失为一种直观有效的方法.

2. 熟记格运算的基本性质(交换律、结合律、吸收律、等幂律等), 并会灵活运用.

3. 介绍了分配格、模格、有补格等的定义, 对于具体给出的格所对应的哈斯图, 应能判断是否为分配格或有补格等. 要清楚有补格、分配格、模格之间的联系与区别, 并通过哈斯图理解. 要清楚有界格、有限格之间的关系.

4. 介绍了布尔代数的概念. 由于布尔代数是有补分配格, 故格、分配格、有补格所具有的性质, 布尔代数都具有, 应能判断某个代数系统是否为布尔代数.

5. 布尔代数的子格, 在满足最小元和最大元都在其中时才可能是子布尔代数, 并且应该保持原来的运算, 至少保持原来的补元等. 有限布尔代数同构于某个集合上的幂集构成的布尔代数.

6. 两个有限布尔代数同构当且仅当它们所含的元素个数相同.

7. 格同态是保序的同态, 但保序的映射不一定是同态映射.

习 题 5

1. 下面关系(其中均略去了反映自反关系的序对)哪些能构成格?

(1) $A=\{a,b,c,d\}$, $\leq=\{\langle d,c\rangle,\langle c,b\rangle,\langle b,a\rangle,\langle d,b\rangle,\langle d,a\rangle\}$;

(2) $A=\{a,b,c,d,e\}$, $\leq=\{\langle b,a\rangle,\langle c,b\rangle,\langle d,b\rangle,\langle e,c\rangle,\langle e,d\rangle,\langle e,b\rangle\}$;

(3) $A=\{a,b,c,d,e,f,g\}$, $\leq=\{\langle b,a\rangle,\langle d,a\rangle,\langle c,b\rangle,\langle c,d\rangle,\langle f,e\rangle,\langle g,f\rangle\}$;

(4) $A=\{1,2,3,4\}$, $\leq=\{\langle 1,2\rangle,\langle 1,3\rangle,\langle 1,4\rangle,\langle 2,4\rangle,\langle 3,4\rangle\}$.

2. 由下列集合 L 构成的偏序集 $(L,\leq)$, 其中 $\leq$ 定义为: 对 $x,y\in L$, $x\leq y$ 当且仅当 x 是 y 的因子. 问其中哪几个偏序集是格?

(1) $L=\{1,2,3,4,6,12\}$;

(2) $L=\{1,2,3,12,14,48\}$；

(3) $L=\{1,2,3,4,5,6,7,8,9,10\}$.

3．图 5–7 所示哈斯图所对应的偏序集中哪些能构成格，说明理由（说明：图 D,F 不能算真正的哈斯图）.

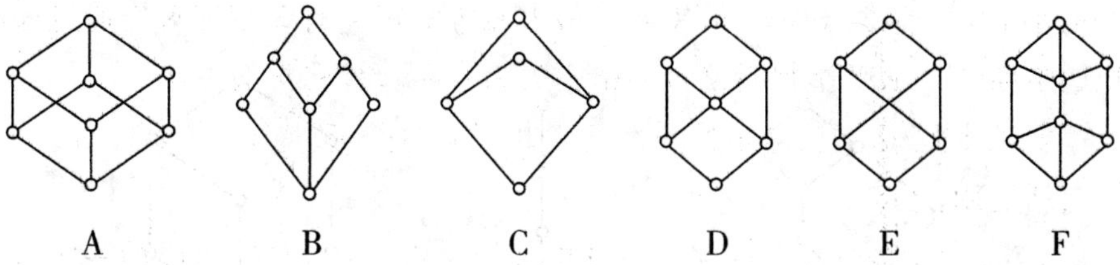

图 5–7

4．设 $(L,\leq)$ 是一个格，它诱导的代数格为 $(L,\vee,\wedge)$ ．对于任意的 $a,b,c\in L$，试证明：若 $a\leq b\leq c$，则

(1) $a\vee b=b\wedge c$；

(2) $(a\wedge b)\vee(b\wedge c)=(a\vee b)\wedge(a\vee c)$.

5．设 $(L,\leq)$ 是一个格，它诱导的代数格为 $(L,\vee,\wedge)$ ．对于任意的 $a,b,c\in L$，试证明：若 $a\leq b$，则

(1) $(a\vee(b\wedge c))\vee c=(b\wedge(a\vee c))\vee c$；

(2) $(b\wedge(a\vee c))\wedge c=(a\vee(b\wedge c))\wedge c$.

6．设 I 是格 L 的非空子集，如果

(1) $\forall a,b\in I$，有 $a\vee b\in I$；

(2) $\forall a\in I$，$\forall x\in L$，有 $x\leq a\Rightarrow x\in I$，

则称 I 是格 L 的理想．

证明：格 L 的理想 I 是 L 的一个子格．

7．设 $(L,\vee,\wedge)$ 是一分配格，$a\in L$．设

$$f(x)=x\vee a,\ \forall x\in L;$$

$$g(x)=x\wedge a,\ \forall x\in L.$$

试证明：f 和 g 都是 $(L,\vee,\wedge)$ 到自身的格同态映射．

8．设 f 是格 $(L,\leq_1)$ 到格 $(S,\leq_2)$ 的满同态映射．证明：若 $(L,\leq_1)$ 是有界格，则格 $(S,\leq_2)$ 也是有界格．

9．图 5–8 为格所对应的哈斯图，哪些是分配格？

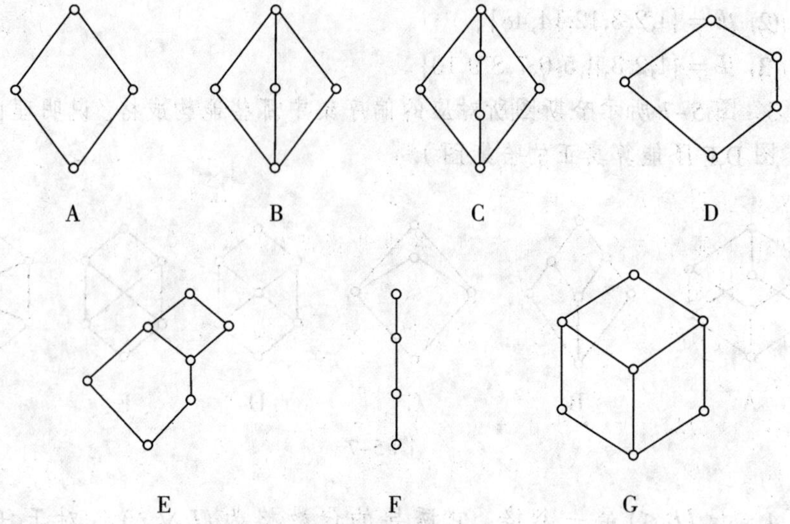

图 5-8

10．设 $(L,\vee,\wedge)$ 是格，若 L 中存在含有满足下述条件的元素 a,b,c：$a\leq b$，$a\neq b$ 且 $a\wedge c=b\wedge c$，$a\vee c=b\vee c$，证明 $(L,\vee,\wedge)$ 不是模格．

11．设 $(L,\leq)$ 为一分配格，对于任意的 $x,y\in L$，求证：如果 $x\wedge a=y\wedge a$，$x\vee a=y\vee a$，这里 $a\in L$，则 $x=y$．

12．图 5-9 是格 L 所对应的哈斯图．

(1) 若 $a,b,d,0$ 的补元存在，写出它们的补元．

(2) L 是否有补格？说明理由．

(3) L 是否分配格？说明理由．

13．证明在有界分配格中，所有有补元所组成的集合形成该格的一个子格．

14．(1) 将格 $(D_{36},\mid)$ 的元素填入图 5-10 哈斯图．

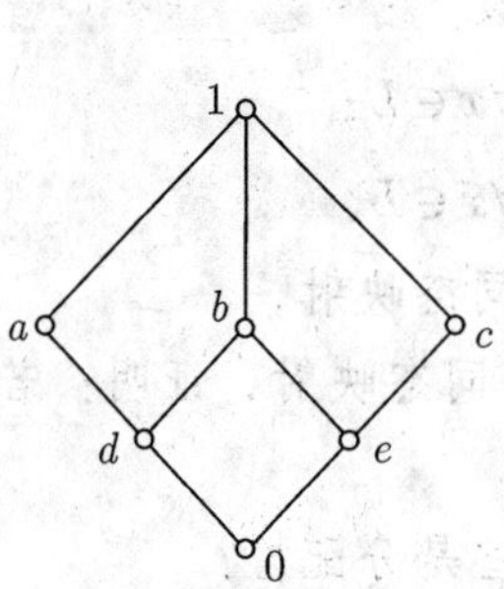

图 5-9

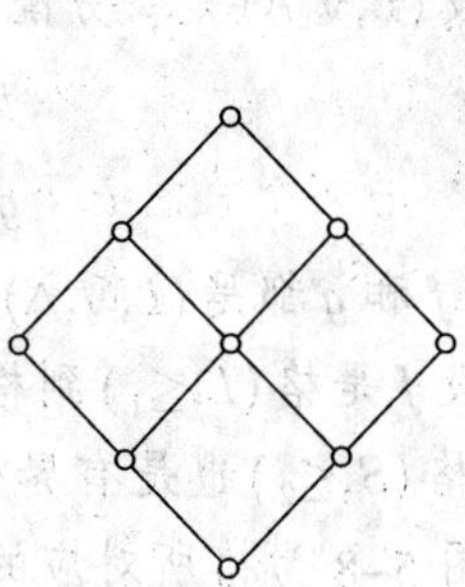

图 5-10

(2) D_{36}是否分配格?

(3) D_{36}是否有补格?

15．设$S=\{1,2,4,6,9,12,18,36\}$，设D是S上的整除关系：

$\langle x,y\rangle\in D$当且仅当y是x的倍数.

(1) 证明D是一个偏序关系.

(2) 试画出关系D的哈斯图，并由此说明(S,D)是一个格.

(3) D是一个分配格吗？为什么？

(4) 求集合$\{2,4,6,12,18\}$的下界、最大下界、最小元及上界、最小上界和最大元.

(5) (S,D)中有多少个5个元素的子格?

16．设S_n是正整数n的所有因子构成的集合．$m|n$表示m整除n．试判断$(S_{12},|)$和$(S_{30},|)$是否有补格？是否布尔代数？为什么？

17．设L是布尔格．证明：

(1) 若$x\leq y$，则$y'\leq x'$；

(2) 若$y\wedge z=0$，则$y\leq z'$；

(3) 若$x\leq y$，$y\wedge z=0$，则$z\leq x'$．

18．$(B,\vee,\wedge,\bar{\ })$是布尔代数，任取$a,b\in B$，求证：$a=b$当且仅当$(a\wedge\bar{b})\vee(\bar{a}\wedge b)=0$．

19．设$(B,\vee,\wedge,\bar{\ },0,1)$为有限布尔代数，$a\in B$且$a\neq 0$．证明：必存在原子$b$使得$b\leq a$．

20.设$(B,\wedge,\vee,\bar{\ },0,1)$是一个布尔代数，如果在$B$上两个二元运算$+$和$\circ$定义如下:

$$a+b=(a\wedge\bar{b})\vee(\bar{a}\wedge b),\quad a\circ b=a\wedge b.$$

证明：$\langle B,+,\circ\rangle$是以1为单位元的环．

21．请画出所有含有5个元素的互不同构的格，并指出其中哪些格是有补格，哪些是分配格，哪些是布尔格．

22．举出两个含有6个元素的格，其中一个是模格，另一个不是模格．

23．给出含有8个元素的布尔代数的全体子代数．

第6章 图 论

图论起源于一些数学游戏, 如哥尼斯堡七桥问题、四色问题、哈密尔顿周游世界问题等. 图论是一个重要的数学分支, 也是一门很有实用价值的学科. 它的研究对象是图. 近年来随着计算机科学的蓬勃发展, 图论的发展也极其迅速, 其应用范围不断拓广, 主要有运筹学、网络理论、信息论、控制论、博弈论等. 本章介绍图论的一些基本概念和基本性质, 以及几种在实际应用中有着重要意义的特殊图.

6.1 图的基本概念

6.1.1 基本术语

元素的无序对 $\{x,y\}$ 称为**无序偶**, 也记为 (x,y). 显然 $(x,y)=(y,x)$. $\{(x,y)|x\in A,\ y\in B\}$ 称为集合 A 与 B 的**无序积**, 记为 $A\&B$.

元素可以有重复的集合称为**多重集合**. 例如 $\{a,b,b\}$.

定义 6.1 一个无向图 G 是一个有序二元组, 记为 $G=\langle V,E\rangle$, 非空有限集合 $V=\{v_1,v_2,\cdots,v_n\}$ 称为**节点集**或**顶点集**, 其元素称为**节点**或**顶点**, $E=\{e_1,e_2,\cdots,e_n\}$ 是 $V\&V$ 的多重子集, 称为**边集**, 其元素称为**无向边**或**边**.

定义 6.2 一个有向图 D 是一个有序二元组, 记为 $D=\langle V,E\rangle$, V 是无向图的节点集, 边集 E 是 $V\times V$ 的多重子集, 其元素称为**有向边**或**边**. 若 $\langle u,v\rangle$ 为有向边, 则称 u 为**起点**, v 为**终点**.

若 $(u,v)\in E$ (或 $\langle u,v\rangle\in E$), 记 $e=(u,v)$ (或 $e=\langle u,v\rangle$), 称 u 和 v 为边 e 的端点, 称 u 与 v 是**邻接的**, 称 e 与 u 和 v 相互**关联**; 与同一条边关联的两个节点称为**相邻**, 有公共节点的两条边也称为**相邻**; 无边关联的节点称为**孤立点**; 端点重合的边称为**环**; 若关联一对节点的边多于一条, 则称这些边为**平行边**(对有向图还要求有向边的方向一致).

设 $G=\langle V,E\rangle$，用小圆圈表示 V 中节点，若 $(a,b)\in E$，就在 a,b 之间连线段表示边 (a,b)，即可画出图形来．对有向图，对每条边加上相应方向即可．

例 6.1 设 $G=\langle V,E\rangle$，$V=\{v_1,v_2,v_3,v_4,v_5\}$，

$$E=\{(v_1,v_2),(v_2,v_2),(v_2,v_3),(v_1,v_3),(v_1,v_3),(v_1,v_4)\},$$

G 的图形如图 6-1 所示，其中 e_2 为环，e_4,e_5 为平行边．

例 6.2 设有向图 $D=\langle V,E\rangle$，$V=\{v_1,v_2,v_3,v_4\}$，

$$E=\{\langle v_1,v_3\rangle,\langle v_2,v_1\rangle,\langle v_2,v_1\rangle,\langle v_2,v_3\rangle,\langle v_3,v_2\rangle,\langle v_3,v_3\rangle\},$$

如图 6-2 所示，其中 e_1,e_2 为平行边，$e_6=\langle v_3,v_3\rangle$ 为环．

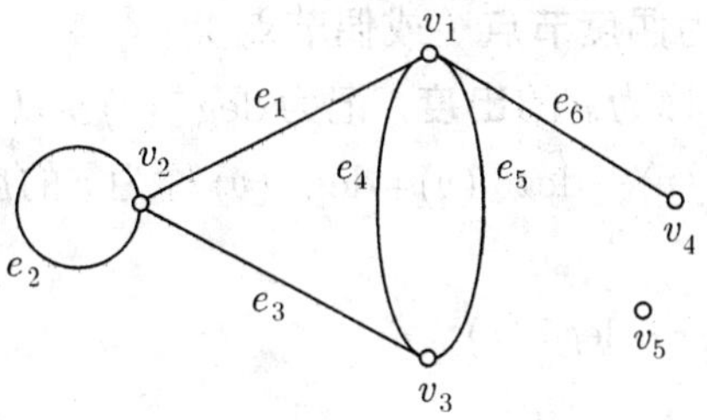

图 6-1

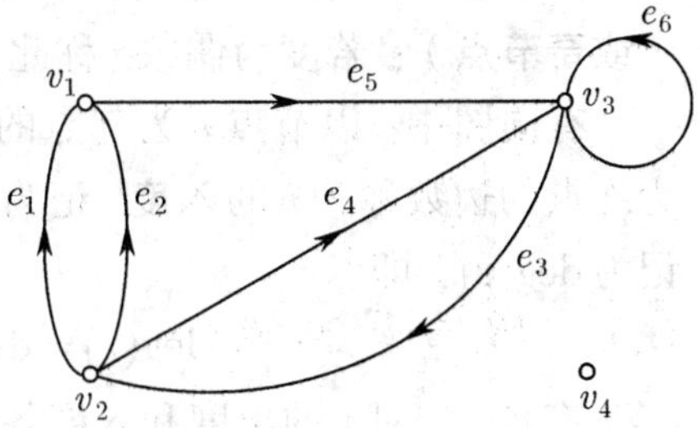

图 6-2

设 $G=\langle V,E\rangle$ 为无向图，若 V,E 都是有限集合，则称 G 是**有限图**（以后只研究有限图）.

$|V|=n$，$|E|=m$ 的图称为 (n,m) 图，也称为 n **阶图**，记为 $G=(n,m)$；$G=(n,0)$ 图称为**零图**；$G=(1,0)$ 图称为**平凡图**；具有平行边的图称为**多重图**；不含环和平行边的图称为**简单图**；将无向图 G 的每条无向边均加上一个方向所得的有向图称为 G 的**定向图**.

图 6-3 (1),(2)分别是无向图和有向图的多重图示例.

用平面上的点代表图的节点，用连接相应节点而不经过其他节点的线（直线或曲线）代表边，即得图在平面上的图解，图 6-1 和图 6-2 实际上是两个图的图解．由于点的位置、线的形状都有很大的随意性，一个图可以有各种外形上差别很大的图解．

第 2 章中讨论的二元关系的关系图，实际上是不含平行边的有向图.

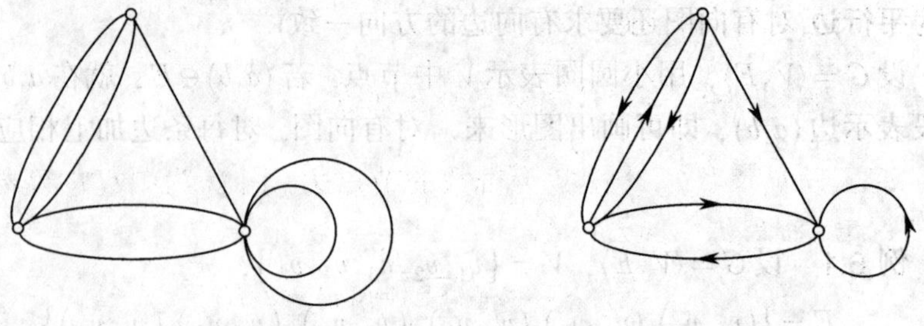

(1) (2)

图 6–3

6.1.2 节点的度

定义6.3 无向图中与节点 v 关联的边数称为 v 的**度**，记为 $\deg(v)$ (若 v 有环，则它对 v 的度计 2). 若某节点的度为奇数，也称此节点为**奇度节点**（或**奇节点**）；若度为偶数，称此节点为**偶度节点**（或**偶节点**）.

有向图中，以节点 v 为起点的边数称为 v 的**出度**，记为 $\deg^+(v)$；以 v 为终点的边数称为 v 的**入度**，记为 $\deg^-(v)$；$\deg^+(v)+\deg^-(v)$ 称为 v 的**度**，记为 $\deg(v)$，即

$$\deg(v)=\deg^+(v)+\deg^-(v)$$

(若 v 有环，它对 v 的出度和入度各计 1).

没有边关联的节点称为**孤立点**，度为 1 的节点所关联的边称为**悬挂边**，该节点称为**悬挂节点**（或**悬挂点**）.

下面定理给出了图中节点度数与边数之间的关系.

定理 6.1（**握手定理**） 设图 $G=\langle V,E\rangle$，$V=\{v_1,v_2,\cdots,v_n\}$，$|E|=m$，则 $\sum_{i=1}^{n}\deg(v_i)=2m$. 又若 G 为有向图，则

$$\sum_{i=1}^{n}\deg^+(v_i)=\sum_{i=1}^{n}\deg^-(v_i)=m.$$

证 对无向图，在计算图 G 的各个节点的度数时，每条边提供的度数为 2，m 条边提供的度数为 $2m$，所以 $\sum_{i=1}^{n}\deg(v_i)=2m$.

对有向图，因为每一条有向边必对应一个入度和一个出度，若一个节点具有一个入度或出度，则必关联一条有向边，所以，有向图中各节点入度之和等于边数，各节点出度之和也等于边数. 因此任何有向图中，入度之

和等于出度之和，并与边的数目相等. ∎

推论 在任何图中，奇度节点的个数为偶数.

证 设 V_1 为图 G 中度数为奇数的节点集，而 V_2 为图 G 中度数为偶数的节点集，则根据定理 6.1，有

$$\sum_{v\in V_1}\deg(v)+\sum_{v\in V_2}\deg(v)=2|E|.$$

由于 $\sum\limits_{v\in V_2}\deg(v)$ 为偶数之和，$2|E|$ 也为偶数，所以 $\sum\limits_{v\in V_1}\deg(v)$ 必为偶数. 从而奇度节点的个数为偶数（否则奇数个奇数相加必为奇数）. ∎

例如在图 6-1 中，$\deg(v_1)=4$, $\deg(v_2)=4$, $\deg(v_3)=3$, $\deg(v_4)=1$, $\deg(v_5)=0$，v_5 为孤立点，v_4 为悬挂点，e_6 为悬挂边.

在图 6-2 中，

$\deg^+(v_1)=1$，$\deg^-(v_1)=2$，$\deg^+(v_2)=3$，$\deg^-(v_2)=1$，

$\deg^+(v_3)=2$，$\deg^-(v_3)=3$，$\deg^+(v_4)=0$，$\deg^-(v_4)=0$，

v_4 为孤立节点.

由这个例子可见

$$\sum_{i=1}^{4}\deg^+(v_i)=\sum_{i=1}^{4}\deg^-(v_i)=6=m.$$

节点的度数之和为 12，恰好是边数的两倍.

无向图 G 中所有节点的最大度记为 $\Delta(G)$，最小度记为 $\delta(G)$；有向图中最大和最小出度分别记为 Δ^+ 和 δ^+，最大和最小入度分别记为 Δ^- 和 δ^-.

任意两个节点都有边相连的无向简单图称为**无向完全图**，记为 K_n；n 阶完全图共有 $\frac{1}{2}n(n-1)$ 条边，每个节点的度数为 $n-1$.

设 D 是 n 阶简单有向图，如果任意两个节点都有方向相反的一对边，则称 D 是 n 阶**有向完全图**，也记为 K_n. n 阶有向完全图共有 $n(n-1)$ 条有向边，每个节点的出度与入度相等，同为 $n-1$.

图 6-4 给出了几个无向和有向的完全图.

n 阶无向完全图的定向图称为**竞赛图**；若 $\Delta(G)=\delta(G)=k$，即各节点的度均为 k 的无向图称为 k **正则图**. 例如由正四面体、正方体、正八面体、正十二面体、正二十面体的顶点和边构成的图均为正则图，分别称为四面体图（即 K_4）、方体图、八面体图、十二面体图、二十面体图. 其中的四

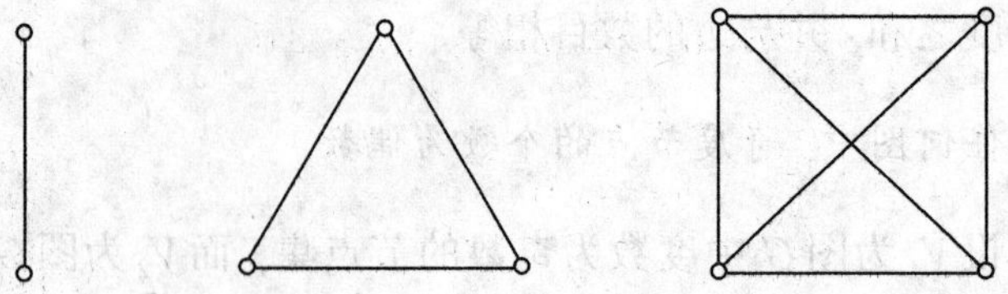

K_2 K_3 K_4

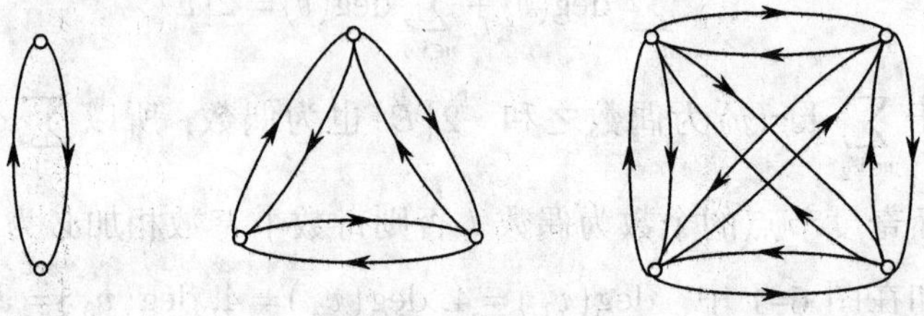

K_2 K_3 K_4

图 6-4

面体图、方体图和十二面体图均为 3 正则图，八面体图为 4 正则图，二十面体图为 5 正则图.

n 边形的顶点和边构成的图称为 n **边形图**，记为 $C_n(n \geq 3)$．显然 C_n 是 2 正则图. 在 C_n 内放置一个顶点，使之与 C_n 的各顶点相邻，这样构成的简单图称为**轮图**，记为 W_n．

若无向图 $G=\langle V,E\rangle$ 的 V 可分成两个不相交的非空子集 V_1 和 V_2，使 G 的每条边的端点，一个属于 V_1，另一个属于 V_2，则称 G 为**二部图**，记为 $G=\langle V_1,V_2,E\rangle$，$V_1$ 和 V_2 称为**互补节点子集**．又若简单二部图 G 中 V_1 的每个节点与 V_2 的所有节点相邻，则称 G 为**完全二部图**，记为 $K_{n,m}$，其中 $n=|V_1|$，$m=|V_2|$．$K_{1,m}$ 称为**星形图**.

图 6-5 (1)～(4)分别给出了无向完全图、轮图、完全二部图、星形图的图例.

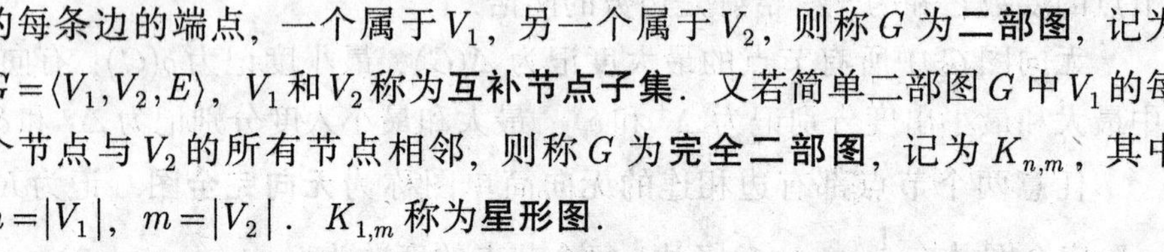

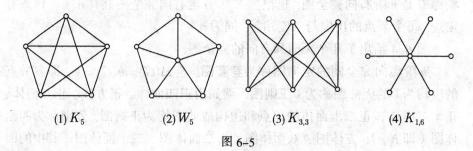

(1) K_5　(2) W_5　(3) $K_{3,3}$　(4) $K_{1,6}$

图 6-5

n 阶图中的 n 个节点的度组成的（单调不减的）序列称为 G 的**度序列**，记为 $(d_1,d_2,\cdots,d_n)$.

6.1.3　子图

定义 6.4　设图 $G=\langle V,E\rangle$ 和 $G'=\langle V',E'\rangle$，若 $V'\subseteq V$，$E'\subseteq E$，则称 G' 为 G 的**子图**，G 为 G' 的**母图**，记为 $G'\subseteq G$.

若 $V'\subset V$ 或 $E'\subset E$，则称 G' 为 G 的**真子图**；若 $V'=V$，$E'\subseteq E$，则称 G' 为 G 的**生成子图**或支撑子图；若 $V'\subseteq V$，E' 是关联节点都在 V' 中的 G 的边集合，则称 G' 为 G 的由 V' **导出的子图**，记为 $G(V')$；若 $E'\subseteq E$，V' 是 E' 中的边关联的节点集合，则称 G' 为 G 的由 E' **导出的子图**，记为 $G(E')$.

图 6-6 中，G_1 是 G 的子图，G_2 是 G 的生成子图，G_3 是 G 的由 $V'=\{v_1,v_2,v_4,v_5\}$ 导出的子图，注意 G_4 不是 G 的子图，因为 G_4 中边 (v_1,v_5) 不在 G 中.

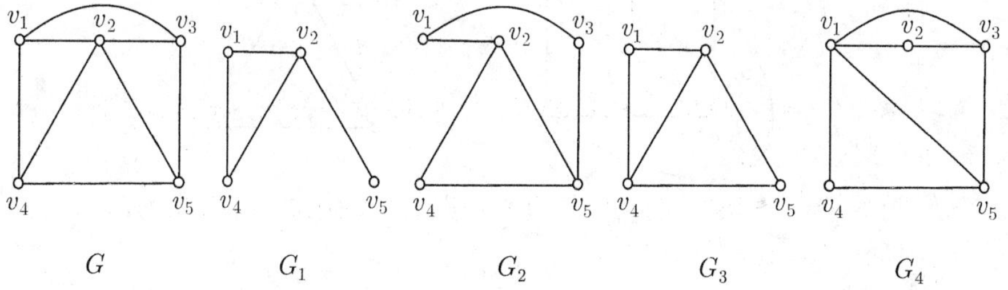

图 6-6

设图 $G=\langle V,E\rangle$. 设 $v\in V$，$G-v$ 或 $G-\{v\}$ 表示从 G 中删除 v 及所关联的边；设 $V'\subset V$，$G-V'$ 表示从 G 中删除 V' 中各节点及所关联的边；设 $e\in E$，$G-e$ 或 $G-\{e\}$ 表示从 G 中删除 e（保留节点）；设 $E'\subset E$，$G-E'$ 表示从 G 中删除 E' 中各边（保留节点）；$G\cup(u,v)$ 或 $G+(u,v)$ 表示在 G 中节点 u 和 v 之间加边 (u,v).

6.1.4　图的同构

在作图中，由于图形的节点位置和连线长度都可任意选择，同一个图可能画出不同的形状来，因而引出图的同构的概念.

定义 6.5　设 $G_1=\langle V_1,E_1\rangle$，$G_2=\langle V_2,E_2\rangle$，若存在双射 $f:V_1\to V_2$，使

得边之间有如下关系：如果 $f(v_i)=u_i$，$f(v_j)=u_j$，且 $(v_i,v_j)\in E_1$（或 $\langle v_i,v_j\rangle\in E_1$）当且仅当 $(u_i,u_j)\in E_2$（或 $\langle u_i,u_j\rangle\in E_2$），而且 (v_i,v_j)（或 $\langle v_i,v_j\rangle$）与 (u_i,u_j)（或 $\langle u_i,u_j\rangle$）的重数相同，则称 G_1 与 G_2 是**同构的**，记为 $G_1\cong G_2$.

从该定义可以看出，两个图同构的充要条件是：两个图的节点和边分别存在着一一对应，且保持对应的关联关系.

例 6.3 图 6–7 中的两个图是同构的，图 6–8 中两个图也是同构的.

图 6–7 的两个无向图中，(1)与(2)存在一一映射

$$f:\ f(x)=x',\ x=a,b,c,d\,.$$

图 6–8 的两个有向图中，(1)与(2)也存在一个一一映射：

$$f:\ f(x)=x',\ x=a,b,c,d\,,$$

且有：$\langle a,b\rangle,\langle a,d\rangle,\langle b,c\rangle,\langle d,c\rangle$ 分别与 $\langle a',b'\rangle,\langle a',d'\rangle,\langle b',c'\rangle,\langle d',c'\rangle$ 一一对应. 对应节点的出度和入度也分别相等.

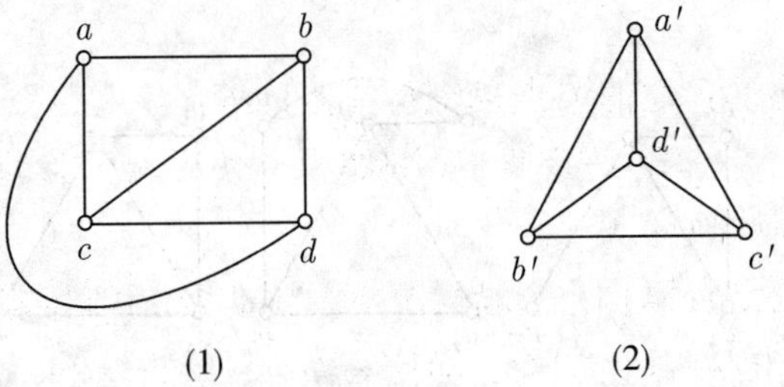

图 6–7

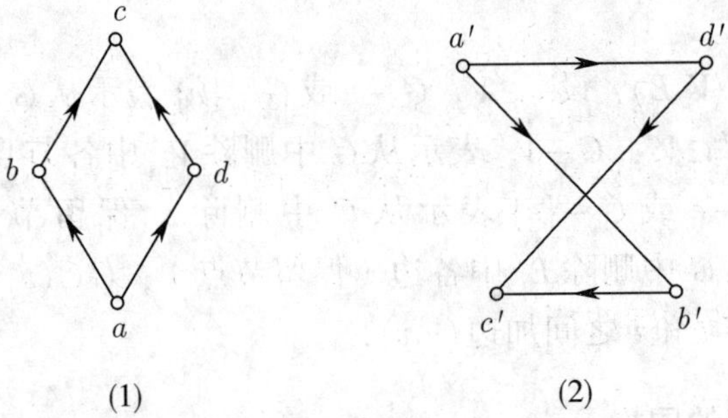

图 6–8

综上所述，可以得到两图同构的一些必要条件：

(1) 节点数目相等；

(2) 边数相等；

(3) 度数相等的节点数目相等.

需要指出的是这些条件不是两个图同构的充分条件, 例如图 6-9 中的(1)和(2)满足上述的三个条件, 但这两个图并不同构. 无法找出两个图中节点之间的一个一一映射, 使得对应的边之间也保持一一对应关系. (图(1)中两个 4 度节点相邻, 而图(2)中两个 4 度节点是不相邻的)

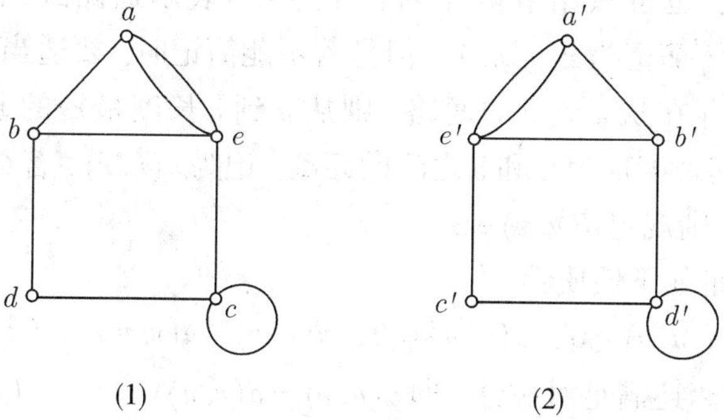

图 6-9

同构的图除了它们的节点标记可能不同外, 其他的完全相同. 注意: 若两个图存在同构 f, f 不一定唯一(例如图 6-7 中两个图的节点之间存在不同的双射均为同构映射).

判断两个图是否同构, 一般情况下并不容易. 因为若两个图都有 n 个节点, 它们之间的双射有 $n!$ 个, 即使 n 不大, 检查这些双射是否保持节点与边的关联关系, 计算量也很大. 但还是有一些办法可以帮助我们缩小所要考虑问题的范围. 两个图同构, 首先它们要有相同的节点数和边数, 且度序列也相同. 但两个度序列相同的图不一定同构. 判断两个图不同构往往可采用如下办法: 将图的节点按某种对判断同构有意义的标准分类, 如按度分类. 两个同构的图对应节点类的导出子图也应该同构, 这样可将问题局部化.

6.1.5　通路与回路

定义 6.6　设图 $G=\langle V,E\rangle$, G 中节点和边的交替序列

$$P=v_0e_1v_1e_2v_2\cdots v_l,$$

其中 e_i 与 v_{i-1} 和 v_i 关联, 即 $e_i=(v_{i-1},v_i)$, 或 $e_i=\langle v_{i-1},v_i\rangle$, $1\le i\le l$, P 称为 v_0 到 v_l 的**通路**. v_0 和 v_l 分别称为通路的**起点**和**终点**, 边的数目 l 称为**通路长度**. 若 $v_0\ne v_l$, 则称 P 为**开通路**; 若 $v_0=v_l$, 则称 P 为**闭通路**或**回路**;

所有边均不同的通路称为**简单通路**；所有边均不同的回路称为**简单回路**；所有节点均不同（从而所有边也均不同）的通路称为**基本通路**；除起点和终点外，所有节点和所有边均不同的回路称为**基本回路**.

显然，基本通路必为简单通路，基本回路必为简单回路；反之，则不然. 在不引起误解的情况下，可以只用边序列 $e_1,e_2,\cdots,e_l$ 表示通路或回路；在简单图中，也可只用节点序列 $v_1,v_2,\cdots,v_l$ 表示通路或回路. 例如：将 $v_0e_1v_1e_2\ldots e_lv_l$ 简记为 $v_0v_1\ldots v_l$，但是若不能简记时，要适当写一些边.

若 G 中存在从 u 到 v 的通路，则从 u 到 v 长度最短的通路称为 u 到 v 的**短程线**，其长度称为 u 和 v 之间的**距离**，记为 $d(u,v)$. 若 G 中不存在从 u 到 v 的通路，则规定 $d(u,v)=\infty$.

距离满足如下性质：

$$d(u,v)\geq 0\,,\ d(u,u)=0\,,\ d(u,v)+d(v,w)\geq d(u,w)$$

(无向图的距离还满足对称性，即 $d(u,v)=d(v,u)$).

例 6.4 如图 6-10 中，$v_1(e_1)v_1v_2v_3v_5v_3v_4$ 是 v_1,v_4 之间的通路，但不是简单通路. $v_1(e_1)v_1v_2v_3v_5v_4$ 是 v_1,v_4 之间的简单通路，但不是基本通路. $v_1v_2v_3v_5v_4$ 是 v_1,v_4 之间的基本通路，但不是短程线. $v_1v_2(e_2)v_4$ 是 v_1,v_4 之间的短程线，且 $d(v_1,v_4)=2$，v_1,v_4 之间的短程线还有 $v_1v_2(e_3)v_4$，$v_1v_3v_4$. v_1 到 v_6 没有通路，$d(v_1,v_6)=\infty$.

例 6.5 有向图 D 如图 6-11 所示. 则 a 到 d 的有向通路有

$$af(e_2)d\,,\ afbd\,,\ af(e_2)d(e_1)fbd\,.$$

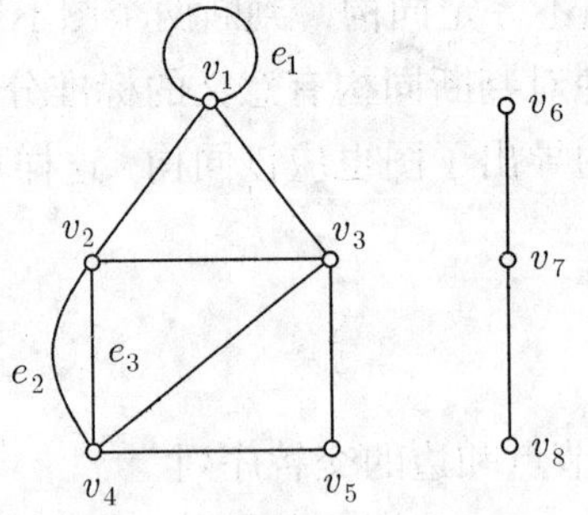

图 6-10

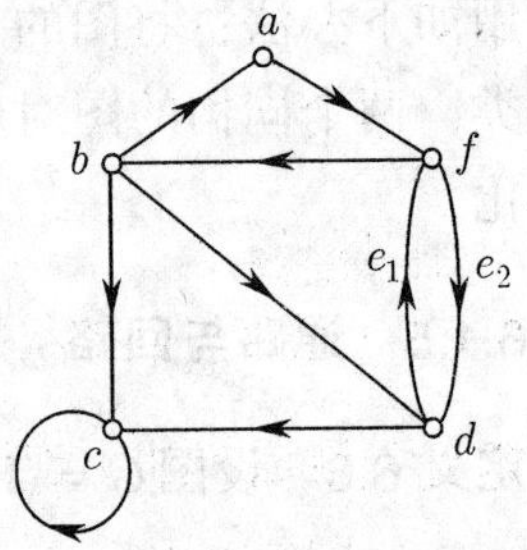

图 6-11

上述的三条通路均为简单有向通路，前两个通路也是基本有向通路，但第三个不是基本有向通路.

a 到 d 的有向短程线为 $af(e_2)d$，$d(a,d)=2$.

d 到 a 的有向短程线为 $d(e_1)fba$，$d(d,a)=3$.

c 到 a 不可达，$d(c,a)=\infty$.

定理 6.2 在 n 阶图 G 中，若存在从 u 到 v 的开通路，则必存在从 u 到 v 长度小于或等于 $n-1$ 的基本通路.

证 对开通路的长度 l 进行归纳：

当 $l=1$ 时，$u\sim v$ 开通路本身就是通路.

假设当 $l\leq k$ 时结论正确. 当 $l=k+1$ 时，设开通路是

$$u=v_0e_1v_1e_2v_2\cdots v_ke_{k+1}v_{k+1}=v\ .$$

如果这是一条基本通路，则定理得到证明. 否则，该通路上必存在重复节点，设 $v_i=v_j$，且 $i<j$，从通路中删除 $v_i\sim v_j$ 回路，这条新的通路仍是一条 $u\sim v$ 通路，因回路 $v_i\sim v_j$ 至少含有一条边，从而新的 $u\sim v$ 通路至多含有 k 条边，由归纳假设，它含有一条基本通路. 由于图 G 的节点数为 n，而基本通路上节点互不相同，从而此通路的长度小于或等于 $n-1$. ∎

定理 6.3 在 n 阶图 G 中，若存在 v 到自身的简单回路，则必存在 v 到自身长度小于或等于 n 的基本回路.

证 设 v 到自身的简单回路是 $v=v_0e_1v_1e_2v_2\cdots v_{k-1}e_kv_k=v$，可以假定 $v_{k-1}\neq v_k=v$，则从 v 到 v_{k-1} 是一条开通路，由定理 6.2，存在一条 v 到 v_{k-1} 长度小于或等于 $n-1$ 的基本通路. 此基本通路添加从 v_{k-1} 到 $v_k=v$ 的边 e_k，就是一条从 v 到自身的长度小于或等于 n 的基本回路. ∎

由以上两个定理，我们考查图的通路和回路时，一般只考查基本通路和基本回路.

6.2 连通性

图分为连通图和不连通图两大类. 每个不连通的图由若干个连通分支构成. 连通图删除某些节点或边之后可能变成不连通图.

6.2.1 无向图的连通性

定义 6.7 在无向图中，若存在从 u 到 v 的通路，则称 u 和 v 是**连通**

的. 规定任一节点到自身总是连通的. 若无向图 G 是平凡图, 或 G 中任意两个节点都是连通的, 则称 G 是**连通图**; 否则称 G 是**非连通图**或**分离图**.

设图 $G=\langle V,E\rangle$, 定义 V 上的关系

$$R=\left\{(u,v)\mid u,v\in V \text{ 且 } u \text{ 与 } v \text{ 之间存在通路}\right\},$$

则 R 是自反、对称和传递的, 从而易知无向图的节点之间的连通关系是等价关系. 按等价关系可将节点集 V 划分成互不相交的等价类 $V_1,V_2,\cdots,V_k$, 则导出子图 $G(V_1),G(V_2),\cdots,G(V_k)$, $G(V_i)=\langle V_i,E_i\rangle$(其中 E_i 是 E 的两个端点都位于 V_i 中的边的全体)都是 G 的连通子图, 称为 G 的**连通分支** $(i=1,2,\cdots,k)$. G 的连通分支数记为 $p(G)$, 则

$$G \text{ 是连通的} \Leftrightarrow p(G)=1 \ \ (G \text{ 不连通} \Leftrightarrow p(G)\geq 2).$$

如图 6-12 中, 图(1)是连通图(这是一个平凡图), 图(2)也是连通图, 图(3)不是连通图, 它有 4 个连通分支. 注意图(3)中有一个孤立节点, 它构成图(3)的一个连通分支.

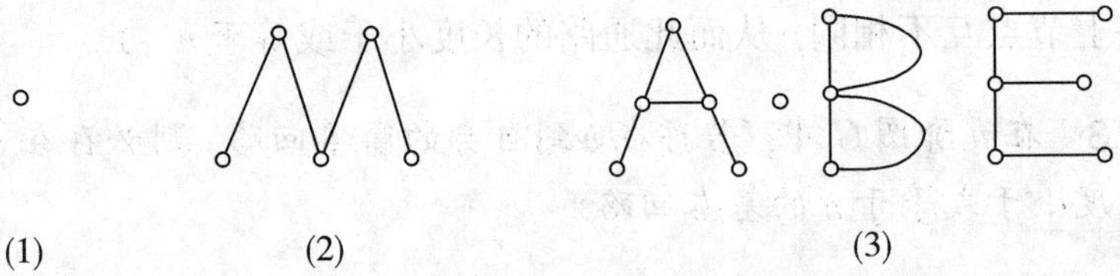

图 6-12

对图的连通性可作定量的描述. 首先要确定衡量图的连通程度的标准.

例如: 在图 6-13 的 4 个 5 节点图中, 直观看出 G_1 到 G_4 的连通程度越来越好.

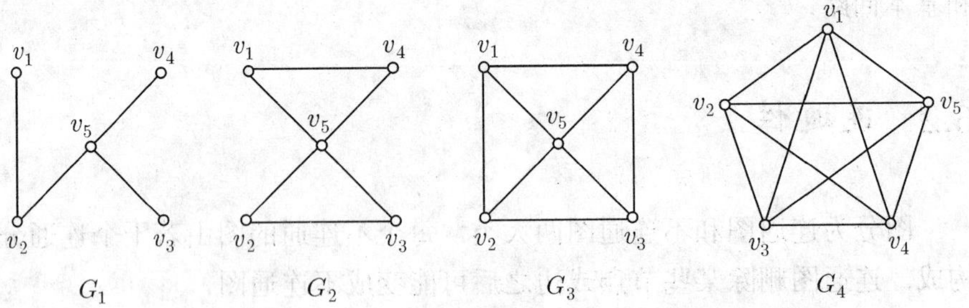

图 6-13

在图 G_1 中删除中间一个节点或删除任意一条边之后, 子图不再连通.

在图G_2中，删除中间一个节点之后，子图不再连通；但至少需要删除两条边之后，子图才不再连通.

在图G_3中，至少需要删除三个节点之后，子图才不再连通；也至少需要删除三条边之后，子图才不连通.

在图G_4中，删除节点集的任何非空真子集之后，子图都连通；但删除4个节点之后，剩下的只是一个平凡图；至少需要删除4条边之后子图才不连通.

由此可见，连通图其连通的程度是互不相同的.直观上看，需要删除较多的节点之后才不连通的连通图其连通的程度要强一些. 可否用为了使得连通图不连通所必须删除的最少的节点个数，来作为衡量一个连通图的连通程度的数量标准呢？对节点如此，对边也能这样吗？

定义 6.8 设$G=\langle V,E\rangle$为连通无向图，$T\subset V$，若$G-T$不连通或是平凡图，则称T为G的**点断集**或**点割集**. 若$\{v\}$为G的点断集，则称v为G的**断点**或**割点**，

$$\kappa(G)=\min\left\{|T| \;\middle|\; T\text{ 为 }G\text{ 的点断集}\right\}$$

称为G的**点连通度**. 规定非连通图和平凡图的点连通度为0. 若$\kappa(G)\geq k$，则称G是k-连通的. 显然$\kappa(K_n)=n-1$.

定义6.9 设$G=\langle V,E\rangle$为连通无向图，$S\subset E$，若$G-S$不连通或是平凡图，则称S为G的**边断集**或**边割集**. 若$\{e\}$为G的边断集，则称e为G的**割边**或**桥**. $\lambda(G)=\min\left\{|S| \;\middle|\; S\text{ 为 }G\text{ 的边断集}\right\}$称为$G$的**边连通度**. 若$\lambda(G)\geq k$，则称$G$是$k$-边连通的. 规定非连通图和平凡图的边连通度为0. 显然$\lambda(K_n)=n-1$.

例如：在图 6-13 中，对G_1，$\{v_5\},\{v_2,v_5\},\{v_2,v_4\},\{v_3,v_5\}$等均是点割集，其中$v_2,v_5$是割点，所以$\kappa(G_1)=1$；$\{(v_2,v_5),(v_4,v_5)\},\{(v_3,v_5)\}$等均是其边割集，实际上任意一边均为其割边，故$\lambda(G_1)=1$.

对G_2,. v_5是割点，故$\kappa(G_2)=1$；除去任意一条边，它仍连通，容易看出$\lambda(G_2)=2$.

对G_3，没有割点，它的点割集至少含有 3 个节点，如$\{v_1,v_3,v_5\}$，故$\kappa(G_3)=3$；任意去掉两条边，图仍连通（每个节点的度至少为3），可以找到它的一个边割集，如$\{(v_1,v_2),(v_1,v_4),(v_1,v_5)\}$，故$\lambda(G_3)=3$.

对G_4，没有割点，任意删除三个节点后图仍连通，删除 4 个节点之后，

剩下的只是一个平凡图；至少需要删除 4 条边之后子图才不连通，故 $\kappa(G_4)=4$，$\lambda(G_4)=4$.

故 G_1 的连通程度最差，G_4 的连通程度最好，这与给我们的直观印象一致.

下面给出关于图的连通性的基本定理：

定理 6.4 对任一无向图 G，有 $\kappa(G)\le\lambda(G)\le\delta(G)$.

证 首先证明 $\lambda(G)\le\delta(G)$. 设 $\deg(v)=\delta(G)$，在 G 中删除与节点 v 关联的所有边，v 就成为一个孤立点，此时 G 不再连通，故 $\lambda(G)\le\delta(G)$.

下证 $\kappa(G)\le\lambda(G)$. 设 G 有 n 个节点、m 条边.

若 $\lambda(G)=0$，即 G 非连通或为平凡图，则 $\kappa(G)=0$.

若 $\lambda(G)=1$，则图 G 存在割边，删除该边关联的任意一节点，则图不连通，故 $\kappa(G)\le1$（实际上只能取 1）.

若 $\lambda(G)\ge m-1$，因 $\kappa(G)\le m-1$，所以 $\kappa(G)\le\lambda(G)$.

若 $\lambda(G)=\lambda$ 且 $1<\lambda<m-1$，不防设 $\{e_1,e_2,\cdots,e_\lambda\}$ 是 G 中具最小边数的边割集. 此时 $G-\{e_2,\cdots,e_\lambda\}$ 是连通图且 e_1 是它的一条割边. 记 e_1 的两个端点为 u 和 v，在 $e_2,\cdots,e_\lambda$ 上各取一个不同于 u 和 v 的端点（重复不计），这样最多选取 $\lambda-1$ 个节点，记它们构成的子集为 V_1. 当 $G-V_1$ 不连通时，$\kappa(G)\le|V_1|\le\lambda-1<\lambda(G)$；当 $G-V_1$ 连通时，e_1 是 $G-V_1$ 的一条割边且 $G-V_1$ 中至少有 3 个节点，因而 e_1 的至少一个端点是 $G-V_1$ 的割点，将该点增加到 V_1 中得到 V_2，于是 $G-V_2$ 不连通. 所以

$$\kappa(G)\le|V_2|\le\lambda=\lambda(G).$$ ∎

该证明表明：当 $1<\lambda(G)=\lambda<m-1$ 时，在边割集 $\{e_1,e_2,\cdots,e_\lambda\}$ 中有一种选法，使得在 $e_1,e_2,\cdots,e_\lambda$ 的每一条边上最多选取一个端点而得到 G 的一个点割集.

定理 6.5 对任一无向图 $G=(n,m)$，有

$$\kappa(G)\le\left[\frac{2m}{n}\right],\ \lambda(G)\le\left[\frac{2m}{n}\right].$$

证 由握手定理，有

$$\frac{1}{n}\sum_{i=1}^{n}\deg(v_i)=\frac{2m}{n}.$$

上式左端是节点度数的算术平均值, 故

$$\delta(G)=\min_i\{\deg(v_i)\}\leq\frac{1}{n}\sum_{i=1}^{n}\deg(v_i)=\frac{2m}{n},$$

即 $\delta(G)\leq\frac{2m}{n}$. 从而由定理 6.4, 有

$$\kappa(G)\leq\left[\frac{2m}{n}\right],\ \lambda(G)\leq\left[\frac{2m}{n}\right].$$ ∎

6.2.2　有向图的连通性

定义 6.10　设 D 是有向图. 在有向图中, 若存在从 u 到 v 的通路, 则称 u **可达** v. 规定任一节点 u 到自身总是可达的.

定义 6.11　设 D 为有向图, 若略去 D 中有向边的方向所得无向图是连通图, 则称 D 是**弱连通图**; 若 D 中任意两节点间至少有一个节点可达另一个节点, 则称 D 是**单向连通图**; 若 D 中的任意一对节点都相互可达, 则称 D 是**强连通图**.

显然, 若 D 强连通, 则 D 单向连通; 若 D 单向连通, 则 D 弱连通. 反之, 则不然.

例如: 在有向图 6–14 中, 图(1)是强连通的, $adbcdba$ 是经过每个节点至少一次的有向回路. 图(2)是单向连通的, $aedbc$ 是经过每个节点至少一次的有向通路. 图(3)是弱连通的, a 到 c 不可达, c 到 a 也不可达, 不是单向连通的.

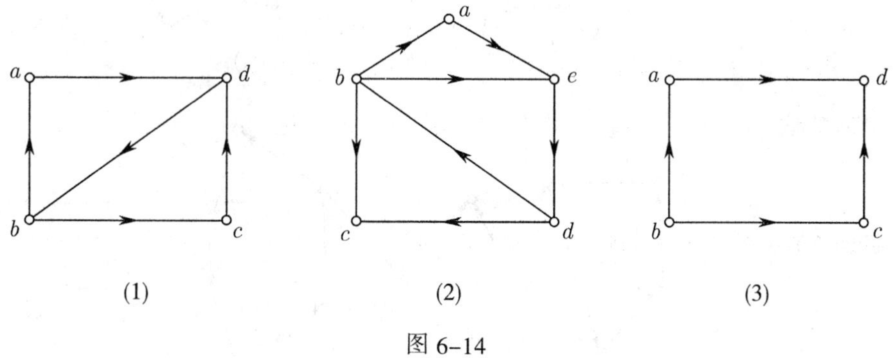

图 6–14

定理 6.6　有向图 D 是强连通的, 当且仅当 D 中存在一条经过每个节点至少一次的有向回路.

证 充分性 如果图中有一条回路，它至少包含每个节点一次，则 D 中任意两个节点都是互相可达的，故 D 是强连通的.

必要性 若有向图 D 强连通，则任意两个节点都可达，故必可作一回路经过图中的所有节点. 若不然则必有一回路不包含某一节点 v，因此，v 与回路上的各节点就不是互相可达的，与强连通的条件矛盾. ▌

定理 6.7 设有向图 D 是弱连通的，若 D 的每个节点的出度（或入度）均为 1，则 D 恰有一条有向回路.

证 先证 D 中至少有一条有向回路.

因为对 D 中任意节点 v 有 $\deg^+(v)=1$，所以从 D 的任一节点出发可以找到一条有向通路，由于 D 是有限图，该通路必终止于某个已经过的节点，故 D 中含有一条有向回路.

假设 D 中含有两条有向回路 C_1 和 C_2，则 C_1 和 C_2 的位置关系只有下面 3 种可能（见图 6-15）：

(1) C_1 和 C_2 有公共边；

(2) C_1 和 C_2 有一个公共节点；

(3) C_1 和 C_2 无公共节点和公共边.

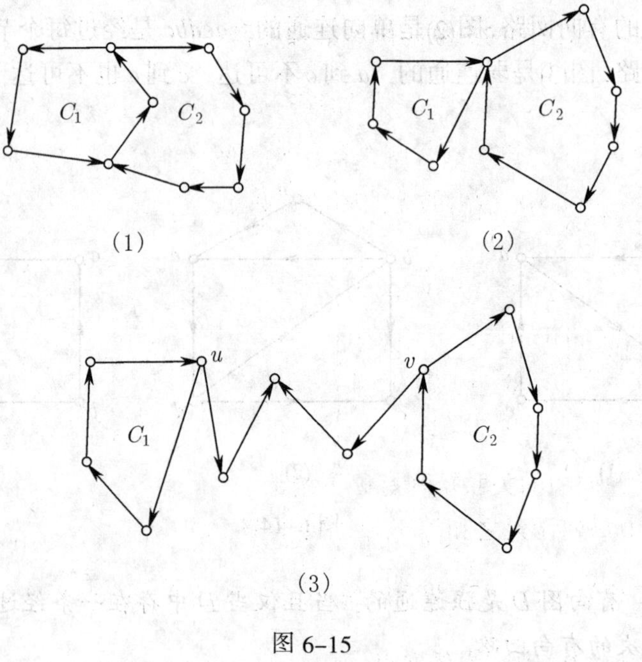

图 6-15

对情形(1), C_1 和 C_2 的公共边必构成有向通路, 它的两个端点中必有一个对此通路来说入度为 1, 则此端点对 C_1 和 C_2 的出度均为 1, 即 D 中此节点的出度至少为 2, 与假设矛盾.

对情形(2), 公共节点在 $C_1 \cup C_2$ 中的度为 4, 且在 $C_1 \cup C_2$ 中的出度和入度皆为 2, 与已知矛盾.

对情形(3), 因为 D 的基础图 G 连通, 故必存在 G 中一条 $u \sim v$ 通路, 其中 u 在 C_1 上, v 在 C_2 上. 若此通路上 u 和 v 至少有一个节点的出度为 1, 不妨设为 u, 因为 u 在 C_1 上的出度为 1, 则 u 在 D 上的出度至少为 2, 与题设矛盾. 若此通路上 u 和 v 的出度均为 0, 则此通路上必存在其他出度至少为 2 的节点 (画图直观就可得到), 也与题设矛盾. ∎

6.3 图的矩阵表示

图的图解表示便于形象直观地分析图的某些特性, 但不便于计算机处理. 图的矩阵表示是表示图的另一种方法, 它使图的有关信息能以矩阵的形式在计算机中储存并加以运算, 识别一个图等价于识别一个矩阵. 矩阵是研究图的一种有力工具. 本节主要讨论关联矩阵和邻接矩阵.

6.3.1 无向图的关联矩阵和邻接矩阵

定义 6.12 设 $G=\langle V,E\rangle$ 为无向图, $V=\{v_1,v_2,\cdots,v_n\}$, $E=\{e_1,e_2,\cdots,e_m\}$. 令 m_{ij} 为 v_i 和 e_j 的关联次数, 则称 $\boldsymbol{M}=(m_{ij})_{n\times m}$ 为 G 的**关联矩阵**.

例如: 图 6-16 给出的无向图的关联矩阵为

$$\boldsymbol{M}=\begin{pmatrix}2&1&0&0&0&0\\0&1&1&1&0&0\\0&0&1&0&1&1\\0&0&0&1&1&1\end{pmatrix}.$$

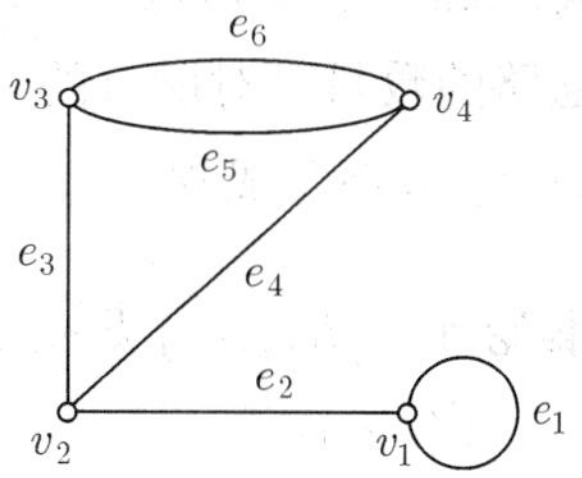

图 6-16

关于无向图的关联矩阵有如下结论:

$\boldsymbol{M}$ 中每列元素之和等于 2; $\boldsymbol{M}$ 的第 i 行元素之和为 $\deg(v_i)$; $\boldsymbol{M}$ 的全部元素之和为 $\sum_{i=1}^{n}\deg(v_i)=2m$; 若 $\boldsymbol{M}$ 的第 i 行元素全为 0, 则 v_i 为孤立点.

定义 6.13 设$G=\langle V,E\rangle$为无向图，$V=\{v_1,v_2,\cdots,v_n\}$. 令a_{ij}为以v_i和v_j为两个端点的边数，则称$\boldsymbol{A}=(a_{ij})_{n\times n}$为$G$的**邻接矩阵**.

例如图 6-16 所示的无向图的邻接矩阵为

$$\boldsymbol{A}=\begin{pmatrix}1&1&0&0\\1&0&1&1\\0&1&0&2\\0&1&2&0\end{pmatrix}.$$

任一图的关联矩阵和邻接矩阵都与其图解一一对应. 显然，若两个图的邻接矩阵相同，或可通过交换某些行和相应的列而相同，则这两个图同构. 邻接矩阵能用于判定图的连通性.

定理 6.9 设无向图G有节点集$\{v_1,v_2,\cdots,v_n\}$和邻接矩阵$\boldsymbol{A}$，则$\boldsymbol{A}^l$中第i行第j列的元素$a_{ij}^{(l)}$是从v_i到v_j的长度为l的通路数目. 若$i=j$，则$a_{ii}^{(l)}$是v_i到自身的长度为l的回路数目.

证 对l用归纳法.

当$l=1$时，定理显然成立.

假设$l=k$时定理成立. 当$l=k+1$时，$\boldsymbol{A}^{k+1}=\boldsymbol{A}\cdot\boldsymbol{A}^k$，故

$$a_{ij}^{(k+1)}=\sum_{h=1}^{n}a_{ih}\cdot a_{hj}^{(k)}.$$

根据邻接矩阵的定义，a_{ih}表示连接v_i到v_h的长度为 1 的通路的数目，而$a_{hj}^{(k)}$是连接v_h到v_j的长度为k的通路的数目，上式中的$a_{ih}\cdot a_{hj}^{(k)}$表示由v_i经过一条边到v_h，再由v_h经过长度为k的通路到v_j的总长度为$k+1$的通路的数目. 对所有的h求和，即是所有从v_i到v_j的长度为$k+1$的通路的数目，故命题成立. ∎

推论 1 $d(v_i,v_j)$是使$\boldsymbol{A}^l$的第i行第j列的元素$a_{ij}^{(l)}$非零的最小整数$l\ (i\neq j)$.

推论 2 令$\boldsymbol{B}_r=\boldsymbol{A}+\boldsymbol{A}^2+\cdots+\boldsymbol{A}^r$，则$\boldsymbol{B}_r$的第$i$行第$j$列的元素是从$v_i$到$v_j$的长度小于或等于$r$的通路数目. 若$\boldsymbol{B}_n$的第$i$行第$j$列的元素为 0，则不存在从$v_i$到$v_j$的通路，$v_i$和$v_j$属于不同的连通分支. 所以，

图是连通的$\Leftrightarrow\boldsymbol{B}_n$除主对角线外全是非零元素.

6.3.2 有向图的关联矩阵和邻接矩阵

定义 6.14 设 $D=\langle V,E\rangle$ 为无环有向图，$V=\{v_1,v_2,\cdots,v_n\}$，$E=\{e_1,e_2,\cdots,e_m\}$. 令

$$m_{ij}=\begin{cases}1, & v_i \text{ 是 } e_j \text{ 的起点},\\ -1, & v_i \text{ 是 } e_j \text{ 的终点},\\ 0, & v_i \text{ 与 } e_j \text{ 不关联},\end{cases}$$

则称 $\boldsymbol{M}=(m_{ij})_{n\times m}$ 为 D 的**关联矩阵**.

例如：图 6-17 给出的有向图 D 的关联矩阵为

$$\boldsymbol{M}=\begin{matrix} \\ v_1 \\ v_2 \\ v_3 \\ v_4\end{matrix}\begin{matrix} \begin{matrix} e_1 & e_2 & e_3 & e_4 & e_5 & e_6\end{matrix} \\ \begin{pmatrix} -1 & 0 & -1 & 1 & 0 & 0\\ 1 & -1 & 0 & 0 & 0 & 0\\ 0 & 1 & 1 & 0 & 1 & -1\\ 0 & 0 & 0 & -1 & -1 & 1\end{pmatrix}\end{matrix}.$$

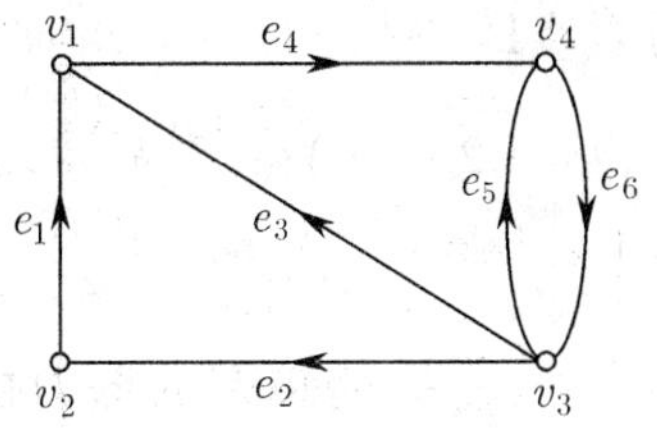

图 6-17

容易得到，有向图的关联矩阵有如下性质：

性质 1 关联矩阵是以 $-1,0,1$ 为元素的矩阵.

性质 2 关联矩阵每列元素中 1 和 -1 各有一个，每行中 1 的个数等于与它对应的节点的出度，每行中 -1 的个数等于与它对应的节点的入度. $\boldsymbol{M}$ 的全部元素之和为 0.

性质 3 相同两列对应一对平行边，元素全为零的行对应孤立点.

性质 4 如果有向图 D_1 的关联矩阵 $\boldsymbol{M}_1$ 经过若干次行或列对换后成为有向图 D_2 的关联矩阵 $\boldsymbol{M}_2$，则 $D_1\cong D_2$.

定义 6.15 设 $D=\langle V,E\rangle$ 为有向图，$V=\{v_1,v_2,\cdots,v_n\}$. 令 a_{ij} 是以 v_i 为起点，v_j 为终点的边数，则称 $\boldsymbol{A}=(a_{ij})_{n\times n}$ 为 D 的**邻接矩阵**.

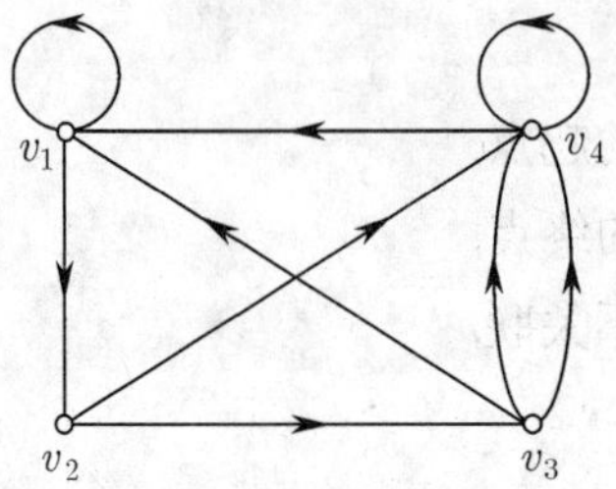

图 6-18

例如：图 6-18 给出的有向图 D 的邻接矩阵为

$$\boldsymbol{A}=\begin{matrix} & v_1 & v_2 & v_3 & v_4 \\ v_1 \\ v_2 \\ v_3 \\ v_4 \end{matrix}\begin{pmatrix} 1 & 1 & 0 & 0 \\ 0 & 0 & 1 & 1 \\ 1 & 0 & 0 & 2 \\ 1 & 0 & 0 & 1 \end{pmatrix}.$$

邻接矩阵体现图中节点之间的邻接关系，无向图的邻接矩阵是一个对称矩阵. 但有向图不一定. 有向图的邻接矩阵有如下性质：

性质1 $\boldsymbol{A}$ 的第 i 行元素之和为 $\deg^+(v_i)$，$\boldsymbol{A}$ 的第 i 列元素之和为 $\deg^-(v_i)$，其中 $i=1,2,\cdots,n$.

性质 2 设 $\boldsymbol{A}^l=(a_{ij}^{(l)})\ (l\geq 1)$，则 $i\neq j$ 时，$a_{ij}^{(l)}$ 的值是 v_i 到 v_j 的长度为 l 的有向通路的条数 $(i,j=1,2,\cdots,n)$；$a_{ii}^{(l)}$ 的值是 v_i 到自身的长度为 l 的有向回路的条数 $(i=1,2,\cdots,n)$.

定义 6.16 设 $v_1,v_2,\cdots,v_n$ 是简单有向图 D 的节点，则称 $\boldsymbol{P}=(p_{ij})_{n\times n}$ 是 D 的**可达性矩阵**，其中

$$p_{ij}=\begin{cases}1, & 若 v_i 可达 v_j, \\ 0, & 若 v_i 不可达 v_j.\end{cases}$$

可达性矩阵表明了图中任意两个节点间是否至少存在一条路以及在任何节点上是否存在回路.

由图 D 的邻接矩阵 $\boldsymbol{A}$ 可得到可达性矩阵 $\boldsymbol{P}$. 即令

$$\boldsymbol{B}_n=\boldsymbol{A}+\boldsymbol{A}^2+\cdots+\boldsymbol{A}^n,$$

在 $\boldsymbol{B}_n$ 中将不为 0 的元素改为 1(对角线上元素全变为 1)，而为零的元素保持不变，这样改换的矩阵即为可达性矩阵 $\boldsymbol{P}$. 注意，任何有向图的可达性矩阵主对角线上的元素全为 1，但不一定是对称的.

可达矩阵能使我们较快地判断有向图节点之间的可达性.

例 6.6 设有向图 D 的邻接矩阵为

$$A=\begin{pmatrix}0&0&0&1\\1&1&1&0\\2&0&0&1\\0&0&1&0\end{pmatrix}.$$

求 D 的可达性矩阵.

解 $A^2=\begin{pmatrix}0&0&1&0\\3&1&1&2\\0&0&1&2\\2&0&0&1\end{pmatrix}$，$A^3=\begin{pmatrix}2&0&0&1\\3&1&3&4\\2&0&2&1\\0&0&1&2\end{pmatrix}$，$A^4=\begin{pmatrix}0&0&1&2\\7&1&5&6\\4&0&1&4\\2&0&2&1\end{pmatrix}$，故

$$B_4=A+A^2+A^3+A^4=\begin{pmatrix}2&0&2&4\\14&4&10&12\\8&0&4&8\\4&0&4&4\end{pmatrix},\quad P=\begin{pmatrix}1&0&1&1\\1&1&1&1\\1&0&1&1\\1&0&1&1\end{pmatrix}.$$

由此可知图 D 中不是任意两个节点间均可达. 请读者画图来检验该结果.

上述可达性矩阵的概念可以推广到无向图中，只需要将无向图的每一条边看成是具有相反方向的两条边，这样，一个无向图就可以看成是有向图. 无向图的邻接矩阵是一个对称矩阵.

6.4 最短路径问题

使用图来研究实际问题时，常需要对图的边附加一个实数. 这个实数可能表示两个节点之间的距离、运输费用或时间等.

定义 6.17 给图的边 (v_i,v_j) 或 $\langle v_i,v_j\rangle$ 赋予一个实数 w_{ij}，称 w_{ij} 为该边的**权**，每条边附加有权的图称为**赋权图**或**带权图**. 一条通路的**权**是指这条通路上各边的权之和.

最短路径问题，是指寻找两个节点从 u 到 $v\,(u\neq v)$ 的具有最小权的通路. 这类问题还可应用于其他一些如解整数规划和某些特殊动态规划等问题中.

现已有若干求最短路径的算法. Dijkstra 于 1959 年提出的标号法是公

认的好算法，能求出图的某个节点到其他任一节点的最短路径．这一算法的基本思路是：首先给 n 阶赋权图的每个节点记一个数，称为标号．标号有两种：临时标号(T 标号)和固定标号(P 标号)．节点 T 标号表示从始点到终点的最短通路的权的上界；P 标号表示从始点到该节点的最短通路的权．算法的每一步把某个节点的 T 标号改变为 P 标号，并改变其他节点的 T 标号．一旦终点得到 P 标号，算法就结束．若想求得从始点到其他任一节点的最短路径，则最多经 $n-1$ 步算法停止，该算法的具体步骤如下．

- Dijkstra 算法

第 1 步　给始点 v_1 标上 P 标号 $d(v_1)=\infty$，给其他节点标上 T 标号 $d(v_j)=w_{1j}$，$2\le j\le n$ (设 w_{ij} 是连接节点 v_i 和 v_j 的边的权，若 v_i 和 v_j 没有边相连，则令 $w_{ij}=\infty$．实际计算时，可根据具体问题的要求，取一个足够大的数代替 ∞)．

第 2 步　在所有的 T 标号中取最小者，设节点 v_k 的 T 标号 $d(v_k)$ 最小，则将 v_k 的 T 标号改为 P 标号，并重新计算具有 T 标号的其他各个节点 v_j 的 T 标号：

$$\text{新的}\,d(v_j)=\min\left\{\text{旧有的}\,d(v_j),\ d(v_k)+w_{kj}\right\}.$$

第 3 步　若终点已具有 P 标号，则此标号即为所求最短路径的权，算法停止；否则转至第 2 步．

若要求始点到其他每一节点的最短路径，则第 3 步修改为所有节点都已具有 P 标号时算法停止．

例 6.7　对图 6–19 给出的赋权图 G，求出节点 v_1 到其余各个节点的最短路径．

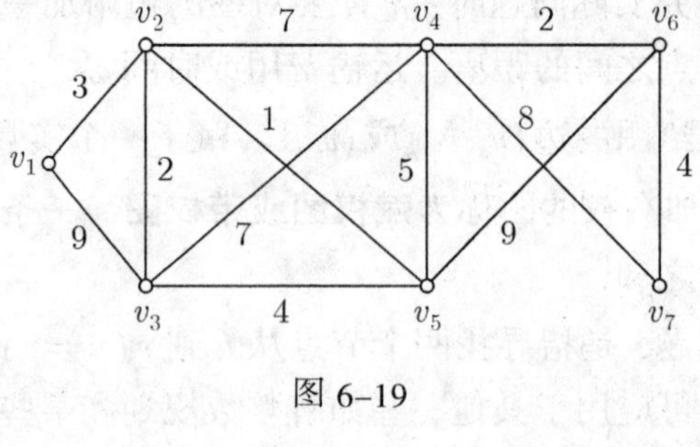

图 6–19

解　计算过程见表 6–1．表中有记号 $*$ 的数表示相应的节点已具有 P 标号，该数即是对应节点的 P 标号．

表 6-1

$d(v_1)$	$d(v_2)$	$d(v_3)$	$d(v_4)$	$d(v_5)$	$d(v_6)$	$d(v_7)$
∞^*	3	9	∞	∞	∞	∞
	$3^*/v_1$	$5/v_2$	$10/v_2$	$4/v_2$	∞	∞
		$5/v_2$	$9/v_5$	$4^*/v_2$	$13/v_5$	∞
		$5^*/v_2$	$9/v_5$		$13/v_5$	∞
			$9^*/v_5$		$11/v_4$	$17/v_4$
					$11^*/v_4$	$15/v_5$
						$15^*/v_6$

表中第 1 行是初始状态，此时只有始点 v_1 具有 P 标号 ∞，其余节点都具有 T 标号，其中 v_2 的 T 标号 3 最小．第二行将 v_2 的 T 标号改为 P 标号，并修改其余节点的 T 标号，例如对 v_3，

$$\min\{d(v_3),d(v_2)+w_{23}\}=\min\{9,2+3\}=5,$$

故 v_3 的 T 标号改为 5. 在 5 的右方记上 v_2 表明是因为节点 v_2 的标号成为 P 标号而引起 v_3 的 T 标号的改变．此 v_3 必定是与 v_2 相邻的节点．对节点 v_4,v_5 的 T 标号也作相应的修改．因为 $w_{26}=\infty$，$w_{27}=\infty$，故 v_6,v_7 的 T 标号不会改变．此过程继续进行，每将一个节点的 T 标号改为 P 标号，都要考虑对剩下的具有 T 标号的节点作修改．当所有的节点都具有 P 标号时，算法终止，此时各节点的标号就是 v_1 到它们的最短路径的权．因为在各个标号的右方记下使它们发生变化的具有 P 标号的节点，因此，最短路径本身也不难确定．例如确定 v_1 到 v_7 的最短路径，由表第 7 列，得最短路径的权为 15 及与 v_7 相邻的节点 v_6，又由第 6 列得与 v_6 相邻的节点 v_4，由第 4 列得与 v_4 相邻的节点 v_5，由第 5 列得与 v_5 相邻的节点 v_2，最后得 v_1，所以最短路径是 $v_1v_2v_5v_4v_6v_7$.

有向图的最短路径问题的处理方法与此相同．若赋权图的权是代表某种效益、利润等，则要求的不是“最短”路径而是“最长”路径，这时只要将权改变正负标号，原来的问题就转化为最短路径问题．Dijkstra 算法只能找出图中某个节点到任一其他节点的最短路径，如果要用该算法找出图中任意两个节点之间的最短路径，则算法要执行 n 次．下面介绍由 Warshall 给出并经 Floyed 改进的算法，该算法能方便地求出图中任意两节点之间的

最短路径.

- Warshall 算法

第 1 步　令 $\boldsymbol{W}^{(0)}=\boldsymbol{W}=(w_{ij})=(w_{ij}^{(0)})$.

第 2 步　从 $\boldsymbol{W}^{(0)}$ 出发, 依次构造 n 阶矩阵 $\boldsymbol{W}^{(1)},\boldsymbol{W}^{(2)},\cdots,\boldsymbol{W}^{(n)}$. 各个 $\boldsymbol{W}^{(k)}=(w_{ij}^{(k)})$ 的定义为

$$w_{ij}^{(k)}=\min\{w_{ij}^{(k-1)},\ w_{ik}^{(k-1)}+w_{kj}^{(k-1)}\},$$

$w_{ij}^{(k)}$ 是从 v_i 到 v_j 中间节点仅属于 $\{v_1,v_2,\cdots,v_k\}$ 的通路中权最小的通路之权.

最后得到的 $\boldsymbol{W}^{(n)}$ 的元素 $w_{ij}^{(n)}$ 就是节点 v_i 到 v_j 的最短路径的权.

例 6.8　对图 6-20 给出的有向图, 用 Warshall 算法求任意两节点之间的最短路径的权.

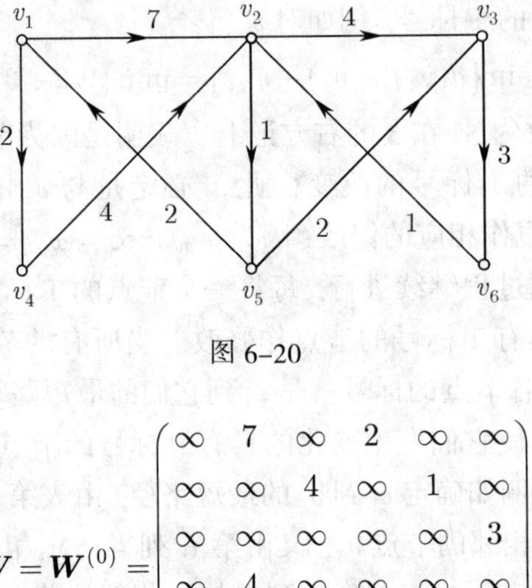

图 6-20

解

$$\boldsymbol{W}=\boldsymbol{W}^{(0)}=\begin{pmatrix}\infty & 7 & \infty & 2 & \infty & \infty\\ \infty & \infty & 4 & \infty & 1 & \infty\\ \infty & \infty & \infty & \infty & \infty & 3\\ \infty & 4 & \infty & \infty & \infty & \infty\\ 2 & \infty & 2 & \infty & \infty & \infty\\ \infty & 1 & \infty & \infty & \infty & \infty\end{pmatrix},$$

$$\boldsymbol{W}^{(1)}=\begin{pmatrix}\infty & 7 & \infty & 2 & \infty & \infty\\ \infty & \infty & 4 & \infty & 1 & \infty\\ \infty & \infty & \infty & \infty & \infty & 3\\ \infty & 4 & \infty & \infty & \infty & \infty\\ 2 & 9 & 2 & 4 & \infty & \infty\\ \infty & 1 & \infty & \infty & \infty & \infty\end{pmatrix},$$

$$W^{(2)}=\begin{pmatrix}\infty & 7 & 11 & 2 & 8 & \infty\\ \infty & \infty & 4 & \infty & 1 & \infty\\ \infty & \infty & \infty & \infty & \infty & 3\\ \infty & 4 & 8 & \infty & 5 & \infty\\ 2 & 9 & 2 & 4 & 10 & \infty\\ \infty & 1 & 5 & \infty & 2 & \infty\end{pmatrix},$$

$$W^{(3)}=\begin{pmatrix}\infty & 7 & 11 & 2 & 8 & 14\\ \infty & \infty & 4 & \infty & 1 & 7\\ \infty & \infty & \infty & \infty & \infty & 3\\ \infty & 4 & 8 & \infty & 5 & 11\\ 2 & 9 & 2 & 4 & 10 & 5\\ \infty & 1 & 5 & \infty & 2 & 8\end{pmatrix},$$

$$W^{(4)}=\begin{pmatrix}\infty & 6 & 10 & 2 & 7 & 13\\ \infty & \infty & 4 & \infty & 1 & 7\\ \infty & \infty & \infty & \infty & \infty & 3\\ \infty & 4 & 8 & \infty & 5 & 11\\ 2 & 8 & 2 & 4 & 9 & 5\\ \infty & 1 & 5 & \infty & 2 & 8\end{pmatrix},$$

$$W^{(5)}=\begin{pmatrix}9 & 6 & 9 & 2 & 7 & 12\\ 3 & 9 & 3 & 5 & 1 & 6\\ \infty & \infty & \infty & \infty & \infty & 3\\ 7 & 4 & 7 & 9 & 5 & 10\\ 2 & 8 & 2 & 4 & 9 & 5\\ 4 & 1 & 4 & 6 & 2 & 7\end{pmatrix},$$

$$W^{(6)}=\begin{pmatrix}9 & 6 & 9 & 2 & 7 & 12\\ 3 & 7 & 3 & 5 & 1 & 6\\ 7 & 4 & 7 & 9 & 5 & 3\\ 7 & 4 & 7 & 9 & 5 & 10\\ 2 & 6 & 2 & 4 & 7 & 5\\ 4 & 1 & 4 & 6 & 2 & 7\end{pmatrix}.$$

所给的图是强连通的, 所以 $W^{(6)}$ 中不出现 ∞.

我们举例说明本例 $W^{(k)}$ 中的元素是怎样计算得来的. $w_{52}^{(0)}=\infty$, 而

$w_{52}^{(1)}=9$，是因为

$$w_{52}^{(1)}=\min\left\{w_{52}^{(0)},w_{51}^{(0)}+w_{12}^{(0)}\right\}=\min\{\infty,2+7\}=9,$$

这对应图中有通路 $v_5v_1v_2$，通路中间的节点属于 $\{v_1\}$. 再如

$$w_{52}^{(4)}=\min\left\{w_{52}^{(3)},w_{54}^{(3)}+w_{42}^{(3)}\right\}=\min\{9,4+4\}=8,$$

这对应图中有通路 $v_5v_1v_4v_2$，该通路中间的节点属于 $\{v_1,v_2,v_3,v_4\}$.

6.5 欧拉图与哈密尔顿图

6.5.1 欧拉图

1736 年瑞士数学家欧拉（Euler）发表了图论的第一篇论文《哥尼斯堡七桥问题》，该问题是：哥尼斯堡城有一条横贯全市的河，河中有两个岛屿由七座桥连接，如图 6-21 (1)所示. 当时人们热衷于一个有趣的游戏：一个人能否从任何一块陆地出发，通过每座桥一次且仅一次，最后回到出发点？

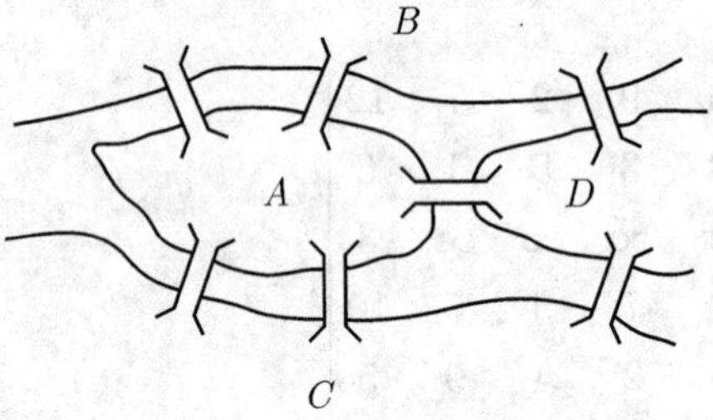

(1)

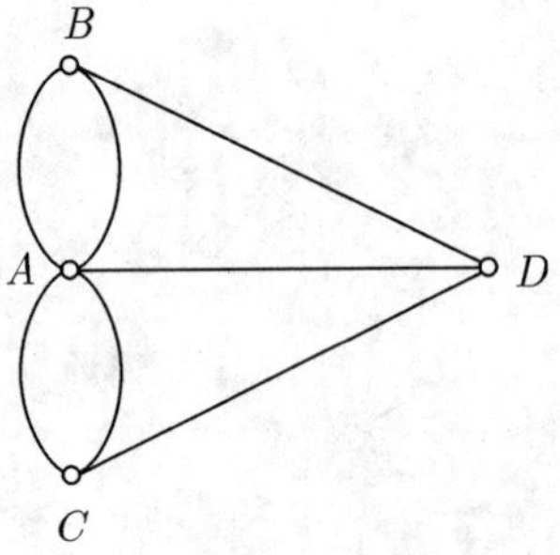

(2)

图 6-21

欧拉在论文中用 A,B,C,D 分别表示对应的陆地，用边表示连接陆地的桥（如图 6-21 (2)所示），因此七桥问题就转化为图 6-21 (2)中寻找一条包含每条边一次且仅一次的回路问题. 欧拉确定了哥尼斯堡七桥问题无解. 哥尼斯堡七桥问题和我们通常所说的一笔画问题差不多，这就是我们将要讨论的欧拉图. 下面首先介绍相关定义.

定义 6.18 通过图（无向图或有向图）中每条边正好一次的通路称为**欧拉通路**，存在欧拉通路的图称为**半欧拉图**；通过图中每条边正好一次的

回路称为**欧拉回路**，存在欧拉回路的图称为**欧拉图**.

我们考查的欧拉图通常指的是无孤立点的连通图. 根据定义，显然有：欧拉通路是简单通路，欧拉回路是简单回路. 欧拉图必定是半欧拉图，反之则不然.

例如图 6–22 中，图(1), (2), (3)为 3 个无向图. 其中图(1)是欧拉图；图(2)存在欧拉通路，但不存在欧拉回路，是半欧拉图；图(3)不存在欧拉通路，不是半欧拉图，更不是欧拉图.

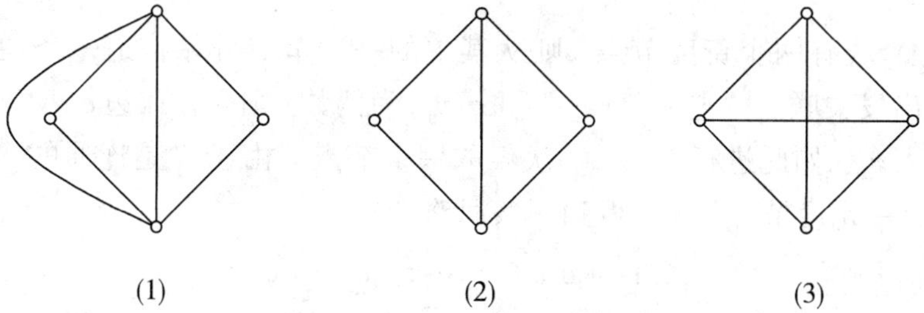

图 6–22

图 6–23 中，图(1), (2), (3)是 3 个有向图. 其中图(1)是欧拉图；图(2)存在欧拉通路，但不存在欧拉回路，是半欧拉图；图(3)不存在欧拉通路，不是半欧拉图，更不是欧拉图.

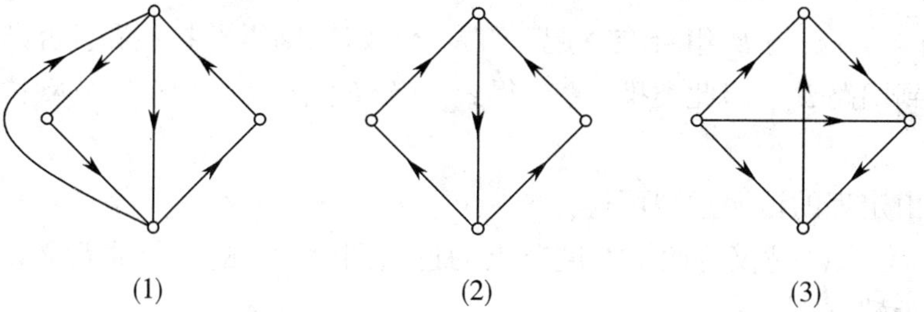

图 6–23

判断一个无向图是否为欧拉图或半欧拉图，有如下充要条件.

定理 6.10 不含孤立点的无向图 G 具有一条欧拉通路，当且仅当 G 是连通的，且有零个或两个奇度节点.

证 必要性 设 G 具有欧拉通路，即有点边序列

$$v_0 e_1 v_1 e_2 v_2 \cdots e_i v_i e_{i+1} \cdots e_k v_k,$$

其中节点可能重复出现，但边不重复，因为欧拉通路经过图 G 中每一个节点，故图 G 必连通.

对任意一个不是端点的节点 v_i，在一个欧拉通路中每当 v_i 出现一次，必关联两条边，故虽然 v_i 可重复出现，但 $\deg(v_i)$ 必是偶数．对于端点，若 $v_0=v_k$，则 $\deg(v_0)$ 为偶数，即 G 中无奇度节点，若端点 v_0 与 v_k 不同，则 $\deg(v_0)$ 为奇数，$\deg(v_k)$ 为奇数，G 中就有两个奇度节点.

充分性　若图 G 连通，有零个或两个奇度节点，我们构造一条欧拉通路如下：

(1) 若有两个奇度节点，则从其中的一个节点开始构造一条通路，即从 v_0 出发关联 e_1 "进入" v_1，若 $\deg(v_1)$ 为偶数，则必存在边 e_2，由 v_1 经过 e_2 进入 v_2，如此进行下去，每次仅取一个节点．由于 G 是连通的，故必可到达另一奇度节点停下，得到一条通路

$$L_1:\ v_0e_1v_1e_2v_2\cdots e_iv_ie_{i+1}\cdots e_kv_k.$$

若 G 中没有奇度节点，则从任一节点 v_0 出发，用上述的方法必可回到节点 v_0，得到上述一条回路 L_1.

(2) 若 L_1 通过了 G 的所有边，则 L_1 就是欧拉通路.

(3) 若 L_1 未通过 G 的所有边，则 G 中去掉 L_1 后得到子图 G_1，G_1 中每一节点的度均为偶数，因原图是连通的，故 L_1 与 G_1 至少有一个节点 v_i 重合，在 G_1 中由 v_i 出发重复(1)的方法，得到回路 L_2.

(4) 当 L_1 与 L_2 组合在一起，如果恰是 G，则得欧拉通路，否则重复(3)可得到回路 L_3，以此类推，直到得到一条经过图 G 中所有边的欧拉通路.

∎

由定理的证明过程可得：

(1) 当 G 是仅有两个奇度节点的连通图时，G 的欧拉通路必以这两个节点为端点.

(2) 当 G 是无奇度节点的连通图时，G 必有欧拉回路.

因此，由上述定理可得：

定理 6.11　*不含孤立点的无向图 G 是欧拉图，当且仅当 G 连通，且所有节点的度为偶数.*

哥尼斯堡七桥问题中由于有 4 个奇度节点，由上面定理易知，不存在欧拉通路，问题无解.

一笔画问题有两种情况：一种是从图G中某一节点出发，经过图G的每一边一次且仅一次到达另一节点．另一种是从G的某个节点出发，经过G的每一边一次且仅一次回到该节点．上述两种情况可以由欧拉通路和欧拉回路的判定条件予以解决．

上面关于无向图的结论很容易推广到有向图上去．

定理6.12 *不含孤立点的有向图D具有一条有向欧拉回路，当且仅当D是连通的，且每个节点的入度等于出度．一个有向图D具有有向欧拉通路，当且仅当D是连通的，而且除两个节点外，每个节点的入度等于出度，且这两个节点中，一个节点的入度比出度大1．另一个节点的入度比出度小1．*

由此定理可见：

(1) 当D除出度、入度之差为$1,-1$的两个节点之外，其余节点的出度与入度都相等时，D的有向欧拉通路必以出度、入度之差是1的节点为始点，以出度、入度之差是-1的节点为终点．

(2) 当D的所有节点的出度、入度都相等时，D存在有向欧拉回路．

因此可得：

定理6.13 *不含孤立点的有向图D为有向欧拉图的充分必要条件是D为连通图，并且所有节点的出度、入度都相等．*

作为欧拉图的应用及其推广的例子是中国邮路问题．设一个邮递员从邮局出发沿着他所管辖的街道送信，然后返回到邮局，若必须走遍所辖各街道中每一条最少一次，则怎样选择投递路线使所走的路程最短？

我们知道，如果他管辖的街道恰好成为欧拉图，就不存在最短路程的问题，因为不论他怎样安排行走路线，所走路程总是一定的．但实际问题中一般不会恰巧就是欧拉图，必然要重复经过某些街道，因此邮路问题是一个既与欧拉图有关又与最小权通路有关的问题．邮路问题可用图论的概念描述如下：在一个赋权图G中，怎样找到一条回路C，使得C包含G中的每条边至少一次，而且回路C具有最小权．我国数学家管梅谷教授于1962年解决了这一问题，这一问题被国际数学界称为**中国邮路问题**．它的解题思路大体包括三方面：

(1) 若G是欧拉图，则C是欧拉回路且具有唯一的最小长度．

(2) 如果G是具有从v_i到v_j的欧拉通路的半欧拉图，C的构造如下：

找从 v_i 到 v_j 的欧拉通路及 v_i 到 v_j 的最小权通路（即最短路径）. 这两条通路合并在一起就是最小权回路.

(3) 如果 G 不是半欧拉图, 一般说来, G 中包括各条边之回路, 其重复的边数与奇节点数目有关, 若奇节点多于 2 个, 则回路中会出现更多的重复的边, 问题是怎样使重复边的权总和最小. 在理论上已证明：一条包括 G 的所有边的回路 C 具有最小权当且仅当：

① 每条边最多重复一次;

② 在 G 的每个回路上, 有重复边的权之和小于回路权的一半.

6.5.2 哈密尔顿图

哈密尔顿图的起源可追溯到 1859 年, 英国数学家哈密尔顿(Hamilton)发明了一个称为周游世界的游戏, 他用正十二面体的 20 个节点分别代表 20个大城市, 其模拟图如图 6-24 所示, 问旅游者怎样才能从一个城市出发, 经过每个城市恰好一次, 然后又回到出发点. 他把该问题称为**周游世界问题**. 按图中的编号顺序走, 显然会成功.

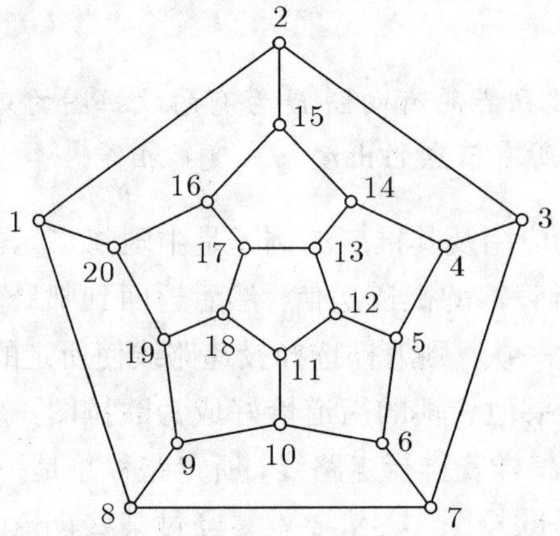

图 6-24

定义 6.19 经过图中每个节点一次且仅一次的通路（回路）称为**哈密尔顿通路（回路）**, 存在哈密尔顿通路的图称为**半哈密尔顿图**, 存在哈密尔顿回路的图称为**哈密尔顿图**. 确定一个图是否为哈密尔顿图的问题称为**哈密尔顿回路问题**.

显然, 哈密尔顿图也是半哈密尔顿图, 反之则不然. 哈密尔顿图或半哈密尔顿图必连通，并且每个节点的度大于或等于 2.

例如图 6–25 的 3 个无向图中，图(1)是哈密尔顿图，图(2)是半哈密尔顿图，图(3)不是半哈密尔顿图，更不是哈密尔顿图.

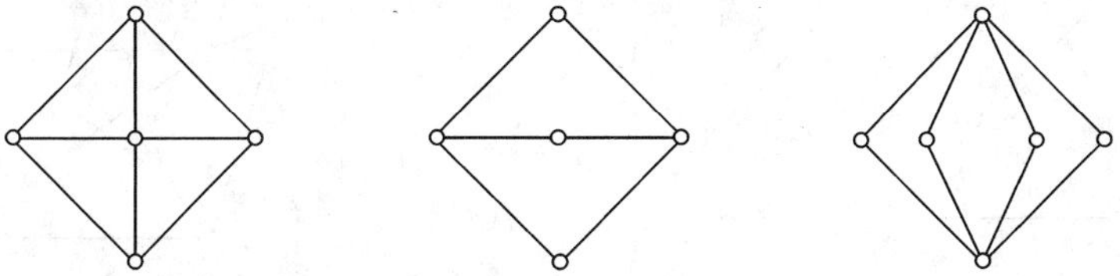

(1) (2) (3)

图 6–25

虽然哈密尔顿回路问题与欧拉回路问题在形式上极为相似，但至今未找到判别一个图是否为哈密尔顿图或半哈密尔顿图的简明的充要条件，只能给出若干必要条件或充分条件.

定理 6.14 *若无向图 $G=\langle V,E\rangle$ 是哈密尔顿图，W 是 V 的任意非空子集，则 $p(G-W)\le|W|$，其中 $p(G-W)$ 是 $G-W$ 中连通分支数.*

证 设 C 是 G 的一条哈密尔顿回路，则对于 V 的任何一个非空子集 W，在 C 中删去 W 中任一节点 v_1，则 $C-v_1$ 连通无回路，若删去 W 中的另一个节点 v_2，则

$$p(C-v_1-v_2)\le 2,$$

由归纳法得知 $p(C-W)\le|W|$. 因 $C-W$ 是 $G-W$ 的一个生成子图，因而 $p(G-W)\le p(C-W)$，所以

$$p(G-W)\le|W|.$$ ▌

定理6.14的实用价值在于可以利用其逆否命题来判定一个图不是哈密尔顿图. 如图 6–26 中取 $W=\{v_1,v_7\}$，则 $G-W$ 中有3个连通分支，故 G 不是哈密尔顿图.

定理 6.14 只给出了一个图是哈密尔顿图的必要条件，并不是充分的.例如：著名的彼得森图，如图 6–27 所示，在图中删去任意一个节点或任意两个节点，不能使它不连通；删去3个节点，最多只能得到有两个连通分支的子图；删去 4 个节点，最多只能得到有 3 个连通分支的子图；删去 5 个或 5 个以上的节点，余下的节点数都不大于 5，故必不含有 5 个以上的连通分

支. 所以该图满足 $p(G-W)\le|W|$, 但是可以证明它非哈密尔顿图.

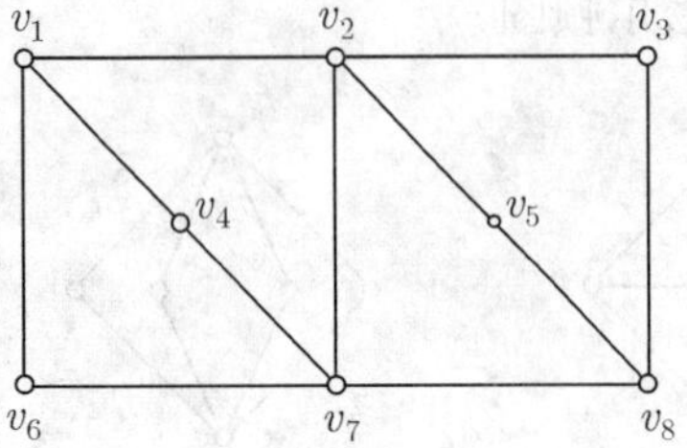

图 6–26

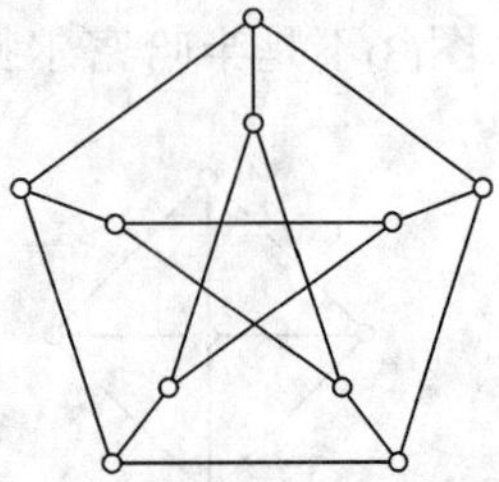

图 6–27

定理 6.15 给定简单无向图 $G=\langle V,E\rangle$, 其中 $|V|=n$, 若对任意 $u,v\in V$, $\deg(u)+\deg(v)\ge n-1$, 则 G 中有一条哈密尔顿通路.

证 (1) 首先证明 G 是连通的.

假设 G 不连通, 则 G 至少有两个连通分支 G_1 和 G_2, 设 G_1 和 G_2 分别有 n_1 和 n_2 个节点, 且 u 和 v 分别是 G_1 和 G_2 的节点, 则 $\deg(u)\le n_1-1$, $\deg(v)\le n_2-1$. 所以 $\deg(u)+\deg(v)\le n_1+n_2-2<n-1$, 矛盾, 故 G 连通.

(2) 证明 G 中有哈密尔顿通路. 思路是: 若 G 中有一条长为 $l-1$ 的基本通路, 经过 l 个节点, 那么可作出一条有 l 条边经过 $l+1$ 个节点的路径. 逐次做下去, 就可得到经过 $n-1$ 条边, 经过全部 n 个节点一次且仅一次的哈密尔顿通路. 分两种情况讨论:

设 $L:v_1v_2v_3\cdots v_l$ 是 G 中长为 $l-1$ 的基本通路 $(l\le n)$, 若 $l=n$, 则 L 即是哈密尔顿通路, 否则

① 若 v_1 或 v_l 与 L 外的其他节点邻接, 延伸这条路径到该节点, 于是得到长为 l、通过 $l+1$ 个节点的基本通路, 如图 6–28 所示.

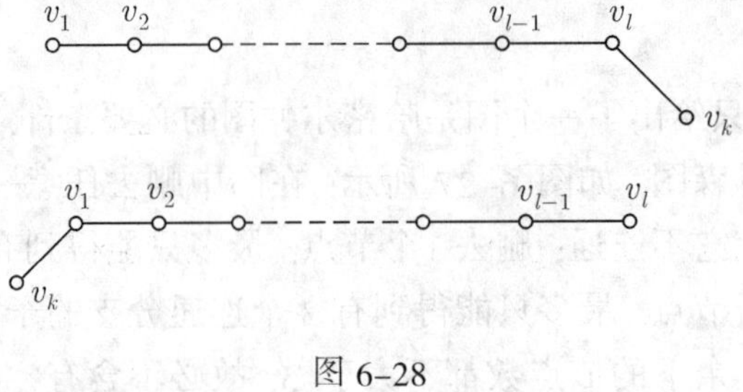

图 6–28

② 否则，v_1 或 v_l 邻接 $L: v_1v_2v_3\cdots v_l$ 路径上的一个节点.

若 v_1 与 v_l 邻接. 此时在 $v_2,\cdots,v_{l-1}$ 中找一个节点 v_t，它邻接着不在路径中的一个节点 v_k. 若找不到这个 v_t，则或者 G 不连通，或者 $l=n$，均与已知矛盾. 延伸路径到 v_k，并断开 v_{t-1} 与 v_t，则从 v_k 始，经 $v_t,v_{t+1},\cdots,v_l,\cdots,v_{t-2}$ 到 v_{t-1} 组成一个新路径，它有 $l+1$ 个节点，有 l 条边. 如图 6–29 所示.

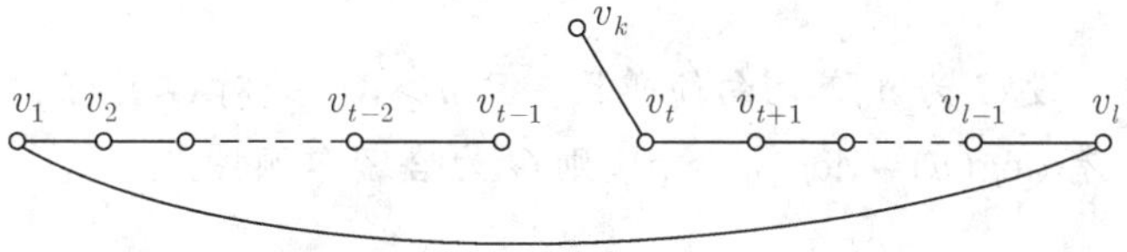

图 6–29

若 v_1 与 v_l 不邻接，但它们邻接路径上不同的节点. 设 v_1 邻接 v_x，$2\le x\le l-1$，则 v_l 必定邻接 v_x 的邻接点 v_{x-1} 或 v_{x+1}，否则 v_1 邻接 x 个节点，而 v_l 至多邻接 $(l-1)-x$ 个节点，

$$\deg(v_1)+\deg(v_l)=x+l-x-1=l-1<n-1,$$

与已知矛盾. 不妨设 v_1 邻接 v_q，v_l 邻接 v_{q-1}. 如图 6–30 所示.

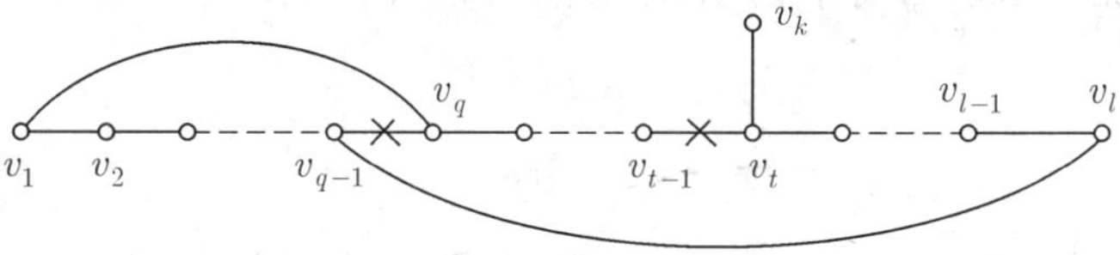

图 6–30

由于 G 连通，在 $v_1v_2\cdots v_{q-1}v_lv_{l-1}\cdots v_tv_{t-1}\cdots v_qv_1$ 回路外，必有一节点 v_k 与回路中（不妨设）v_t 相邻接. 如图 6–30 所示. 去掉 $(v_{q-1},v_q),(v_{t-1},v_t)$，加上边 $(v_q,v_1),(v_{q-1},v_l),(v_t,v_k)$，得到一条 l 条边、$l+1$ 个节点的路径.

依②继续加长路径，可得一条哈密尔顿通路. ▌

例 6.9 考虑在 7 天内安排 7 门课程的考试，使得由一位教师所任的两门课程的考试不排在接连的两天内. 试证：如果没有教师担任多于 4 门课程，则符合上述要求的考试安排总是可能的.

解 构造 7 阶简单图 G 如下：

G 的每个节点对应一门课程考试, 并且当且仅当两个节点所对应的考试课程是由不同教师担任时, 这两个节点是邻接的, 即当且仅当两个节点所对应的课程考试可以安排在接连的两天中, 这两个节点是邻接的.

由于每位教师所担任的课程不超过 4 门, 故 G 的每个节点度数至少是 3, 从而每一对节点的度数之和至少为 6. 因此, 由定理 6.15 知 G 一定存在一条哈密尔顿通路, 它对应于一个 7 门考试课目的一个适当安排. 按照这条通路走向的节点次序安排课程考试, 总能符合要求.

定理 6.16 设 G 为 n 阶无向简单图, 且 $n \geq 3$, 若对 G 的任意两个节点 u 和 v, 有 $\deg(u)+\deg(v) \geq n$, 则 G 为哈密尔顿图.

证 由定理 6.15 可知必存在一条哈密尔顿通路, 设为 $v_1 v_2 \cdots v_n$, 如果 v_1 与 v_n 邻接, 则定理得证.

如果 v_1 与 v_n 不邻接, 假设 v_1 邻接于 $\{v_{i_1}, v_{i_2}, \cdots, v_{i_k}\}$, 其中 $2 \leq i_j \leq n-1$, 则 v_n 必邻接于 $v_{i_1-1}, v_{i_2-1}, \cdots, v_{i_k-1}$ 中之一. 否则如果不邻接于 $v_{i_1-1}, v_{i_2-1}, \cdots, v_{i_k-1}$ 中的任一节点, 则 v_n 至多邻接于 $n-k-1$ 个节点, 因而 $\deg(v_n) \leq n-k-1$, 而 $\deg(v_1)=k$, 故

$$\deg(v_1)+\deg(v_n) \leq n-k-1+k=n-1,$$

与题设矛盾, 所以必有哈密尔顿回路 $v_1 v_2 \cdots v_{j-1} v_n v_{n-1} \cdots v_j v_1$, 如图 6-31 所示. ∎

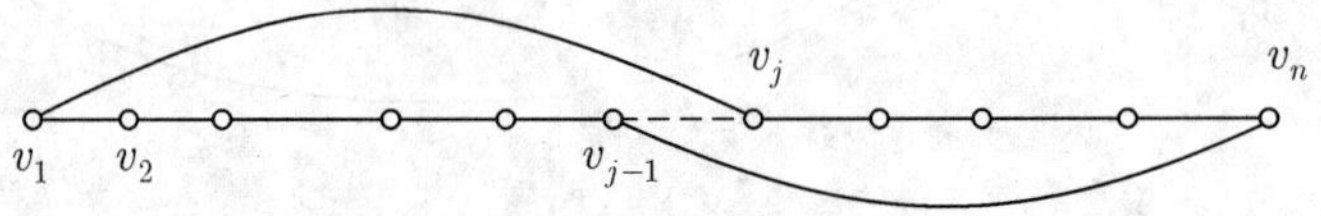

图 6-31

需要注意的是, 上述两个定理只是充分条件, 不是必要条件, 如图 6-32 中, 两个图均不满足上面条件, 但存在哈密尔顿通路和哈密尔顿回路.

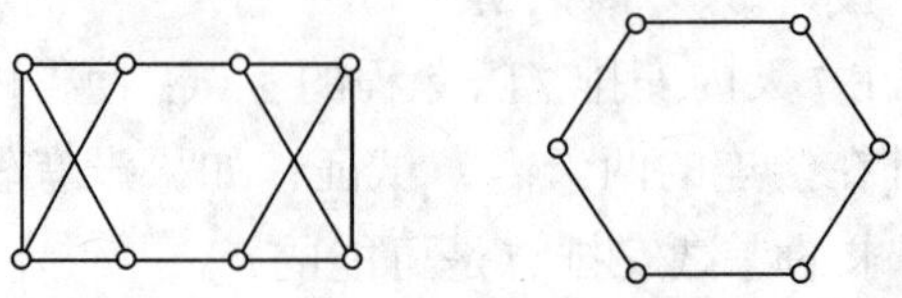

图 6-32

由定理 6.16 易得：

定理 6.17 设 G 为 n 阶无向简单图，若对 G 的任一节点 v，有 $\deg(v)\geq\frac{n}{2}$，则 G 为哈密尔顿图.

哈密尔顿回路的一个推广是**推销员问题**，亦称流动售货员问题或货郎担问题. 设有某推销员为推销商品，需要跑遍各大城市且不重复，而最后返回原地. 其旅行路线怎样安排，才能使总距离最小？可以用节点表示城市，城市间的交通路线用边表示，而城市间的交通线路距离可用附加于边的权表示. 这样，上述问题可以归结为寻找一条权的总和为最短的哈密尔顿回路. 研究这类问题很有实用价值，但至今还未找到好的解决方法. 下面给出一种“**近邻法**”或“**最邻近算法**”，按此方法求得的哈密尔顿回路未必是最小权哈密尔顿回路，但很接近最小权哈密尔顿回路.

- **最邻近算法**

设 $G=\langle V,E,W\rangle$ 是有 n 个节点的无向完全图.

(1) 任取 $v_0\in V$ 作为始点，令 L 为 v_0，置 $k=0$.

(2) 令 $w(v_k,x)=\min\left\{w(v_k,v)\mid v \text{ 不在 } L\text{中}\right\}$，置 $v_{k+1}=x$，置 $L=v_0v_1\cdots v_{k+1}$，置 $k=k+1$.

(3) 若 $k<n-1$，转(2).

(4) 置 L 为 $v_0v_1\cdots v_kv_0$，结束.

例 6.10 用最邻近算法示图 6–33 (a)的最短哈密尔顿回路.

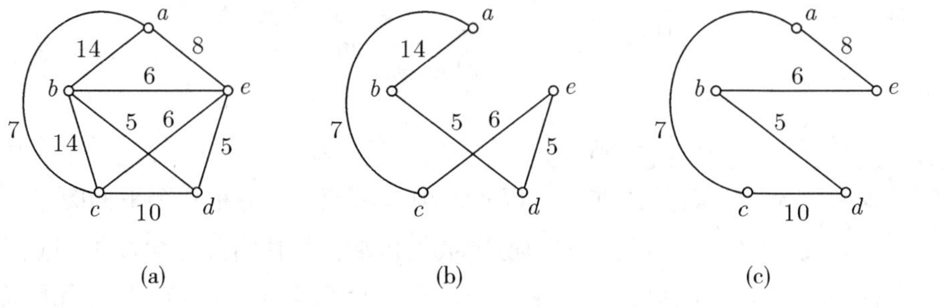

图 6–33

解 从 a 开始，可得哈密尔顿回路，如图 6–33 (b)所示，长度为 37，而最短哈密尔顿回路如图 6–33 (c)所示，长度为 36.

6.6 平面图

在现实生活中，常常要画一些图形，希望边与边之间尽量避免相交. 所谓图的平面性问题，就是一个图是否存在除节点处外无边相交的平面图解. 研究图的平面性问题很有实用价值，例如考虑印刷电路的布线以及交通道路的设计等就会遇到这样的问题.

定义 6.20 若无向图 G 能画在平面上，除节点处外无边相交，则称 G 为**可平面图**或**平面图**. 画出的无边相交的图称为 G 的一个**平面嵌入**或**平面图**. 无平面嵌入的图称为**非平面图**.

显然，若 G 为平面图，则其子图也是平面图；若 G 非平面图，则其母图也是非平面图；G 为平面图，当且仅当其每个连通分支为平面图. 因此，只需研究连通平面图.

应该注意，有些图形从表面上看有几条边是相交的，但不能就此肯定它不是平面图. 例如图 6-34 (1)，表面上看有几条边相交，但把它画成图 6-34 (2)，则可看出它是一个平面图.

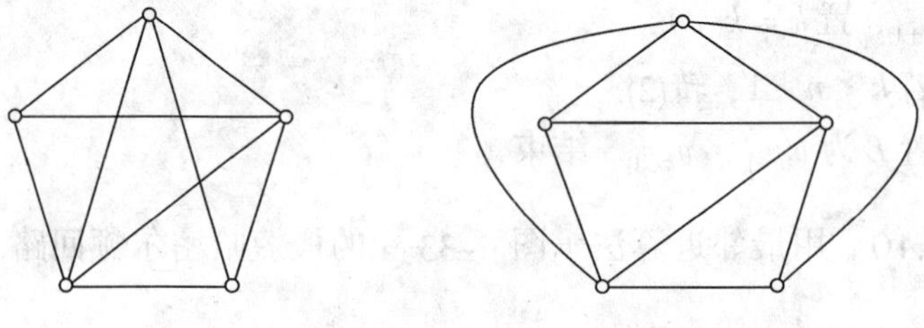

(1)　　　　(2)

图 6-34

有些图形不论怎样画，除去节点外，总有边相交. 如 $K_{3,3}$，不论怎样画，至少有一条边与其他边在节点以外的地方相交，它不是一个平面图.

定义 6.21 平面图 G 的边所围成的区域，若其内部不含 G 的节点和边，则称该区域为 G 的**面**. 每个平面图恰有一个面为无界区域，称为**无限面**或**外部面**，其余的面称为**有限面**或**内部面**. 包围一个面的边构成的回路称为该面的**边界**，回路的长称为面的**次数**或**边界的长**.

例如图 6-35 (1)，具有 6 个节点、9 条边，它把平面分成 5 个面. 其中

r_1, r_2, r_3, r_4 四个面是有限面，如 r_1 由回路 $v_1v_2v_4v_1$ 所围，r_3 可看成从 v_6 点开始围绕 r_3 按逆时针走，由回路 $v_6v_5v_3v_4v_5v_6$ 所围. 另外还有一个面 r_5 在图形之外，不受边界约束，是无限面. 如果我们把图形看做包含在比整个平面还要大的一个矩形之内，那么在计算图形面的数目时，就不会遗漏无限面了.

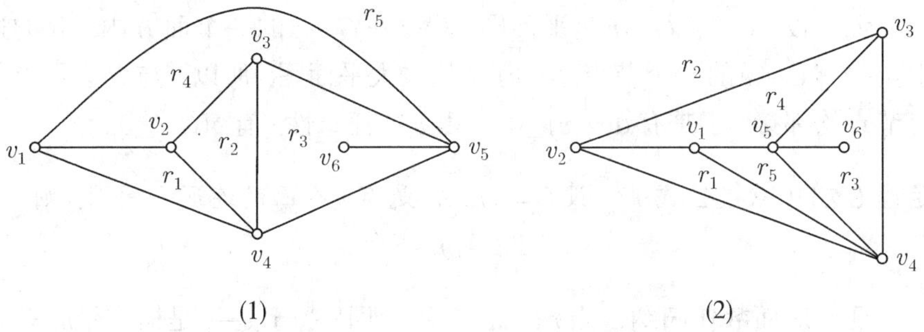

图 6-35

注意，若一个面 R 是某个平面图 G 的一个平面嵌入 G_1 的内部面，则总可以找到 G 的另一个平面嵌入 G_2，使 R 成为外部面. 事实上，可以假想面 R 的各个边界均放在一个平面（如一个桌面）上，将其他节点及对应的边均拉离该平面（此时该平面图就像空间中的一个多面体一样），然后将面 R 的各边充分拉长，面也变大，使其他各节点及边在该平面的投影均落在该面内部，再将各节点及边按压在该平面上，则此时 R 成为了一个外部面. 如图 6-35 (1)中 r_5 是一个外部面，图 6-35 (2)是它的另一个平面嵌入，这时 r_5 是一个内部面.

定理 6.18 一个有限平面图，其面的次数之和等于其边数的两倍.

证 因为任何一条边，或者是两个面的公共边，或者在一个面中作为边界被重复计算两次，故面的次数之和等于其边数的两倍. ▌

定义 6.22 若平面图 G 中任意两个不相邻的节点之间加一条边，所得图为非平面图，则称 G 为**极大平面图**.

例如图 6-34 就是一个极大平面图，图 6-34 (2)是图 6-34 (1)的平面图解.

定理 6.19 任何节点数大于或等于 3 的极大简单平面图，其所有的面均是三角形 K_3.

事实上，由于任意一个面均存在一个平面嵌入，使其成为一个内部面，因此可以假设：若某个内部面不是三角形而是一个多边形，则可以在此多边形中添加一条对角线而不改变原图的可平面性，与该图是极大平面图矛盾.

定理 6.20 对不少于 4 个节点的极大平面图 G，有 $\delta(G) \geq 3$.

证 设 $v \in G$，$G-v$ 是平面图，设 v 在 $G-v$ 的一个面 R 内，R 的边界上至少有 $G-v$ 的 3 个节点，因为 G 是极大平面图，所以 v 与 R 边界上的所有节点均邻接，于是有 $\deg(v) \geq 3$. 由 v 的任意性，有 $\delta(G) \geq 3$. ▌

定理 6.21（欧拉公式） 设 $G=(n,m)$ 是有 r 个面的连通平面图，则

$$n-m+r=2.$$

证 对面数作归纳. 当 $r=1$，G 不含回路，于是 G 是树，有 $m=n-1$（下一章会给出关于此结论的详细证明）. 此时，

$$n-m+r=1+1=2.$$

设定理对有 k $(k \geq 2)$ 个面的任意连通平面图成立，若 $G=(n,m)$ 是一个有 $k+1$ 个面的平面图，则 G 至少含有一个基本回路，取基本回路上的一条边 x，则 $G-x$ 仍是连通的. 此时 $G-x$ 有 k 个面、$m-1$ 条边、n 个节点. 由归纳假设有 $n-(m-1)+k=2$. 经整理得

$$n-m+(k+1)=2.$$

由归纳法原理，欧拉公式对任何正整数 r 成立. ▌

定理中平面图的连通性条件是重要的. 例如对图 6-36 的平面图，

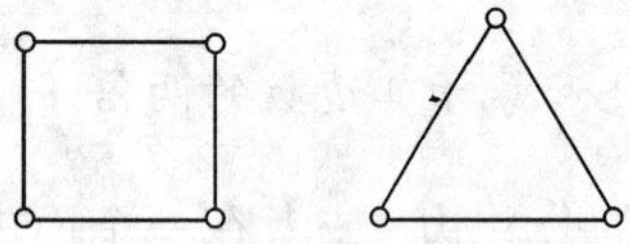

图 6-36

$$n=7,\ m=7,\ r=3,$$

欧拉公式不成立，但有下面的结论：

推论 1 设 $G=(n,m)$ 是具有 r 个面、k 个连通分支的平面图，则

$$n-m+r=k+1.$$

定理 6.21 还有若干重要推论.

推论 2 设连通平面图 $G=(n,m)$，若 G 的每个面的边界长度均为 l $(l \geq 3)$，

则 $m=\frac{l}{l-2}(n-2)$；若 G 的每个面的边界长度至少为 l $(l\geq 3)$，则

$$m\leq\frac{l}{l-2}(n-2).$$

证　设 G 有 r 个面，因为每条边在两个面的边界上，由定理 6.18，有

$$l\times r=2m.$$

将欧拉公式代入得 $l\times(2-n+m)=2m$，整理得 $m=\frac{l}{l-2}(n-2)$。

另一个式子的证明类似.　▌

推论 3　设 $G=(n,m)$ 为连通平面图，若 G 的每个面的边界长度至少为 3，则 $m\leq 3n-6$。

证　若 G 是有 n $(n\geq 3)$ 个节点的极大平面图，则每个面都是三角形，即边界长 l 为 3，由推论 2，有 $m=3n-6$。

对一般的具有 n 个节点的平面图，其边数不大于极大平面图的边数，故有 $m\leq 3n-6$。　▌

应用此定理可以判定某些图为非平面图.

推论 4　K_5 是不可平面的.

证　假若 K_5 是可平面的，将 $n=5$, $m=10$ 代入 $m\leq 3n-6$，得 $10\leq 3\times 5-6=9$，矛盾.　▌

推论 5　若 G 的每个面的边界长度至少为 4，则 $m\leq 2n-4$；若 G 的每个面的边界长度至少为 5，则 $m\leq\frac{5}{3}n-\frac{10}{3}$；若 G 的每个面的边界长度至少为 6，则 $m\leq\frac{3}{2}n-3$。

证　设 G 有 r 个面，分别是 l_1 边形、l_2 边形……l_r 边形. 因为 G 不含 K_3，所以 $l_i\geq 4$, $i=1,2,\cdots,r$。

又因 $\sum_{i=1}^{r}l_i=2m$，所以 $4r\leq 2m$。由欧拉公式，

$$2=n-m+r\leq n-m+\frac{1}{2}m=n-\frac{1}{2}m,$$

即 $m\leq 2n-4$。

同理可证其他. ∎

推论 6 $K_{3,3}$ 不可平面.

证 假若 $K_{3,3}$ 是可平面的, 因为它不含 K_3, 由推论 5, 有 $m \le 2n-4$, 将 $n=6$, $m=9$ 代入, 得 $9 \le 2\times 6-4=8$. 矛盾. ∎

由上面推论 3 可得:

定理 6.22 不少于 3 个节点的极大平面图 $G=(n,m)$ 有 r 个面, 它的所有面的边界是 K_3, 且有 $m=3n-6$, $r=2n-4$.

例 6.11 利用欧拉公式, 证明彼得森图 6-27 不是平面图.

证 用反证法. 设彼得森图是平面图, 根据欧拉公式 $n-m+r=2$, 这里 $n=10$, $m=15$.

但是它的每个面至少由 5 条边组成, 由推论 5, 应有

$$m \le \frac{5}{3}n - \frac{10}{3},$$

即 $15 \le \frac{5}{3}\cdot 8$, 矛盾. 故彼得森图不是平面图.

上面几个推论都是判别平面图的必要条件, 而非充分条件, 但这些结论的逆否命题是判别非平面图的充分条件, 可用来判别一个图为非平面图. 如 K_5 和 $K_{3,3}$. 凡是不超过 4 个节点的图必为平面图, 5 个节点和 6 个节点的非平面图就是 K_5 和 $K_{3,3}$, 它们是非平面图的两个最小模型, 也是下面库拉托夫斯基定理的基础. 定理 6.23 给出了平面图的一个简要的特征, 但要用这个充要条件来判别一个图是否平面图, 仍属不易.

可以看到, 若在图的一条边上插入一个新的度为 2 的节点, 使一条边变成两条边, 或对于两条关联于一个 2 度节点的边, 去掉这个节点, 使两条边合成一条边, 图的平面性都保持不变.

定义 6.23 若 G_1 通过反复插入或去除度为 2 的节点后同构于 G_2, 则称 G_1 和 G_2 **同胚**.

定理 6.23(库拉托夫斯基定理) 一个图是平面图当且仅当它不含与 K_5 和 $K_{3,3}$ 同胚的子图.

这个定理证明较长, 故从略.

6.7 图的着色

与平面图有密切关系的一个图的应用是图形的着色问题. 所谓图的着色, 是指给图的每个节点(或边, 或平面图的面)着色, 要求相邻的节点(边或面)具有不同颜色, 且总的颜色数尽可能少. 该问题最早起源于地图着色的“四色问题”. 即要求证明平面上的任何地图都可以用至多4种颜色来对每个国家或地区着色, 使得任何两个相邻的国家或地区具有不同的颜色.

为了叙述图形着色的有关结论, 下面先介绍对偶图的概念.

定义 6.24 设$G=\langle V,E\rangle$是平面图, 则G的**对偶图**$G^*=\langle V^*,E^*\rangle$定义如下:

(1) 对G的每个面D_i, 取且仅取D_i中一点$v_i^*\in V^*$.

(2) 对G的每条边e_k,

① 若e_k是面D_i和D_j $(i\neq j)$的共同边界, 则作边$e_k^*=(v_i^*,v_j^*)$与e_k相交, 且$e_k^*\in E^*$;

② 若e_k是D_i的边界, 则作$e_k^*=(v_i^*,v_i^*)$与e_k相交, 且$e_k^*\in E^*$.

根据上面的定义, 平面图G的对偶图G^*构造如下:

在G的每个面中取一点为G^*的节点, 对G中的每条边e, 都取G^*的一条边e^*, 使e^*只穿过e一次(不穿过G的其他边)并连接以e为公共边的两个面中G^*的节点, 若e为G的断边, 则e对应的边e^*为G^*的环; 若e为G的环, 则e对应的边e^*为G^*的断边.

显然, G^*是连通平面图.

根据一个图得到它的对偶图实际上是将该图的节点改变成为对偶图的边, 该图的边改变为对偶图的节点.

从这个定义看出, G^*是G的对偶图, 则G也是G^*的对偶图. 一个连通平面图的对偶图也必是平面图.

若平面图G的对偶图G^*与G同构, 则称G为**自对偶图**.

如图 6-37 中, 图G用实心节点和实线表示, 则G的对偶图G^*为虚线及空心节点所示, 并且G是自对偶图.

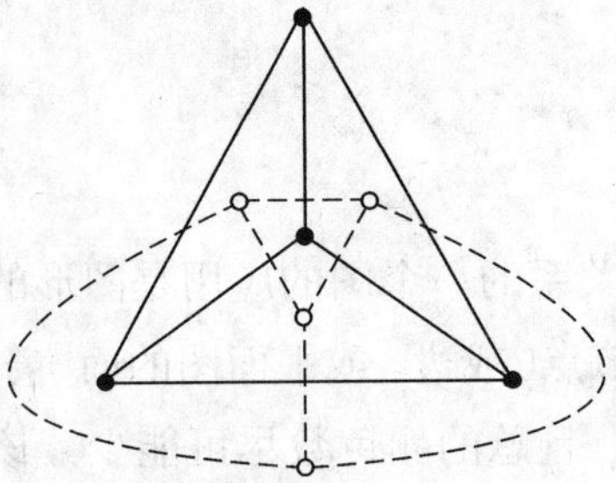

图 6-37

由定义容易得到：

定理 6.24 若G^*为连通平面图G的对偶图，则

$$n^*=r,\ m^*=m,\ r^*=n,$$

其中，n,m,r分别为G的节点数、边数和面数，n^*,m^*,r^*分别为G^*的节点数、边数和面数.

我们只讨论连通简单无向图的着色问题. 从对偶图的概念，我们可以看到，对于地图的着色问题，可以归纳为对于平面图的节点着色问题，因此四色问题可以归结为要证明对于任何一个平面图，一定可以用至多 4 种颜色，对它的节点进行着色，使得邻接的节点都有不同的颜色.

定义 6.25 对图G的节点着色，是指对G的每个节点指定一种颜色，使得相邻节点有不同的颜色；若用k种颜色给G的节点着色，则称G是k-**可着色的**；若G是k-可着色的，但不是$(k-1)$-可着色的，则称G是k-色的或k-**色图**，称k为G的**色数**，记为$\chi(G)$. $\chi(G)$是使G是k-可着色的最小的k.

下面的定理给出了图的色数的上界.

定理 6.25 对任一无环图$G=(n,m)$，有$\chi(G)\leq\Delta(G)+1$，其中，$\Delta(G)$是G的最大度数.

证 对节点数用归纳法证明. 当$n=1$时，$\Delta(G)=0$，$\chi(G)=1$，定理成立.

设当$n=k$时定理成立. 当$n=k+1$时，设v为G中任一节点，由归纳假设，$\chi(G-v)\leq\Delta(G-v)+1$，显然$\Delta(G-v)\leq\Delta(G)$，故有

$$\chi(G-v)\leq\Delta(G)+1,$$

即可用 $\Delta(G)+1$ 种颜色对 $G-v$ 着色.

设 $G-v$ 中与 v 邻接的节点为 $v_{i_1}, v_{i_2}, \cdots, v_{i_p}$，因为 $p \le \Delta(G)$，所以 p 个节点的颜色最多是 $\Delta(G)$ 种. 于是在 $\Delta(G)+1$ 种颜色中总可以取一种颜色给 v 着色, 即可以用 $\Delta(G)+1$ 种颜色给 G 着色. ▌

由二部图的定义易得：

定理 6.26 图 G 是 2–可着色的当且仅当 G 为二部图.

没有一个简单的方法来确定图的色数. Welch–Powell 算法在实际使用中比较有效, 但它只能给出一个使颜色数尽可能少的节点着色方法.

- **Welch–Powell 算法**

第 1 步　将图的节点按度数的非增顺序排列. (这种排列可能并不唯一, 因为有些节点有相同的度数)

第 2 步　用第一种颜色给第一个节点着色, 并按照节点排列顺序, 用同一种颜色给每个与前面已着色的节点不邻接的节点着色.

第 3 步　换一种颜色对尚未着色的节点按上述方法着色, 如此下去, 直到所有的节点全部着色为止.

例 6.12 用 Welch–Powell 算法对图 6–38 着色.

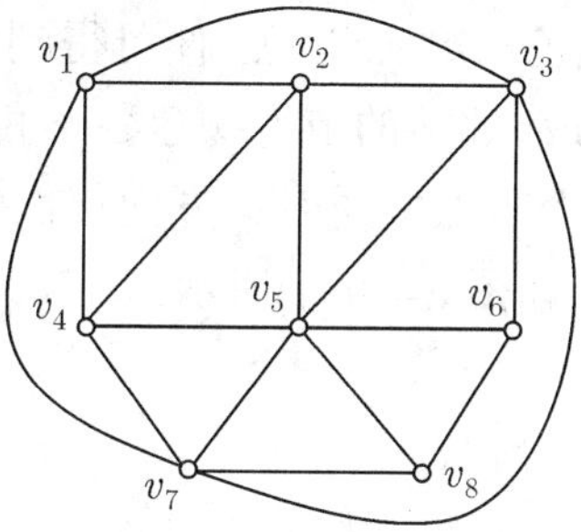

图 6–38

解 (1) 根据度数的递减顺序排列各点 $v_5, v_3, v_7, v_1, v_2, v_4, v_6, v_8$.

(2) 第一种颜色对 v_5 着色, 并对不相邻的节点 v_1 也着第一种颜色.

(3) 对 v_3 节点和它不相邻的节点 v_4, v_8 着第二种颜色.

(4) 对 v_7 节点和它不相邻的节点 v_2, v_6 着第三种颜色.

因此图 G 是 3 可着色的. 注意图 G 不可能是 2 可着色的, 因为 v_1, v_2, v_3

相互邻接, 故至少用 3 种颜色. 所以 $\chi(G)=3$. ▌

定理 6.27 对于 n 个节点的完全图 K_n, 有 $\chi(K_n)=n$.

证 因为完全图每一个节点与其他各节点都相邻接, 故 n 个节点的着色数不能少于 n, 又 n 个节点的着色数至多为 n, 故有 $\chi(K_n)=n$. ▌

引理 设 G 为至少有 3 个节点的连通平面图, 则 G 中必有一个节点 v, 使得 $\deg(v)\le 5$.

证 设 $G=(n,m)$, 若对 G 的每一个节点 v, 都有 $\deg(v)\ge 6$, 因

$$\sum_{i=1}^{n}\deg(v_i)=2m,$$

故 $2m\ge 6n$, 所以 $m\ge 3n>3n-6$, 与定理 6.21(欧拉公式)的推论 3 矛盾. ▌

定理 6.28 任一平面图 $G=(n,m)$ 都是 5-可着色的.

证 对节点数 n 用归纳法证明. 如果 $n\le 5$, 本定理显然正确.

假设 $n\le k$ $(k\ge 5)$ 时定理正确. 当 $n=k+1$ 时, 由上面引理, G 有一个节点 v_0, $\deg(v_0)\le 5$. 由归纳假设 $G-v_0$ 是 5-可着色的, 现假设对 $G-v_0$ 已有这样一个着色. 如果 $G-v_0$ 中和 v_0 邻接的节点所用的颜色少于 5 种, 那么只要用剩余的一种颜色来给 v_0 着色, 便可得到 G 的一个 5-着色法. 现在还剩下 $\deg(v_0)=5$ 且与 v_0 邻接的节点颜色各不相同这一情况.

设与 v_0 邻接的 5 个节点按逆时针方向依次为 v_1,v_2,v_3,v_4,v_5, 它们的颜色为 c_1,c_2,c_3,c_4,c_5. 如图 6-39 (1)所示.

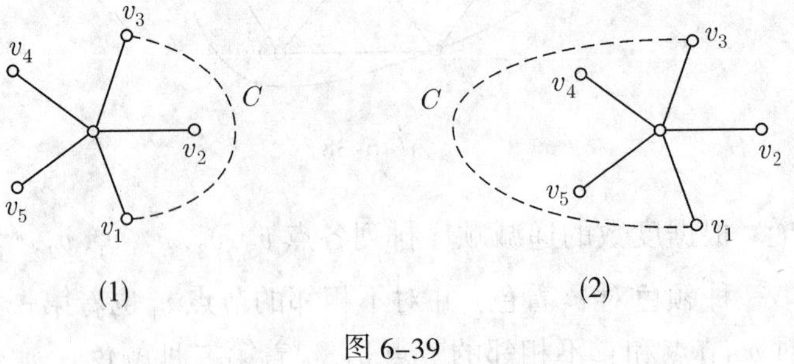

图 6-39

现在考虑用 c_1 和 c_3 着色的节点所导出的 G 的子图 H. 注意 H 包含 v_1 和 v_3. 如果 v_1 和 v_3 属于 H 的不同连通分支, 则可以在包含 v_1 的连通分支

中将节点的颜色c_1和c_3交换，这不破坏$G-v_0$的正常着色，这样v_1的颜色就和v_3的颜色一样，都是c_3，于是就可以用c_1给v_0着色，从而得到一个图G的5-着色法.

如果v_1和v_3属于H的同一连通分支，则必存在从v_1到v_3的一条基本通路，这条通路连同边(v_0,v_1)和(v_0,v_3)形成一个基本回路C，它将v_2或v_4包围在其中（见图6–39中图(1)或图(2)，注意G为平面图）. 现在考查用c_2和c_4着色的节点所导出的子图K，因为C包围着v_2或v_4，但不能同时包围两者，注意到G是平面图，所以v_2和v_4属于K的不同分支. 这样，我们可以在包含v_2的K的分支中，将节点的颜色c_2和c_4交换，这不破坏$C-v_0$的正常着色. 于是v_2的颜色就和v_4一样都是c_4，c_2就可以用来给v_0着色，这又得到G的一个5-着色法. 因此，G是5-着色的. ▌

定义 6.26 不含断点的连通平面图M称为**地图**. 若地图M的两个面有一条公共边，则称这两个面是**邻接的**.

若存在地图M的面的集合到P_k的一个映射c，并具有性质：

$$c(R_1)\neq c(R_2)\text{且当面}R_1\text{和}R_2\text{相邻},$$

则称c是地图M的一个**面着色**，并称M是k**-可面着色的**. 如果M是k-可面着色的，则面色数为k. M的**面色数**记为$\chi^*(M)$.

四色定理可以表示为：

定理 6.29 对任何地图M，$\chi^*(M)\leq 4$.

四色定理是19世纪中叶提出来的，直到1976年，阿佩尔（K. L. Appel）和哈肯（W. Haken）用电子计算机分析了将近2000个图，包含几百万种情形，证明了该定理，但至今尚未见到理论证明.

通过建立平面图的节点与平面地图的面之间的一一对应关系，不难得出下面的结论.

推论 对任何可平面图G，$\chi(G)\leq 4$.

6.8 本章小结

1. 介绍了图、无向图、有向图、关联、邻接、节点度数、一些特殊图、子图、同构、通路、回路、通路长度、节点之间的连通性与可达性、图的连通性、点割集、割点、边割集、割边、点连通度、边连通度等概念及有关性质．当图的节点有环时，应注意该节点的度的计数．

2．两个图同构不仅须节点之间、边之间一一对应，节点与边的关联关系也必须保持对应．而后者往往容易被忽视，导致同构判断的错误．

3．掌握图的邻接矩阵和关联矩阵的概念及有关性质，能够利用邻接矩阵计算图中各种长度的通路和回路的数目．并能利用邻接矩阵判定图的连通性．

4．Dijkstra 算法适合于求图中某个节点到另一节点或其他所有节点的最短路径．而 Warshall 算法适合于求图中任意两个节点之间的最短路径．

5．掌握欧拉图和哈密尔顿图的概念及其判别方法，能够求欧拉回路，了解邮路问题，能够用近邻法求哈密尔顿回路．

6．掌握平面图、面、边界、极大平面图、同胚等概念及有关性质，能够判定一个图是否为平面图．

7．掌握节点着色、边着色、面着色等概念及有关性质，能够用 Welch-Powell 算法确定一个图的颜色数尽可能少的节点着色．

习题 6

1．设无向图 $G=(V,E)$，其中节点集为 $V=\{v_1,v_2,\cdots,v_6\}$，边集为

$$E=\{(v_1,v_2),(v_2,v_2),(v_2,v_4),(v_4,v_5),(v_3,v_4),(v_1,v_3),(v_3,v_1)\}.$$

(1) 画出 G 的图形；

(2) 求出 G 中各节点的度及奇度节点的个数．

2．能否画一个简单无向连通图，使各节点的度数与下面给定序列一致？如可能，则画出符合条件的图，所画图是否为二部图？如不能，则说明原因．

(1) 1, 2, 3, 2, 1, 1;　　(2) 1, 1, 2, 3, 2, 2;

(3) 1, 2, 3, 4, 5, 5;　　(4) 2, 2, 2, 3, 3, 4.

3．含 5 个节点、3 条边的不同构的简单图有多少个？

4．K_4 中含 3 条边的不同构生成子图有多少个？K_4 的生成子图中，有多少个非同构的连通图？

5．图 6-40 中 G_1 与 G_2 同构吗？G_3 与 G_4 同构吗？若两图同构，写出节点之间的对应关系．若不同构则说明理由．

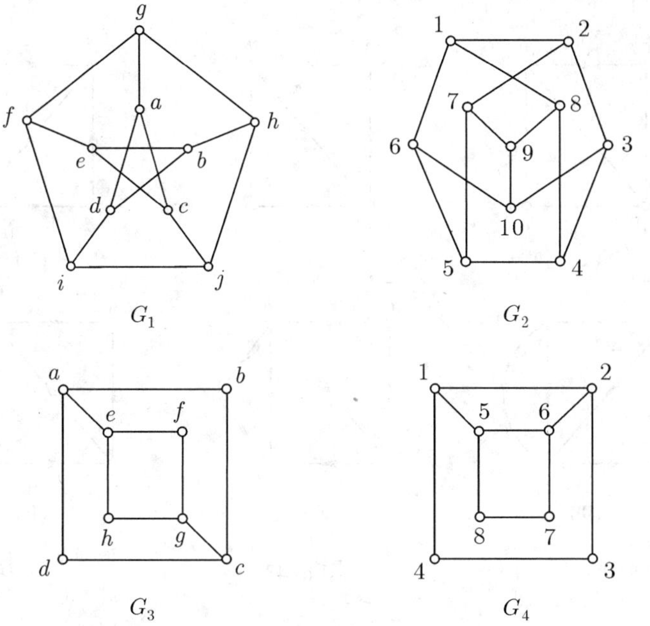

图 6–40

6．证明图 6–41 中的两个图是同构的．

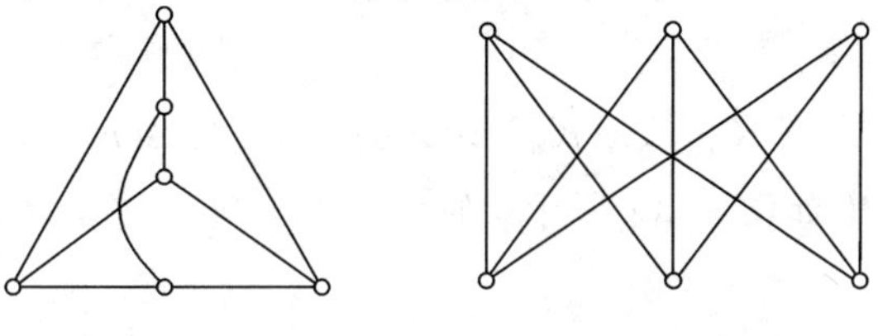

图 6–41

7．图 6–42 中两图同构吗？为什么？

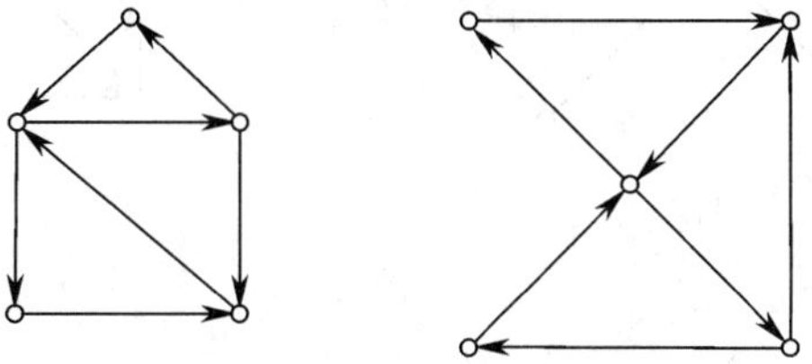

图 6–42

8. (1) 图 6-43 所示的各图中哪些是强连通的?

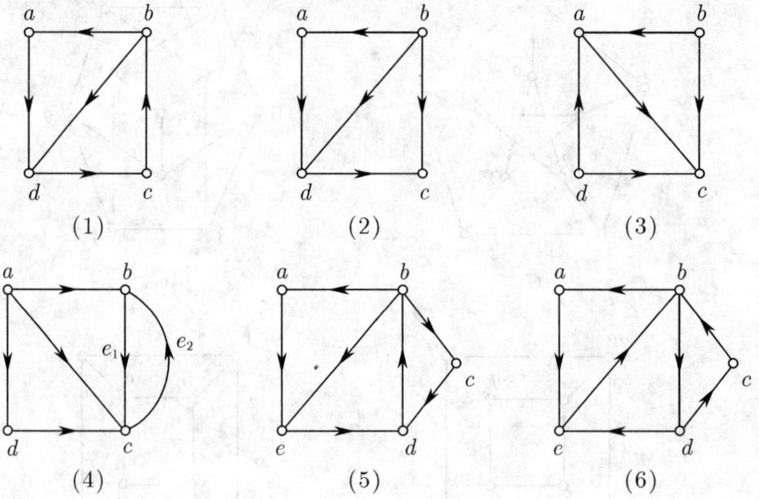

图 6-43

(2) 哪些是单向连通的?

(3) 哪些是连通的(弱连通的)?

(4) 在图 6-43 (4)中,给出最长的基本回路.

9. 证明:有向图的强连通性是等价关系.有向图的单向连通性是偏序关系.

10. 对完全图 K_n,求 $\kappa(K_n),\lambda(K_n),\delta(K_n),\Delta(K_n)$.

11. 求 G(如图 6-44 所示)的所有点割集和边割集,并求 $\kappa(G),\lambda(G),\delta(G),\Delta(G)$.

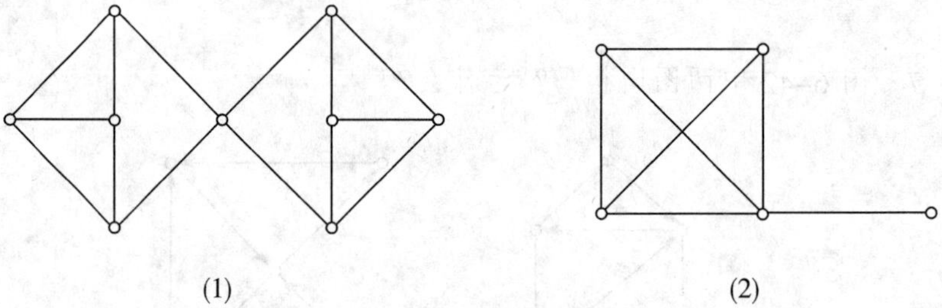

图 6-44

12. (1) 求图 6-45 (1)中 3 条边和 4 条边的边割集各一个.

(2) 求图 6-45 (2)中的一个最小的边割集.

(3) 在图 6–45 (1)中求一个最小的点割集，在图 6–45 (2)中求含 1 个节点和 2 个节点的点割集各一个.

(4) 求图 6–45 中图(1)、图(2)的点连通度、边连通度.

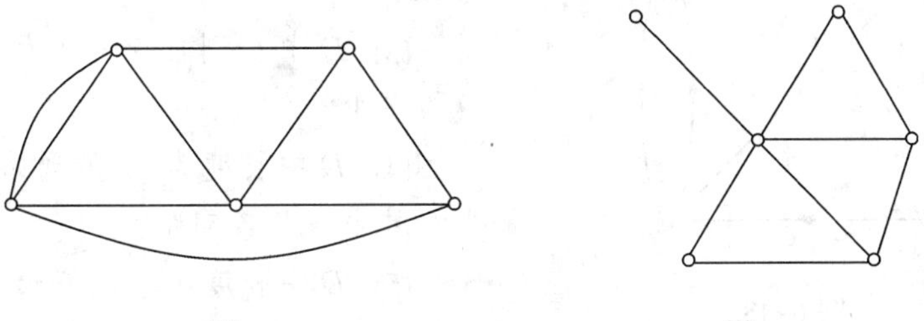

(1)　　(2)

图 6–45

13．证明：若图 G 中恰有两个奇度节点，则这两个节点是连通的.

14．设 e 为图 $G=\langle V,E\rangle$ 中的一条边，$p(G)$ 为 G 的连通分支数．试证明：$p(G)\le p(G-e)\le p(G)+1$.

15．图 6–46 给出了一个有向图.

(1) 求出它的邻接矩阵 $\boldsymbol{A}$.

(2) 求出 $\boldsymbol{A}^2,\boldsymbol{A}^3,\boldsymbol{A}^4$，说明从 v_1 到 v_4 长度分别为 1,2,3 和 4 的路径各有几条.

(3) 求出 $\boldsymbol{A}^{\mathrm{T}},\boldsymbol{A}^{\mathrm{T}}\boldsymbol{A},\boldsymbol{A}\boldsymbol{A}^{\mathrm{T}}$，说明 $\boldsymbol{A}\boldsymbol{A}^{\mathrm{T}}$ 和 $\boldsymbol{A}^{\mathrm{T}}\boldsymbol{A}$ 中第(2,3)个元素和第(2,2)个元素的意义.

(4) 求可达性矩阵.

16．(1) 写出图 6–47 的关联矩阵和邻接矩阵.

(2) 说明如何从关联矩阵中判断一个节点为割点，一条边为割边.

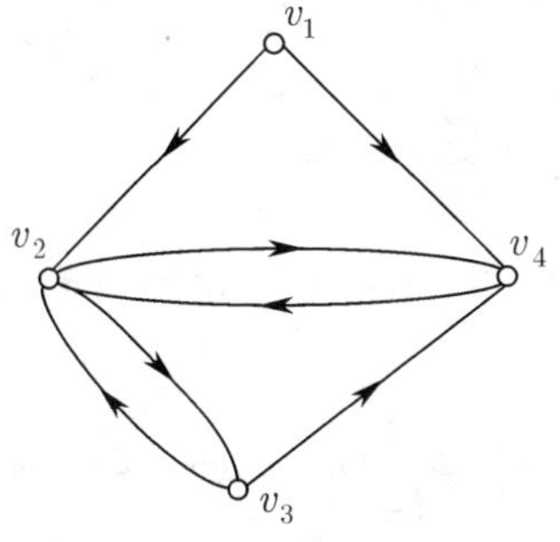

图 6–46

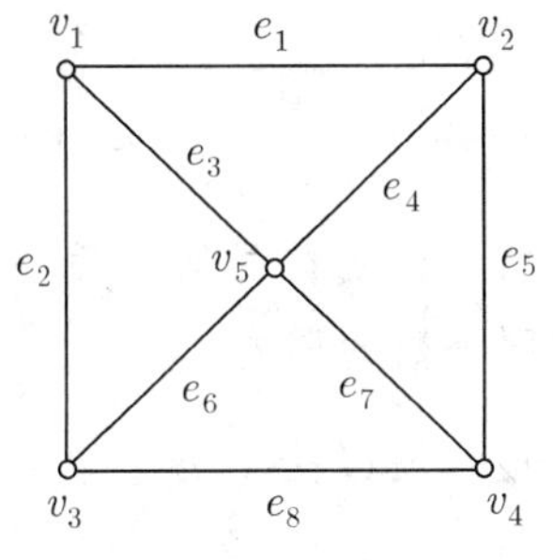

图 6–47

17. 有向图 D 如图 6–48 所示.

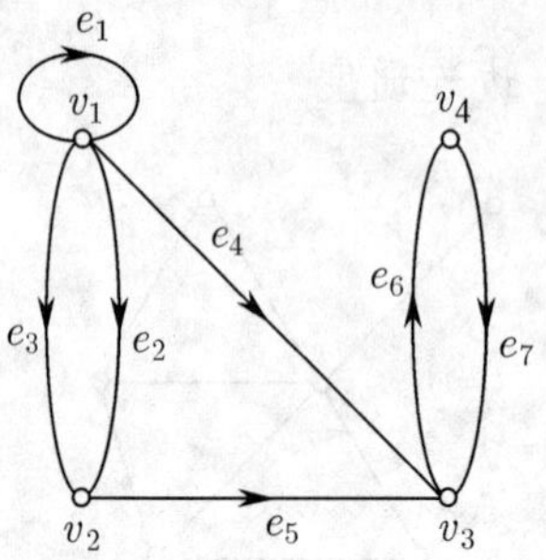

图 6–48

(1) 求 D 的邻接矩阵 $\boldsymbol{A}$.

(2) D 中 v_1 到 v_4 长度为 4 的通路数为多少?

(3) D 中 v_1 到自身长度为 3 的回路数为多少?

(4) D 中长度为 4 的通路总数为多少? 其中有几条回路?

(5) D 中长度小于或等于 4 的通路有多少条? 其中有多少条是回路?

18. 已知 n 阶简单图 G 有 m 条边, 各节点的度数均为 3.

(1) 若 $m=3n-6$, 证明: 在同构意义下 G 唯一, 并求 m,n.

(2) 若 $n=6$, 证明在同构意义下 G 不唯一.

19. 无向图 G 的各个节点的度数都是 3, 且节点数 n 与边数 m 有关系 $m=2n-3$. 在同构的意义下 G 是唯一的吗? 为什么?

20. 如图 6–49 所示, 求 u 到 v 的最短路径.

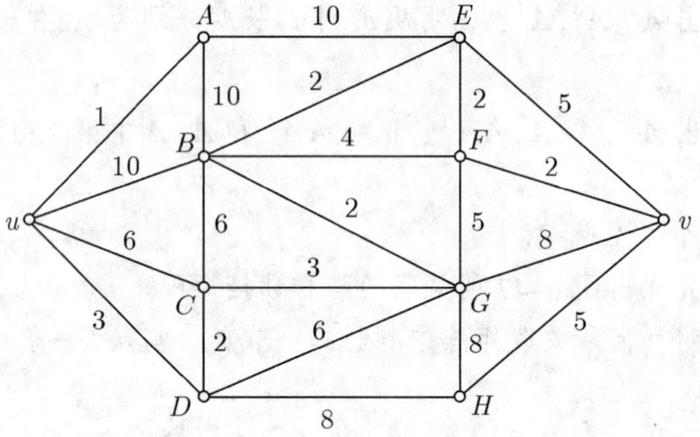

图 6–49

21. 证明在任何由两个或两个以上人组成的组内, 存在两个人在组内有相同个数的朋友.

22. 设 G 是有 n 个节点的简单图, 且 $|E|>\dfrac{1}{2}(n-1)(n-2)$, 证明 G 是连通图.

23. (1) n 为何值时，无向完全图 K_n 是欧拉图？n 为何值时 K_n 为半欧拉图？

(2) 什么样的完全二部图是欧拉图？

(3) n 为何值时，轮图 W_n 为欧拉图？

24. 若一个有向图 G 是欧拉图，它是否一定是强连通的？若一个有向图 G 是强连通的，它是否一定是欧拉图？说明理由．

25. 图 6–50 能否一笔画出？如可以，画出欧拉通路，否则说明原因．

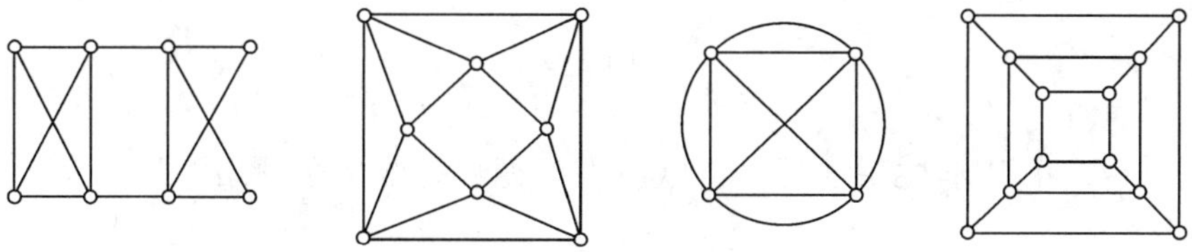

图 6–50

26. 试构造一个欧拉图，其节点数 n 和边数 m 满足下述条件：

(1) n 和 m 的奇偶性相同；

(2) n 和 m 的奇偶性相反．

如果不可能，说明原因．

27. 判定图 6–51 中，两个图是否有欧拉回路；若有请把欧拉回路画出来．

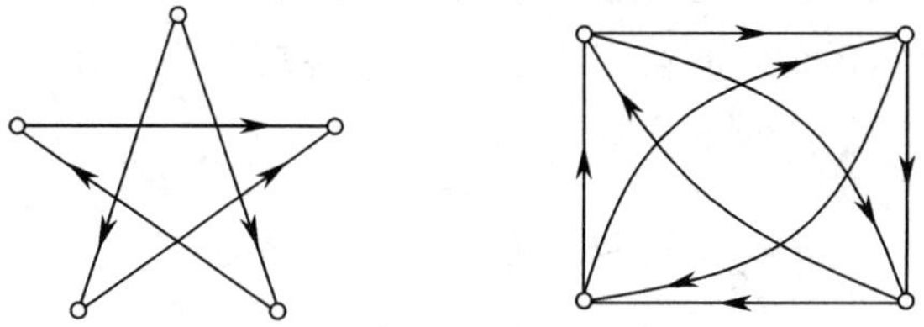

(1)　　(2)

图 6–51

28. 完全图 K_n 是几笔画图？说明理由．

29. “有割点的图都不是哈密尔顿图”的说法是否正确？

30. 试构造满足条件的有 5 个节点的图 G：

(1) G 是欧拉图又是哈密尔顿图；

(2) G 是欧拉图但不是哈密尔顿图；

(3) G 是哈密尔顿图，但不是欧拉图；

(4) G 既不是欧拉图也不是哈密尔顿图.

31．判别图 6–52 中 3 个图是否哈密尔顿图.

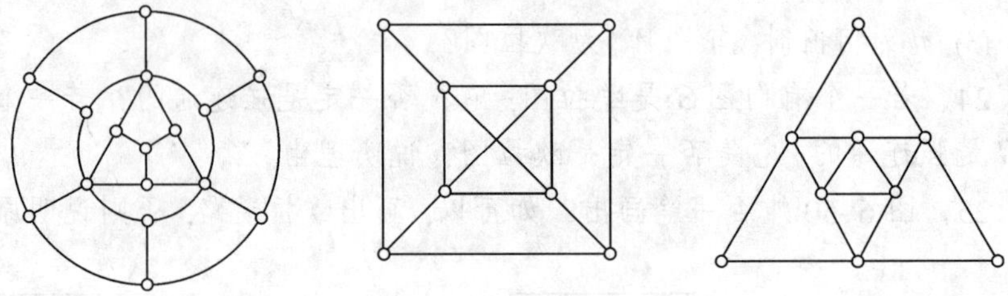

图 6–52

32．在图 6–53 中, 哪些是欧拉图? 哪些是哈密尔顿图?

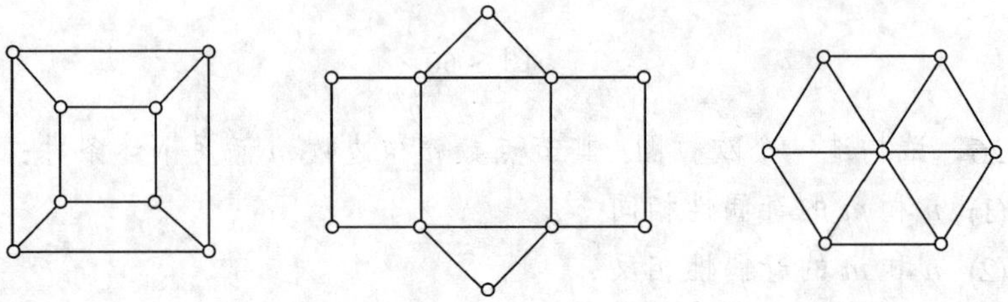

图 6–53

33．在图 6–54 所示的图中, 哪些是哈密尔顿图? 哪些是半哈密尔顿图? 是哈密尔顿图的, 请在图中画出一条哈密尔顿回路. 是半哈密尔顿图的, 请画出一条哈密尔顿通路.

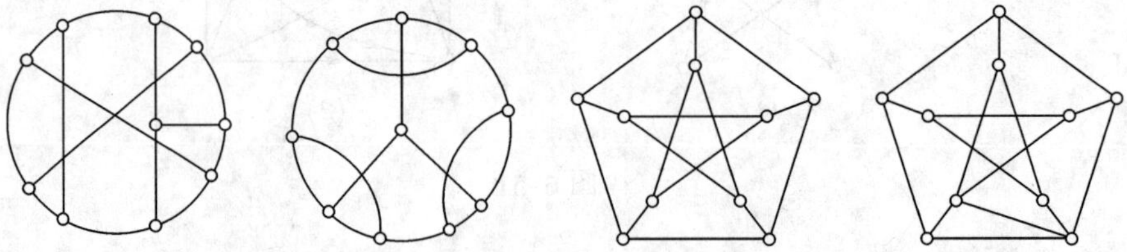

(1) (2) (3) (4)

图 6–54

34．设 G 为 n 个节点的简单无向图.

(1) 若 G 的边数 $m=\frac{1}{2}(n-1)(n-2)+2$, 证明 G 为哈密尔顿图.

(2) 若 G 的边数 $m=\frac{1}{2}(n-1)(n-2)+1$，则 G 是否一定为哈密尔顿图？

35．求图 6–55 所示的赋权图中最优投递路线，邮局在 D 点．

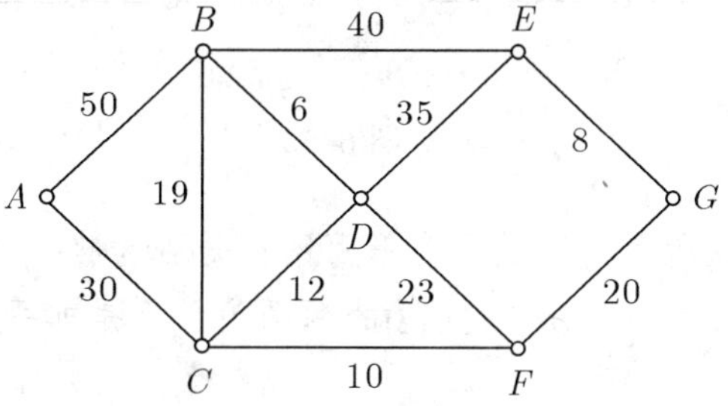

图 6–55

36．已知 9 个人 $v_1,v_2,\cdots,v_9$，其中 v_1 和两个人握过手，v_2,v_3,v_4,v_5 各和 3 个人握过手，v_6 和 4 个人握过手，v_7,v_8 各和 5 个人握过手，v_9 和 6 个人握过手．证明这 9 个人中一定可以找出 3 个人互相握过手．

37．无向完全图 $K_n\,(n\geq 3)$ 中共有多少条不同的哈密尔顿回路？K_3，K_4,K_5 中各有多少条不同的哈密尔顿回路？

38．已知 a,b,c,d,e,f,g 七个人中，a 会讲英语；b 会讲英语和汉语；c 会讲英语、意大利语和俄语；d 会讲汉语和日语；e 会讲意大利语和德语；f 会讲俄语、日语和法语；g 会讲德语和法语．能否将他们的座位安排在圆桌旁，使得每个人都能与他身边的人交谈？

39．若 G 是含奇数个节点的二部图，证明 G 不是哈密尔顿图．用此结论证明图 6–56 所示的图不是哈密尔顿图．

40．求图 6–57 所示的完全赋权图中的最小权的哈密尔顿回路．

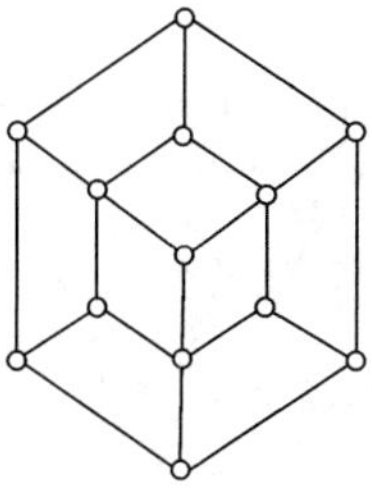

图 6–56

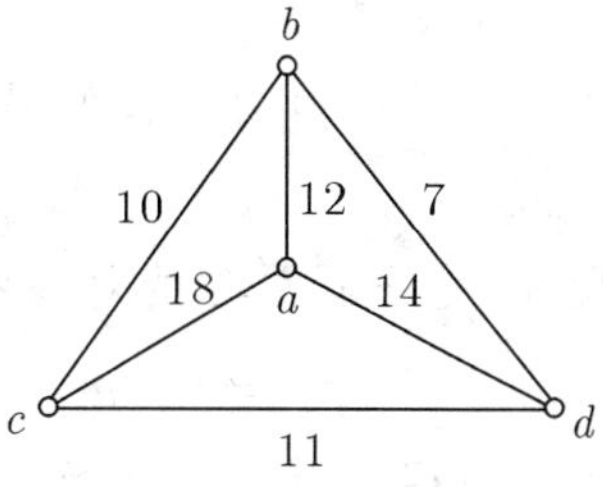

图 6–57

41．在图 6–58 中(a)和(b)各有几个面？写出每个面的边界和次数．

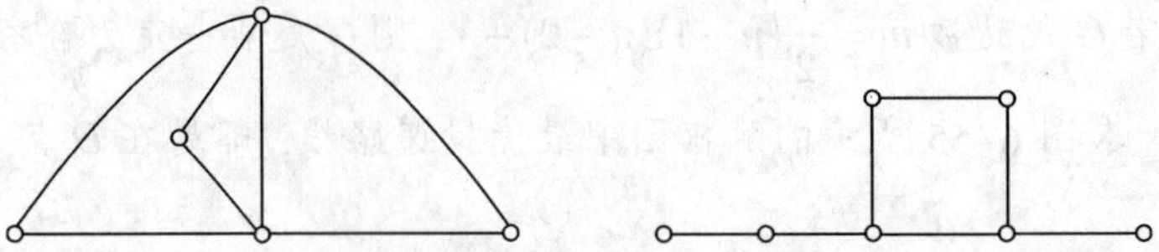

(a) (b)

图 6-58

42．图 6-59 所示的图是否为平面图？是否为极大平面图？为什么？

43．说明图 6-60 中所示(1),(2)的两图为什么是非平面图？

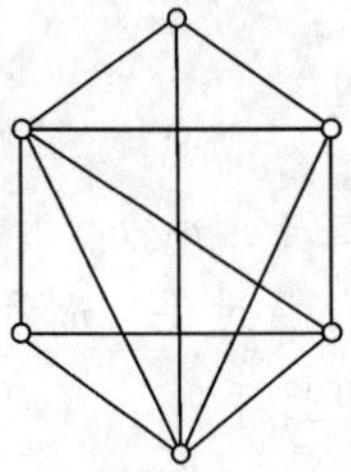

图 6-59

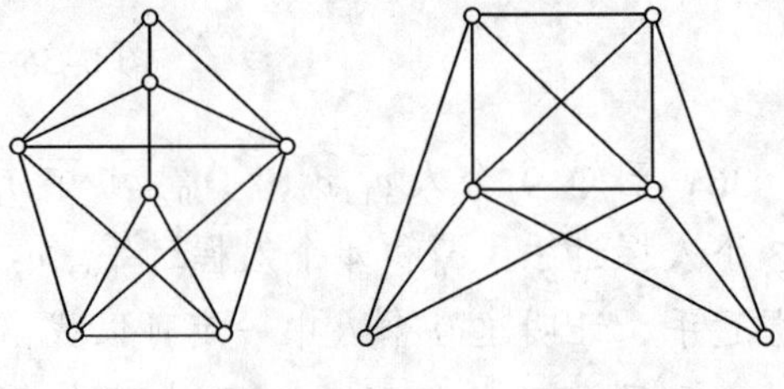

(1) (2)

图 6-60

44．设简单平面图 G 中节点数 $n=7$，边数 $m=15$，证明 G 是连通的．

45．设 G 是边数 m 小于 30 的简单平面图，试证明 G 中存在节点 v，$\deg(v)\leq 4$．

46．设 G 为有 $k\,(k\geq 2)$ 个连通分支的平面图，G 的平面图的每个面至少由 $l\,(l\geq 3)$ 条边围成，则 $m\leq\dfrac{l}{l-2}(n-k-1)$．

47．证明：一个平面图 G 的对偶图 G^* 是欧拉图当且仅当 G 中每个面均由偶数条边围成．

48．证明：若 G 是自对偶的平面图，则 G 中的边数 m 与节点数 n 有关系 $m=2n-2$．

49．设 G^* 是平面图 G 的对偶图，证明：

$$n^*=r,\ m^*=m,\ r^*=n-k+1,$$

其中 $k\ (k\geq 1)$ 为 G 的连通分支数．

50．在 6 个节点、12 条边的平面连通图 G 中，每个面由几条边围成？为什么？（分简单图和非简单图考虑）

51．n取何值时，无向完全图K_n是哈密尔顿图？

52．设G是面数r小于12的简单平面图，G中每个节点的度数至少为3.

(1) 证明G中存在至多由4条边围成的面；

(2) 给出一个例子说明，若G中的面数为12，且每个节点的度至少为3，则(1)的结论不成立．

53．图6-61中给出的图$G_1 \cong G_2$，试画出它们的对偶图G_1^*, G_2^*，并说明是否有$G_1^* \cong G_2^*$．

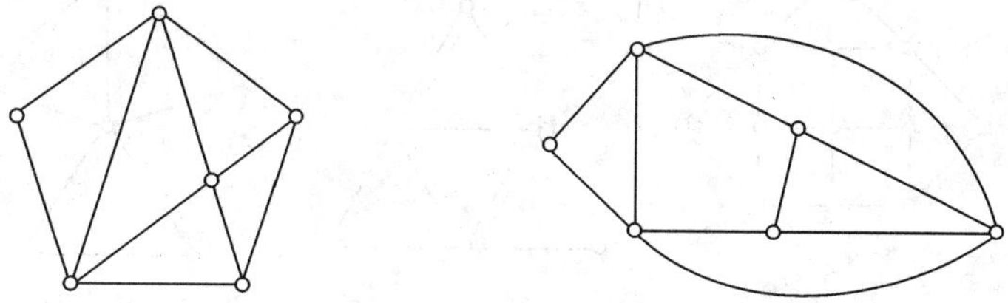

G_1　　　　G_2

图6-61

54．如果可能的话，画出图6-62中各图的平面图解，否则说明它包含与K_5或$K_{3,3}$同胚的子图．

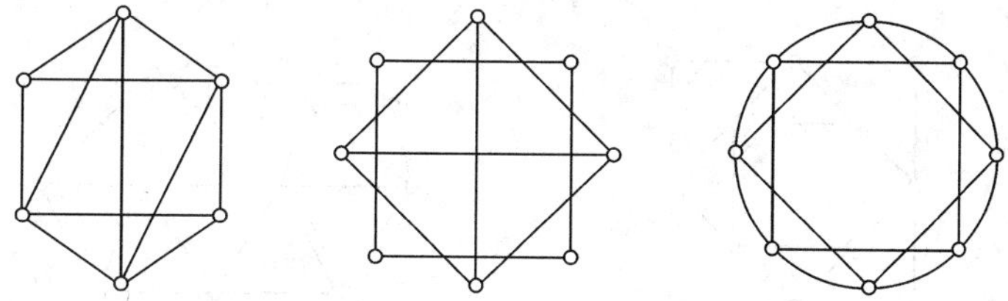

图6-62

55．证明图6-63所示的4个图均为可平面图．

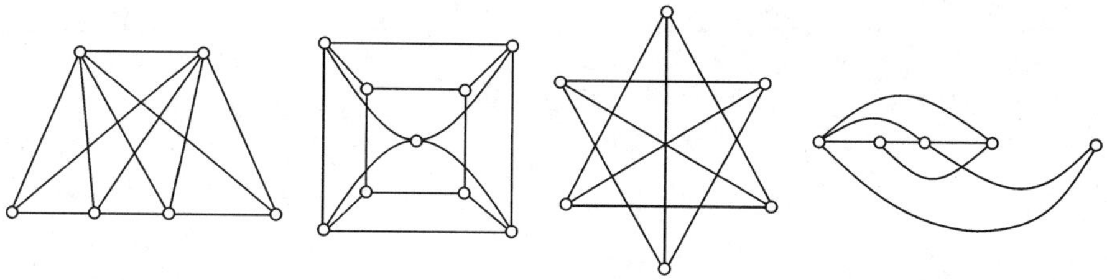

(1)　　(2)　　(3)　　(4)

图6-63

56．求下列各类图的色数：

(1) n 阶零图 N_n；　　(2) 完全图 K_n；

(3) n 阶轮图 W_n；　　(4) 二部图 $K_{n,m}$；

(5) 彼得森图．

57．给图 6–64 所示的 3 个图的节点正常着色，问每个图至少需要几种颜色？

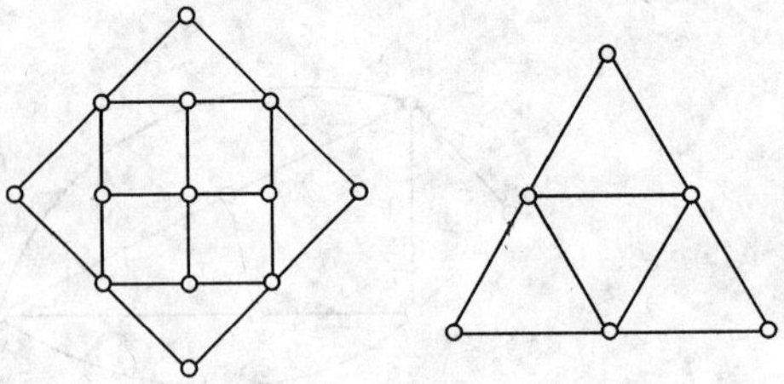

(1)　　(2)　　(3)

图 6–64

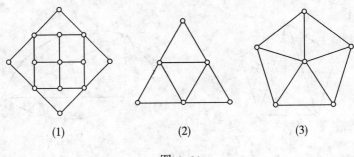

58．求如图 6–65 所示的图 G 的色数 $\chi(G)$．

59．无向图 G 如图 6–66 所示．求 G 的点连通度、边连通度、点色数．

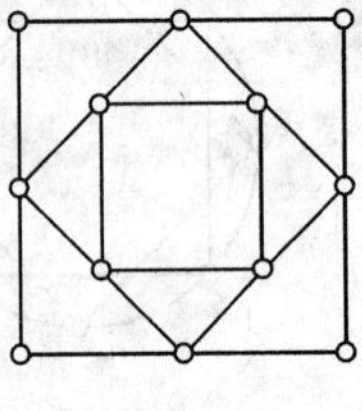

图 6–65

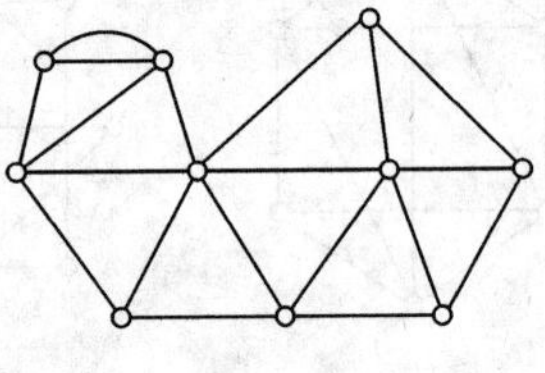

图 6–66

第 7 章　树

树是图论中的一个重要概念，它是基尔霍夫（G. R. Kirchhoff）在解决电路理论中求解联立方程时首先提出的．它也是图论中结构最简单、用途最广泛的一种连通平面图，在计算机科学的算法分析、数据结构等方面有着广泛的应用．本章主要介绍树的基本概念、性质和若干应用．

7.1　无向树

定义 7.1　连通而不含回路的无向图称为**无向树**，简称为**树**，常用 T 表示树．平凡图称为**平凡树**．在一棵树中，度为 1 的节点称为**树叶**，度大于 1 的节点称为**分支点**．若无向图 G 的 k $(k \geq 2)$ 个连通分支都是树，则称 G 为**森林**．

定义 7.1 中"不含回路"的确切表述应该是"不含简单回路或基本回路"．为表述简单，本章内所谈回路均指简单回路或基本回路．例如图 7-1 中 G_1 是树，其他均不是树，G_2 和 G_3 含有回路，G_4 不连通，但 G_4 是森林．

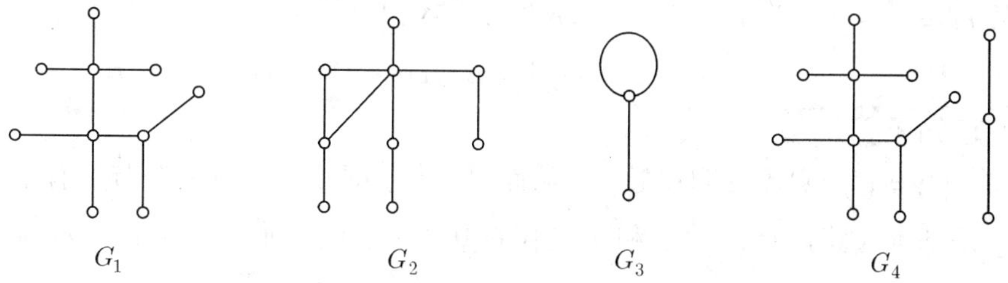

图 7-1

显然，树是简单图．下面定理给出了树的特征，也可看成树的等价定义：

定理 7.1 对无向图 $G=(n,m)$，下面命题等价：

(1) G 是树（连通无回路）；

(2) G 中任意两个节点有唯一的一条基本通路连接；

(3) G 是连通的，且 $m=n-1$；

(4) G 无回路，且 $m=n-1$；

(5) G 无回路，但在 G 中任意两个节点 v_i 和 v_j 之间加一条边 (v_i,v_j) 就构成唯一的一条基本回路；

(6) G 是连通的，但删去任一边后便不连通.

证 (1)⇒(2). 假设 G 中有节点 u,v，它们有两条基本通路 P_1,P_2 连接，因为 P_1,P_2 是不同的基本通路，所以必有节点 v_1 同属于 P_1,P_2，而 v_1 在 P_1 中的后继节点不同于 v_1 在 P_2 中的后继节点，因为 P_1,P_2 都以 v 为终点，所以在 v_1 后面必有节点 v_2 同属于 P_1,P_2. 因此，P_1 中从 v_1 到 v_2 的部分与 P_2 中从 v_1 到 v_2 的部分合在一起就形成一条回路，这与 G 是树矛盾.

(2)⇒(3). 显然 G 是连通的. 只需证明 $m=n-1$. 对节点数 n 施行归纳法. 当 $n=1,2$ 时，显然有 $m=n-1$.

假设对 $n\leq k$ 结论成立，对 $n=k+1$，从图 G 中移去任意一条边 (u,v) 得 G'，因为边 (u,v) 是节点 u,v 之间唯一的基本通路，所以 G' 含有两个连通分支，设分别是 $G_1'=(n_1,m_1)$ 和 $G_2'=(n_2,m_2)$，显然 $n_1\leq k$，$n_2\leq k$，由归纳假设 $m_1=n_1-1$，$m_2=n_2-1$. 于是

$$m=m_1+m_2+1=n_1+n_2-1=n-1.$$

(3)⇒(4). 假设 G 含有回路 C，从 C 中删去一条边，这不影响 G 的连通性，若 G 中还有回路，再删去回路中的一条边. 如此继续进行，设删去 k $(k\geq 1)$ 条边后得 $G'=(n',m')$，它不含回路且仍是连通的，则 G' 是树，故 $m'=n'-1$，而 $n=n'$，$m=m'+k$，所以

$$m=n'-1+k=n-1+k \quad (k\geq 1),$$

与已知矛盾.

(4)⇒(5). 只需证明 G 连通，从而 G 是树，即 G 中任意两个节点有唯一的一条基本通路连接. 设 v_i 和 v_j 是树 G 中节点，则有唯一一条 $v_i\sim v_j$ 基本通路，添上边 (v_i,v_j)，就得到唯一一条基本回路. 下证 G 连通.

因为 G 不含回路，所以 G 的每个分支都是树，设 G 有 k 个分支，对每个分支有 $m_i=n_i-1$，其中 m_i,n_i 分别表示第 i 个分支的边数和节点数，

$i=1,2,\cdots,k$. 从而有

$$m=\sum_{i=1}^{k}m_i=\sum_{i=1}^{k}(n_i-1)=n-k,$$

已知 $m=n-1$, 所以 $k=1$, 即 G 只有一个连通分支, 从而是连通的.

(5)⇒(6). 若图 G 不连通, 则存在节点 u 与 v, 在 u 与 v 之间没有路, 显然若加上边 (u,v) 不会产生回路, 与假设矛盾, 故 G 连通. 又由于 G 无回路, 故删去任一边, 图就不连通.

(6)⇒(1). G 显然是连通的, 假设 G 含有回路, 则 G 必含有基本回路, 而基本回路上必存在节点 u 与 v, (u,v) 属于此回路, 删去 (u,v) 仍然连通, 这与条件矛盾, 故 G 不含回路, 从而为树. ▌

推论 1　设 $G=(n,m)$ 是有 k 个分支的森林, 则 $m=n-k$.

证　G 的每个分支都是树, 设第 i 个分支为 (n_i,m_i), $i=1,2,\cdots,k$. 则 $m_i=n_i-1$, 相加得

$$m=\sum_{i=1}^{k}m_i=\sum_{i=1}^{k}(n_i-1)=n-k,$$

即 $m=n-k$. ▌

推论 2　非平凡树至少有两片树叶.

证　设 $T=(n,m)$ 是树, 则

$$\sum_{v\in T}\deg(v)=2m=2(n-1)=2n-2.$$

要使上式成立, 至少要有两个节点的度为 1. ▌

记 n 阶非同构的无向树的棵数为 t_n, 对于较小的 n, 用无向树的性质和握手定理, 可以将 t_n 棵非同构的无向树画出来, 但对于较大的 n, 要想把 t_n 棵非同构的无向树都画出来, 并非易事. 表 7–1 给出了一些 n 的 t_n 的值.

表 7–1

n	1	2	3	4	5	6	7	8	9	10	11	12	13	14	15
t_n	1	1	1	2	3	6	11	23	47	106	235	551	1301	3159	7741

例 7.1　画出具有 7 个节点的所有非同构的树.

解　所画的树应具有 6 条边, 从而度数之和应为 12. 由于每个节点的

度数均大于或等于 1, 因而可产生以下 7 种度序列$(d_1,d_2,\cdots,d_7)$:

(1) 1 1 1 1 1 1 6;　　(2) 1 1 1 1 1 2 5;

(3) 1 1 1 1 1 3 4;　　(4) 1 1 1 1 2 2 4;

(5) 1 1 1 1 2 3 3;　　(6) 1 1 1 2 2 2 3;

(7) 1 1 2 2 2 2 2.

在(1)中只有一个星形图, 因而只能产生 1 棵树 T_1.

在(2), (3)中有 2 个星形图, 因而也只能各产生 1 棵非同构的树, 分别设为T_2,T_3.

在(4), (5)中, 各有 3 个星形图, 但 3 个星形图中各有 2 个是同构的, 因而各可产生两棵非同构的树, 分别设为T_4,T_5和T_6,T_7.

在(6)中, 有 4 个星形图, 有 3 个是同构的, 考虑到不同的排列情况, 共可产生 3 棵非同构的树, 设为T_8,T_9,T_{10}.

在(7)中, 有 5 个星形图, 都是同构的, 因而可产生 1 棵树, 设为T_{11}. $T_1,T_2,\cdots,T_{11}$的图形见图 7-2 所示.

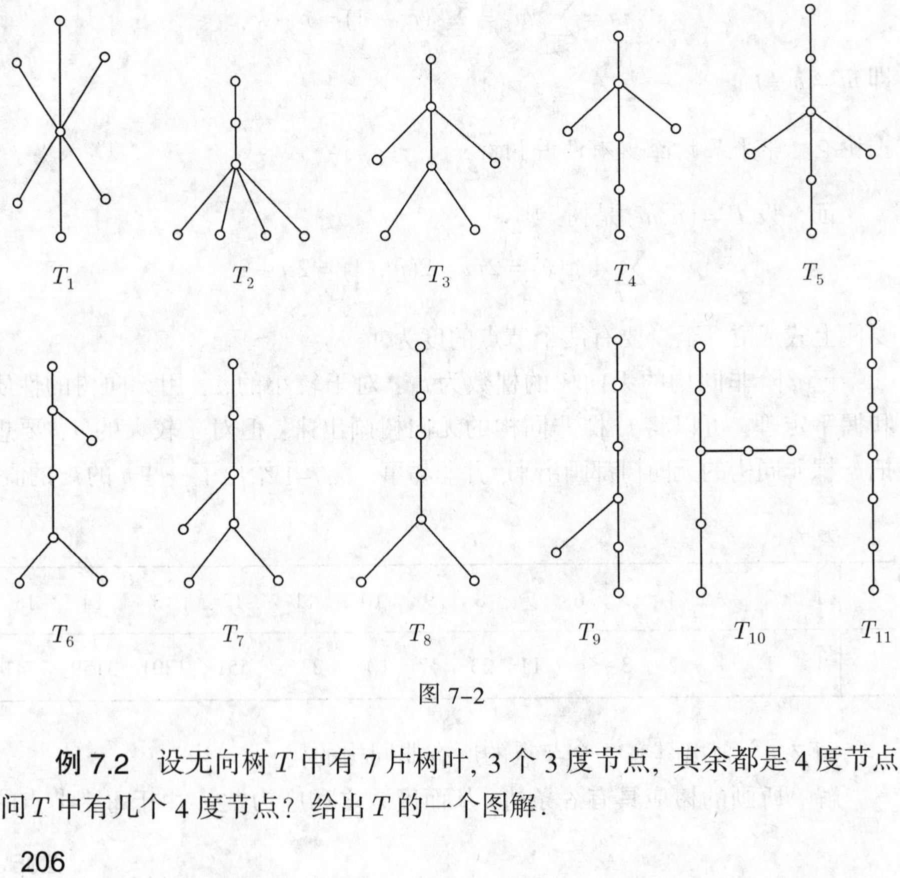

图 7-2

例 7.2 设无向树 T 中有 7 片树叶, 3 个 3 度节点, 其余都是 4 度节点, 问 T 中有几个 4 度节点? 给出 T 的一个图解.

解 设T有x个 4 度节点, 则

$$1\times 7+3\times 3+4\times x=2(7+3+x-1).$$

解此方程得$x=1$, 即T的 4 度节点只有 1 个. T的图解如图 7–3 中图(1),(2)所示, 注意: 图(3)和图(2)是同构的 (为什么).

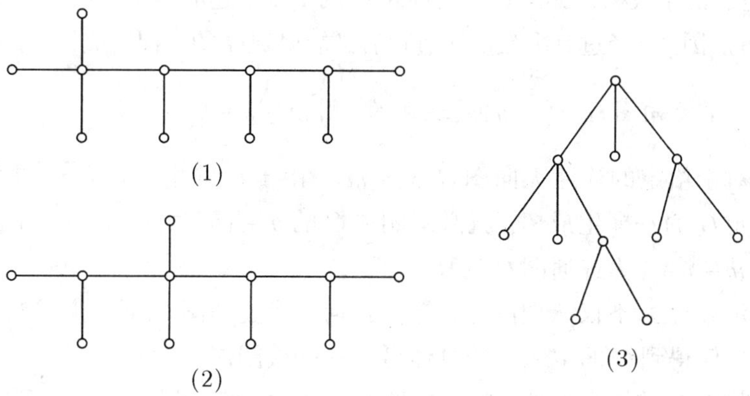

图 7–3

7.2 生成树

定义 7.2 设无向连通图$G=\langle V,E\rangle$, T是G的生成子图并且T是树, 则称T是G的**生成树**. 设$e\in E$, 若e在T中, 则称e为T的**树枝**. 从G中删除T的边得到的图称为T的**余树**, 记为T'.

例如: 图 7–4 中, 图(2)是图(1)的生成树, 图(2)的余树为图(3).

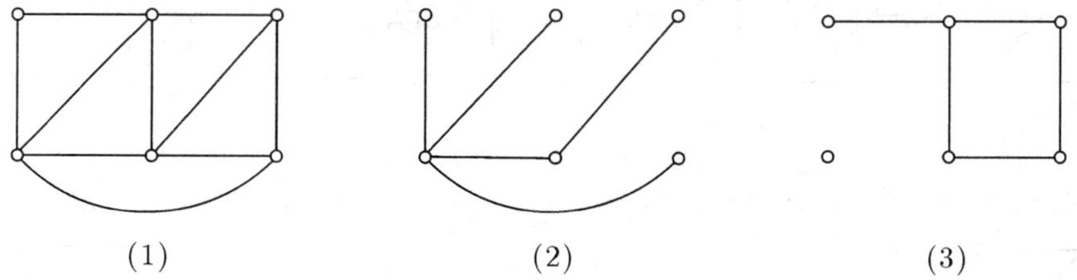

图 7–4

根据定义可得:

定理 7.2 任何连通图G都有生成树.

证 如果G中无回路，则G是树，即为生成树.

如果G中有回路Γ，记删除Γ上的一条边e后所得的图为G_1，则G_1是连通的. 如果G_1中无回路，则G_1是G的生成树. 如果G_1中有回路Γ_1，记删除Γ_1上的一条边e_1后所得的图为G_2，则G_2是连通的. 如果G_2中无回路，则G_2是G的生成树. 如果G_2中有回路，则重复上述的做法. 由于G的边数是有限的，因此，经过有限次上述过程后必能得到G的一棵生成树. ∎

推论 *若无向图$G=(n,m)$是连通的，则$m \geq n-1$.*

对于给定的连通无向图$G=(n,m)$，由于G的生成树有$n-1$条边，为了确定G的一棵生成树，就必须删去G的$m-(n-1)=m-n+1$条边. 通常称$m-n+1$为连通图G的**秩**.

定理 7.2 不仅从理论上肯定了任何一个连通图G都有生成树，而且给出了如何得到G的生成树的具体做法——**破圈法**：

找出G的一个回路，删除回路上一条边，此过程一直进行到图中不再含有回路为止，最后得到的不含回路的连通图就是G的生成树.

一般说来，连通图的生成树不是唯一的，即使在同构意义下也不是唯一的. 注意：一棵树的生成树就是它自身.

例 7.3 连通图G如图 7–5 (1)所示，从(2)到(5)给出一个求它的一棵生成树的过程. 实际上，(6)～(10)也是它的不同的生成树. 这里面有些是同构的，有些不是.

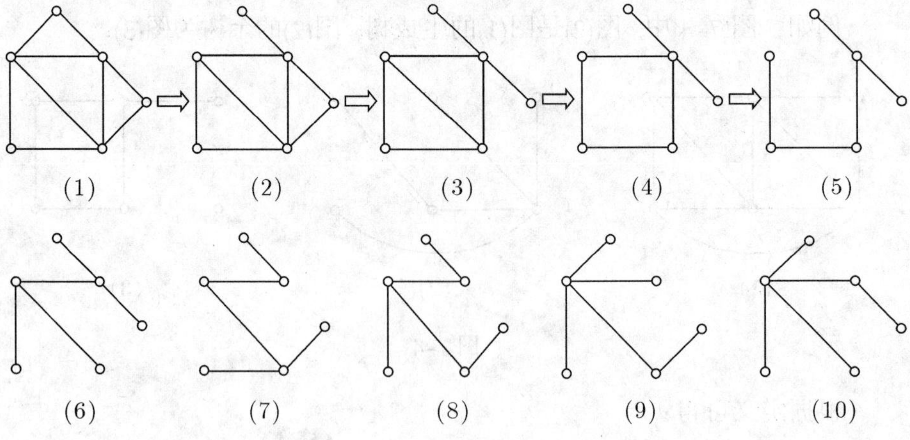

图 7–5

例 7.4 设$G=\langle V,E\rangle$是连通图且$e\in E$，试证明：当且仅当e是G的割边时，e包含在G的每棵生成树中.

证 必要性 假设边e包含在G的每棵生成树中但不是割边，从G中删去e得到G'仍是连通的且是G的生成子图，G'必有一棵生成树T，而T也是G的生成树但不包含e，这与假设矛盾．故e必是割边.

充分性 设e是G的割边，若删去e，则得到两个连通分支G_1,G_2，而G的任一棵生成树T必是连通的，故连接G_1和G_2的唯一边e必在T中.

下面讨论赋权图G的最小生成树问题．求赋权连通图的最小生成树具有广泛的实际意义．例如：若G的节点表示城镇，边的权表示相邻两城镇的燃气管道或有线网络的铺设成本，于是在这些城镇间建设燃气管道网或有线网络且造价最低，就相当于求G的一棵最小生成树.

定义 7.3 设G是无向赋权连通图，T是G的一棵生成树，T的每个树枝所带权之和称为T的**权**，记为$W(T)$，G中带权最小的生成树称为G的**最小生成树**.

求最小生成树的算法较多，下面介绍两种：Kruskal 算法和 Prim 算法.

- **Kruskal 算法**

设连通赋权图$G=\langle V,E\rangle$，G中的边$e_1,e_2,\cdots,e_m$已按权的递增次序排列，即

$$w(e_1)\le w(e_2)\le\cdots\le w(e_m).$$

第 1 步 置$E\ne\varnothing$；置$j=1$.

第 2 步 若$E\cup\{e_j\}$不含回路，则用$E\cup\{e_j\}$替代E，转第 3 步；否则直接转第 4 步.

第 3 步 置$j=j+1$．若$j\le m$，则转第 2 步；否则转第 4 步.

第 4 步 结束.

Kruskal算法也可用于求一般无向连通图的生成树，只要将各条边的权当做 1 即可．Kruskal 算法也称为**避圈法**.

例 7.5 用 Kruskal 算法，求图 7-6 的最小生成树，并计算出该生成树的权.

解 最小生成树如图 7-7 中粗线所示，带圆圈的数字表明选定边的次序．最小生成树的权为

$$w=1+2+3+5+7=18.$$

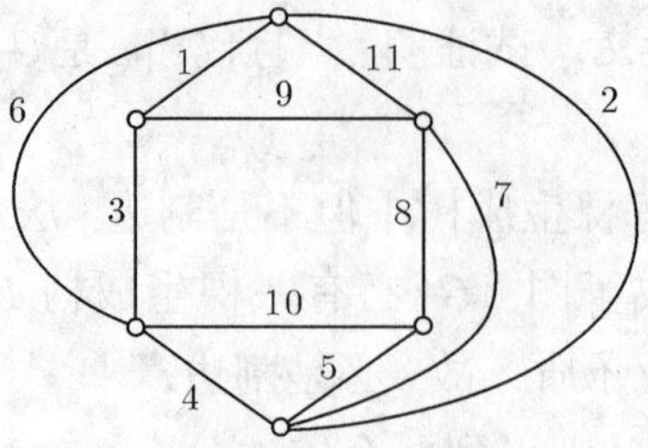

图 7-6

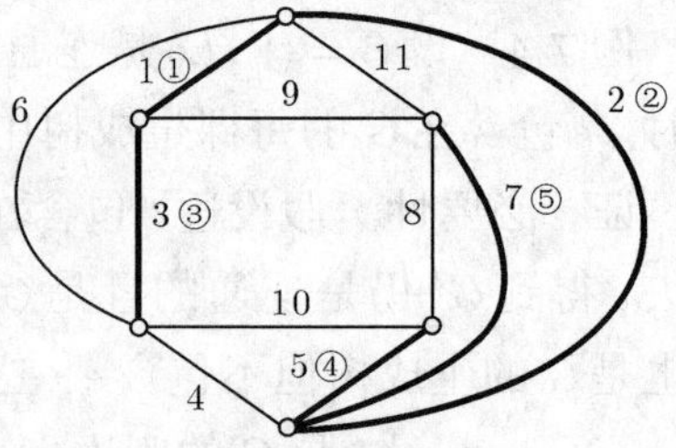

图 7-7

- **Prim 算法**

第 1 步　置 $E=\varnothing$.

第 2 步　在 V 中任选一个节点 t, 令 $M=\{t\}$.

第 3 步　在 E 中选取权尽可能小的边 (u,v), 其中 $u\in M$, $v\in V-M$. 将 (u,v) 放进 E, v 放进 M.

第 4 步　若 $M\neq V$, 转第 3 步; 否则转第 5 步.

第 5 步　结束.

Prim 算法不需要事先对权进行排序, 它每次选取权尽可能小的边, 且每次生成的图不含回路, 同时保持连通.

例 7.6　图 7-8 (1) 是一个赋权图, 图 7-8 (2) 是由 Prim 算法得到的最小生成树. 图 7-8 (2) 中的实线是一个可能的结果, 边的选择次序为 a,b,c,d,e. 也可能是 a,b',c,d', 图中 b', d' 用虚线表示. 如果选不同的开始节点, 边的选择还可能不同, 但最小生成树的权总等于 8.

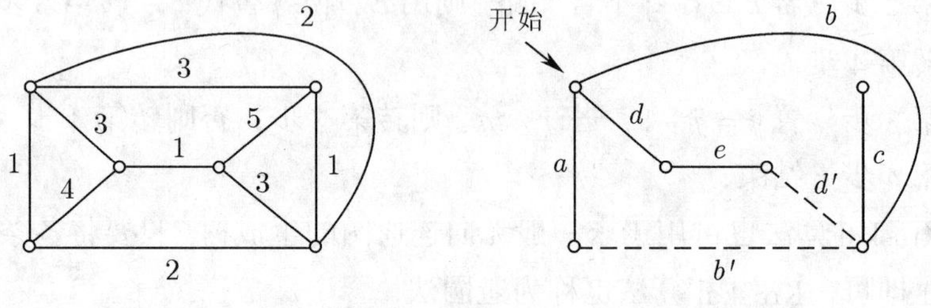

(1)　　(2)

图 7-8

7.3　根树

在计算机科学及其他应用领域中, 许多问题都可用根树描述.

定义7.4　一个有向图 D，若不考虑有向边的方向是一棵无向树，则称 D 为**有向树**.

在计算机科学中，最常用的有向树是根树，它的定义如下：

定义 7.5　一棵有向树 T，若仅有一个节点的入度为 0，其余节点的入度均为 1，则称 T 为**根树**. 根树中入度为 0 的节点称为**树根**或**根**；入度为 1、出度为 0 的节点称为**树叶**；入度为 1、出度大于 0 的节点称为**内点**；树根和内点统称为**分支点**.

通常我们在画根树时，总是约定将树根画在最上方，树叶画在下方. 在此约定下，所有边的方向总是指向下方，此时略去方向也不会引起含义不明确. 如图 7–9 (1)所示的有向图是一棵根树，它有 13 个节点、12 条边，其中，v_0 是树根，$v_3, v_5, v_7, v_8, v_9, v_{10}, v_{11}, v_{12}$ 是树叶，其他节点都是分支点. 这棵有向树可以简单地画为如图 7–9 (2)所示.

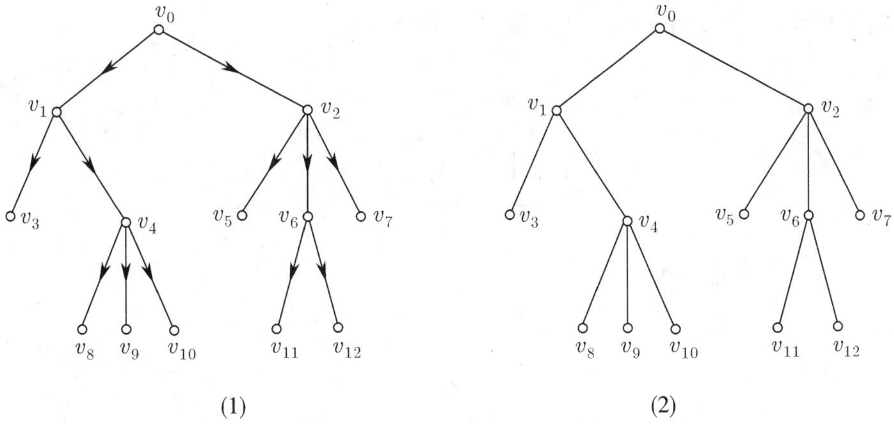

图 7–9

一棵根树的根是唯一的. 根树的根可达根树的任意其他节点，且从根到任一其他节点仅有一条通路. 从树根到某个节点的通路长度称为该节点的**层数**或级. 根树中节点的最大层数，称为**树高**. 根树中所有树叶的层数之和称为**外部路径长度**，记为 E；所有内点的层数之和称为**内部路径长度**，记为 I. 显然，树根 v_0 处在第零层上. 图 7–9 (2)的根树中，v_1, v_2 处在第一层上，v_3, v_4, v_5, v_6, v_7 处在第二层上，其余都处在第三层上. 树高为 3.

对于给定的一个有向图 G，能否从它的邻接矩阵 $\boldsymbol{A}(G)$ 判定 G 是否为根树？实际上，因为有向图邻接矩阵每列中非零元素对应该节点的入度，每行中非零元素对应该节点的出度. 若图 G 为根树，$\boldsymbol{A}(G)$ 中主对角线上元素均为零且有一列元素全为零, 其他各列中均恰有一个 1.

若一个邻接矩阵对应的有向图是根树, 则全 0 列对应的节点为树根, 全 0 行对应的节点为树叶.

为方便计, 通常将家族关系中的一些述语引入到根树中来. 设 T 是根树, 若 $\langle u,v\rangle \in T$, 则称 u 是 v 的父亲, v 是 u 的儿子. 若 v_1,v_2 都是 u 的儿子, 则称 v_1 与 v_2 是兄弟. 若 u 可达 w, 则称 u 是 w 的祖先, w 是 u 的后代.

例如图 7–9 (2)的根树中, v_0 是 v_1 的"父亲", v_1,v_2 是"兄弟", 它们的"父亲"是 v_0; v_8,v_9,v_{10} 是"兄弟", 它们的"父亲"是 v_4, 而 v_4 是 v_1 的"儿子", 除 v_0 外, 所有节点都是 v_0 的"后代", 它们的"祖先"是 v_0.

定义 7.6 设 v 为根树 T 中任一节点, 且 v 不是树根, 由 v 及其全部后代导出的子图称为以 v 为根的**根子树或子树**.

显然, 根子树还是根树, 根子树还可以有根子树.

例如, 对图 7–9 (2)所示的根树 T 来说, T_1,T_2,T_3,T_4 都是 T 的子树, 它们的树根分别为 v_1,v_2,v_4,v_6. 如图 7–10 所示.

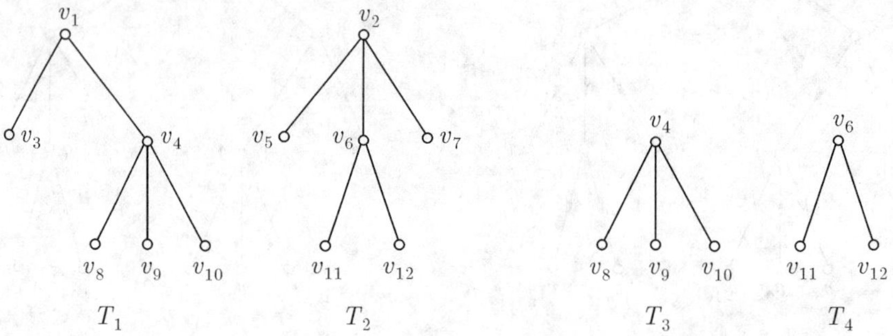

图 7–10

许多情况下, 需要对根树中同一父亲的儿子规定某种次序.

定义7.7 若对根树 T 中每个父亲的儿子规定了次序(通常是指从左到右的次序), 则称 T 为**有序树**.

定义 7.8 (1) 设 T 为一棵根树, $\forall v\in T$, 若 $\deg^+(v)\leq m$, 则称 T 为 m **元树**; 若 T 为有序树, 则称 T 为 m **元有序树**.

(2) 设 T 为 m 元树, 对任意的分支节点 $v\in T$, 若 $\deg^+(v)=m$, 则称 T 为 m **元正则树**; 若 T 为有序树, 则称 T 为 m 元**有序正则树**.

(3) 设 T 为 m 元正则树, 若 T 中所有树叶的层数相同, 则称 T 为 m **元完全树或满** m **元树**; 若 T 为有序树, 则称 T 为 m **元有序完全树**.

不难证明，一棵高为 k 的满二元树，其节点数是 $2^{k+1}-1$，树叶总数是 2^k，分支点总数是 2^k-1.

图 7–11 是 PASCAL 语言中算术表达式 $((x-4)\uparrow 2)*(3/(2+y))$ 的有序树表示. 显然，对它来说，同一父节点的子节点的次序是重要的.

图 7–12 中图(1)是一个三元树，图(2)是三元正则树，图(3)是二元完全树.

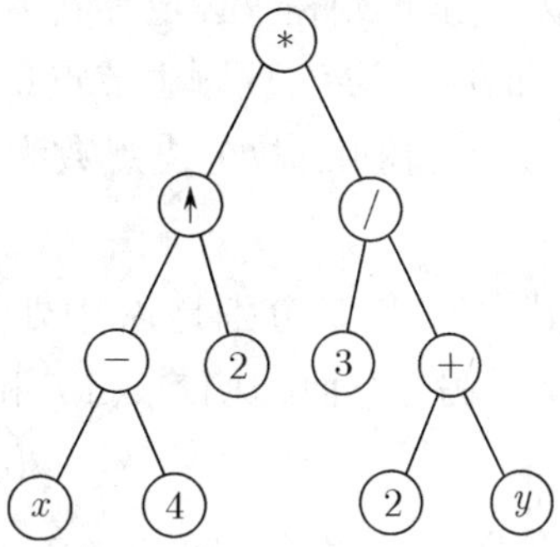

图 7–11

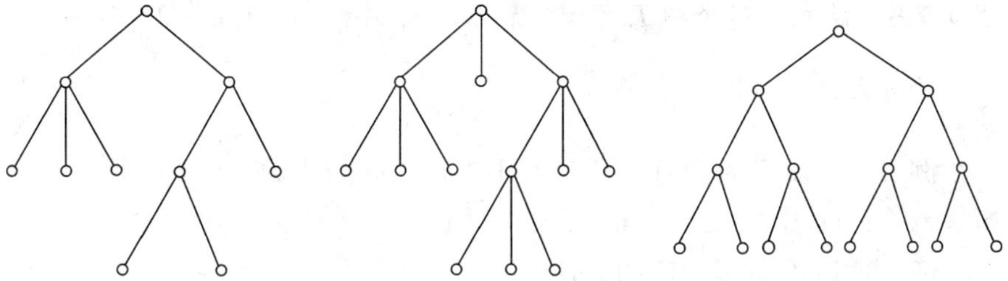

图 7–12

定理 7.3 设 m 元正则树 T 有 n_0 片树叶，t 个分支点，则

$$(m-1)t=n_0-1.$$

证 由于 T 有 n_0 片树叶，t 个分支点，则 T 有 n_0+t 个节点，由树的定义，T 的边数为 n_0+t-1，又因为所有节点的出度之和等于边数，所以由正则树的定义，有 $m\cdot t=n_0+t-1$，即

$$(m-1)t=n_0-1. \qquad \blacksquare$$

推论 设二元树 T 有 n_0 片树叶，n_2 个出度为 2 的节点，则 $n_2=n_0-1$.

直接应用定理 7.3，令 $m=2$ 即可得到.

定理 7.4 设正则二元树 T 有 r 个分支点，内部路径长度为 I，外部路径长度为 E，则 $E=I+2r$.

证 对分支点数 r 用数学归纳法. 当 $r=1$ 时，$E=2$，$I=0$，$E=I+2r$ 自然成立. 假设当 $r=k$ 时，$E=I+2r$ 也成立. 则当 $r=k+1$ 时，

因 T 是正则树, 必定存在两片为兄弟的树叶 u_1 和 u_2, 记 v 为它们的父亲, v 的层数为 l. 现删去节点 u_1 和 u_2, 得到树 T_1, T_1 仍为正则二元树, 但 v 在 T_1 中为树叶, 故分支点数为 k, 由归纳假设, 有

$$E' = I' + 2k,$$

其中 E' 和 I' 分别是 T_1 中外部路径长度和内部路径长度.

另一方面, 比较根树 T 和 T_1, 因 v 在 T 中是分支点, 在 T_1 中是树叶, 故

$$E' = E - 2(l+1) + l = E - l - 2, \quad I' = I - l.$$

将此二式代入 $E' = I' + 2k$ 中即得 $E = I + 2(k+1)$, 由归纳法知, 定理成立. ∎

定理 7.5 设完全二元树 T 有 n 个节点、n_0 片树叶, 则 $n = 2n_0 - 1$.

请读者自己证明.

例 7.7 设 T 为任意一棵二元正则树, m 为边数, t 为树叶数, 试证明 $m = 2t - 2$, 其中 $t \geq 2$.

证 这里给出多种证明方法.

方法 1 设 T 中节点数为 n, 分支点数为 i. 根据二元正则树的定义, 知下面等式均成立:

$$n = i + t, \tag{1}$$

$$m = 2i, \tag{2}$$

$$m = n - 1. \tag{3}$$

由式(1),(2),(3)易知 $m = 2t - 2$.

方法 2 在二元正则树中, 除树叶外, 每个节点的出度为 2. 除树根外, 每个节点的入度都为 1. 由握手定理可知

$$\begin{aligned} 2m &= \sum_{i=1}^{n} d(v_i) = \sum_{i=1}^{n} d^+(v_i) + \sum_{i=1}^{n} d^-(v_i) = 2(n-t) + n - 1 \\ &= 3n - 2t - 1 = 3(m+1) - 2t - 1. \end{aligned}$$

从而 $m = 2t - 2$.

方法 3 对分支点数 i 用归纳法.

当 $i = 1$ 时, 边数 $m = 2$, 树叶数 $t = 2$, 显然 $m = 2t - 2$ 成立.

设 $i = k$ $(k \geq 1)$ 时, 结论成立, 要证明 $i = k + 1$ 时, 结论也成立.

在 T 中, 一定存在两个儿子都是树叶的分支点, 设 v_a 为这样的一个分

支点，它的两个儿子为 v_i, v_j．在 T 中删除 v_i, v_j，得树 T'，T' 仍为二元正则树，分支点数 $i'=i-1=k+1-1=k$，由归纳假设在 T' 中边数 m' 与树叶数 t' 有如下关系：

$$m'=2t'-2.$$

而 $m'=m-2$，$t'=t-2+1=t-1$，将 m', t' 的值代入上式，得

$$m-2=2(t-1)-2.$$

因此 $m=2t-2$．

方法 4　对树叶数 t 用归纳法．请读者自己证．

7.4　赋权树

本节讨论有向树的树叶赋权的问题．

定义7.9　设二元树 T 有 t 片树叶，它们在 T 中的层数分别为 $l_1, l_2, \cdots, l_t$，并分别赋权为 $w_1, w_2, \cdots, w_t$，则称 T 为**赋权二元树**．在所有赋权 $w_1, w_2, \cdots, w_t$ 的 t 片树叶的二元正则树中权最小的树称为赋权 $w_1, w_2, \cdots, w_t$ 的**最优二元树**．称 $w(T)=\sum_{i=1}^{t} w_i l_i$ 为 T 的**权**．

定义 7.10　具有 t 片树叶，赋权为 $w_1, w_2, \cdots, w_t$ 的 r 元树中，赋权最小的 r 元树，称为**最优 r 元树**．

1952 年 D. A. Huffman 给出了求最优二元树的算法，其基本思想是利用赋权 $w_1+w_2, w_3, \cdots, w_t$ 的最优二元树来求赋权 $w_1, w_2, \cdots, w_t$ 的最优二元树．

先给出两个引理：

引理 1　设 T 是赋权 $w_1 \leq w_2 \leq \cdots \leq w_t$ 的最优二元树，$l_1, l_2, \cdots, l_t$ 是对应的树叶的层数．若 $w_j < w_k$，则 $l_j \geq l_k$，即权较小的树叶离根较远．

证　假设存在 j, k，$w_j < w_k$，而 $l_j < l_k$．在 T 中交换两片树叶 w_j 和 w_k 得 T_1．在计算 $w(T)$ 的式子中，与 w_j，w_k 对应的项为 $w_j l_j + w_k l_k$，而在计算 $w(T_1)$ 的式子中，对应的项为 $w_j l_k + w_k l_j$，$w(T)$ 与 $w(T_1)$ 的其他项均相同，于是

$$\begin{aligned} w(T)-w(T_1) &= w_j l_j + w_k l_k - w_j l_k - w_k l_j \\ &= (w_j - w_k)(l_j - l_k) > 0. \end{aligned}$$

因此 $w(T_1) < w(T)$, 这与 T 是最优二元树矛盾. ▌

引理 2 设 T 是赋权 $w_1 \le w_2 \le \cdots \le w_t$ 的最优二元树, 则与 w_1 和 w_2 对应的树叶具有最大层数.

证 设 T_0 是一棵赋权 $w_1 \le w_2 \le \cdots \le w_t$ 的最优二元树, 并设 a 是 T_0 中通路最长的分支点, 其儿子为 v_x 和 v_y, 它们分别赋权 w_x 和 w_y, 则有

$$l(v_x) \ge l(v_1),\ l(v_x) \ge l(v_2),\ l(v_y) \ge l(v_1),\ l(v_y) \ge l(v_2),$$

其中 v_1 和 v_2 分别是带权 w_1 和 w_2 的树叶.

不妨设 $w_x \le w_y$, 所以有 $w_1 \le w_x$, $w_2 \le w_y$, 因为 T_0 是最优二元树, 将节点 v_1 与 v_x, v_2 与 v_y 的权互换得到新树 T, 则有

$$\begin{aligned} w(T) - w(T_0) &= \big(w_1 l(v_x) + w_2 l(v_y) + w_x l(v_1) + w_y l(v_2)\big) \\ &\quad - \big(w_x l(v_x) + w_y l(v_y) + w_1 l(v_1) + w_2 l(v_2)\big) \\ &= (w_1 - w_x)\big(l(v_x) - l(v_1)\big) + (w_2 - w_y)\big(l(v_y) - l(v_2)\big) \\ &\le 0. \end{aligned}$$

所以 T 也是一棵赋权树 $w_1, w_2, \cdots, w_t$ 的最优二元树, 且 T 中赋权 w_1 和 w_2 的叶子是兄弟. ▌

定理 7.6 设 T_1 是赋权 $w_1 + w_2, w_3, \cdots, w_t$ 的最优二元树, 其中, $w_1 \le w_2 \le w_3 \le \cdots \le w_t$, 在 T_1 中, 让赋权 $w_1 + w_2$ 的树叶产生两片分别赋权为 w_1 和 w_2 的树叶, 则得到赋权 $w_1, w_2, \cdots, w_n$ 的最优二元树 T.

证 设 T' 是赋权 $w_1, w_2, \cdots, w_t$ 的最优二元树, 由上面引理知, 赋权 w_1 和 w_2 的叶子 v_1 和 v_2 是兄弟, 又设 T_1' 是在 T' 中删除 v_1 和 v_2, 并使其父亲权为 $w_1 + w_2$ 的树, 则 $w(T_1') \ge w(T_1)$, 并且

$$w(T') = w(T_1') + w_1 + w_2,\ w(T) = w(T_1) + w_1 + w_2,$$

所以 $w(T) - w(T') = w(T_1) - w(T_1') \le 0$. 因此, T 是赋权 $w_1, w_2, \cdots, w_t$ 的最优二元树. ▌

由上面定理可以得到求最优二元树的 Huffman 算法:

第 1 步 连接以 w_1, w_2 为权的两片树叶, 得一个分支点及其所带的权 $w_1 + w_2$.

第 2 步 在 $w_1 + w_2$, w_3, $\cdots$, w_t 中选出两个最小的权, 连接它们对应的节点(不一定都是树叶)又得分支点及其所带的权.

重复第 2 步, 直到形成 $t-1$ 个分支点, t 片树叶时为止.

例 7.8　求赋权 3,4,5,6,12 的一棵最优二元树.

解　首先反复组合两个最小的权，得到一系列逐渐缩短的权序列：

$$3,4,5,6,12 \Rightarrow 5,6,7,12 \Rightarrow 7,11,12 \Rightarrow 12,18.$$

赋权 12,18 的最优二元树为图 7–13 (1). 赋权 7,11,12 的最优二元树为图 7–13 (2), 赋权 5,6,7,12 的最优二元树为图 7–13 (3), 最后求得赋权 3,4,5,6,12 的最优二元树为图 7–13 (4).

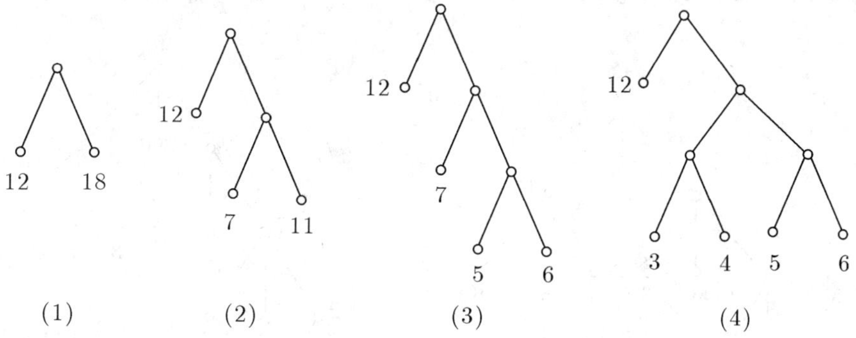

图 7–13

对给定的实数序列 $w_1 \le w_2 \le \cdots \le w_t$，下面给出构造最优 r 元树的递归算法.

- **求最优 r $(r \ge 3)$ 元树的 Huffman 算法**

(1) 若 $\dfrac{t-1}{r-1}$ 为整数，求最优 r 元树的算法与求最优二元树的算法类似，只是每次取 r 个最小的权.

(2) 若 $r-1$ 除 $t-1$ 余数 s 不为 0，$1 \le s < r-1$，将 $s+1$ 个较小的权对应的树叶作为兄弟放在最长的通路上，然后的算法同(1).

例 7.9　(1) 求带权为 1,1,2,3,3,4,5,6,7 的最优三元树.

(2) 求带权 1,1,2,3,3,4,5,6,7,8 的最优三元树.

解　(1) 所求树的树叶数 $t=9$，元数 $r=3$. $\dfrac{t-1}{r-1}=\dfrac{8}{2}=4$，说明所求三元树为正则三元树.

反复组合 3 个最小的权，得到一系列逐渐缩短的权序列：

$$\underline{1,1,2},3,3,4,5,6,7 \Rightarrow \underline{3,3,4},4,5,6,7 \Rightarrow \underline{4,5,6},7,10 \Rightarrow 7,10,15.$$

由 Huffman 算法得三元树 T_1 如图 7–14 中图(1)所示. $w(T_1)$=61.

(2) $\frac{t-1}{r-1}=\frac{10-1}{3-1}=\frac{9}{2}$，于是 $t-1$ 除以 $r-1$ 的余数为 1. 首先组合权最小的两片树叶，然后反复组合 3 个最小的权，得到一系列逐渐缩短的权序列：

$$\underline{1,1},2,3,3,4,5,6,7,8 \Rightarrow \underline{2,2,3},3,4,5,6,7,8 \Rightarrow \underline{3,4,5},6,7,7,8$$
$$\Rightarrow \underline{6,7,7},8,12 \Rightarrow 8,12,20.$$

由 Huffman 算法得三元树 T_2 如图 7-14 中图(2)所示，$w(T_2)=81$.

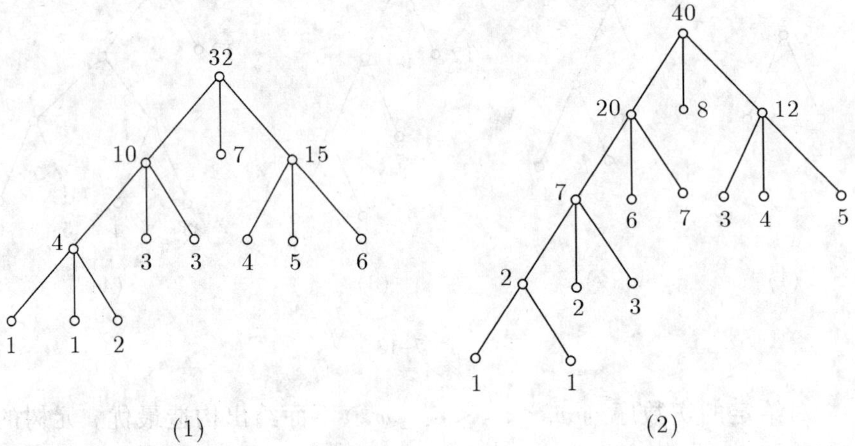

图 7-14

7.5 应用举例

7.5.1 二叉树

在计算机科学中，二元有序树有着重要应用. 在二元有序树中，每个分支节点至多有两个子节点，分别称为**左子节点**和**右子节点**. 在只有一个子节点的情况，必须根据实际情况确定它是左子节点，还是右子节点. 因此，这里所说的二元有序树，不但规定了子节点的次序，还规定了位置，称为**定位二元树**，也称为**二叉树**. 在二叉树中，以某个分支节点的左（右）子节点为根的子树，称为该节点的**左（右）子树**.

图 7-15 中，图(1)和图(2)是两个不同的定位二元树.

一棵二叉树中除根外的各个节点可以方便地用二进制数标记：根的左子节点标记为 0，右子节点标记为 1，所有其余分支节点的左子节点的标记

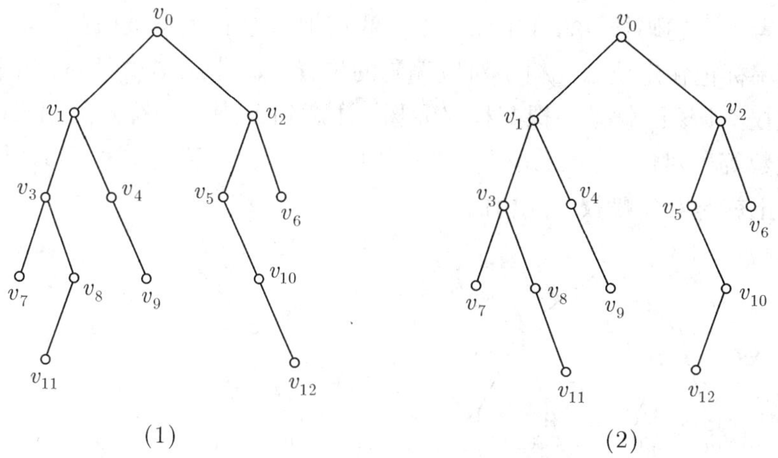

图 7–15

是在分支节点的标记后面加一个 0, 对右子节点则是加上一个 1. 后面将给出相应的例子.

7.5.2　前缀码

用二进制数对符号集合中的符号编码, 在计算机及通信技术中经常使用. 对编码的基本要求是没有歧义性和码长尽可能短. 设字母表 $\Sigma=\{A,B,C,D,E,F\}$, 对 Σ 中符号最简单的编码方法是不同符号用不同的 3 位二进制数来表示. 这种方法虽然简单且无歧义性, 但未考虑缩短码长的问题. 例如: 对由 100 个符号组成的符号串, 不论 Σ 中符号在符号串中出现的频率如何, 二进制编码长度总是 300.

若用 6 个二进制数 00,01,100,1010,1011,11 对它们编码, 并假设我们还知道 Σ 中的 6 个符号在符号串中实际出现的频率依次是 25%,10%,10%, 20%,15%,20%, 则由 100 个符号组成的符号串的二进制码长是

$$25\times 2+10\times 2+10\times 3+20\times 4+15\times 4+20\times 2=280\,.$$

它比用前述方法编码的码长短些. 下面讨论这种编码方法有无歧义性的问题. 注意到用做编码的 6 个二进制数实际上是图 7–16(1)所示定位二元树中树叶的二进制数标记, 而二元树中任何树叶不可能是另一树叶的祖先, 因此任一码字不可能是另一码字的前缀, 例如当我们接收到二进制信号:

$$011110110000100111010101\text{0},$$

我们能确定它代表符号串 $BFEAACFDD$.

考查上述码长 280 的计算，如果我们把 Σ 中各个符号在符号串中出现的频率标记在定位二元树中对应编码的位置，如图 7–16 (2)所示，并将频率当做权，则该图就是一棵赋权二元树，注意到 Σ 中各个符号的编码的二进制位数等于对应定位二元树中树叶的层数，于是前面计算得到的码长 280 实际上就是对应赋权二元树的权.

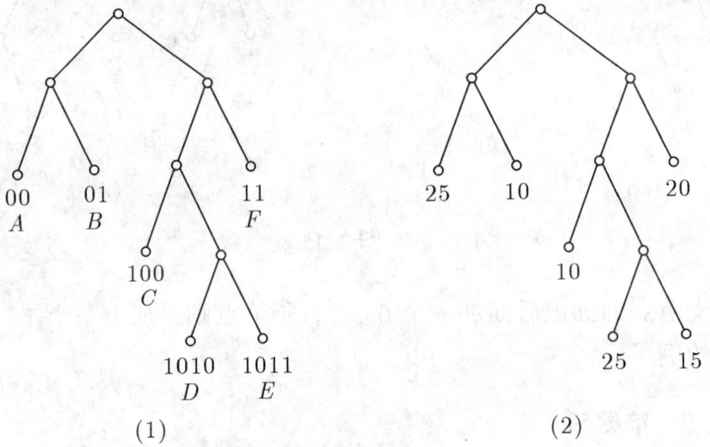

图 7–16

用定位二元树的树叶的二进制数标记字母表中符号的编码，不会产生歧义，否则不能保证. 例如：若用 00,01,000,001,10,11 分别表示 A,B,C,D,E,F，当我们接收到二进制信号：0000100011011 时，可以将它理解为符号串 $ADADEF$，也可以理解为符号串 $CBADEF$，等等. 产生歧义的原因在于编码 00 是编码 000 的前缀，也是编码 001 的前缀.

定义 7.11　设 $\beta=\alpha_1\alpha_2\cdots\alpha_{n-1}\alpha_n$ 为长是 n 的符号串，则称其子串 $\alpha_1,\alpha_1\alpha_2,\alpha_1\alpha_2\alpha_3,\cdots,\alpha_1\alpha_2\cdots\alpha_{n-1}$ 分别为 β 的长度为 $1,2,3,\cdots,n-1$ 的**前缀**.

定义 7.12　设 $B=\{\beta_1,\beta_2,\cdots,\beta_m\}$ 为一符号串集合，若对于任意的 β_i，$\beta_j\in B$，$i\neq j$，β_i 与 β_j 互不为前缀，则称 B 为**前缀码**. 若 B 中诸元素中只出现了两个符号（如 0 和 1），则称 B 为**二元前缀码**.

计算机通信中，用二进制编码表示字符，如八进制数字用等长码为

$$\begin{Bmatrix}000 & 001 & 010 & 011 & 100 & 101 & 110 & 111\\ 0 & 1 & 2 & 3 & 4 & 5 & 6 & 7\end{Bmatrix}.$$

等长码是前缀码. 根据前面的分析易得：二叉树的树叶的二进制数标记所组成的集合必是一个二元前缀码. 反之，对于任意给定的一个二元前缀码

必存在一棵二叉树，使得这棵二叉树的所有树叶的二进制标记组成这个二元前缀码.

若知道字母表中符号在符号串中的频率，则计算一定长度的符号串对应的二进制编码长度实际上是计算赋权二元树的权，该赋权二元树就是与二元前缀码对应的定位二元树，树叶的权是前缀码中各个二进制数（它们代表字母表中各个符号）在符号串中出现的频率，于是当给定字母表中各个符号在符号串出现的频率，要确定二元前缀码，使一定长度的符号串的编码长度尽可能短，这实际上就是一个 7.4 节中讨论的最优二元树问题.

例 7.10　对字母表 $\Sigma=\{A,B,C,D,E,F\}$，Σ 中符号在符号串中出现的频率仍依次为 25%,10%,10%,20%,15%,20%. 要求确定二元前缀码，使一定长度的符号串的编码长度尽可能短.

对权 10,10,15,20,20,25，图 7–17 (1)是用 Huffman 算法作出的最优二元树，对该树的树叶作出二进制标记，如图 7–17 (2)所示，就得到字母表 Σ 的最有效的二元前缀码 $\{00,01,10,110,1110,1111\}$，对一个由 100 个符号组成的符号串，其编码长度是

$$20\times2+20\times2+25\times2+15\times3+10\times4+10\times4=255.$$

这与前面所用的前缀码相比（在那里编码长度是 280），有了更好的改进.

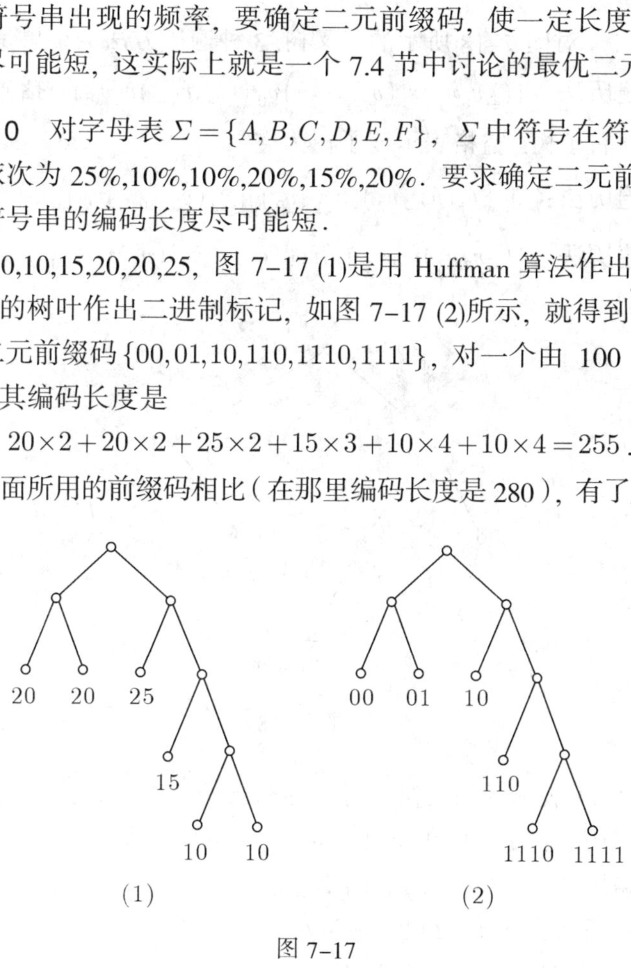

图 7–17

7.5.3　波兰表示法

在计算机应用中，对于二叉树，一个十分重要的问题是：按一定的规律和次序，使二叉树中每个节点恰好访问一次. 通常有如下三种遍历方法（所有的方法均是递归的）.

(1) **中序遍历法**(中根次序遍历法或中根通过法) 其访问次序为左子树, 树根, 右子树, 对左、右子树也采用此种访问次序.

(2) **前序遍历法**(前根次序遍历法或前根通过法) 其访问次序为树根, 左子树, 右子树, 对左、右子树也采用此种访问次序.

(3) **后序遍历法**(后根次序遍历法或后根通过法) 其访问次序为左子树, 右子树, 树根, 对左、右子树也采用此种访问次序.

例 7.11 对图 7–18 所示的二叉树, 3 种遍历方法的结果是:

中序遍历法: $\big((\_v_3v_7)v_1(v_8v_4v_9)\big)v_0\big((v_{10}v_5\_)v_2v_6\big)$, 括号仅为标示左子树、根、右子树, 空格表示该子树为空

前序遍历法: $v_0\big(v_1(v_3\_v_7)(v_4v_8v_9)\big)\big(v_2(v_5v_{10}\_)v_6\big)$

后序遍历法: $\big((\_v_7v_3)(v_8v_9v_4)v_1\big)\big((v_{10}\_v_5)(v_6)v_2\big)v_0$

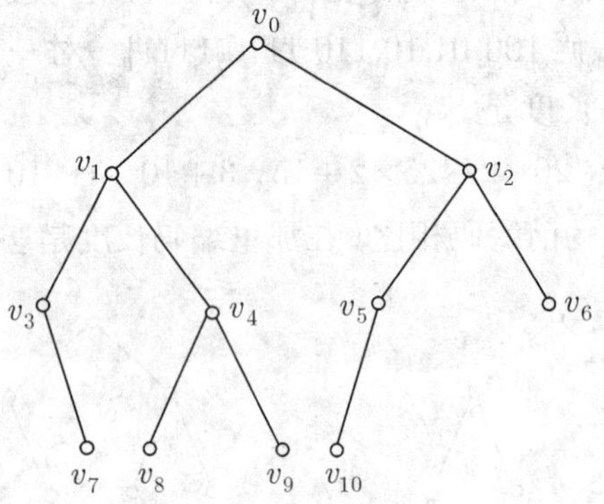

图 7–18

对图 7–11 表示的二叉树进行三种遍历的结果如下:

中序遍历法: $x-4\uparrow 2*3/2+y$

前序遍历法: $*\uparrow -x\ \ 4\ 2/3+2\ \ y$

后序遍历法: $x\ \ 4-2\uparrow 3\ 2\ \ y+/*$

对中序遍历的结果, 必须加上括号, 否则有歧义性. 如可以理解为

$$\big((x-4)\uparrow 2\big)*\big(3/(2+y)\big),$$

也可理解为 $\big(x-(4\uparrow 2)\big)*\big((3/2)+y\big)$ 等.

对前序遍历的结果, 只要规定每个运算符的运算对象是紧跟在它后面的量, 就能唯一确定表达式而不必加上括号. 表达式的这种表示方法称为

波兰表示法.

对后序遍历的结果, 只要规定每个运算符的运算对象是紧接在它前面的量, 也能唯一确定表达式而不必加上括号. 表达式的这种表示方法称为**逆波兰表示法**. 这种表示法的特点除了不加括号就能唯一确定表达式本身外, 在表示法中运算对象出现的顺序（从左到右）和在表达式中出现的顺序相同, 而且运算符是按实际运算顺序出现的. 由于逆波兰表示法有这些优点, 它常被计算机高级语言的编译系统所采用.

7.6 本章小结

1. 本章介绍了（无向）树的若干等价定义, 要会利用它们判断或证明树的有关结论.

2. 介绍了求连通图的生成树的破圈法, 以及求带权连通图的最小生成树的 Kruskal 算法和 Prim 算法.

3. 介绍了有向树、根树、树根、树叶、分支点、有序树、（有序）正则树、（有序）完全树、二叉树等概念及有关性质.

4. 介绍了求最优 r $(r\geq 2)$ 元树的 Huffman 算法, 特别是构造最优二元树的 Huffman 递归算法.

5. 介绍了树的应用, 特别是在求前缀码及求二叉树的节点的三种遍历法. 按不同的次序遍历二叉树的节点时, 节点的遍历次序易出错, 应特别谨慎.

习 题 7

1. 下面列出了一些关于简单图的结论, 它们的哪些组合可以作为树的定义, 写出所有可能, 但不允许在组合中有多余的条件:

(A) 无回路;

(B) 连通;

(C) 边数＝节点数－1;

(D) 每对节点间有且仅有一条通路;

(E) 连通图的每一条边均为割边;

(F) 在原图中增加任一条边恰好得到一个回路.

2．已知一棵无向树 T 有三个 3 度节点，一个 2 度节点，其余的都是 1 度节点．

(1) T 中有几个 1 度节点？

(2) 试画出两棵满足上述度数要求的非同构的无向树．

3．设无向图 G 是由 k $(k\geq 2)$ 棵树构成的森林，至少在 G 中添加多少条边才能使 G 成为一棵树？

4．设无向图 G 中有 n 个节点、$n-1$ 条边，证明：G 为连通图当且仅当 G 中无回路．

5．设 T 是一棵非平凡树，$\Delta(T)\geq k$，试证明：T 中至少有 k 片树叶，其中 $\Delta(T)$ 为 T 中最大的度数．

6．设 $d_1,d_2,\cdots,d_n$ 是 n 个正整数，$n\geq 2$，且 $\sum\limits_{i=1}^{n} d_i=2n-2$．证明：存在一棵节点度数为 $d_1,d_2,\cdots,d_n$ 的树．

7．(1) 一棵无向树有 n_i 个度数为 i 的节点，$i=1,2,\cdots,k$．$n_2,n_3,\cdots,n_k$ 均为已知数，问 n_1 应为多少？

(2) 在(1)中，若 $n_r\,(3\leq r\leq k)$ 未知，$n_j\,(j\neq r)$ 均为已知数，问 n_r 应为多少？

8．设 G 是连通图，满足下面条件之一的边应具有什么性质？

(1) 在 G 的任何生成树中；

(2) 不在 G 的任何生成树中．

9．在图 7–19 中，图(1),(2)所示的连通图 G_1,G_2 中各有几棵非同构的生成树？

10．在图 7–20 所示的赋权图 G 中共有多少棵生成树，它们的权各为多少？其中哪些是最小生成树？

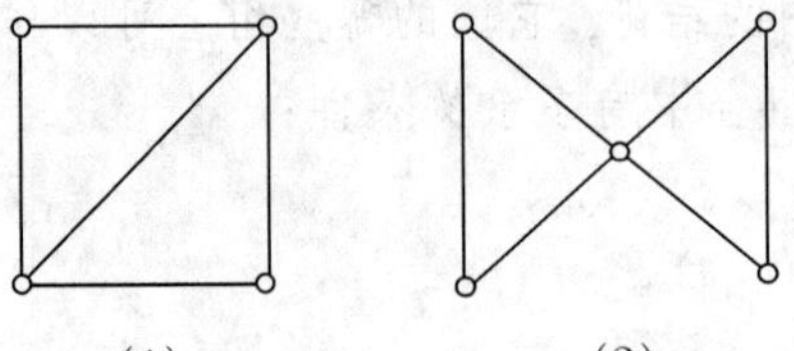

图 7–19

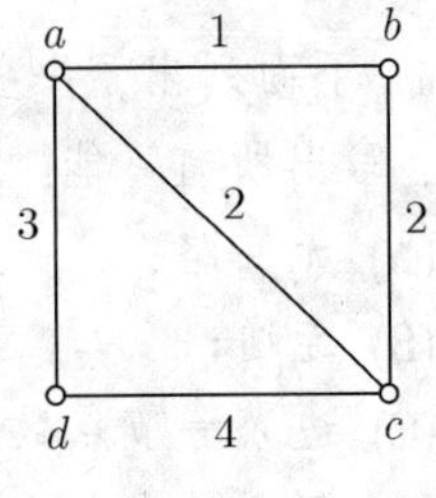

图 7–20

11．在图 7–21 (1),(2)所示的两图中各求一棵最小生成树，并计算它们的权.

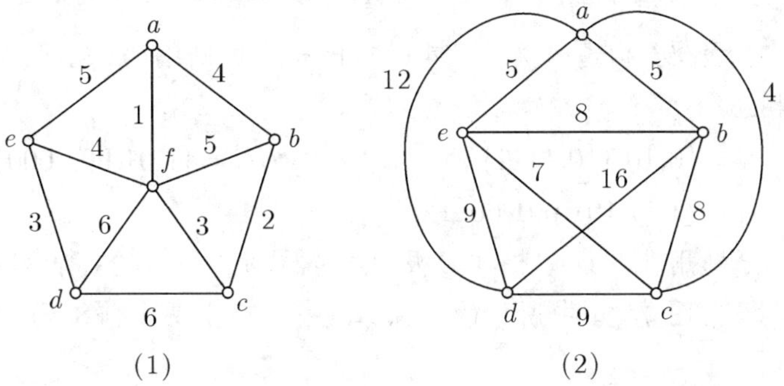

图 7–21

12. 图 7–22 给出的赋权图表示 7 个城市 a, b, c, d, e, f, g 及架起城市间直接通信线路的预测造价.试给出一个设计方案使得各城市间能够通信且总造价最小, 并求最小总造价.

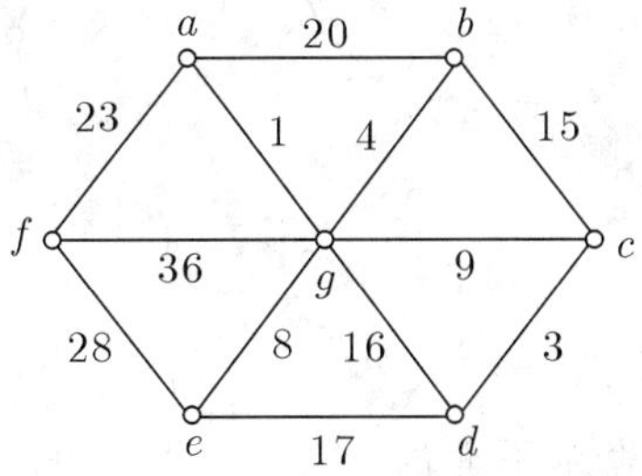

图 7–22

13. 一个有向图 D, 仅有一个节点入度为 0, 其余节点的入度均为 1, D 一定是有向树吗?

14. 证明:

(1) 若 T 是有 n 个节点的完全二元树, 则 T 有 $\frac{1}{2}(n+1)$ 片树叶.

(2) 证明一棵完全二元树必有奇数个节点.

(3) 证明完全二元树的树叶数比内部节点数大 1.

15. (1) 画出所有高为 3 的正则二元树.

(2) 试画出 4 个节点的所有非同构的无向树.

(3) 5 个节点可以形成多少棵非同构的无向树?

(4) 画出所有不同构的高为 2 的二元树, 其中有多少棵正则二元树?

有多少棵满二元树?

16．在下面给出的 3 个符号串集合中，哪些是前缀码？哪些不是前缀码？若是前缀码，构造二叉树，其树叶代表二进制编码．若不是前缀码，则说明理由．

(1) $B_1=\{0,10,110,1111\}$；　　(2) $B_2=\{1,01,001,000\}$；

(3) $B_3=\{1,11,101,001,0011\}$．

17．分别用先根、中根和后根的次序通过如图 7–23 所示的二叉树．

18．根据图 7–24 中所示的两棵二元树，产生两个前缀码．

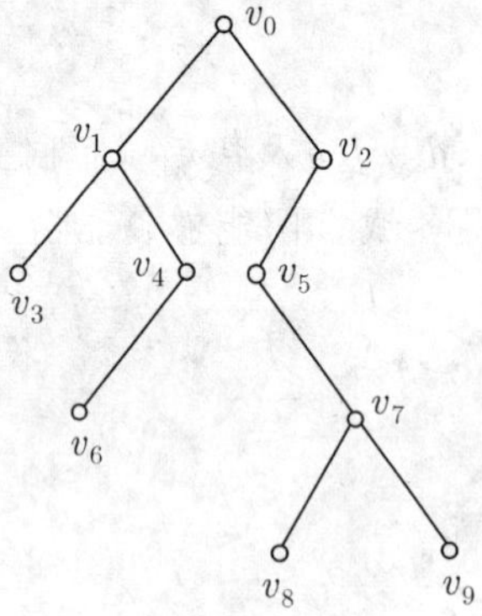

图 7–23

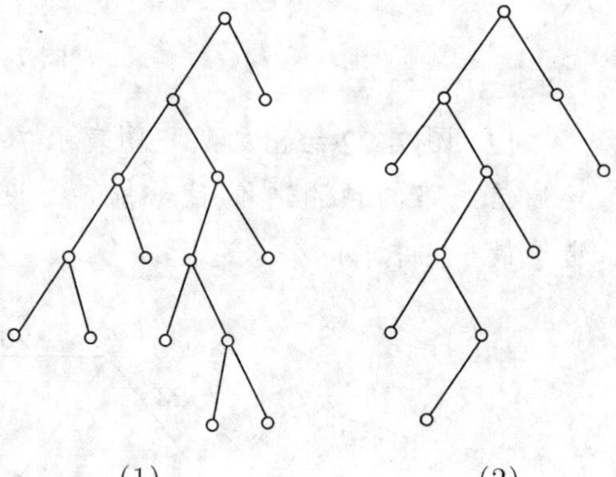

图 7–24

19．试用二叉树表示下面的代数式，并写出相应的中序、前序、后序遍历的结果：

$$(2\times a)+\big(3-(4\times b)\big)+\big(x+(3/4)\big).$$

20．在通信中要传输八进制数字 0,1,2,⋯,7．这些数字出现的频率为 0：30%；1：20%；2：15%；3：10%；4：10%；5：6%；6：5%；7：4%．编一个最优前缀码，使通信中出现的二进制数字尽可能地少．具体要求如下：

(1) 画出相应的二元树；

(2) 写出每个数字对应的前缀码；

(3) 传输按上述比例出现的数字 10 000 个时，至少要用多少个二进制数字？

第 8 章 命 题 逻 辑

数理逻辑是用数学方法研究思维规律和推理过程的科学，而推理的基本要素是命题，因此命题逻辑是数理逻辑最基本的研究内容之一，也是谓词逻辑的基础．数理逻辑和电子计算机的发展有着密切的联系，它为机器证明、自动程序设计、计算机辅助设计、逻辑电路、开关理论等计算机应用和理论研究提供了必要的理论基础．

本章介绍命题逻辑的基本概念，包括引入命题联结词，讨论命题公式、重言式以及自然语句的形式化等内容．

8.1 命题及其符号化

8.1.1 命题与命题变元

在日常生活中，人们不仅使用语句描述一些客观事物和现象，而且往往还对陈述的事实加以判断，从而辨其真假．语句可以分为疑问句、祈使句、感叹句与陈述句等，其中只有陈述句能分辨真假，其他类型的语句无所谓真假．在数理逻辑中，我们把每个能分辨真假的陈述句称为一个**命题**．疑问句、祈使句、感叹句等不是命题，因为它们没有真假．陈述句的这种真或假性质称为**真值**或值，也就是说真值包含“真”和“假”．命题是一个非真即假（不可兼）的陈述句．因而命题有两个基本特征，一是它必须为陈述句；二是它所陈述的事情要么成立（真），要么不成立（假），不可能同时既成立又不成立，即它的真值是唯一的．若一个命题是真的，则称其真值为真，用 1 或 T 表示，称该命题为真命题；若一个命题是假的，则称其真值为假，用 0 或 F 表示，称该命题为假命题．因为只有两种取值，所以这样的命题逻辑称为二值逻辑．

注意：命题公式能判断真假，并不意味着现在就能确定其是真还是假，只是它具有能够唯一确定的真值这一性质．例如："地球外的星球上存在生物"，就是一个具有唯一真值的陈述句，虽然我们现在还不清楚它的取值．

下面举例说明：

例 8.1 (1) "雪是白的．"是一个陈述句，显然其真值为真，或说为 T，所以是一个命题．

(2) "雪是黑的．"是一个陈述句，其真值为假，是一个命题．

(3) "好大的雪啊！"不是陈述句，不是命题．

(4) "一个大于 2 的偶数可表示成两个素数之和．"（哥德巴赫猜想）是命题，或为真或为假，只不过到现在为止尚不知其是真命题还是假命题．

(5) "$1+101=110$．"这是一个数学表达式，相当于一个陈述句，可以叙述为"1 加 101 等于 110"，这个句子所表达的内容在十进制范围内考查时真值为假，而在二进制范围中内则真值为真．可见该命题的真值还与所讨论问题的范围有关．

(6) "$x>5$．"这虽然是一个陈述句，但其真值随 x 的取值而变化，因此真值不唯一，从而不是命题．

命题可根据其复杂程度分类．

只由一个主语和一个谓语构成的最简单的陈述句，称为**简单命题**或**原子命题**．简单命题不可能再分解成更简单的命题了，它是基本的、原始的．如例 8.1 中所举的命题例子都是简单命题．

当然，也有一些命题并不是最基本的，它们还可以分解成若干个简单命题．若干个简单命题通过联结词联结而成的更为复杂的新命题称为**复合命题**或分子命题．复合命题仍为陈述句．像命题"雪是白的而且 $1+2=3$"，就不是简单命题，它可以分割为"雪是白的"以及"$1+2=3$"两个简单命题，联结词是"而且"．

在数理逻辑里，仅仅把命题看成是一个可取真或可取假的陈述句，所关心的并不是这些具体的陈述句的真值究竟为什么或在什么环境下是真还是假，这是相关学科本身研究的问题，而数理逻辑关心的仅是命题可以被赋予真或假这样的可能性，以及规定了真值后怎样与其他命题发生联系的问题．

简单命题和复合命题的真值是固定不变的，故又可称为**命题常元**或命

题常量，简称为命题．而有些陈述句尽管不是命题，但可以将其变成命题，它的真值是不固定的、可变的，这种真值可变化的陈述句称为**命题变元**或**命题变量**．命题常元或命题变元用英文字母 $A,B,\cdots,P,Q,\cdots$ 或 $A_i,B_i,\cdots,P_i,Q_i,\cdots$ 或 p,q,r 等表示．如果命题符号 P 代表命题常量，则意味着它是某个具体命题的符号化；如果 P 代表命题变量，则意味着它可指代任何具体命题．如果没有特别指明，通常来说，命题符号 P,Q 等是命题变量．如以 P 表示“雪是白的”，Q 表示“北京是中国的首都”等．

命题与命题变元含义是不同的，命题指具体的陈述句，有确定的真值，而命题变元的真值不定，只有将某个具体命题代入命题变元时，命题变元化为命题，方可确定其真值．命题与命题变元类似初等数学中常量与变量的关系．如5是一个常量，是一个确定的数字，而 x 是一个变量，赋给它一个什么值它就代表什么值，即 x 的值是不定的．初等数学的运算规则中对常量与变量的处理原则是相同的，同样在命题逻辑的演算中，命题常元与命题变元的处理原则也是相同的．因此，除在概念上要区分命题常元与命题变元外，在逻辑演算中就不再区分它们了．

例8.2 判断下列语句是否为命题，若是命题，请指出是简单命题还是复合命题．

(1) $\sqrt{2}$ 是无理数．

(2) 现在开会吗？

(3) $x+5>0$．

(4) 这朵花真好看呀！

(5) 2是素数当且仅当三角形有3条边．

(6) 雪是黑色的当且仅当太阳从东方升起．

(7) 太阳系以外的星球上有生物．

(8) 全体起立！

(9) 4是2的倍数或是3的倍数．

(10) 4是偶数且是奇数．

(11) 李明与王华是同学．

(12) 蓝色和黄色可以调配成绿色．

解 除(2),(3),(4),(8)外均是命题．其中，(1),(7),(11),(12)是简单命题，(5),(6),(9),(10)是复合命题．

(2)为疑问句，(4)为感叹句，(8)为祈使句，它们都不是陈述句，所以它们都不是命题. (3)是陈述句, 但它表示的判断结果不确定, 它可真(如取 x 为 2), 也可能为假(如取 $x=-10$), 于是(3)不是命题.

其余的句子都是有确定真值的陈述句, 因而都是命题. (5)和(6)都为由联结词"当且仅当"联结起来的复合命题, (9)是由联结词"或"联结的复合命题, 而(10)是由联结词"且"联结起来的复合命题. 但要注意, 有时"与"或"和"联结的是主语, 构成简单命题. 例如(11),(12).

8.1.2 命题联结词

联结词可将命题联结起来构成复杂的命题, 命题逻辑联结词的引入十分重要, 其作用相当于初等数学里的实数集上定义的 $+,-,\times,\div$ 等运算符. 通过联结词可定义新的命题, 从而使命题逻辑的内容变得丰富起来.

日常用语中有很多不同意义的联结词可将较简单的语句联结成复杂的复合语句. 命题逻辑中简单命题也可以通过联结词构成复合命题, 因此, 复合命题的真值不仅与其中所含的简单命题的真值有关, 而且与联结词的意义有关. 数理逻辑中可以定义很多联结词, 这里只给出几个常用的**命题联结词**. 这里要指出的是, 这些联结词虽然与通常语言中的联结词有相应的含义, 但决不可与之等同, 它们是通常语言里的联结词的逻辑抽象, 必须严格按定义理解.

定义 8.1 设 P 为命题, 复合命题"非 P"称为 P 的**否定式**或否命题, 记为 $\neg P$. 符号"$\neg$"称为**否定联结词**. P 真当且仅当 $\neg P$ 假.

$\neg P$ 的取值也可用表 8–1 定义, 这种表称为 $\neg P$ 的真值表. 表中的 1 和 0 分别标记该列的命题取值为真和为假. "$\neg$"相当于普通用语中的"非"、"不"、"无"、"没有"、"并非"等否定词.

表 8–1

P	$\neg P$
0	1
1	0

例 8.3 (1) 用 P 表示命题:"昨天张三去看球赛了", 于是"昨天张三没有去看球赛"可以用 $\neg P$ 表示.

若昨天张三去看球赛了, 命题 P 为真, 则否命题 $\neg P$ 必然为假. 反之,

若命题 P 是假的，则 $\neg P$ 就是真的.

(2) Q：今天是星期三. $\neg Q$：今天不是星期三.

注意 $\neg Q$ 不能理解为“今天是星期四”，因为“今天是星期三”的否定，并不一定是星期四，还可能是星期五、星期六…… 在这种情况下，要注意否定词的含义是否定该命题的全部，而不是否定一部分.

定义 8.2 设 P,Q 均为命题，复合命题“P 且 Q”称为 P 和 Q 的**合取式**或合取，记为 $P\wedge Q$ 或 $P\times Q$. 符号“$\wedge$”称为**合取联结词**. $P\wedge Q$ 为真当且仅当 P 和 Q 同时为真.

$P\wedge Q$ 的真值表如表 8–2 所示.“$\wedge$”相当于日常用语中的“与”、“且”、“和”、“又”、“并且”、“以及”、“既……又……”、“不仅……而且……”、“虽然……但是……”、“尽管……仍然……”等词语.

表 8–2

P	Q	$P\wedge Q$
0	0	0
0	1	0
1	0	0
1	1	1

例 8.4 (1) P：教室里有 10 名女同学. Q：教室里有 15 名男同学. 不难看出，命题“教室里有 10 名女同学与 15 名男同学”，可由 $P\wedge Q$ 来描述.

(2) A：今天下雨了. B：教室里有 100 张桌子. 可知 $A\wedge B$ 就是命题“今天下雨了并且教室里有 100 张桌子”. 在自然语言中，这里的 $A\wedge B$ 可能无意义，但在数理逻辑中是允许的，$A\wedge B$ 为一个新命题.

日常自然用语里的联结词“和”、“与”、“并且”，一般是表示两种同类有关事物的并列关系的. 而在逻辑语言中仅考虑命题与命题之间的形式关系，并不顾及日常自然用语中是否有此说法. 例 8.4 (2)在日常自然用语中，虽 A,B 毫无联系，但在数理逻辑中 $A\wedge B$ 是可以讨论的.

日常自然用语中说，“这台机器质量很好，但是很贵”，这句话的含义是说同一台机器质量很好而且很贵. 若用 P 表示“这台机器质量很好”，用 Q 表示“这台机器很贵”，则这句话的逻辑表示就是 $P\wedge Q$. 总之，合取词有“与”、“并且”的含义，但逻辑联结词是自然用语中联结词的抽象，两者并不等同.

定义 8.3 设 P,Q 均为命题，复合命题“ P 或 Q ”称为 P 和 Q 的**析取式**或析取，记为 $P\vee Q$ 或 $P+Q$．符号“$\vee$”称为**析取联结词**．$P\vee Q$ 为假当且仅当 P 和 Q 同时为假．

$P\vee Q$ 的真值表如表 8-3 所示．符号“$\vee$”与日常用语中的“……或……”、“……或者……”等有类似之处，但也有所不同．通常用语中的“或者”一词的意义可根据上下文理解成“可兼或”（即“相容或”）或“不可兼或”（即“排斥或”），是一个有二义性的词．这里“$\vee$”是可兼或，它允许所联结的两个命题同时为真．

表 8-3

P	Q	$P\vee Q$
0	0	0
0	1	1
1	0	1
1	1	1

例 8.5 (1) P：今天刮风．Q：今天下雨．命题“今天刮风或者下雨”可由 $P\vee Q$ 来描述．

(2) A：2 小于 3．B：雪是黑的．$A\vee B$ 表示命题“2 小于 3 或者雪是黑的”．由于“2 小于 3”为真，所以 $A\vee B$ 取值为真，尽管“雪是黑的”这一命题为假．

在命题逻辑中有上述三个联结词就足够了，但为了方便起见，我们还可根据需要定义其他联结词，它们在某些场合特别有用．

定义 8.4 设 P,Q 均为命题，复合命题“若 P，则 Q ”称为 P 和 Q 的**蕴含式**或蕴涵式，记为 $P\to Q$．其中 P,Q 分别称为蕴含式的**前件**（前提）和**后件**（结论）．符号“$\to$”称为**蕴含联结词**．$P\to Q$ 为假当且仅当 P 真和 Q 假同时成立．

$P\to Q$ 的真值表如表 8-4 所示．“$\to$”是日常用语中“如果……那么……”、“只要……就……”、“必须……以便……”、“仅当……则……”等词汇的逻辑抽象．

表 8-4

P	Q	$P\to Q$
0	0	1
0	1	1
1	0	0
1	1	1

需要注意的是：蕴含词$\to$与自然用语“如果……那么……”有一致的一面，可表示因果关系．然而P，Q是无关的命题时，逻辑上允许讨论$P\to Q$，并且$P=\mathrm{F}$则$P\to Q=\mathrm{T}$，这在自然用语中是不大使用的．

例 8.6 P：$n>3$（n为整数）；Q：$n^2>9$．命题$P\to Q$表示“如果$n>3$，那么$n^2>9$”，我们来分析$P\to Q$的真值．

① $P=Q=\mathrm{T}$．这时如$n=4>3$，则有$n^2=16>9$，符合事实$P\to Q=\mathrm{T}$，正是我们所期望的可以$P\to Q$表示P，Q间的因果关系，这时规定$P\to Q=\mathrm{T}$是自然的．

② $P=\mathrm{T}$，$Q=\mathrm{F}$．如$n>3$而$n^2<9$是不会成立的，此时用$P\to Q$表示P，Q间的因果关系是不成立的，自然规定$P\to Q=\mathrm{F}$．

③ $P=\mathrm{F}$而$Q=\mathrm{F}$或T．如$n=2<3$有$n^2=4<9$；$n=-5<3$有$n^2=25>9$．

由于前提条件$n>3$不成立，而$n^2>9$成立与否并不重要，都不违反对自然用语“如果$n>3$，那么$n^2>9$”成立的肯定．于是$P=\mathrm{F}$时可规定$P\to Q=\mathrm{T}$．总之，对$P\to Q$的这种规定是可接受的．

例 8.7 P：$2+2=5$；Q：雪是黑的；$P\to Q$就是命题“如果$2+2=5$，那么雪是黑的”．从蕴含词的定义看，由$2+2=5$是不成立的或说P取F值，不管Q取真取假都有$P\to Q=\mathrm{T}$．

下面两个命题均是真的：

“如果你堵住所有的入海口，我就把大海喝干．”

“假如给我一个支点，我可以把地球撬起来．”（阿基米德）

联结词$\to$较$\neg,\wedge,\vee$难以理解，然而它在逻辑中用于表示因果关系最方便．请读者仔细体会．

定义 8.5 设P，Q均为命题，复合命题“P当且仅当Q”称为P和Q的

等价式, 记为$P \leftrightarrow Q$. 符号“$\leftrightarrow$”称为**等价联结词**. $P \leftrightarrow Q$为真当且仅当P,Q的真值相同.

$P \leftrightarrow Q$的真值表如表 8-5 所示. “$\leftrightarrow$”是日常用语中的“当且仅当”、“充分必要”、“相当于”、“……和……一样”、“等价”等词汇的逻辑抽象.

表 8-5

P	Q	$P \leftrightarrow Q$
0	0	1
0	1	0
1	0	0
1	1	1

例 8.8 设P: ΔABC是等腰三角形; Q: ΔABC中有两个角相等. 命题$P \leftrightarrow Q$就是“ΔABC是等腰三角形当且仅当ΔABC中有两个角相等”. 显然就该例而言$P \leftrightarrow Q = \mathrm{T}$.

以上介绍了几种常见的联结词. 这些联结词反映了复合命题与其中的简单命题之间的一种抽象的逻辑关系. 这 5 个联结词及其与自然用语的联系和区别, 为自然语句的形式化作了准备. 一些推理问题的描述, 常是以自然语句来表示的, 需首先把自然语句形式化为逻辑语言, 即以符号表示的逻辑公式, 然后根据逻辑演算规律进行推理演算. 下面讨论自然语句的符号化.

符号化过程: 先要引入一些命题符号P, Q, …用来表示自然语句中所出现的简单命题, 然后通过联结词将这些命题符号联结起来, 以形成表示自然语句的复合命题. 这个过程要注意自然语句中某些联结词的逻辑含义, 并能选用准确的联结词.

例 8.9 将下列命题符号化:

(1) 李明既聪明又用功.

(2) $\sqrt{2}$是有理数的话, $2\sqrt{2}$也是有理数.

(3) 今天我上班, 除非今天我病了.

(4) 设p表示“他富有”, q表示“他幸福”, 以$\neg p$和$\neg q$分别表示“他贫穷”和“他不幸福”, 请用p,q将下列陈述符号化:

A. 如果他富有, 那么他不幸福.

B. 他既不富有也不幸福.

C. 要幸福必须贫穷.

D. 贫穷就不幸福.

解 (1) 令 P 表示“李明聪明”，Q 表示“李明用功”，于是该命题可表示为 $P\wedge Q$.

(2) 令 P 表示“ $\sqrt{2}$ 是有理数”，Q 表示“ $2\sqrt{2}$ 是有理数”，于是该命题可表示为 $P\rightarrow Q$.

(3) 以 P 表示“今天我病了”，Q 表示“今天我上班”，该命题是个因果关系，意思是“如果今天我不生病，那么我上班”，故可描述成 $\neg P\rightarrow Q$.

(4) 可以分别符号化为：

A. $p\rightarrow\neg q$ ，　　B. $\neg p\wedge\neg q$ ，

C. $p\rightarrow\neg q$ ，　　D. $\neg p\leftrightarrow\neg q$.

在研究推理时，若把命题分析到简单命题为止，则这种建立在以简单命题为基本推理单位的逻辑体系，称为**命题逻辑**或**命题演算**.

8.2 命题公式

8.2.1 命题公式及其真值

$\neg P$, $P\wedge Q$, $P\vee Q$, $P\rightarrow Q$, $P\leftrightarrow Q$ 既可看做是具体命题的符号化表达式，也可把其中的 P,Q 看做是命题变元，联结词看成是运算符，从而成为真值不唯一确定的抽象命题公式．在它们的基础上还可以构造出更复杂的命题公式．由命题常元、命题变元、联结词、括号等组成的复合命题形式，称为命题公式．但并不是由这三类符号组成的每一个符号串都可成为命题公式．下面给出命题公式的递归定义.

定义 8.6　命题公式是满足下列条件的公式：

(1) 真值 0,1（或 F , T ）是命题公式；

(2) 命题常元、命题变元是命题公式，即 $P,Q,R,\cdots,P_i,Q_i,R_i,\cdots$ 是命题公式；

(3) 若 A 是命题公式，则 $\neg A$ 也是命题公式；

(4) 若 A 和 B 是命题公式，则 $(A\wedge B)$, $(A\vee B)$, $(A\rightarrow B)$, $(A\leftrightarrow B)$ 也是命题公式；

(5) 只有有限次地应用(1)～(4)构成的符号串才是命题公式.

这个定义给出了建立命题公式的一般原则，也给出了识别一个符号串是否为命题公式的原则.

这是递归定义. 在定义中使用了所要定义的概念，如在(2)和(3)中都出现了所要定义的命题公式字样，其次是定义中规定了初始情形，如(1)中指明了已知的简单命题是命题公式. 条件(4)说明了哪些不是命题公式，而(1),(2)和(3)说明不了这一点.

依定义，若判断一个公式是否为命题公式，必然要层层解脱回归到简单命题方可判定. 例如：

$$\neg(p\vee q),\ (p\to(q\to r)),\ (((p\to q)\wedge(q\to r))\leftrightarrow(p\to q))$$

是命题公式，而 $pq\to r$,$(p\to q)\to(\wedge p)$,$\neg p\vee q\vee$ 等不是命题公式，没有意义，我们不讨论.

在实际使用中，为了减少圆括号的数量，我们常省去公式最外层的圆括号. 再规定联结词优先级，联结词结合的强弱次序（即运算的优先级）为：$\neg$，$\wedge$，$\vee$，$\to$，$\leftrightarrow$，这样，在书写命题公式时，可以省去部分或全部圆括号. 为了提高可读性，通常采用省略一部分又保留一部分括号的办法，这样选择就给公式的阅读带来方便. 如：$(p\to(q\vee r))$ 可写成 $p\to(q\vee r)$ 或 $p\to q\vee r$. 注意：括号的优先级是最高的. 由于命题演算中只讨论命题公式，为方便计，将命题公式简称为**公式**.

显然，若把公式中的命题变元代以简单命题或复合命题，则该公式便是一个复合命题. 因此，对复合命题的研究可转化为对公式的研究.

每个命题公式都是由有限个命题变元、联结词和括号组成的. 设 A 为一个命题公式，如果 A 中所有的命题变元为 $P_1,P_2,\cdots,P_n\,(n\geq 1)$，记 $A=A(P_1,P_2,\cdots,P_n)$，则称 A 为 n **元命题公式**. 规定 0 元命题公式只有 0 和 1.

定义 8.7 设 A 为含有命题变元 $P_1,P_2,\cdots,P_n$ 的 n 元命题公式，给 $P_1,P_2,\cdots,P_n$ 指定一组真值，称其为对 A 的一组**赋值**或**真值指派**或**解释**.

若指定的一组值使 A 的值为 1，则称这组值为 A 的**成真赋值**；若使 A 的值为 0，则称这组值为 A 的**成假赋值**.

例 8.10 设 $A=(p\wedge q)\to r$.

令 $p=1$，$q=1$，$r=0$ ，则 $p\wedge q$ 为真命题，r 为假命题，从而 A 为假命题，$p=1$，$q=1$，$r=0$ 为 A 的一个成假赋值.

若令 $p=0$，$q=1$，$r=1$，则 $p\wedge q$ 为假命题，r 为真命题，从而 A 为真

命题, $p=0$, $q=1$, $r=1$ 为 A 的一个成真赋值.

例 8.11 给命题变元 P,Q,R,S 分别指派的真值为 1,1,0,0, 求下列命题公式的真值:

(1) $(\neg(P\wedge Q)\wedge\neg R)\vee(((\neg P\wedge Q)\vee\neg R)\wedge S)$;

(2) $(P\vee(Q\to(R\wedge\neg P)))\leftrightarrow(Q\vee\neg S)$.

解 将 P,Q,R,S 的真值式代入公式, 有

(1) $(\neg(P\wedge Q)\wedge\neg R)\vee(((\neg P\wedge Q)\vee\neg R)\wedge S)$

$$\Leftrightarrow(\neg(1\wedge1)\wedge\neg0)\vee(((\neg1\wedge1)\vee\neg0)\wedge0)$$

$$\Leftrightarrow(0\wedge1)\vee((0\vee1)\wedge0)\Leftrightarrow0\vee0\Leftrightarrow0.$$

(2) $(P\vee(Q\to(R\wedge\neg P)))\leftrightarrow(Q\vee\neg S)$

$$\Leftrightarrow(1\vee(1\to(0\wedge\neg1)))\leftrightarrow(1\vee\neg0)$$

$$\Leftrightarrow(1\vee0)\leftrightarrow1\Leftrightarrow1\leftrightarrow1\Leftrightarrow1.$$

命题公式的真值只与命题公式中所出现的命题变量的真值赋值有关, 如果命题公式中含有 n 个命题变量, 则对这些命题的真值赋值共有 2^n 种不同情况, 可用一个表, 列出在所有情况下命题公式的真值, 这种表称为该命题公式的真值表:

定义 8.8 公式 A 在其一切可能的赋值下取得的值列成表, 该表称为 A 的**真值表**.

构造真值表的具体步骤如下:

(1) 找出公式中所含的全部命题变元 $p_1,p_2,\cdots,p_n$ (若无下标就按字典顺序给出), 列出所有可能的 2^n 个赋值(从小到大).

(2) 按从低到高的顺序写出各层次的命题公式.

(3) 对应各赋值, 计算公式各层次的值, 直到最后计算出公式的值.

例 8.12 求命题公式 $\neg(p\wedge\neg q)$ 的真值表.

解 其真值表为

p	q	$\neg q$	$p\wedge\neg q$	$\neg(p\wedge\neg q)$
0	0	1	0	1
0	1	0	0	1
1	0	1	1	0
1	1	0	0	1

例 8.13 求命题公式 $(p\wedge(p\to q))\to q$ 的真值表.

解 其真值表为

p	q	$p\to q$	$p\wedge(p\to q)$	$(p\wedge(p\to q))\to q$
0	0	1	0	1
0	1	1	0	1
1	0	0	0	1
1	1	1	1	1

例 8.14 求命题公式 $\neg(p\to q)\wedge q$ 的真值表.

解 其真值表为

p	q	$p\to q$	$\neg(p\to q)$	$\neg(p\to q)\wedge q$
0	0	1	0	0
0	1	1	0	0
1	0	0	1	0
1	1	1	0	0

根据公式在各种赋值下的取值情况，可将命题公式分为 3 类，定义如下：

定义 8.9 若命题公式 A 在任何一组赋值下的值都真，则 A 称为**重言式或永真式**，常用“1”表示；若 A 在任何一组赋值下的值都假，则 A 称为**矛盾式或永假式**，常用“0”表示；若 A 至少有一组赋值使其值为真，则 A 称为**可满足式**，即当 A 不是矛盾式时，则 A 为可满足式.

显然由 $\vee,\wedge,\to$ 和 $\leftrightarrow$ 联结的重言式仍是重言式. 由定义可以看出，重言式一定是可满足式，但反之不真.

用真值表可以判断公式的类型：若真值表的最后一列全为 1，则公式为重言式. 若最后一列全为 0，则公式为矛盾式；若最后一列既有 1 又有 0，则公式为非重言式的可满足式. 例 8.13 即为重言式，例 8.14 为矛盾式，例 8.12 为可满足式，当然例 8.13 也是可满足式.

给定 n 个命题变元，按命题公式的形成规则可以形成无数多个命题公式，但在这些无数个公式中，有些具有相同的真值表. 这些公式的真值表的最后一列只有有限种不同的情况.

例如，$n=2$ 时，对命题公式 $p\to q,\neg p\vee q,\neg(p\wedge\neg q),\cdots$，虽然它们具

有不同的形式, 但它们的真值表是相同的.

p	q	$\neg p$	$\neg q$	$p\to q$	$\neg p\vee q$	$\neg(p\wedge\neg q)$
0	0	1	1	1	1	1
0	1	1	0	1	1	1
1	0	0	1	0	0	0
1	1	0	0	1	1	1

即在 4 组赋值 00,01,10,11 下, 均有相同的真值, 也就是它们的真值表的最后一列是相同的.

对于任意的含 p, q 两个命题变元的公式来说, 在以上 4 组赋值的每组赋值下, 公式只能取值 0 或 1, 因而 2 个命题变元共可产生 $2^{2^2}=16$ 种不同的取值情况, 如表 8–6 所示.

表 8–6

p	q	A_0	A_1	A_2	A_3	A_4	A_5	A_6	A_7	A_8	A_9	A_{10}	A_{11}	A_{12}	A_{13}	A_{14}	A_{15}
0	0	0	0	0	0	0	0	0	0	1	1	1	1	1	1	1	1
0	1	0	0	0	0	1	1	1	1	0	0	0	0	1	1	1	1
1	0	0	0	1	1	0	0	1	1	0	0	1	1	0	0	1	1
1	1	0	1	0	1	0	1	0	1	0	1	0	1	0	1	0	1

一般地, n 个命题变元只能生成 2^{2^n} 个真值不同的公式.

从公式真值的角度看, 公式可分为重言式、矛盾式、可满足式三类, 其中重言式最重要, 后面读者会看到, 在推理时所引用的公理和定理都是重言式. 重言式和矛盾式的性质截然相反, 但它们之间可以互相转化, 即重言式的否定是矛盾式; 矛盾式的否定是重言式. 因此只研究其中的一类即可, 一般均着重研究重言式. 以有限的步骤, 来判别命题公式是否为重言式、矛盾式、可满足式的问题, 在逻辑上称为**判定问题**. 由于对任一给定的公式, 总可在有限步内构造出其真值表, 确定它的类型, 所以判定问题是可解的. 真值表法是最基本和机械的方法, 当公式中所含命题变元很多时, 真值表法工作量很大, 所以我们需要寻求其他一些切实可行的方法.

8.2.2 命题公式的等值式

除了对一个命题公式进行判定外，有时我们也关心两个命题公式间的关系．命题公式之间比较基本的关系是等值关系和蕴含关系．研究命题公式的等值和蕴含是命题逻辑的重要内容之一．

定义 8.10 设 A 和 B 是命题公式，若 $A\leftrightarrow B$ 是重言式，则称 A 和 B **等值或逻辑等价**，记为 $A\Leftrightarrow B$，$A\Leftrightarrow B$ 称为**等值式或逻辑等价式**．

由定义知，

(1) $A\Leftrightarrow B$ 当且仅当 $A\leftrightarrow B$ 在任一真值指派下，A 和 B 的取值均相同，即 $A\Leftrightarrow B$ 当且仅当 A 和 B 关于 $A\leftrightarrow B$ 中命题变元的真值表相同．

(2) A 为重言式当且仅当 $A\Leftrightarrow 1$，A 为矛盾式当且仅当 $A\Leftrightarrow 0$．

例如：(1) $(p\vee\neg p)\wedge q\Leftrightarrow q$；(2) $p\wedge\neg p\Leftrightarrow 0$；(3) $p\wedge q\Leftrightarrow q\wedge p$．

由上面的例子可知，两个命题公式等值不一定要含相同的命题变元．

注意 “$\Leftrightarrow$”不是联结词而是公式间的关系符号，它是 A 与 B 等值的一种记法，$A\Leftrightarrow B$ 不表示一个公式．而“$\leftrightarrow$”是联结词，$A\leftrightarrow B$ 表示公式．不能将 $\Leftrightarrow$ 与 $\leftrightarrow$ 或将 $\Leftrightarrow$ 与 $=$ 混为一谈．

根据定义，我们可采用真值表法来判断两个公式是否等值．

例 8.15 试证：$p\leftrightarrow q\Leftrightarrow(p\wedge q)\vee(\neg p\wedge\neg q)$．

证

p	q	$\neg p$	$\neg q$	$p\leftrightarrow q$	$(p\wedge q)\vee(\neg p\wedge\neg q)$
0	0	1	1	1	1
0	1	1	0	0	0
1	0	0	1	0	0
1	1	0	0	1	1

由于 $p\leftrightarrow q$ 和 $(p\wedge q)\vee(\neg p\wedge\neg q)$ 的真值表的最后一列完全相同，所以

$$(p\leftrightarrow q)\leftrightarrow((p\wedge q)\vee(\neg p\wedge\neg q))$$

为重言式，即 $p\leftrightarrow q\Leftrightarrow(p\wedge q)\vee(\neg p\wedge\neg q)$．

等值关系是等价关系．n 个命题变元可以构成无数不同形式的命题公式，其中大多数的真值都相同，即等值，不等值的公式只有 2^{2^n} 个．我们可先用真值表法求得一些所含命题变元不多的简单基本的等值式，然后利用基本等值式推导出众多的较为复杂的等值式，这种方法称为**等值演算法**或

推导法. 表 8–7 给出了几组重要的等值式.

表 8–7

交换律 E_1	$A\wedge B\Leftrightarrow B\wedge A$ $\quad A\vee B\Leftrightarrow B\vee A$ $\quad A\leftrightarrow B\Leftrightarrow B\leftrightarrow A$
结合律 E_2	$(A\wedge B)\wedge C\Leftrightarrow A\wedge(B\wedge C)$ $\quad (A\vee B)\vee C\Leftrightarrow A\vee(B\vee C)$ $(A\leftrightarrow B)\leftrightarrow C\Leftrightarrow A\leftrightarrow(B\leftrightarrow C)$
分配律 E_3	$A\wedge(B\vee C)\Leftrightarrow(A\wedge B)\vee(A\wedge C)$ $A\vee(B\wedge C)\Leftrightarrow(A\vee B)\wedge(A\vee C)$
同一律 E_4	$A\wedge 1\Leftrightarrow A$ $\quad A\vee 0\Leftrightarrow A$ $\quad 1\rightarrow A\Leftrightarrow A$ $\quad A\leftrightarrow 1\Leftrightarrow A$
互否律 E_5	$A\wedge\neg A\Leftrightarrow 0$ $\quad A\vee\neg A\Leftrightarrow 1$ $\quad \neg A\rightarrow A\Leftrightarrow A$ $A\leftrightarrow\neg A\Leftrightarrow\neg A\leftrightarrow A\Leftrightarrow 0$
双重否定律 E_6	$\neg(\neg A)\Leftrightarrow A$
幂等律 E_7	$A\wedge A\Leftrightarrow A$ $\quad A\vee A\Leftrightarrow A$ $\quad A\rightarrow A\Leftrightarrow 1$ $\quad A\leftrightarrow A\Leftrightarrow 1$
常元律 E_8	$A\wedge 0\Leftrightarrow 0$ $\quad A\vee 1\Leftrightarrow 1$ $\quad 0\rightarrow A\Leftrightarrow 1$ $\quad A\rightarrow 1\Leftrightarrow 1$ $A\rightarrow 0\Leftrightarrow\neg A$ $\quad A\leftrightarrow 0\Leftrightarrow\neg A$
吸收律 E_9	$A\wedge(A\vee B)\Leftrightarrow A$ $\quad A\vee(A\wedge B)\Leftrightarrow A$
德 · 摩根律 E_{10}	$\neg(A\wedge B)\Leftrightarrow\neg A\vee\neg B$ $\quad \neg(A\vee B)\Leftrightarrow\neg A\wedge\neg B$
联结词化归律 E_{11}	$A\rightarrow B\Leftrightarrow\neg A\vee B$ $\quad A\bar{\vee}B\Leftrightarrow\neg(A\leftrightarrow B)$ $A\leftrightarrow B\Leftrightarrow(A\rightarrow B)\wedge(B\rightarrow A)$ $\Leftrightarrow(\neg A\vee B)\wedge(A\vee\neg B)\Leftrightarrow(A\wedge B)\vee(\neg A\wedge\neg B)$
其他 E_{12}	$A\rightarrow(B\rightarrow C)\Leftrightarrow(A\rightarrow B)\rightarrow(A\rightarrow C)\Leftrightarrow(A\wedge B)\rightarrow C$ $A\rightarrow B\Leftrightarrow\neg B\rightarrow\neg A$ $\quad A\leftrightarrow B\Leftrightarrow\neg A\leftrightarrow\neg B$ $(A\rightarrow B)\wedge(A\rightarrow\neg B)\Leftrightarrow\neg A$ $\quad \neg A\leftrightarrow B\Leftrightarrow A\leftrightarrow\neg B$ $\neg(A\bar{\vee}B)\Leftrightarrow\neg A\bar{\vee}B\Leftrightarrow A\bar{\vee}\neg B$

表 8–7 中的一部分等值式与集合运算的基本定律形式相似, 可对照记忆. 以上给出的等值式是最重要、最基本的等值式, 用真值表法容易验证. 由它们可以推演出更多的等值式来. 表 8–7 的各式中, A,B,C 是任意的命题公式, 每个公式都是一种模式, 每一个都实际上代表了无数多个命题公式的等值式. 例如在互否律 $A\wedge\neg A\Leftrightarrow 0$ 中, A 用 p 代替, 得等值式为 $p\wedge\neg p\Leftrightarrow 0$, A 用 $p\rightarrow q$ 代替得等值式为 $(p\rightarrow q)\wedge\neg(p\rightarrow q)\Leftrightarrow 0$. 于是, 互

否律可以有无数种形式. 其他的等值式类似.

在等值演算过程中, 还往往用到置换规则. 首先给出子公式的定义:

设 A_1 为命题公式 A 中的一个连续的部分, 且 A_1 本身也是一个公式, 称 A_1 为 A 的一个**子公式**.

定理 8.1(置换规则) 设 $\Phi(A)$ 是含子公式 A 的命题公式, $B \Leftrightarrow A$, 用 B 置换 $\Phi(A)$ 中的 A, 得 $\Phi(B)$, 则 $\Phi(A) \Leftrightarrow \Phi(B)$.

证 因为在相应命题变元的任一种指派情况下, A 与 B 的真值相同, 故以 B 取代 A 后, 公式 $\Phi(B)$ 与公式 $\Phi(A)$ 在相应的指派情况下, 其真值必相同, 故 $\Phi(A) \Leftrightarrow \Phi(B)$. ▮

例如: $\neg(q \vee r) \Leftrightarrow \neg q \wedge \neg r$, 则 $p \wedge \neg(q \vee r) \Leftrightarrow p \wedge(\neg q \wedge \neg r)$.

定义 8.11 设 A 是一个命题公式, $P_1, P_2, \cdots, P_n$ 是 A 中的所有命题变元. 若

(1) 用某些公式代换 A 中的某些命题变元;

(2) 用公式 Q_i 代换 P_i (必须用 Q_i 代换 A 中所有的 P_i),

则由此而得的新公式 B, 称为 A 的一个**代入**或代入实例.

例如: 设 $A = p \wedge(p \rightarrow q \vee r)$, 则 $B = (s \leftrightarrow t) \wedge((s \leftrightarrow t) \rightarrow q \vee r)$ 为 A 的一个代入.

由于重言式的真假与命题变元的真值无关, 对任何赋值, 其真值总为 1, 对其命题变元以任何公式代入后仍是重言式, 故有下面的定理:

定理8.2(代入规则) 重言式中的任一命题变元出现的每一处均用同一命题公式代入, 得到的仍是重言式.

代入规则和置换规则都是推导新的命题公式的等值关系的有力工具, 但二者有各自的特点, 下面是它们之间的主要区别:

(1) 代入规则的使用对象是重言式, 代入的结果也是重言式; 而置换规则的使用对象是任一命题公式, 置换的结果是另一与之等值的命题公式.

(2) 代入规则的代换方法是代入重言式中同一个命题变元出现的每一处, 而置换规则的代换方法是置换子公式出现的若干处或每一处.

定义8.12 仅含联结词 $\neg, \wedge, \vee$ 的命题公式称为**限定性公式**. 设 A 为限定性公式, 若在 A 中用 $\vee$ 代换 $\wedge$, 用 $\wedge$ 代换 $\vee$, 用 1 代换 0, 用 0 代换 1, 所得的新公式记为 A^* 或 A^D, 则称 A 和 A^* 互为**对偶式**.

例如：公式$((\neg p\wedge q)\vee\neg r)\wedge(r\vee 0)$与公式$((\neg p\vee q)\wedge\neg r)\vee(r\wedge 1)$互为对偶式.

定理 8.3 设A和A^*是对偶式，$P_1,P_2,\cdots,P_n$是出现于A和A^*中的所有命题变元，则$\neg A(P_1,P_2,\cdots,P_n)\Leftrightarrow A^*(\neg P_1,\neg P_2,\cdots,\neg P_n)$.

证 对联结词个数用归纳法证明.

(1) 对只有一个联结词的公式：$\neg P$，$P\wedge Q$，$P\vee Q$，结论显然成立.

(2) 假设对联结词个数少于n个时结论成立. 则当任意公式A包含有n个联结词时，可知A可表示为：$\neg C$，$C\wedge D$或$C\vee D$，其中C，D的联结词个数少于n.

由德·摩根律，$\neg A\Leftrightarrow\neg(C\wedge D)\Leftrightarrow\neg C\vee\neg D$或

$$\neg A\Leftrightarrow\neg(C\vee D)\Leftrightarrow\neg C\wedge\neg D.$$

根据归纳假设，$\neg C$和$\neg D$分别可用其对偶式及其命题变元的否定来等价表示，所以A的否定式可用其对偶式及其命题变元的否定来等价表示，因此结论成立. ▌

定理 8.4（对偶原理） 设A和B为限定性公式，若$A\Leftrightarrow B$，则$A^*\Leftrightarrow B^*$.

证 因为$A(P_1,P_2,\cdots,P_n)\Leftrightarrow B(P_1,P_2,\cdots,P_n)$，

$$\neg A(P_1,P_2,\cdots,P_n)\Leftrightarrow\neg B(P_1,P_2,\cdots,P_n),$$

由定理 8.3，有

$$\neg A(P_1,P_2,\cdots,P_n)\Leftrightarrow A^*(\neg P_1,\neg P_2,\cdots,\neg P_n),$$

$$\neg B(P_1,P_2,\cdots,P_n)\Leftrightarrow B^*(\neg P_1,\neg P_2,\cdots,\neg P_n).$$

故$A^*(\neg P_1,\neg P_2,\cdots,\neg P_n)\Leftrightarrow B^*(\neg P_1,\neg P_2,\cdots,\neg P_n)$. 从而

$$A^*(P_1,P_2,\cdots,P_n)\Leftrightarrow B^*(P_1,P_2,\cdots,P_n).$$ ▌

定理 8.4 说明了为什么表 8-7 中限定性公式的等值式常是成对出现，它们之中的每一个都有与其相对应的对偶式.

有了置换规则、代入规则和对偶原理，我们便可以利用表 8-7 中的等值式推导出其他一些更复杂的公式的等值式.

例 8.16 证明下列命题的等值关系：

(1) $(P\to Q)\wedge(R\to Q)\Leftrightarrow(P\vee R)\to Q$；

(2) $(P\wedge Q\wedge A\to C)\wedge(A\to P\vee Q\vee C)\Leftrightarrow(A\wedge(P\leftrightarrow Q))\to C$.

证 (1) 左式 $\Leftrightarrow(\neg P\vee Q)\wedge(\neg R\vee Q)$

$\Leftrightarrow(\neg P\wedge\neg R)\vee Q\Leftrightarrow\neg(P\vee R)\vee Q$

$\Leftrightarrow(P\vee R)\to Q\Leftrightarrow$ 右式.

所以, $(P\to Q)\wedge(R\to Q)\Leftrightarrow(P\vee R)\to Q$.

(2) 左式 $\Leftrightarrow(\neg(P\wedge Q\wedge A)\vee C)\wedge(\neg A\vee(P\vee Q\vee C))$

$\Leftrightarrow((\neg P\vee\neg Q\vee\neg A)\vee C)\wedge((\neg A\vee P\vee Q)\vee C)$

$\Leftrightarrow((\neg P\vee\neg Q\vee\neg A)\wedge(\neg A\vee P\vee Q))\vee C$

$\Leftrightarrow\neg((\neg P\vee\neg Q\vee\neg A)\wedge(\neg A\vee P\vee Q))\to C$

$\Leftrightarrow(\neg(\neg P\vee\neg Q\vee\neg A)\vee\neg(\neg A\vee P\vee Q))\to C$

$\Leftrightarrow((P\wedge Q\wedge A)\vee(A\wedge\neg P\wedge\neg Q))\to C$

$\Leftrightarrow(A\wedge((P\wedge Q)\vee(\neg P\wedge\neg Q)))\to C$

$\Leftrightarrow(A\wedge((P\vee\neg Q)\wedge(\neg P\vee Q)))\to C$

$\Leftrightarrow(A\wedge((Q\to P)\wedge(P\to Q)))\to C$

$\Leftrightarrow(A\wedge(P\leftrightarrow Q))\to C\Leftrightarrow$ 右式.

所以, $(P\wedge Q\wedge A\to C)\wedge(A\to P\vee Q\vee C)\Leftrightarrow(A\wedge(P\leftrightarrow Q))\to C$.

在演算的每一步中, 都使用了置换规则. 在以上的演算中, 都是从左边公式开始演算的. 当然也可以从右边公式进行演算. 公式的等值演算在实际上还有很多用处, 它可以化简公式, 简化复杂的逻辑电路, 化简一个程序, 它还可以简化混乱的逻辑思维, 使它们表达清晰、条理清楚.

例 8.17 用等值演算法判断下列公式的类型:

(1) $(p\to q)\wedge\neg q\to\neg p$;

(2) $\neg((p\to q)\wedge p\to q)\wedge r$;

(3) $p\wedge(((p\vee q)\wedge\neg p)\to q)$.

解 (1) $(p\to q)\wedge\neg q\to\neg p$

$\Leftrightarrow(\neg p\vee q)\wedge\neg q\to\neg p$ （联结词化归律）

$\Leftrightarrow\neg((\neg p\vee q)\wedge\neg q)\vee\neg p$ （联结词化归律）

$\Leftrightarrow\neg(\neg p\vee q)\vee\neg\neg q\vee\neg p$ （德 · 摩根律）

$\Leftrightarrow(p\wedge\neg q)\vee q\vee\neg p$ （德 · 摩根律、双否律）

$\Leftrightarrow(p\vee q)\wedge(\neg q\vee q)\vee\neg p$ （分配律）

$\Leftrightarrow(p\vee q)\wedge \mathrm{T}\vee\neg p$ （排中律）

$\Leftrightarrow(p\vee q)\vee\neg p$ （同一律）

$\Leftrightarrow(p\vee\neg p)\vee q$ （交换律、结合律）

$\Leftrightarrow \mathrm{T} \vee q$ （排中律）

$\Leftrightarrow \mathrm{T}.$ （零律）

这说明(1)中公式为重言式.

(2) $\neg((p \to q) \wedge p \to q) \wedge r$

$\Leftrightarrow \neg((\neg p \vee q) \wedge p \to q) \wedge r$ （联结词化归律）

$\Leftrightarrow \neg(\neg((\neg p \vee q) \wedge p) \vee q) \wedge r$ （联结词化归律）

$\Leftrightarrow ((\neg p \vee q) \wedge p) \wedge \neg q \wedge r$ （德·摩根律）

$\Leftrightarrow (\neg p \vee q) \wedge (p \wedge \neg q \wedge r)$ （结合律）

$\Leftrightarrow (\neg p \wedge (p \wedge \neg q \wedge r)) \vee (q \wedge (p \wedge \neg q \wedge r))$ （分配律）

$\Leftrightarrow ((\neg p \wedge p) \wedge \neg q \wedge r) \vee (p \wedge (q \wedge \neg q) \wedge r)$ （交换律、结合律）

$\Leftrightarrow \mathrm{F} \vee \mathrm{F}$ （零律）

$\Leftrightarrow \mathrm{F}.$ （等幂律）

这说明(2)中公式为矛盾式.

(3) $p \wedge (((p \vee q) \wedge \neg p) \to q)$

$\Leftrightarrow p \wedge (\neg((p \vee q) \wedge \neg p) \vee q)$ （联结词化归律）

$\Leftrightarrow p \wedge (\neg(p \vee q) \vee p \vee q)$ （德·摩根律、双否律）

$\Leftrightarrow p \wedge (\neg(p \vee q) \vee (p \vee q))$ （结合律）

$\Leftrightarrow p \wedge \mathrm{T}$ （排中律）

$\Leftrightarrow p.$ （同一律）

这说明(3)中公式为可满足式.

8.2.3 命题公式的逻辑蕴含式

除逻辑等值外, 命题公式间的另一个重要的关系是蕴含关系.

定义 8.13 设 A 和 B 是命题公式, 若 $A \to B$ 是重言式, 即 $A \to B \Leftrightarrow 1$, 则称 $A \to B$ 为**重言蕴含式**, 称 A 蕴含 B 或 A 逻辑蕴含 B, 记为 $A \Rightarrow B$, $A \Rightarrow B$ 称为**逻辑蕴含式**.

注意 “$\Rightarrow$”和“$\to$”是两个完全不同的符号, 它们的区别与“$\Leftrightarrow$”和“$\leftrightarrow$”的区别完全类似. 蕴含关系是偏序关系.

根据定义容易验证下面的一些结论:

定理 8.5 设 A 和 B 是命题公式, $A \Leftrightarrow B$ 当且仅当 $A \Rightarrow B$ 且 $B \Rightarrow A$.

定理 8.6 设 A,B,C 是命题公式, 若 $A \Rightarrow B$, $B \Rightarrow C$, 则 $A \Rightarrow C$.

定理 8.7 设 A,B,C 是命题公式，若 $A\Rightarrow B$，$A\Rightarrow C$，则 $A\Rightarrow(B\wedge C)$.

定理 8.8 设 A 和 B 是命题公式，若 $A\Rightarrow B$，且 A 是重言式，则 B 必为重言式.

给定两个命题公式 A 和 B，判定 $A\Rightarrow B$ 是否成立有以下两种方法：

(1) 假定前件 A 为真．若 B 为真，则 $A\Rightarrow B$ 成立，否则 $A\Rightarrow B$ 不成立.

(2) 假定后件 B 为假．若 A 为假，则 $A\Rightarrow B$ 成立，否则 $A\Rightarrow B$ 不成立.

$A\Leftrightarrow B$ 表示 A 和 B 之间可双向推导，即由 A 可推出 B，由 B 也可推出 A；而 $A\Rightarrow B$ 表示 A 和 B 之间只能单向推导，即由 A 可推出 B．表 8–8 列出了一些较重要的逻辑蕴含式.

表 8–8

$A\wedge B\Rightarrow A$	$A\wedge B\Rightarrow B$
$A\Rightarrow A\vee B$	$B\Rightarrow A\vee B$
$\neg A\Rightarrow A\to B$	$B\Rightarrow A\to B$
$\neg(A\to B)\Rightarrow A$	$\neg(A\to B)\Rightarrow\neg B$
$\neg A\wedge(A\vee B)\Rightarrow B$	$\neg B\wedge(A\vee B)\Rightarrow A$
$A\wedge(A\to B)\Rightarrow B$	$\neg B\wedge(A\to B)\Rightarrow\neg A$
$(A\to B)\wedge(B\to C)\Rightarrow A\to C$	
$(A\to B)\wedge(C\to D)\Rightarrow(A\wedge C)\to(B\wedge D)$	
$(A\vee B)\wedge(A\to C)\wedge(B\to C)\Rightarrow C$	

由定理 8.5 可知，表 8–7 中给出的等值式均可看成逻辑蕴含式，且一个等值式对应两个逻辑蕴含式．表 8–8 所列逻辑蕴含式中的 A,B,C,D 是任意的命题公式，它们实质上给出了无穷多个逻辑蕴含式，我们还可以从表 8–8 所列逻辑蕴含式出发证明更多逻辑蕴含式.

例 8.18 证明蕴含式：$(A\to B)\wedge(B\to C)\Rightarrow A\to C$.

证

$$\begin{aligned}
&((A\to B)\wedge(B\to C))\to(A\to C)\\
\Leftrightarrow&((\neg A\vee B)\wedge(\neg B\vee C))\to(\neg A\vee C)\\
\Leftrightarrow&\neg((\neg A\vee B)\wedge(\neg B\vee C))\vee(\neg A\vee C)\\
\Leftrightarrow&((A\wedge\neg B)\vee(B\wedge\neg C))\vee(\neg A\vee C)\\
\Leftrightarrow&(A\wedge\neg B)\vee((B\vee\neg A\vee C)\wedge(\neg C\vee\neg A\vee C))
\end{aligned}$$

$$\Leftrightarrow (A\wedge\neg B)\vee\big((B\vee\neg A\vee C)\wedge 1\big)$$
$$\Leftrightarrow (A\wedge\neg B)\vee(B\vee\neg A\vee C)$$
$$\Leftrightarrow (A\vee B\vee\neg A\vee C)\wedge(\neg B\vee B\vee\neg A\vee C)$$
$$\Leftrightarrow 1\wedge 1$$
$$\Leftrightarrow 1,$$

所以有 $(A\to B)\wedge(B\to C)\Rightarrow A\to C$.

8.2.4 全功能联结词集合

由表 8–7 给出的基本等值式可以发现, 前面介绍的联结词在表示逻辑关系时并非都是不可缺少的, 其中有些联结词的功能可被其他联结词代替.

定义8.14 设 D 为联结词集合, 若 D 中一个联结词可以由 D 中的其他联结词表示, 则此联结词称为**冗余联结词**, 否则, 称为**独立联结词**.

定义8.15 设 D 为联结词集合, 若任何命题公式总可以用含有 D 中的联结词的等值式表示, 且 D 中不含冗余联结词, 则称 D 为**全功能联结词集**.

可以证明:

定理 8.9 $\{\neg,\wedge\},\{\neg,\vee\},\{\neg,\to\}$ 都是全功能联结词集.

例 8.19 将命题公式 $(\neg r\vee q)\to\big(p\vee(\neg q\wedge r)\big)$ 等值表示为仅含联结词 $\neg$ 和 $\wedge$ 的命题公式.

解 $(\neg r\vee q)\to\big(p\vee(\neg q\wedge r)\big)$

$$\Leftrightarrow \neg(\neg r\vee q)\vee\big(p\vee(\neg q\wedge r)\big)$$
$$\Leftrightarrow (r\wedge\neg q)\vee\big(p\vee(\neg q\wedge r)\big)$$
$$\Leftrightarrow p\vee(\neg q\wedge r)$$
$$\Leftrightarrow \neg\big(\neg p\wedge\neg(\neg q\wedge r)\big).$$

需要说明, 寻求联结词尽可能少的全功能联结词集, 主要不是理论性问题, 而是为了满足工程实践中的需要. 但是, 一般情况下为了不至于因联结词的数目减少而使得公式的形式变得复杂, 我们仍常采用“$\neg$”,“$\wedge$”,“$\vee$”,“$\to$”,“$\leftrightarrow$”这 5 个联结词.

8.3 范式及其应用

8.3.1 析取范式与合取范式

对一个命题公式，除了用真值表法外，怎样判定其类型？已知一公式为真和为假的赋值，能否写出该公式的等值表达式？如何找出命题公式的标准形式，使得我们仅根据这种标准形式就能判断两公式是否等值？这些问题都可由范式加以解决，范式的研究对命题逻辑的发展起了极大的作用.

定义 8.16 命题变元或命题变元的否定利用"$\vee$"构成的析取式称为**简单析取式**或基本和；命题变元或命题变元的否定利用"$\wedge$"构成的合取式称为**简单合取式**或基本积.

例如：q，$p\vee\neg q$，$p\vee q\vee q$，$\neg p\vee q\vee\neg r$ 等是简单析取式，p，$p\wedge\neg p$，$p\wedge\neg q$，$p\wedge q\wedge\neg r$ 等是简单合取式.

定理 8.10 (1) 一个简单合取式是矛盾式当且仅当它同时包含某个命题变元及其否定.

(2) 一个简单析取式为重言式当且仅当它同时包含某个命题变元及其否定.

证 只证(2).

充分性　对命题变元 p，$p\vee\neg p$ 为重言式，所以如果简单析取式中含有 $p\vee\neg p$，则此简单析取式必为重言式.

必要性　假设某个简单析取式是重言式，并设其所含的命题变元为 $p_1,p_2,\cdots,p_n$，如果此简单析取式中不存在两个析取项分别为某个命题变元及其否定，那么它等值于 $p_1^*\vee p_2^*\vee\cdots\vee p_n^*$，其中每个 p_i^* 都是 p_i 或 $\neg p_i$. 显然存在一组赋值，使 p_i^* 取值均为 0，则在此赋值下，此简单析取式取值为 0，与它为重言式矛盾. ∎

定义 8.17 给定的命题公式若能表示为与它等值的简单合取式的析取，则称此简单合取式的析取式为给定命题公式的**析取范式**；同样，与它等值的简单析取式的合取称为给定命题公式的**合取范式**.

由定义易得：

(1) 简单析取式和简单合取式既是析取范式也是合取范式；

(2) 析取范式与合取范式都仅含有联结词$\neg$，$\wedge$和$\vee$．析取范式的对偶式是合取范式，合取范式的对偶式是析取范式．

例如：p，$\neg p\vee q$，$p\vee(p\wedge\neg q)\vee(p\wedge r)$都是析取范式，$p$，$\neg p\vee q$，$p\wedge(p\vee\neg q)\wedge(p\vee r)$都是合取范式．

定理 8.11 (1) 一个析取范式是矛盾式当且仅当它的每个简单合取式都是矛盾式．

(2) 一个合取范式是重言式当且仅当它的每个简单析取式都是重言式．

定理 8.12（范式存在定理） 任何一个命题公式均可表示成析取范式与合取范式．

设A是任一命题公式，求A的范式可按下面的步骤进行：

(1) 利用E_{11}将$\to,\leftrightarrow$消除（如果有的话），使A中只含$\neg,\wedge,\vee$；

(2) 利用E_{10}将A中的$\neg$（如果有的话）全都移至命题变元前；

(3) 利用E_6使A中所有命题变元前至多含有一个$\neg$(如果有的话)；

(4) 利用E_3求得A的析取范式和合取范式．

例 8.20 求下面公式的析取范式与合取范式，并判断它们是否为重言式、矛盾式或可满足式．

(1) $\neg(p\vee r)\vee\neg(q\wedge\neg r)\vee p$；

(2) $\big((p\vee q)\to r\big)\to p$．

解 (1) $\neg(p\vee r)\vee\neg(q\wedge\neg r)\vee p$

$\Leftrightarrow(\neg p\wedge\neg r)\vee(\neg q\vee r)\vee p$ （德·摩根律，双重否定律）

$\Leftrightarrow(\neg p\wedge\neg r)\vee\neg q\vee r\vee p$． （结合律）

这就是析取范式．再利用分配律可得合取范式

$$(\neg p\vee\neg q\vee r\vee p)\wedge(\neg r\vee\neg q\vee r\vee p).$$

由合取范式可见，其中两个简单析取式分别含有$p,\neg p$和$r,\neg r$，故知原公式是重言式．

(2) $\big((p\vee q)\to r\big)\to p$

$\Leftrightarrow\neg\big(\neg(p\vee q)\vee r\big)\vee p$ （联结词化归律）

$\Leftrightarrow\big(\neg\neg(p\vee q)\wedge\neg r\big)\vee p$ （德·摩根律）

$\Leftrightarrow ((p\vee q)\wedge\neg r)\vee p$ (双重否定律)

$\Leftrightarrow (p\vee q\vee p)\wedge(\neg r\vee p)$ (分配律得合取范式(A))

$\Leftrightarrow (p\vee q)\wedge(\neg r\vee p)$ (交换、结合律、等幂律得(B))

$\Leftrightarrow (q\wedge\neg r)\vee p$. (直接由(B)、反向分配律得(C))

上面(A),(B)均是原公式的合取范式，(C)为原公式的析取范式．由定理 8.11 知，原公式为可满足式，既不是重言式也不是矛盾式．

读者可能已经发现，公式的范式不唯一．根据范式的异同来判定公式等值问题还有困难和不便，因此，我们寻找给出更为标准的范式结构，使每一命题公式仅有唯一的这种范式与之等值．

8.3.2 主范式

定义 8.18 在具有 n 个命题变元 $P_1,P_2,\cdots,P_n(n\ge 1)$ 的简单合取式中，每个 $P_i(1\le i\le n)$ 和 $\neg P_i$ 如果恰好有一个出现一次，而且正好出现在左起第 i 个变元的位置上（若命题变元无下标，则按字典顺序排列），则称该简单合取式为**极小项**或最小项．

表 8-9 是有 2 个命题变元 P,Q 的极小项真值表，其中 m_i 是第 i 个极小项的简写，从表中可以看出，第 i 个极小项 m_i 的下标 i 转换成两位二进制数后，正好与使得 m_i 为真的赋值（看成一个二进制数）相同．于是每个 m_i 与使其为真的赋值之间建立了一一对应的关系．

表 8-9

P	Q	$\neg P\wedge\neg Q$	$\neg P\wedge Q$	$P\wedge\neg Q$	$P\wedge Q$
0	0	1	0	0	0
0	1	0	1	0	0
1	0	0	0	1	0
1	1	0	0	0	1
		m_0	m_1	m_2	m_3

n 个命题变元可以构成 2^n 个不同的极小项，每个极小项只存在一组赋值使其为真．任何两个不同的极小项不等值．任一含有 n 个命题变元的公式，都可由 k 个 $(k\le 2^n)$ 极小项的析取来表示（$k=0$ 时即为矛盾式）．恰由 2^n 个极小项的析取构成的公式必为重言式，即 $\bigvee_{i=0}^{2^n-1} m_i=1$．

定义 8.19 由极小项构成的析取范式称为**主析取范式**.

定理 8.13 任何一个不是永假的命题公式都存在唯一一个与之等值的主析取范式.

证 先证存在性. 设 A 为任一给定的命题公式, 按如下步骤可构造 A 的主析取范式:

(1) 按定理 8.12 的方法求出 A 的析取范式.

(2) 观察 A 的析取范式的每一个简单合取式 B . 如果 B 中某个命题变元 p_i 和 $\neg p_i$ 均未出现, 则根据等值式

$$B \Leftrightarrow B \wedge (p_i \vee \neg p_i) \Leftrightarrow (B \wedge p_i) \vee (B \wedge \neg p_i),$$

把不含 p_i 的简单合取式 B 变成 $B \wedge p_i$ 和 $B \wedge \neg p_i$. 如此反复进行, 直到 A 的每一个变元 p_i 均出现在全部的简单合取式中.

(3) 如果上述步骤得到的析取式中含有重复出现的简单合取式, 或简单合取式中含有重复出现的变量(或其否定), 或者含有矛盾式, 则应用等幂律、矛盾律或同一律等将它们消除.

(4) 将全部命题变元按字典顺序或按下标值大小顺序(通常是按从小到大的顺序)排列, 并应用交换律将每个简单合取式中的命题变元也按此排列次序排定其位置, 从而得到极小项;

(5) 最后按使得极小项为真的赋值对应的二进制数从小到大排列相应的极小项, 极小项的排序使用交换律, 从而得到主析取范式.

再证唯一性, 用反证法.

假定 A 存在两个与之等值的主析取范式 B 和 C , 即 $B \Leftrightarrow C$. 如果 B 和 C 不同, 那么至少有某个极小项 m_k 只在 B , C 之一中出现, 不妨设 m_k 在 B 中出现, 不在 C 中出现, 可取使得 m_k 为真的赋值, 在此赋值下, 除 m_k 外的其他极小项均为假, 此时 B 为真而 C 为假, 这与 $B \Leftrightarrow C$ 矛盾. 因此 B 和 C 相同, 从而任何不是永假的公式其主析取范式是唯一的. ▌

例 8.21 求公式 $p \wedge (p \to q) \vee r$ 的主析取范式.

解 $p \wedge (p \to q) \vee r \Leftrightarrow p \wedge (\neg p \vee q) \vee r$

$\Leftrightarrow (p \wedge \neg p) \vee (p \wedge q) \vee r$ (析取范式)

$\Leftrightarrow (p \wedge q) \vee r$ (化简, 去掉矛盾式)

$\Leftrightarrow ((p \wedge q) \wedge (r \vee \neg r)) \vee (r \wedge (p \vee \neg p))$

$\Leftrightarrow ((p \wedge q \wedge r) \vee (p \wedge q \wedge \neg r)) \vee ((r \wedge p) \vee (r \wedge \neg p))$

$$\Leftrightarrow (p\wedge q\wedge r)\vee(p\wedge q\wedge\neg r)\vee(r\wedge p\wedge(q\vee\neg q))$$
$$\vee(r\wedge\neg p\wedge(q\vee\neg q))$$
$$\Leftrightarrow (p\wedge q\wedge r)\vee(p\wedge q\wedge\neg r)\vee(r\wedge p\wedge q)\vee(r\wedge p\wedge\neg q)$$
$$\vee(r\wedge\neg p\wedge q)\vee(r\wedge\neg p\wedge\neg q)$$
$$\Leftrightarrow (p\wedge q\wedge r)\vee(p\wedge q\wedge\neg r)\vee(r\wedge p\wedge\neg q)\vee(r\wedge\neg p\wedge q)$$
$$\vee(r\wedge\neg p\wedge\neg q) \quad \text{(去掉重复的简单合取式)}$$
$$\Leftrightarrow (\neg p\wedge\neg q\wedge r)\vee(\neg p\wedge q\wedge r)\vee(p\wedge\neg q\wedge r)$$
$$\vee(p\wedge q\wedge\neg r)\vee(p\wedge q\wedge r) \quad \text{(排序)}$$
$$\Leftrightarrow m_1\vee m_3\vee m_5\vee m_6\vee m_7.$$

最后的公式为原公式的主析取范式，其中共有 5 个极小项 m_1,m_3,m_5,m_6,m_7，显然原式有 001,011,101,110,111 共 5 组赋值使其为真，其他赋值 000,010,100 均使其为假．由此还可以看到，原式既不是重言式，也不是矛盾式，而是一个可满足式．

由于主析取范式的真值完全取决于其所含的极小项，因此，我们不仅可以通过比较极小项的异同来判断两公式是否等值，还可根据极小项的个数来判断一个公式的类型．若含有 n 个命题变元的公式 A 的主析取范式有 2^n 个极小项，则 A 是重言式；若不含任何极小项，则 A 是矛盾式；若所含极小项的个数在 1 到 2^n 之间，则 A 是可满足式．

当我们已知一公式的真值表时，还可直接由真值表构造极小项，从而写出相应的主析取范式．其步骤如下：

(1) 将真值表中使公式为真的每一组赋值都构造成一个极小项．当某变元在相应赋值中取 1 时，该变元出现在极小项相应的位置上，否则该变元的否定出现在相应的位置上；

(2) 最后按其赋值对应的二进制数从小到大的顺序把(1)中构造的极小项用“$\vee$”联结起来，就得到了主析取范式．

例 8.22 已知公式 $A=\neg p\vee q$ 的真值表为

p	q	$\neg p\vee q$
0	0	1
0	1	1
1	0	0
1	1	1

求它的主析取范式.

解 对每个使 $\neg p \vee q$ 为真的赋值构造极小项，有 $\neg p \wedge \neg q$，$\neg p \wedge q$，$p \wedge q$，于是公式 A 的主析取范式为

$$(\neg p \wedge \neg q) \vee (\neg p \wedge q) \vee (p \wedge q) \Leftrightarrow m_0 \vee m_1 \vee m_3 .$$

定义 8.20 在具有 n 个命题变元 $P_1, P_2, \cdots, P_n (n \geq 1)$ 的简单析取式中，每个 $P_i (1 \leq i \leq n)$ 和 $\neg P_i$ 如果恰好有一个出现一次，而且正好出现在左起第 i 个变元的位置上，则称该简单析取式为**极大项**或最大项.

同极小项类似，n 个命题变元可以构成 2^n 个不同的极大项，第 i 个极大项记为 M_i，对于每个 M_i 只有一组赋值使其为假，且下标为 i 的二进制数与这个赋值正好对应相同. 任一含有 n 个命题变项的公式，都可由 k 个 $(k \leq 2^n)$ 极大项的合取来表示（$k=0$ 时即为重言式）. 恰由 2^n 个极大项的合取构成的公式必为矛盾式. 即 $\bigwedge_{i=0}^{2^n-1} M_i = 0$. 表 8-10 给出了有两个变元 P, Q 的极大项真值表，从中可以看出这种一一对应的关系.

表 8-10

P	Q	$P \vee Q$	$P \vee \neg Q$	$\neg P \vee Q$	$\neg P \vee \neg Q$
0	0	0	1	1	1
0	1	1	0	1	1
1	0	1	1	0	1
1	1	1	1	1	0
		M_0	M_1	M_2	M_3

定义 8.21 由极大项构成的合取范式称为**主合取范式**.

定理8.14 任何一个不是永真的命题公式都存在唯一一个与之等值的主合取范式.

其证明与定理 8.13 的证明类似，这里略去.

例 8.23 求公式 $p \wedge (p \to q) \vee r$ 的主合取范式.

解 $p \wedge (p \to q) \vee r$

$\Leftrightarrow p \wedge (\neg p \vee q) \vee r$

$\Leftrightarrow (p \wedge q) \vee r$

$$\Leftrightarrow (p\vee r)\wedge(q\vee r) \qquad \text{(合取范式)}$$

$$\Leftrightarrow (p\vee r\vee(q\wedge\neg q))\wedge(q\vee r\vee(p\wedge\neg p))$$

$$\Leftrightarrow (p\vee r\vee q)\wedge(p\vee r\vee\neg q)\wedge(q\vee r\vee p)\wedge(q\vee r\vee\neg p)$$

$$\Leftrightarrow (p\vee q\vee r)\wedge(p\vee\neg q\vee r)\wedge(\neg p\vee q\vee r) \qquad \text{(排序)}$$

$$\Leftrightarrow M_0\wedge M_2\wedge M_4.$$

最后得到主合取范式，其中共有 3 个极大项 M_0, M_2, M_4，与 000,010, 100 三组赋值相对应. 只有在这三组赋值下原公式为假，其他任何赋值都使原公式为真.

除了用等值演算法求主合取范式外，也可利用公式的真值表求主合取范式. 具体求法是：先对真值表中使公式为假的每一组赋值构造一个相应的极大项，若某一变元在赋值中取 0，则让变元本身出现在极大项中，否则让该变元的否定式出现在极大项中，然后按相应赋值的二进制数从小到大的顺序把构造好的极大项用“∧”依次联结起来即可.

这里要指出，当我们知道了公式的主析取范式和主合取范式之一时，另一个其实不需再求，可以直接写出来. 具体做法是：

(1) 找出主合取（析取）范式中没有出现的极大（小）项；

(2) 取每一项的否定式，由德• 摩根律得到相应的极小（大）项；

(3) 最后用析（合）取联结词将它们联结成主析（合）取范式.

例 8.24 设命题公式 A 的真值表如表 8-11 所示，试求出 A 的主析取范式和主合取范式（用编码表示和公式表示）.

表 8-11

p	q	A
0	0	1
0	1	0
1	0	1
1	1	1

解 由表 8-11 可知，A 的主析取范式为 $m_0\vee m_2\vee m_3$，主合取范式为 M_1. 若用公式表示，则主析取范式为 $(\neg p\wedge\neg q)\vee(p\wedge\neg q)\vee(p\wedge q)$，主合取范式为 $p\vee\neg q$.

8.3.3 范式的应用

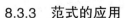

范式除了应用于判断一个命题公式是重言式、矛盾式或可满足式以及判断两个公式是否等值外，还可应用于解决控制系统的设计等问题，下面给出一个应用方面的例子.

例 8.25 设计一种简单的表决器，表决者每人座位旁有一按钮，若同意则按下按钮，否则不按按钮，当表决结果超过半数时，会场电铃就会响，否则铃不响. 试以表决人数为 3 人的情况设计表决器电路的逻辑关系.

解 设 3 个表决者的按钮分别与命题变元 P_1,P_2,P_3 对应. 当按钮按下时，令其真值为 1；当不按按钮时，其值为 0. 设 B 对应表决器电铃状态，铃响其值为 1，不响其值为 0，它是按钮命题变元的命题公式. 根据题意，电铃与按钮之间的关系如表 8–12 所示，从表 8–12 可以看出，使得 B 为 1 的赋值有 011,101,110,111 共 4 组，分别对应极小项

$$\neg P_1 \wedge P_2 \wedge P_3,\ P_1 \wedge \neg P_2 \wedge P_3,\ P_1 \wedge P_2 \wedge \neg P_3,\ P_1 \wedge P_2 \wedge P_3,$$

因此，B 等值为主析取范式

$$B \Leftrightarrow (\neg P_1 \wedge P_2 \wedge P_3) \vee (P_1 \wedge \neg P_2 \wedge P_3) \vee (P_1 \wedge P_2 \wedge \neg P_3) \vee (P_1 \wedge P_2 \wedge P_3),$$

这就是表决器电路的逻辑关系式. 利用这一关系式可设计出电路图. 一般根据需要，还可以应用等值演算将主析取范式尽量化简，以便在具体实施表决器方案时，省工省时省器件，从而降低生产成本.

表 8–12

P_1	P_2	P_3	B
0	0	0	0
0	0	1	0
0	1	0	0
0	1	1	1
1	0	0	0
1	0	1	1
1	1	0	1
1	1	1	1

8.4 命题演算的推理理论

推理是由已知的命题得到新命题的思维过程. 任何一个推理都由前提和结论两部分组成, 前提就是推理所根据的已知的命题, 结论则是从前提通过推理而得到的新命题.

数理逻辑的主要任务是提供一套推理规则. 按照这种推理规则, 从给定的前提集合出发, 推导出一个结论来. 这样的推导过程, 通常称为推理.

定义 8.22 设 A,B 是命题公式, 如果 $A \Rightarrow B$, 则称 B 是前提 A 的结论或从 A 推出结论 B. 一般地, 设 $H_1,H_2,\cdots,H_n$ 和 C 是一些命题公式, 如果 $H_1 \wedge H_2 \wedge \cdots \wedge H_n \Rightarrow C$, 则称从前提 $H_1,H_2,\cdots,H_n$ 推出结论 C, 有时可记为 $H_1,H_2,\cdots,H_n \Rightarrow C$ 或 $H_1,H_2,\cdots,H_n \vdash C$, 并称 $\{H_1,H_2,\cdots,H_n\}$ 为 C 的**前提集合**, C 称为前提 $H_1,H_2,\cdots,H_n$ 的**有效结论**.

例 8.26 判断下面推理是否正确:

(1) 如果今天是 1 号, 则明天是 3 号, 今天是 1 号, 所以明天是 3 号.

(2) 如果今天是 1 号, 则明天是 2 号, 今天不是 1 号, 所以明天不是 2 号.

解 (1) 设 p: 今天是 1 号, q: 明天是 3 号. 前提: $p \to q, p$; 结论: q. 需判断 $((p \to q) \wedge q) \to q$ 是否为重言式. 因

$$\begin{aligned}((p \to q) \wedge q) \to q &\Leftrightarrow ((\neg p \vee q) \wedge p) \to q \\ &\Leftrightarrow ((\neg p \wedge p) \vee (q \wedge p)) \to q \\ &\Leftrightarrow (q \wedge p) \to q \Leftrightarrow \neg(p \wedge q) \vee q \\ &\Leftrightarrow \neg p \vee \neg q \vee q \Leftrightarrow \neg p \vee 1 \Leftrightarrow 1,\end{aligned}$$

故推理正确.

(2) 设 p: 今天是 1 号, q: 明天是 2 号. 前提: $p \to q$, $\neg p$; 结论: $\neg q$. 因

$$\begin{aligned}((p \to q) \wedge \neg p) \to \neg q &\Leftrightarrow \neg((\neg p \vee q) \wedge \neg p) \vee \neg q \\ &\Leftrightarrow ((p \wedge \neg q) \vee p) \vee \neg q \\ &\Leftrightarrow p \vee \neg q,\end{aligned}$$

非重言式, 故推理不正确.

事实上, (2)中的结论按常理来讲正确, 但作为推理是不正确的. 在数理逻辑中推理的正确性和结论的正确性可能是不一致的. 我们只关心从前提得到结论这种推理的正确有效性.

一组前提是否可以推出某个结论可以按照定义进行判断, 即判断 $H_1 \wedge H_2 \wedge \cdots \wedge H_n \to C$ 是否为重言式, 可以用真值表法, 也可以利用等值演算法. 但当前提和结论都是比较复杂的命题公式或者包含的命题变元很多时, 直接用定义进行推导比较困难, 因此需要寻求更有效的推理方法.

定义 8.23 一个描述推理过程的命题序列, 其中每个命题或是已知的, 或是由某些前提所推得的结论, 序列中最后一个命题是所要求的结论, 这样的命题序列称为**形式证明**.

要想进行正确的推理, 就必须构造一个逻辑结构严谨的形式证明, 这需要使用一些推理规则. 下面是人们在推理过程中常用到的推理规则:

(1) **前提引入规则** P: 在证明的任何步骤上都可以引用前提.

(2) **结论引用规则** T: 在证明的任何步骤上得到的结论都可以在其后的证明中引用.

(3) **置换规则**: 在证明的任何步骤上, 公式的子公式都可以用与之等值的公式置换.

(4) **代入规则**: 在证明的任何步骤上, 重言式中的任一命题变元都可以用一命题公式代入, 得到的仍是重言式.

(5) **蕴含证明规则** CP: 若能够从 A 和前提集合 H 中推导出 B, 则能够从 H 中推导出 $A \to B$.

表 8-7 中列出的等值式都是在推理过程中经常使用的一些推理定律. 表 8-13 列出了推理过程中经常使用的逻辑蕴含式.

表 8-13

I_1	$A \wedge B \Rightarrow A$	（简化式）
I_2	$A \wedge B \Rightarrow B$	
I_3	$A \Rightarrow A \vee B$	（附加式）
I_4	$B \Rightarrow A \vee B$	
I_5	$\neg A \Rightarrow A \to B$	（附加式变形）
I_6	$B \Rightarrow A \to B$	

续表

I_7	$\neg(A \to B) \Rightarrow A$	（简化式变形）
I_8	$\neg(A \to B) \Rightarrow \neg B$	
I_9	$A, B \Rightarrow A \wedge B$	（合取引入）
I_{10}	$\neg A, (A \vee B) \Rightarrow B$	（析取三段论）
I_{11}	$A, A \to B \Rightarrow B$	（假言推论或分离规则）
I_{12}	$\neg B, (A \to B) \Rightarrow \neg A$	（拒取式）
I_{13}	$A \to B, B \to C \Rightarrow A \to C$	（假言三段论）
I_{14}	$A \to B, C \to D \Rightarrow A \wedge C \to B \wedge D$	
I_{15}	$A \vee B, A \to C, B \to C \Rightarrow C$	（二段推论或二难推论）
I_{16}	$A \to B \Rightarrow (A \vee C) \to (B \vee C)$	（前后件附加）
I_{17}	$A \to B \Rightarrow (A \wedge C) \to (B \wedge C)$	（前后件附加）

注意：

(1) 这些推理定律都是永真式，可用判断命题公式是否永真的方法加以证明.

(2) 这些推理定律之间不是独立的，其中一些定律可从另外一些定律推出.

(3) 实际上这些推理定律中的符号 A,B,C 等可代表任意公式，即将推理定律中某个符号出现的所有位置用另外一个命题公式代入，得到的也是永真式. 这就是上面提到的代入规则，它与置换规则不同.

(4) 假言推理规则是最常用的推理规则，附加式规则、简化式规则及合取引入等的直观含义是简单的.

(5) 拒取式规则就是通常所使用的反证法，即从 A 可以推出 B，若有 B 的否定 $\neg B$ 作为前提，则有理由相信 $\neg A$ 是成立的. 假言三段论表明推理的传递性，也是常用的一种三段论. 析取三段论本质上与拒取式一致，但在逻辑上通常称为选言推理，或更通俗地称为排除法. 构造性二难推理是析取三段论的推广.

如果证明过程中的每一步所得到的结论都是根据推理规则得到的，则这样的证明是有效的. 通过有效的证明而得到的结论，是有效结论. 因此，一个证明是否有效与前提的真假没有关系，一个结论是否有效与它自身的真假也没有关系. 在数理逻辑中, 主要关心的是如何构造一个有效的证明和得到有效结论.

在形式证明中, 为了得到一组给定前提的有效结论, 一般采用如下两类基本方法.

(1) 直接证明法：由一组前提, 利用一些公认的推理规则, 根据已知的蕴含式和等值式推导出有效结论的方法称为直接证明法.

(2) 间接证明法：间接证明法也就是大家熟悉的反证法, 把结论的否定当做附加前提与给定前提一起推证, 若能推导出矛盾, 则说明结论是有效的.

例 8.27　前提：$(w \vee r) \to v$, $v \to c \vee s$, $s \to u$, $\neg c \wedge \neg u$；结论：$\neg w$.

证

①	$\neg c \wedge \neg u$	P
②	$\neg u$	①, 化简规则
③	$s \to u$	P
④	$\neg s$	②, ③, 拒取式
⑤	$\neg c$	①,化简规则
⑥	$\neg c \wedge \neg s$	④, ⑤, 合取引入
⑦	$\neg(c \vee s)$	置换规则
⑧	$v \to c \vee s$	P
⑨	$\neg v$	⑦, ⑧, 拒取式
⑩	$(w \vee r) \to v$	P
⑪	$\neg(w \vee r)$	⑨, ⑩, 拒取式
⑫	$\neg w \wedge \neg r$	置换
⑬	$\neg w$	⑫, 化简

例 8.28　下面是审查盗窃案记录：

(1) 甲或乙盗窃了录音机；

(2) 若甲, 则作案时间不能在午夜前；

(3) 若乙的证词正确, 则午夜时屋里灯光未灭；

(4) 若乙的证词不正确, 则作案时间在午夜前；

(5) 午夜灯光灭了.

问盗窃录音机者是谁?

解　设 p:甲盗窃了录音机；q:乙盗窃了录音机；r:发生在午夜前；s:乙的证词正确；t:午夜灯光未灭. 则

前提：$p\vee q$，$p\to\neg r$，$s\to t$，$\neg s\to r$，$\neg t$.

下面我们从已知前提出发进行推理，其过程如下：

①	$\neg t$	P
②	$s\to t$	P
③	$\neg s$	①,②,拒取式
④	$\neg s\to r$	P
⑤	r	③,④,假言推理
⑥	$p\to\neg r$	P
⑦	$\neg p$	⑤,⑥,拒取式
⑧	$p\vee q$	P
⑨	q	⑦,⑧,析取三段论

最后我们得到结论q:乙盗窃了录音机.

8.5 本章小结

1. 详细介绍了5个基本命题联结词的定义与真值表，并举例说明了它们的使用方法. 要清楚：联结词可以联结两个没有内在联系的命题. 熟练掌握 5 个常用的命题联结词及其真值表，掌握命题与真值表的关系，以及由简单命题通过联结词构造复合命题的方法.

2. 自然语句的形式化是研究命题逻辑的一个基本出发点. 本章在引入命题联结词后，对自然语句的形式化方法进行了介绍，不论是简单自然语句还是较复杂的自然语句，均需要注意自然语言与命题逻辑符号表示的特点与差别.

3. 命题变元不是命题，而是一个可以代表任何命题的符号. 命题公式不是复合命题. 当公式中的每一个命题变元都取定一个命题(1或0)时，公式变成一个复合命题.

4. 掌握命题公式、重言式、矛盾式、可满足式、公式真值表等概念，注意它们之间的联系与区别，能够利用公式的真值表判定较简单的公式类型. 会用多种方法（如真值表法、等值演算法、主范式法等）判断公式的类型及两个公式是否等值.

5. 掌握命题公式的等值式、对偶式，命题公式的代入和置换等概念，能够利用基本等值式、代入规则和置换规则进行等值演算. 注意区别代入规则和置换规则的意义、用法.

6. 掌握命题公式的逻辑蕴含式概念, 对于较简单的命题公式 A 和 B, 能够判定 $A \Rightarrow B$ 是否成立. 能够用基本逻辑蕴含式推证更复杂的逻辑蕴含式.

7. 掌握全功能联结词集合的概念, 能够判别一个联结词集合是否为全功能联结词集合.

8. 介绍了范式、极小(大)项、主范式的概念和性质, 并讨论了求主范式的各种方法, 如等值演算法和真值表法. 要会准确地求出公式的主析取范式和主合取范式. 要熟悉一个命题公式的主合取范式与主析取范式的关系——如何根据一种主范式直接写出另一种主范式.

9. 掌握形式证明、前提引入规则、结论引用规则、置换规则、代入规则、蕴含证明规则等概念, 能够根据推理规则以及一些基本等值式和逻辑蕴含式, 利用直接法和间接法作有效推理, 并最终得到一个有效结论. 推理过程中推理规则、基本等值式和逻辑蕴含式的引用要适当, 逻辑思维要清晰.

习题 8

1. 判断下列句子是否为命题:

(1) 2 是素数.　　(2) 雪是黑色的.

(3) $1+101=110$.　　(4) 别的星球上有生命.

(5) 再会!　　(6) 明天是否开会?

(7) 天气多好啊!　　(8) 今天是 15 号.

(9) $x+y>5$.　　(10) 本命题是假的.

2. 确定下列命题的真值:

(1) "如果太阳从西边出来, 那么地球自转";

(2) "如果太阳从东边出来, 那么地球自转停止";

(3) "如果 $8+9>20$, 那么三角形有三条边";

(4) "如果疑问句是命题, 那么地球将停止转动".

3. 分析下列各命题的真值:

(1) $2+2=4$ 当且仅当 3 是奇数;

(2) $2+2=4$ 当且仅当 3 不是奇数;

(3) $2+2\neq4$ 当且仅当 3 是奇数;

(4) $2+2\neq 4$ 当且仅当 3 不是奇数.

4．将下列命题符号化：

(1) 假如上午不下雨，我去看电影，否则就在家里读书或看报；

(2) 我今天进城，除非下雨；

(3) 仅当你走，我将留下；

(4) 一个数是素数当且仅当它只能被 1 和它自身整除.

5．使用命题：P：这个材料有趣，Q：这些习题很难，R：这门课程让人喜欢，将下列句子用符号形式写出：

(1) 这个材料很有趣，并且这些习题很难.

(2) 这个材料无趣，习题也不难，而且这门课程也不让人喜欢.

(3) 如果这个材料无趣，习题也不难，那么这门课程就不会让人喜欢.

(4) 这个材料有趣，意味着这些习题很难，并且反之亦然.

(5) 或者这个材料有趣，或者这些习题很难，并且两者恰具其一.

6．设命题公式 G 定义如下：

$$\big((P\vee R)\leftrightarrow(Q\vee R)\big)\wedge\big((P\vee\neg R)\leftrightarrow(Q\vee\neg R)\big).$$

计算公式 G 的真值表.

7．化简下面的命题公式：

(1) $A\vee(\neg A\vee(B\wedge\neg B))$；　　(2) $(A\wedge B\wedge C)\vee(\neg A\wedge B\wedge C)$；

(3) $((P\to Q)\leftrightarrow(\neg Q\to\neg P))\wedge R$；　(4) $((A\to B)\leftrightarrow(\neg B\to\neg A))\vee C$.

8．证明下列命题的等值关系：

(1) $p\to(q\to r)\Leftrightarrow(p\wedge q)\to r$；

(2) $(p\vee q)\to r\Leftrightarrow(p\to r)\wedge(q\to r)$；

(3) $P\to(Q\to R)\Leftrightarrow Q\to(P\to R)$；

(4) $(P\to Q)\wedge(P\to R)\Leftrightarrow P\to(Q\wedge R)$；

(5) $(P\vee Q)\wedge\neg(P\wedge Q)\Leftrightarrow\neg(P\leftrightarrow Q)$；

(6) $(P\to Q)\wedge(R\to Q)\Leftrightarrow(P\vee R)\to Q$.

9．假设 A,B,C 是原子命题，判断以下命题是否恒真，对非恒真命题，给出使其为假的一组赋值：

(1) $(A\to B)\to\big((A\to(B\to C))\to(A\to C)\big)$；

(2) $(A\to C)\to\big((B\to C)\to((A\vee B)\to C)\big)$；

(3) $(A\to C)\to\big((B\to D)\to((A\vee B)\to C)\big)$；

(4) $(A\to B)\to((A\to\neg B)\to\neg A)$.

10. 用等值演算法证明 $\neg P \wedge \neg(P \rightarrow Q)$ 是矛盾式.

11. 用等值演算法证明 $P \wedge (P \rightarrow Q) \rightarrow Q$ 是重言式.

12. 判断下列公式的类型:(重言式、矛盾式、可满足式)

(1) $(P \rightarrow Q) \rightarrow (\neg Q \rightarrow \neg P)$;

(2) $(P \leftrightarrow Q) \rightarrow \neg(P \vee Q)$;

(3) $(P \rightarrow Q) \rightarrow \big((R \rightarrow S) \rightarrow ((P \vee R) \rightarrow (Q \vee S))\big)$;

(4) $((\neg P \vee Q) \wedge (Q \rightarrow R)) \rightarrow \neg(P \wedge \neg R)$.

13. 求证下面命题的蕴含关系:

(1) $P \wedge Q \Rightarrow P \rightarrow Q$;　　　(2) $(P \rightarrow (Q \rightarrow R)) \Rightarrow (P \rightarrow Q) \rightarrow (P \rightarrow R)$.

14. (1) 如果有 $A \wedge C \Leftrightarrow B \wedge C$, 是否一定有 $A \Leftrightarrow B$?

(2) 如果 $A \vee C \Leftrightarrow B \vee C$, 是否一定有 $A \Leftrightarrow B$?

(3) 如果 $\neg A \Leftrightarrow \neg B$, 是否一定有 $A \Leftrightarrow B$?

15. 求下面各式的主析取范式与主合取范式, 并写出相应的为真赋值:

(1) $((P \rightarrow Q) \rightarrow Q) \rightarrow ((Q \rightarrow P) \rightarrow P)$;

(2) $(P \rightarrow (Q \rightarrow R)) \leftrightarrow (R \rightarrow (Q \rightarrow P))$;

(3) $\neg((P \rightarrow Q) \wedge (R \rightarrow P)) \vee \neg((R \rightarrow \neg Q) \rightarrow \neg P)$;

(4) $(\neg R \vee (Q \rightarrow P)) \rightarrow (P \rightarrow (Q \vee R))$.

16. 写出公式 $(\neg A \wedge \neg B) \vee (\neg C \vee D)$ 的等值式, 要求该等值式中只出现联结词 $\neg$ 和 $\rightarrow$.

17. 联结词 f_1, f_2 由表 8-14 所示真值表定义, 证明 $\{f_1, f_2\}$ 是全功能联结词集合.

表 8-14

P	Q	$f_1 P$	$P f_2 Q$
1	1	0	1
1	0	0	1
0	1	1	0
0	0	1	1

18. 命题公式 A 包含 4 个命题变元: p,q,r,s, 其真值表如表 8-15 所示. 写出与 A 等值的:

(1)主析取范式;

(2) 主合取范式;

(3) 析取形式的最简式.

表 8-15

p	q	r	s	A (其他为 0)
0	0	0	1	1
0	1	1	0	1
1	0	0	0	1
1	0	0	1	1
1	0	1	0	1
1	1	0	0	1
1	1	0	1	1
1	1	1	1	1

19. 某电路中有 1 个灯泡和 3 个开关 A,B,C. 已知在且仅在下述 4 种情况下灯亮:

① C 的搬键向上, A 和 B 的搬键向下;

② A 的搬键向上, B 和 C 的搬键向下;

③ B 和 C 的搬键向上, A 的搬键向下;

④ A 和 B 的搬键向上, C 的搬键向下.

设 G 表示灯亮, p,q,r 分别表示 A,B,C 的搬键向上, 则 G 是 p,q,r 的命题公式.

(1) 求 G 的主合取范式;

(2) 在全功能集 $\{\neg,\wedge,\vee,\rightarrow,\leftrightarrow\}$ 中化简 G (要求 G 中含尽可能少的联结词).

20. 某项工作需要派 A,B,C,D 四个人中的两个人去完成, 按下面 3 个条件, 有几种派法? 如何派? (用命题演算求解)

(1) 若 A 去, 则 C 和 D 中要去一人;

(2) B 和 C 不能都去;

(3) 若 C 去, 则 D 留下.

21. 用推理规则证明下列推理的正确性:

如果 A 努力工作, 那么 B 或 C 感到愉快;

如果 B 愉快, 那么 A 不努力工作;

如果 D 愉快, 那么 C 不愉快.

所以, 如果 A 努力工作, 则 D 不愉快.

22. 下列推理是否成立? 证明你的结论.

(1) 前提：$\neg A\vee B$，$A\to(B\wedge C)$，$D\to B$

结论：$B\vee C$.

(2) 前提：$A\to(\neg(S\wedge D)\to\neg B)$，$A$，$\neg D$

结论：$\neg B$.

23. 下面推理过程是否正确，结论是否有效？说明理由.

① $P\wedge Q\to R$　　P

② $P\to R$　　T,①,I

③ P　　P

④ R　　T,②,③,I

所以$P\wedge Q\to R$，$P\Rightarrow R$.

24. 下列证明过程是否正确？若正确，则补足每一步推理依据，否则指出错误.

① $\neg D\vee A$　　(1)

② D　　(2)

③ A　　(3)

④ $A\to(C\to B)$　　(4)

⑤ $C\to B$　　(5)

⑥ C　　(6)

⑦ B　　(7)

⑧ $D\to B$　　(8)

所以$A\to(C\to B)$，$\neg D\vee A$，$C\Rightarrow D\to B$.

25. 证明：$A\to(B\to C)$，$B\to(C\to D)\Rightarrow A\to(B\to D)$.

26. 用反证法证明：$(A\to B)\wedge(C\to D), (B\to E)\wedge(D\to F), \neg(E\wedge F), A\to C\Rightarrow\neg A$.

27. 用推理规则证明$(P\vee Q)\to R$，$\neg S\vee U$，$\neg R\vee S$，$U\to W$，$\neg W\Rightarrow\neg P\wedge\neg Q$.

第9章 谓 词 逻 辑

为什么要引入谓词逻辑？因为简单命题需要进一步分析，才能更好地反映现实世界中人们所使用的推理模式．

本章主要内容包括谓词逻辑的基本概念：个体、谓词、量词，在谓词逻辑中符号化命题，谓词公式及其解释（赋值），谓词公式的等值演算与前束范式，谓词公式的推理理论．

9.1 谓词逻辑命题的符号化

在命题逻辑中，我们把简单命题作为基本研究单位，揭示了一些有效的推理过程．但是进一步研究发现，仅有命题逻辑是无法把一些常见的推理形式包括进去的．考查下面著名的苏格拉底三段论：

p：所有的人都是要死的；

q：苏格拉底是人；

r：所以苏格拉底是要死的．

这里前提：$p \wedge q$，结论：r，但 $p \wedge q \rightarrow r$ 不是重言式．由命题逻辑不能判断推理正确，但凭直觉应该正确．这反映了命题逻辑的局限性，其原因是把本来有内在联系的命题 p, q, r 视为独立的命题．要反映这种内在联系，就要对命题逻辑进行分析，分析出其中的个体词、谓词和量词，再研究它们之间的逻辑关系，总结出正确的推理形式和规则，这就是谓词逻辑的研究内容．

下面介绍谓词逻辑的基本概念．

9.1.1 个体与谓词

一个简单命题是一个能判断真假的陈述句．在谓词逻辑中，进一步将简单命题分解为个体词（主语）与谓词（谓语）两部分．

定义 9.1 **个体**是指可以独立存在的客观实体. 它可以是具体的, 也可以是抽象的. 具体的特定个体称为**个体常量**; 抽象的、泛指的或在一定范围内变化的个体称为**个体变量**, 也称为**个体变元**. 通常用小写字母 a,b,c 等表示个体常量, 用小写字母 x,y,z 等表示个体变量. 个体变量的取值范围称为**个体域**(或论域), 个体域可以是有限集, 也可以是无限集.

在命题中, 表示一个个体性质、特征或多个个体之间关系的成分称为**谓词**, 表示具体性质或关系的谓词称为**谓词常量**, 尚未确定的谓词称为**谓词变量**.

一般用大写字母 F,G,H 等表示谓词常量, 而用 X,Y,Z 等表示谓词变量. 表示一个个体性质的谓词称为**一元谓词**; 表示 n 个个体之间关系的谓词称为 n **元谓词**. 如个体词 a 具有性质 F, 记为 $F(a)$. 个体词 x,y 具有性质 L, 记为 $L(x,y)$.

例 9.1 (1) 李明是个大学生. 这里"李明"是个体, "×××是个大学生"是谓词. 用 $F(x)$ 表示 x 是个大学生, a 表示李明, 则"李明是个大学生"可以表示为 $F(a)$.

(2) 张明与张亮是兄弟. "张明、张亮"是个体词, "×××与×××是兄弟"是谓词. 用 $L(x,y)$ 表示 x 和 y 是兄弟, a 表示张明, b 表示张亮, 则"张明与张亮是兄弟"可表示为 $L(a,b)$.

(3) 武汉位于北京与广州之间. "武汉、北京、广州"是个体, "×××位于×××与×××之间"是谓词. 用 $B(x,y,z)$ 表示 x 位于 y 与 z 之间, a 表示武汉, b 表示北京, c 表示广州, 则"武汉位于北京与广州之间"可表示为 $B(a,b,c)$. 显然它和 $B(b,a,c)$ 表示不同的含义.

谓词与个体域密切相关. 如谓词"×××是教师"通常是指人类这个个体域而言, 而谓词"×××大于×××"通常是指实数或整数这一个体域而言. 一般地, 若事先未指定个体域, 则认为个体域是一切事物的集合, 称为**全总个体域**.

我们把某个以个体域 A 为定义域, 以真值 $\{0,1\}$ 为值域的谓词叫做**个体域 A 上的谓词**. 因此当个体域为有限集时, 可以用真值表的办法定义个体域上的谓词. 如在个体域 $\{a,b\}$ 上可定义 2^{2^2} 个二元谓词 $F_0,F_1,\cdots,F_{15}$, 如表 9-1 所示. 一般在基数为 m 的个体域上可定义 2^{m^n} 个不同的 n 元谓词. 以个体域 A 上的谓词为变域的变量称为个体域 A 上的谓词变量.

表 9-1

x	y	$F_0(x,y)$	$F_1(x,y)$	$F_2(x,y)$	$F_3(x,y)$	$F_4(x,y)$	$F_5(x,y)$	$F_6(x,y)$	$F_7(x,y)$
a	a	0	0	0	0	0	0	0	0
a	b	0	0	0	0	1	1	1	1
b	a	0	0	1	1	0	0	1	1
b	b	0	1	0	1	0	1	0	1
x	y	$F_8(x,y)$	$F_9(x,y)$	$F_{10}(x,y)$	$F_{11}(x,y)$	$F_{12}(x,y)$	$F_{13}(x,y)$	$F_{14}(x,y)$	$F_{15}(x,y)$
a	a	1	1	1	1	1	1	1	1
a	b	0	0	0	0	1	1	1	1
b	a	0	0	1	1	0	0	1	1
b	b	0	1	0	1	0	1	0	1

应该指出的是，对于 n 元谓词 F 而言，$F(x_1,x_2,\cdots,x_n)$ 表示一个命题变量，而只有当用谓词常量代替 F，个体常量 $a_1,a_2,\cdots,a_n$ 代替 $x_1,x_2,\cdots,x_n$ 后，$F(x_1,x_2,\cdots,x_n)$ 才表示一个命题.

例 9.2 $F(x)$ 表示"x 是大学生".

① 若 x 的讨论范围为某大学里班级中的学生，则 $F(x)$ 为永真式；

② 若 x 为某中学里班级中的学生，则 $F(x)$ 为永假式；

③ 若 x 的范围为剧场中的观众，则 $F(x)$ 有真有假.

例 9.3 $(P(x,y)\wedge P(y,z))\rightarrow P(x,z)$.

① 若 $P(x,y)$ 解释为"x 小于 y"，x,y,z 的范围为实数，则"若 x 小于 y，且 y 小于 z，则 x 小于 z"，为永真式.

② 若 $P(x,y)$ 解释为"x 为 y 的儿子"，x,y,z 的范围为人，则"若 x 为 y 的儿子且 y 为 z 的儿子，则 x 为 z 的儿子"，为永假式.

③ 若 $P(x,y)$ 解释为"x 距离 y 为 10 米"，若 x,y,z 指地面上的房子，那么"x 距离 y 为 10 米且 y 距离 z 为 10 米，则 x 距离 z 为 10 米"可真可假，依其具体位置而定.

9.1.2 量词

在命题中分析出个体和谓词后仍不足以表达苏格拉底三段论等日常生活中的各种问题，问题在于"所有的"和"有一个"这种全称量词和存在量词还没有分析出来，因此有必要引入量词.

定义9.2 对应于汉语中的“每个”、“所有的”、“任意的”等词称为**全称量词**，用符号“$\forall$”表示．对应于汉语中的“有的”、“至少有一个”、“存在”等词称为**存在量词**，用符号“$\exists$”表示．

$\forall x$ 表示个体域中的所有个体，x 称为**全称性变量**，$\forall xF(x)$ 表示个体域中所有个体都有性质 F．$\exists x$ 表示存在个体域中的个体，x 称为**存在性变量**，$\exists xF(x)$ 表示存在个体域中的个体具有性质 F．

在个体域事先给定的情形下，我们只有将个体域中的每个具体的个体代入到 $F(x)$ 中去确定其真假，才能断定 $\forall xF(x)$ 的真假．当每一个个体都使得 $F(x)=1$ 时，就有 $\forall xF(x)=1$；否则 $\forall xF(x)=0$．对于 $\exists xF(x)$，我们只要发现个体域中有（一个或多个）个体使得 $F(x)=1$ 时，就有 $\exists xF(x)=1$；否则（即任何个体都使得 $F(x)=0$）$\exists xF(x)=0$．当个体域 D 为有限集时，若 $D=\{a_1,a_2,\cdots,a_n\}$，则

(1) $\forall xA(x)\Leftrightarrow A(a_1)\wedge A(a_2)\wedge\cdots\wedge A(a_n)$；

(2) $\exists xA(x)\Leftrightarrow A(a_1)\vee A(a_2)\vee\cdots\vee A(a_n)$．

在用量词符号化命题时，首先强调的是个体域，同一命题在不同的个体域内可能有不同的真值，因此必须先清楚个体域．例如：考查下面两个命题：

(1) 所有的人都是要呼吸的；

(2) 有的人早餐吃面包．

设 $F(x)$：x 要呼吸，$G(x)$：x 早餐吃面包．若考虑个体域为人类集合，则两命题可分别符号化为

(1) $\forall xF(x)$；　　　　(2) $\exists xG(x)$．

均为真命题．

若考虑个体域为全总个体域，则

(1) $\forall xF(x)$ 表示宇宙间一切事物都要呼吸；

(2) $\exists xG(x)$ 表示宇宙间一切事物中存在早餐吃面包的．

与原命题所表达的意思之间存在差别．

为了解决这一问题，使得符号化表达式有确定的含义而不需事先考虑个体域，我们在符号化表达式中增加一个指出个体变量的变化范围的谓词，这样就可以不需事先考虑个体域而能够准确地把命题的意思表示出来．从而我们在考虑含有量词的命题时，总是在**全总个体域**上考虑问题．

在全总个体域的情况下，上述两个命题可叙述为：

(1) 对所有的个体，假如它是人，则它是要呼吸的．

(2) 存在着个体，它是人并且早餐吃面包．

若引入新的谓词是$M(x)$：x是人．原命题可分别符号化为

(1) $\forall x(M(x)\to F(x))$；

(2) $\exists x(M(x)\wedge G(x))$

这与原命题表达的意思一致．

以后我们约定：如果没有事先给出个体域，都应以全总个体域为个体域．在对给定的自然语言形式的命题进行符号化时，如果命题中含有全称量词，则把所增加的指出个体变化范围的谓词（称为**特性谓词**）作为前件，而命题中原有的谓词作为后件，构成一个蕴含式来表示命题的意思；如果命题中含有存在量词，则用增加的特性谓词和原命题中的谓词构成的合取式来表示命题的意思．

谓词不同于命题之处在于引进了谓词、个体、量词等概念．因此掌握这几个概念，学会使用它们是学好谓词的关键．要学会利用它们符号化一些命题并构成一些较复杂的命题．

例 9.4 用谓词和量词将下列命题符号化：

(1) 所有的人都学习和工作；

(2) 没有不犯错误的人；

(3) 并非所有的自然数都是偶数；

(4) 尽管有人聪明，但未必一切人都很聪明；

(5) 每个计算机系的学生都学离散数学；

(6) 每一列火车都比某些汽车快；

(7) 并非一切推理都能用计算机完成；

(8) 任何自然数都有唯一的一个后继数．

解 (1) 设$M(x)$表示"x是人"，$S(x)$表示"x要学习"，$W(x)$表示"x工作"，则此语句表示为$\forall x(M(x)\to(S(x)\wedge W(x)))$．

(2) 设$F(x)$表示"x犯错误"，$N(x)$表示"x为人"，则此语句表示为

$$\neg\exists x(N(x)\wedge\neg F(x)).$$

也可叙述为：所有的人都会犯错误，从而可符号化为$\forall x(N(x)\to F(x))$，后面我们可以证明两者是等值的．

(3) 设$N(x)$：x是自然数，$G(x)$：x是偶数，则此语句表示为

$$\neg\forall x(N(x)\to G(x)).$$

本命题也可叙述为: 存在自然数不是偶数, 故可符号化为$\exists x\big(N(x)\wedge\neg G(x)\big)$, 我们也可以证明两者等值.

(4) 设$F(x)$表示"x聪明", $M(x)$表示"x是人", 则此语句表示为

$$\exists x\big(M(x)\wedge F(x)\big)\wedge\neg\forall x\big(M(x)\rightarrow F(x)\big).$$

(5) 设$C(x)$表示"x是计算机系的学生", $D(x)$表示"x学习离散数学", 则此语句表示为$\forall x\big(C(x)\rightarrow D(x)\big)$.

(6) 设$F(x)$表示"x是火车", $G(y)$表示"y是汽车", $H(x,y)$表示"x比y快", 则原命题可表示为

$$\forall x\Big(F(x)\rightarrow\exists y(G(y)\wedge H(x,y))\Big).$$

(7) 设$F(x)$表示"x是推理", $M(x)$表示"x是计算机", $H(x,y)$表示"x能由y完成", 则原命题可表示为

$$\neg\forall x\Big(F(x)\rightarrow\exists y(M(y)\wedge H(x,y))\Big).$$

(8) 因原语句与"对一切自然数x, 均存在一个自然数y, 使得y是x的后继数; 并且对任何自然数x, 当y和z都是x的后继时, 则有$y=z$"的意思相同, 所以原语句可符号化表示为

$$\forall x\big(N(x)\rightarrow\exists y(N(y)\wedge M(x,y))\big)$$
$$\wedge\forall x\forall y\forall z\Big(N(x)\wedge N(y)\wedge N(z)\rightarrow\big(M(x,y)\wedge M(x,z)\rightarrow(y=z)\big)\Big),$$

其中$N(x)$表示x是自然数, $M(x,y)$表示y是x的后继数.

9.2 谓词公式及其真值

9.2.1 谓词公式

设F和X分别为n元谓词和n元谓词变量, $x_1,x_2,\cdots,x_n$是个体变量, 则$F(x_1,x_2,\cdots,x_n)$和$X(x_1,x_2,\cdots,x_n)$都称为**原子公式**.

定义 9.3 **谓词公式**是指满足下列条件的公式:

(1) 命题公式和原子公式是谓词公式;

(2) 若A是公式, 则$\neg A$也是谓词公式;

(3) 若A,B是公式, 则$(A\vee B),(A\wedge B),(A\rightarrow B),(A\leftrightarrow B)$也是谓词公式;

(4) 若A是公式, x是个体变量, 则$(\forall xA)$和$(\exists xA)$也是谓词公式;

(5) 只有有限次应用条件(1) ~ (4)得到的才是谓词公式.

规定：最外层括号可省去.

注意 我们这里给出的谓词公式的定义在有些教科书中称为合式公式，谓词公式比这里包含的公式要多，但实际上我们一般考查的也就是合式公式，因而简单地称为谓词公式.

定义9.4 把紧跟在$\forall x$或$\exists x$后面并用圆括号括起来的公式，或者没有圆括号括着的原子公式，称为相应量词的**作用域**（或辖域）.

把$\forall x$或$\exists x$中的变量叫做相应量词的**指导变量**（或指导变元）；在量词作用域中出现的与指导变量相同的变量称为**约束变量**（或约束变元），相应变量的出现也称为约束出现；除约束变量外的一切变量称为**自由变量**（或自由变元），相应变量的出现称为自由出现.

在谓词公式的演算中，注意量词的作用域. 量词的作用域是指紧跟在量词后面的最小子公式. 即如果紧跟量词后面的不是括号，则量词的作用域就是紧跟其后的那个原子公式. 如果紧跟在量词后面的是左括号，则量词的作用域就是从此括号开始到与此括号匹配的右括号为止的范围.

例 9.5 指出下列公式中量词每次出现的作用域，并指出个体变量是约束变量还是自由变量：

(1) $\forall x(P(x)\to Q(x))$；

(2) $\forall x\forall y(R(x,y)\vee L(y,z))\wedge\exists xH(x,y)$；

(3) $\forall x(P(x)\wedge\exists xQ(x))\vee(\forall xP(x)\to Q(x))$；

(4) $\forall x(P(x)\to\exists yR(x,y))$.

解 (1) $\forall x$的作用域为$P(x)\to Q(x)$，x为指导变量，x为约束出现.

(2) 在公式$\forall x\forall y(R(x,y)\vee L(y,z))\wedge\exists xH(x,y)$中，$\forall x$的作用域为$\forall y(R(x,y)\vee L(y,z))$，$\forall y$的作用域为$R(x,y)\vee L(y,z)$. $\exists x$的作用域为$H(x,y)$. 出现在$\forall y(R(x,y)\vee L(y,z))$和$H(x,y)$的$x$均为约束变量. 出现在$R(x,y)\vee L(y,z)$中的变量$y$是约束变量而$z$是自由变量. 出现在$H(x,y)$中的变量$y$是自由变量.

(3) 在公式$\forall x(P(x)\wedge\exists xQ(x))\vee(\forall xP(x)\to Q(x))$中，第一次出现的$\forall x$的作用域为$P(x)\wedge\exists xQ(x)$，$\exists x$的作用域为$Q(x)$，而第二次出现的$\forall x$的作用域为$P(x)$. 公式中只出现了变量$x$，其中最后一次出现(即$Q(x)$)是自由变量，其他是约束变量.

(4) $\forall x$ 的作用域为 $P(x)\to\exists yR(x,y)$，x 为指导变量，$\exists y$ 的作用域为 $R(x,y)$，y 为指导变量，x,y 为约束出现.

在谓词公式中，自由变量虽然有时也在量词的作用域中出现，但不受相应量词中指导变量的约束，故可把自由变量看做公式中的参数．另一方面，一个变量可以既是约束变量，也是自由变量.为了避免一个变量既是自由变量又是约束变量可能引起的混淆，可对约束变量改名，采用下面两条规则：

- **换名规则**

将量词作用域中某个约束出现的个体变量及对应的指导变量，改换成新的变量，且不能是已出现在量词的作用域中的变量，其余部分不变.使得一个变量在一个公式中只呈现一种形式，即仅为自由变量或仅为约束变量.

例如：$\forall x(P(x)\to R(x,y))\wedge Q(x,y)$ 中 x 为约束出现同时又是自由出现，可换名为 $\forall z(P(z)\to R(z,y))\wedge Q(x,y)$.

注意 $\forall y(P(y)\to R(y,y))\wedge Q(x,y)$；$\forall z(P(z)\to R(x,y))\wedge Q(x,y)$ 均为错误的换名.

- **代替规则**

对某自由出现的个体变量用与原公式中所有个体变量符号不同的变量符号去代替，且处处代替.

例如：(1) $\forall x(P(x)\to R(x,y))\wedge Q(x,y)$ 可代替为

$$\forall x(P(x)\to R(x,y))\wedge Q(z,y).$$

(2) $\exists xF(x)\wedge G(x,y)$ 可代替为 $\exists xF(x)\wedge G(z,y)$.

9.2.2 谓词公式的真值

根据定义，谓词公式是一个关于自由变量（个体和命题）、谓词变量的命题函数，其值随着这些变量的变化而变化.

定义 9.5 设 A 为一谓词公式，其中含有自由个体变量 $x_1,x_2,\cdots,x_l$，命题变量 $p_1,p_2,\cdots,p_m$，谓词公式 $X_1,X_2,\cdots,X_n$，则谓词公式 A 可表示成为 $A(x_1,x_2,\cdots,x_l;p_1,p_2,\cdots,p_m;X_1,X_2,\cdots,X_n)$．如果对 $x_1,x_2,\cdots,x_l$ 分别指定个体 $a_1,a_2,\cdots,a_l$，对 $p_1,p_2,\cdots,p_m$ 分别指定为真值 1 或 0，对 $X_1,X_2,\cdots,X_n$ 分别指定常谓词 $F_1,F_2,\cdots,F_n$，则称给公式 A 作了一组**赋值**．此时也称是对谓词公式的一个**解释**．当给定一组赋值后，公式的真值就唯一确定了．如

果这组赋值使得公式 A 为真，则说该值是 A 的**成真赋值**，否则称为 A 的**成假赋值**.

例 9.6 设解释 I 如下：个体域为实数集 $\mathbf{R}$，元素 $a=0$，函数 $f(x,y)=x-y$，特定谓词 $F(x,y)$ 为 $x<y$．根据解释 I，下列哪些公式为真？哪些为假？

(1) $\forall x F(f(a,x),a)$；

(2) $\forall x\forall y(\neg F(f(x,y),x))$；

(3) $\forall x\forall y\forall z(F(x,y)\to F(f(x,z),f(y,z)))$；

(4) $\forall x\exists y F(x,f(f(x,y),y))$.

解 (1) $\forall x F(f(a,x),a)$ 可化为 $\forall x(a-x<a)$，即 $\forall x(-x<0)$，故为假.

(2) $\forall x\forall y(\neg F(f(x,y),x))$ 可化为 $\forall x\forall y\neg(x-y<x)$，即 $\forall x\forall y(x-y\geq x)$，故为假.

(3) $\forall x\forall y\forall z(F(x,y)\to F(f(x,z),f(y,z)))$ 即为

$$\forall x\forall y\forall z((x<y)\to(x-z<y-z)),$$

故为真.

(4) $\forall x\exists y F(x,f(f(x,y),y))$ 可化为

$$\forall x\exists y(x<(x-y)-y),$$

即 $\forall x\exists y(x<x-2y)$，故为真.

例 9.7 求谓词公式

$$\exists x\Big(X(x)\wedge\forall y\Big(X(y)\to((Y(x,z)\wedge Y(y,z)\wedge p)\to\forall t(X(t)\to(Y(x,t)\to Y(y,t))))\Big)\Big)$$

在解释 $(z;p;X(x);Y(x,y))=(2;1;x$ 是自然数$,x<y)$ 下的真值.

解 设常谓词 $N(x)$ 表示 x 是自然数. 我们将赋值代入公式并化简得到

$$\exists x\Big(N(x)\wedge\forall y\Big(N(y)\to(((x<z)\wedge(y<z)\wedge 1)\to\forall t(N(t)\to((x<t)\to(y<t))))\Big)\Big)$$

$$\Leftrightarrow\exists x\Big(N(x)\wedge\forall y\Big(N(y)\to(((x<2)\wedge(y<2))\to\forall t(N(t)\to((x<t)\to(y<t))))\Big)\Big)$$

观察此式发现，个体变量全是约束变量，而且它们都是在自然数范围内取值. 所以，原式等于在自然数域上求下面公式的值：

$$\exists x\forall y(((x<2)\wedge(y<2))\to\forall t((x<t)\to(y<t))).$$

由于式中含有多层量词，我们按照从内到外的次序先求子公式 $\forall t((x<t)\to(y<t))$ 的值.

(1) $x<t$ 时，作用域 $\Leftrightarrow 1\rightarrow(y<t)\Leftrightarrow y<t$；从而 $y<t$ 时，作用域 $\Leftrightarrow 1$，$y\geq t$ 时，作用域 $\Leftrightarrow 0$.

(2) $x\geq t$ 时，作用域 $\Leftrightarrow 0\rightarrow(y<t)\Leftrightarrow 1$.

由(1),(2)可知，只有在 $x<t\leq y$ 时，公式 $\forall t((x<t)\rightarrow(y<t))$ 的作用域 $\Leftrightarrow 0$，其他情况下，作用域 $\Leftrightarrow 1$．因此，当 $x<y$ 时，取 $t=y$ 就有 $x<t\leq y$ 成立，这时作用域 $\Leftrightarrow 0$，即存在使得作用域 $\Leftrightarrow 0$ 的 t，所以 $\forall t((x<t)\rightarrow(y<t))\Leftrightarrow 0$；当 $x\geq y$ 时，不可能有 t 既使 $x<t$ 又使 $t\leq y$ 成立，从而 $\forall t((x<t)\rightarrow(y<t))\Leftrightarrow 1$．故由 $x<y$ 和 $x\geq y$ 两种情况的结果有 $\forall t((x<t)\rightarrow(y<t))\Leftrightarrow x\geq y$，代入原式中得到

$$\exists x\forall y\big(((x<2)\wedge(y<2))\rightarrow(x\geq y)\big).$$

显然我们只要将 ≥ 2 的自然数赋给 x，无论 y 取何值都有：

$$\text{作用域}\Leftrightarrow(0\wedge(y<2))\rightarrow(x\geq y)\Leftrightarrow 0\rightarrow(x\geq y)\Leftrightarrow 1.$$

例如：给 x 赋值 3，有

$$((3<2)\wedge(y<2))\rightarrow(3\geq y)\Leftrightarrow 0\rightarrow(3\geq y)\Leftrightarrow 1.$$

于是最后得到 $\exists x\forall y\big(((x<2)\wedge(y<2))\rightarrow(x\geq y)\big)\Leftrightarrow 1$，亦即原式在给定赋值下取值为真.

在谓词逻辑中，用量词来刻画参与判断的个体的数量．对于谓词所作用的个体数量，谓词逻辑只关心两种情况：一种情况是谓词作用个体域中所有的个体，这时用全称量词来刻画，一种是谓词作用于个体域中的某些个体，这时用存在量词来刻画.

定义 9.6 如果一谓词公式在任何解释下均为真，则称该公式为**重言式**（或永真式）；如果任何解释都使其为假，则称该公式为**矛盾式**（或永假式）；如果至少有一解释使其为真，则称公式为**可满足式**.

定义 9.7 设 $A_0=A_0(p_1,p_2,\cdots,p_n)$ 是包含命题变量 $p_1,p_2,\cdots,p_n$ 的命题公式，$A_1,A_2,\cdots,A_n$ 是 n 个谓词公式，用 A_i 处处代换 p_i，所得公式 A 称为 A_0 的**代换实例**.

例如：$F(x)\rightarrow G(x)$，$\forall xF(x)\rightarrow\exists yG(y)$ 均是 $p\rightarrow q$ 的代换实例．显然，命题公式中重言式的代换实例都是谓词公式的重言式.

例 9.8 判断谓词公式的类型：

(1) $\forall xF(x)\rightarrow\big(\forall xF(x)\vee\exists yG(y)\big)$；

(2) $\neg\big(F(x)\rightarrow\big(\forall yG(x,y)\rightarrow F(x)\big)\big)$；

(3) $\forall x\big(F(x)\vee G(x)\big)\to\big(\forall xF(x)\vee\forall xG(x)\big)$.

解 (1) 因 $p\to p\vee q$ 是重言式，(1)为 $p\to p\vee q$ 的代换实例，故为重言式.

(2) 易知 $p\to(q\to p)$ 为重言式，$\neg\big(p\to(q\to p)\big)$ 为矛盾式，其代换实例为矛盾式.

(3) 取解释 I 如下：个体域为整数集合 $\mathbf{Z}$，$F(x)$：x 是偶数，$G(x)$：x 是奇数. 在这个解释 I 下，前件化为“$\forall x$ (x 为偶数或 x 为奇数)”为真命题，后件化为：“$\forall x$ (x 为偶数)或 $\forall x$ (x 为奇数)”为假命题，故(3)不是重言式.

在解释 I 中，若将 $F(x)$ 改为：x 有后继数，$G(x)$ 改为：x 有前驱数，组成新的解释 I'，在 I' 下，前后件都真，故(3)式为真，(3)式不是永假式.

综上，(3)为可满足式.

9.2.3 谓词公式的等值式

同命题公式一样，谓词公式重言式是我们研究的主要对象，而我们特别要讨论的又是重言等价式和重言蕴含式.

定义 9.8 设 A,B 是谓词公式，若 $A\to B$ 是重言式，则称 $A\to B$ 为重言蕴含式，也称 A 逻辑蕴含 B，记为 $A\Rightarrow B$，此式称为**逻辑蕴含式**. 若 $A\leftrightarrow B$ 是重言式，则称 $A\leftrightarrow B$ 为重言等价式，并称 A 和 B 等值或逻辑等价，记为 $A\Leftrightarrow B$，此式称为**等值式或逻辑等价式**.

除了由上一章命题逻辑里的等值式及其代换实例，如：

$$\forall xA(x)\Leftrightarrow\forall xA(x)\vee\forall xA(x),$$

$$\forall xA(x)\to\exists xB(x)\Leftrightarrow\neg\forall xA(x)\vee\exists xB(x)$$

等都是谓词公式中的等值式外，还有许多谓词公式本身特有的等值式（主要与量词相关），例如：

设 $P(x)$：x 今天来上课，则 $\neg P(x)$：x 今天不来上课.

“并非所有的人今天来上课”和“存在一些人今天不来上课”，意义相同，即

$$\neg\forall xP(x)\Leftrightarrow\exists x\neg P(x).$$

又“并非存在一些人今天来上课”和“所有的人今天不来上课”，意义相同，即 $\neg\exists xP(x)\Leftrightarrow\forall x\neg P(x)$.

下面给出一些常见且重要的基本谓词公式等值式.

定理 9.1 设 $A(x)$ 是一个含有个体变量 x 的谓词公式，B 是一个不含自由变量 x 的公式，则下面各等值式成立：

(1) $\neg\forall xA(x)\Leftrightarrow\exists x\left(\neg A(x)\right)$；

(2) $\neg\exists xA(x)\Leftrightarrow\forall x\left(\neg A(x)\right)$；

(3) $\forall xA(x)\Leftrightarrow\neg\left(\exists x(\neg A(x))\right)$；

(4) $\exists xA(x)\Leftrightarrow\neg\left(\forall x(\neg A(x))\right)$；

(5) $\forall x\left(A(x)\wedge B\right)\Leftrightarrow\forall xA(x)\wedge B$；

(6) $\forall x\left(A(x)\vee B\right)\Leftrightarrow\forall xA(x)\vee B$；

(7) $\exists x\left(A(x)\wedge B\right)\Leftrightarrow\exists xA(x)\wedge B$；

(8) $\exists x\left(A(x)\vee B\right)\Leftrightarrow\exists xA(x)\vee B$.

说明 其中(1),(2),(3),(4)称为**量词转换律**，它说明量词外面的否定词可以移至量词的作用域内，作用域内的否定词也可以移至作用域外，全称量词和存在量词可以互换；(5),(6),(7),(8)称为量词作用域的**扩张**与**收缩**，它说明了在量词作用域内，如果存在与量词约束无关的公式，在某些情况下，可把这些公式从作用域内移出，反之，亦可移入.

下面只证明(1),(5)，其他等值式的证明请读者自己完成.

证 (1) 设 U 是 $\forall xA(x)$ 的任意一组赋值.

① 如果在赋值 U 下有 $\forall xA(x)\Leftrightarrow 1$，则有 $\neg\forall xA(x)\Leftrightarrow 0$，从而

$$\neg\forall xA(x)\to\exists x\left(\neg A(x)\right)\Leftrightarrow 1;$$

② 如果在赋值 U 下 $\forall xA(x)\Leftrightarrow 0$，则说明至少有一个 $x=a$，使得 $A(a)\Leftrightarrow 0$，从而 $\neg A(a)\Leftrightarrow 1$，进一步有 $\exists x\left(\neg A(x)\right)\Leftrightarrow 1$，此时有

$$\neg\forall xA(x)\to\exists x\left(\neg A(x)\right)\Leftrightarrow 1\to 1\Leftrightarrow 1.$$

因此，对任意一组赋值 U 都有

$$\neg\forall xA(x)\to\exists x\left(\neg A(x)\right)\Leftrightarrow 1.$$

即 $\neg\forall xA(x)\Rightarrow\exists x\left(\neg A(x)\right)$.

反过来，对任一赋值 U，

① 如果 $\exists x\left(\neg A(x)\right)\Leftrightarrow 1$，则说明至少有一个 $x=b$ 使得 $\neg A(b)\Leftrightarrow 1$，则 $A(b)\Leftrightarrow 0$，从而 $\forall xA(x)\Leftrightarrow 0$，所以有

$$\exists x\left(\neg A(x)\right)\to\neg\forall xA(x)\Leftrightarrow 1.$$

② 如果在赋值 U 下使得 $\exists x\left(\neg A(x)\right)\Leftrightarrow 0$，则也有

$$\exists x(\neg A(x)) \to \neg\forall xA(x) \Leftrightarrow 0 \to \neg\forall xA(x) \Leftrightarrow 1.$$

因此, 对任何赋值U都有$\exists x(\neg A(x)) \to \neg\forall xA(x) \Leftrightarrow 1$, 即

$$\exists x(\neg A(x)) \Rightarrow \neg\forall xA(x).$$

因此有$\neg\forall xA(x) \Leftrightarrow \exists x(\neg A(x))$.

(2) 公式$B \Leftrightarrow 1$或$B \Leftrightarrow 0$. 当$B \Leftrightarrow 1$时,

$$\begin{aligned}\forall x(A(x) \wedge B) &\Leftrightarrow \forall x(A(x) \wedge 1) \Leftrightarrow \forall xA(x)\\ &\Leftrightarrow \forall xA(x) \wedge 1 \Leftrightarrow \forall xA(x) \wedge B;\end{aligned}$$

当$B \Leftrightarrow 0$时,

$$\forall x(A(x) \wedge B) \Leftrightarrow \forall x(A(x) \wedge 0) \Leftrightarrow 0 \Leftrightarrow \forall xA(x) \wedge 0 \Leftrightarrow \forall xA(x) \wedge B,$$

故成立. ▮

定理 9.2 设$A(x)$是一个含有个体变量x的谓词公式, B是一个不含自由变量x的公式, 则下面各等值式成立:

(9) $\forall xA(x) \to B \Leftrightarrow \exists x(A(x) \to B)$;

(10) $\exists xA(x) \to B \Leftrightarrow \forall x(A(x) \to B)$;

(11) $B \to \forall xA(x) \Leftrightarrow \forall x(B \to A(x))$;

(12) $B \to \exists xA(x) \Leftrightarrow \exists x(B \to A(x))$.

证 只证明(10)和(11). (9)和(12)请读者自己证明.

(10) $\exists xA(x) \to B \Leftrightarrow \neg\exists xA(x) \vee B$ (联结词化归律)

$\Leftrightarrow \forall x\neg A(x) \vee B$ (量词转换律)

$\Leftrightarrow \forall x(\neg A(x) \vee B)$ (量词作用域扩张)

$\Leftrightarrow \forall x(A(x) \to B)$. (联结词化归律)

(11) $B \to \forall xA(x) \Leftrightarrow \neg B \vee \forall xA(x)$ (联结词化归律)

$\Leftrightarrow \forall xA(x) \vee \neg B$ (交换律)

$\Leftrightarrow \forall x(A(x) \vee \neg B)$ (量词作用域扩张)

$\Leftrightarrow \forall x(\neg B \vee A(x))$ (交换律)

$\Leftrightarrow \forall x(B \to A(x))$. (联结词化归律)

定理 9.3 设$A(x), B(x)$都是含有个体变量x的谓词公式, 则下面等值式成立:

(13) $\forall x(A(x) \wedge B(x)) \Leftrightarrow \forall xA(x) \wedge \forall xB(x)$;

(14) $\exists x(A(x)\to B(x))\Leftrightarrow\forall xA(x)\to\exists xB(x)$；

(15) $\exists x(A(x)\vee B(x))\Leftrightarrow\exists xA(x)\vee\exists xB(x)$；

(16) $\forall xA(x)\vee\forall xB(x)\Leftrightarrow\forall x\forall y(A(x)\vee B(y))$；

(17) $\exists xA(x)\wedge\exists xB(x)\Leftrightarrow\exists x\exists y(A(x)\wedge B(y))$.

证 只证明(13).

设U是任意一组赋值, 如果$\forall x(A(x)\wedge B(x))$在$U$下取值为 1, 则对任意一个体$x=a$都有$A(a)\wedge B(a)\Leftrightarrow 1$, 从而有$A(a)\Leftrightarrow 1$且$B(a)\Leftrightarrow 1$, 即对任意个体$a$有$A(a)$和$B(a)$在$U$下为 1, 亦即$\forall xA(x)\Leftrightarrow 1$且$\forall xB(x)\Leftrightarrow 1$, 从而有$\forall xA(x)\wedge\forall xB(x)\Leftrightarrow 1$, 因此,

$$\forall x(A(x)\wedge B(x))\to(\forall xA(x)\wedge\forall xB(x))\Leftrightarrow 1;$$

若在U下$\forall x(A(x)\wedge B(x))\Leftrightarrow 0$, 则显然有

$$\forall x(A(x)\wedge B(x))\to(\forall xA(x)\wedge\forall xB(x))\Leftrightarrow 1;$$

由U的任意性有

$$\forall x(A(x)\wedge B(x))\Rightarrow\forall xA(x)\wedge\forall xB(x).$$

反之, 对任意一组赋值U, 如果$\forall xA(x)\wedge\forall xB(x)\Leftrightarrow 1$, 则有

$$\forall xA(x)\Leftrightarrow 1\text{且}\forall xB(x)\Leftrightarrow 1,$$

这说明对任意的个体$x=a$都有$A(a)\Leftrightarrow 1$且$B(a)\Leftrightarrow 1$, 即$A(a)\wedge B(a)\Leftrightarrow 1$, 从而对一切个体$x$有$A(x)\wedge B(x)\Leftrightarrow 1$, 即$\forall x(A(x)\wedge B(x))\Leftrightarrow 1$, 所以有

$$(\forall xA(x)\wedge\forall xB(x))\to\forall x(A(x)\wedge B(x))\Leftrightarrow 1.$$

若$\forall xA(x)\wedge\forall xB(x)\Leftrightarrow 0$, 则显然有

$$(\forall xA(x)\wedge\forall xB(x))\to\forall x(A(x)\wedge B(x))\Leftrightarrow 1.$$

由U的任意性知

$$(\forall xA(x)\wedge\forall xB(x))\Rightarrow\forall x(A(x)\wedge B(x)).$$

因此有$(\forall xA(x)\wedge\forall xB(x))\to\forall x(A(x)\wedge B(x))\Leftrightarrow 1$. ∎

说明 (13)式说明$\forall$对$\wedge$可分配, (14)式说明$\exists$对$\vee$可分配, 但$\forall$对$\vee$及$\exists$对$\wedge$不存在分配等值式. 即:

$$\forall x(A(x)\vee B(x))\not\Leftrightarrow\forall xA(x)\vee\forall xB(x);$$

$$\exists x(A(x)\wedge B(x))\not\Leftrightarrow\exists xA(x)\wedge\exists xB(x).$$

例如解释I为: 个体域为$\mathbf{N}$, $A(x):x$是偶数, $B(x):x$是奇数, 即可验证.

例 9.9 设 $A(x), B(x)$ 均为含有自由变量 x 的任意谓词公式, 证明:

$$\forall x\big(A(x)\to B(x)\big)\Rightarrow \forall xA(x)\to\forall xB(x).$$

证 $\forall x\big(A(x)\to B(x)\big)\to\big(\forall xA(x)\to\forall xB(x)\big)$

$\Leftrightarrow \neg\forall x\big(\neg A(x)\vee B(x)\big)\vee\big(\neg\forall xA(x)\vee\forall xB(x)\big)$ (联结词化归律)

$\Leftrightarrow \neg\Big(\forall x\big(\neg A(x)\vee B(x)\big)\wedge\forall xA(x)\Big)\vee\forall xB(x)$ (结合律与德·摩根律)

$\Leftrightarrow \neg\Big(\forall x\big(\big(\neg A(x)\vee B(x)\big)\wedge A(x)\big)\Big)\vee\forall xB(x)$ (作用域的收缩与扩张)

$\Leftrightarrow \neg\Big(\forall x\big(\big(\neg A(x)\wedge A(x)\big)\vee\big(B(x)\wedge A(x)\big)\big)\Big)\vee\forall xB(x)$ (分配律)

$\Leftrightarrow \neg\Big(\forall x\big(B(x)\wedge A(x)\big)\Big)\vee\forall xB(x)$ (交换律,矛盾律)

$\Leftrightarrow \neg\big(\forall xA(x)\wedge\forall xB(x)\big)\vee\forall xB(x)$ (作用域的收缩与扩张)

$\Leftrightarrow \neg\forall xA(x)\vee\neg\forall xB(x)\vee\forall xB(x)$ (德·摩根律)

$\Leftrightarrow \neg\forall xA(x)\vee 1$ (排中律)

$\Leftrightarrow 1,$ (零律)

故有 $\forall x\big(A(x)\to B(x)\big)\Rightarrow\forall xA(x)\to\forall xB(x)$.

说明 类似地, 可以判断下面各式成立:

(1) $\forall xA(x)\to\forall xB(x)\Rightarrow\forall x\big(A(x)\to B(x)\big)$;

(2) $\exists xA(x)\to\forall xB(x)\Rightarrow\forall x\big(A(x)\to B(x)\big)$;

(3) $\forall x\big(A(x)\to B(x)\big)\Rightarrow\exists xA(x)\to\forall xB(x)$.

定理 9.4 设 $A(x,y)$ 是含有个体变量 x,y 的谓词公式, 则

(18) $\forall x\forall yA(x,y)\Leftrightarrow\forall y\forall xA(x,y)$;

(19) $\exists x\exists yA(x,y)\Leftrightarrow\exists y\exists xA(x,y)$.

注意 一般情况下, 不能颠倒量词顺序. 即没有

$$\forall x\exists yA(x,y)\Leftrightarrow\exists y\forall xA(x,y)$$

成立.

还有一些等值式, 如:

$$\forall x\forall y\big(P(x)\vee Q(y)\big)\Leftrightarrow\forall xP(x)\vee\forall yQ(y);$$

$$\forall x\forall y\big(P(x)\wedge Q(y)\big)\Leftrightarrow\forall xP(x)\wedge\forall yQ(y);$$

$$\forall x\forall y\big(P(x)\to Q(y)\big)\Leftrightarrow\exists xP(x)\to\forall yQ(y);$$

$$\exists x\exists y\big(P(x)\to Q(y)\big)\Leftrightarrow\forall xP(x)\to\exists yQ(y)$$

可以由上面一些等值式推出.

由于引进了量词，谓词公式增加了一些包含量词的新的重言式（等值关系式、蕴含关系式）. 要掌握谓词公式演算的重言、等价、蕴含等概念，记住主要的等值式，即量词否定等值式，量词作用域扩张与收缩等值式、量词分配等值式、在有限个体域内消去量词等值式等.

证明一些包含量词的新关系式是谓词公式演算中的新问题. 对于这些关系式，我们可以直接根据定义加以证明，也可由几个基本的公式推导出复杂的结论.

例 9.10 证明：$\forall x(P(x)\to Q(x))\to(\exists xP(x)\to\exists xQ(x))$为重言式.

证 $\forall x(P(x)\to Q(x))\to(\exists xP(x)\to\exists xQ(x))$

$$\begin{aligned}
&\Leftrightarrow \neg\forall x(\neg P(x)\vee Q(x))\vee(\neg\exists xP(x)\vee\exists xQ(x))\\
&\Leftrightarrow \exists x(P(x)\wedge\neg Q(x))\vee\exists xQ(x)\vee\neg\exists xP(x)\\
&\Leftrightarrow \exists x\big((P(x)\wedge\neg Q(x))\vee Q(x)\big)\vee\neg\exists xP(x)\\
&\Leftrightarrow \exists x(P(x)\vee Q(x))\vee\neg\exists xP(x)\\
&\Leftrightarrow \exists xP(x)\vee\exists xQ(x)\vee\neg\exists xP(x)\\
&\Leftrightarrow 1.
\end{aligned}$$

9.3 谓词公式的前束范式

命题公式的主范式提供了一种统一的命题公式形式，在这种标准形式下，真值相同的公式其形式都是一样的. 这一节我们讨论谓词公式的范式.

前面一节在讨论谓词公式中变量的作用域时，为了避免一个变量既是自由变量又是约束变量可能引起的混淆，已经给出了两个换名规则，下面以定理的形式给出：

定理 9.5（约束变量改名规则） 设$A(x)$是含有自由变量x而不含有变量y的谓词公式，$A(y)$是将$A(x)$中的自由变量x均改成y后得到的公式. 则有

$$\forall xA(x)\Leftrightarrow\forall yA(y)\text{；}\ \exists xA(x)\Leftrightarrow\exists yA(y).$$

约束变量改名规则为：

(1) 对约束变量，可以改名. 其更改的变量名称范围为量词中的指导变量以及该量词作用域中所有出现该变量的地方，公式的其余部分不变.

(2) 改名时一定要更改为作用域中没有出现过的变量名称.

定理 9.6（自由变量改名规则） 设 x 是 $A(x,z)$ 中仅自由出现的个体变量，y 不出现在 $A(x,z)$ 中，则 $A(x,z)\Leftrightarrow A(y,z)$，且

$$\exists zA(x,z)\Leftrightarrow\exists zA(y,z)\text{；}\ \forall zA(x,z)\Leftrightarrow\forall zA(y,z).$$

自由变量改名规则为：

(1) 谓词公式中的自由变量可以更改，更改时需对公式中出现该自由变量的每一处都进行更改.

(2) 用以更改的变量与原公式中所有变量的名称不能相同.

通过运用上面的改名规则，可使得公式满足下列条件：

(1) 所有变量在公式中或者自由出现，或者约束出现，不既自由出现，又约束出现.

(2) 所有量词后面采用的约束变量互不相同. 量词后面的约束变量只在它的作用域内有意义，不同量词采用不同约束变量，变元的作用域可以嵌套.

定义 9.9 设 B 是一个不含量词的谓词公式，Δ_i 为 $\forall$ 或 $\exists$. 如果公式 $A\Leftrightarrow\Delta_1x_1\Delta_2x_2\cdots\Delta_nx_nB$，则 $\Delta_1x_1\Delta_2x_2\cdots\Delta_nx_nB$ 称为公式 A 的**前束范式**. 当 $n=0$ 时，有 $A\Leftrightarrow B$，B 也称为 A 的**前束范式**.

例如：$F(x,y)\to H(t)$，$\exists z\forall y\big(F(z)\vee G(x,y)\big)$ 是前束范式，而

$$\forall xF(x,y)\wedge H(x),\ \exists x\big(H(x)\to\forall yG(y)\big)$$

不是前束范式.

例 9.11 求下列各式的前束范式，要求使用约束变量改名规则：

(1) $\neg\exists xF(x)\to\forall yG(x,y)$；

(2) $\neg\big(\forall xF(x,y)\vee\exists yG(x,y)\big)$.

解 (1) $\neg\exists xF(x)\to\forall yG(x,y)$

$\Leftrightarrow\forall x\neg F(x)\to\forall yG(x,y)$ (量词否定等值式)

$\Leftrightarrow\forall z\neg F(z)\to\forall yG(x,y)$ (约束变量改名规则)

$\Leftrightarrow\exists z\forall y\big(\neg F(z)\to G(x,y)\big)$ (作用域收缩与扩张)

$\Leftrightarrow\exists z\forall y\big(F(z)\vee G(x,y)\big)$.

(2) $\neg\big(\forall xF(x,y)\vee\exists yG(x,y)\big)$

$\Leftrightarrow\exists x\neg F(x,y)\wedge\forall y\neg G(x,y)$ (德·摩根律及量词否定等值式)

$$\Leftrightarrow \exists z\neg F(z,y)\wedge\forall w\neg G(x,w) \qquad \text{(约束变量改名规则)}$$

$$\Leftrightarrow \exists z\forall w\big(\neg F(z,y)\wedge\neg G(x,w)\big). \qquad \text{(作用域收缩与扩张)}$$

说明 公式的前束范式不是唯一的. (1)中最后两步都是前束范式, 其实 $\forall y\exists z\big(F(z)\vee G(x,y)\big)$ 也是(1)中公式的前束范式.

例 9.12 求下列公式的前束范式, 要求使用自由变量改名规则:

(1) $\forall xF(x)\vee\exists yG(x,y)$;

(2) $\exists x\big(F(x)\wedge\forall yG(x,y,z)\big)\to\exists zH(x,y,z)$.

解 (1) $\forall xF(x)\vee\exists yG(x,y)\Leftrightarrow\forall xF(x)\vee\exists yG(z,y)$

$$\Leftrightarrow\forall x\exists y\big(F(x)\vee G(z,y)\big).$$

(2) $\exists x\big(F(x)\wedge\forall yG(x,y,z)\big)\to\exists zH(x,y,z)$

$$\Leftrightarrow\exists x\big(F(x)\wedge\forall yG(x,y,u)\big)\to\exists zH(v,w,z)$$

$$\Leftrightarrow\exists x\forall y\big(F(x)\wedge G(x,y,u)\big)\to\exists zH(v,w,z)$$

$$\Leftrightarrow\forall x\exists y\exists z\Big(\big(F(x)\wedge G(x,y,u)\big)\to H(v,w,z)\Big).$$

在上面演算中分别使用了自由变量改名规则和量词作用域收缩和扩张等值式.

通过上面例子已经看到, 给出的命题公式, 可以求出它的前束范式. 现在的问题是: 是否任何公式均可以表示为前束范式? 回答是肯定的:

定理 9.7（前束范式存在定理） *任意一个谓词公式 A 都存在与它等值的前束范式.*

证 首先应用定理 9.5 和定理 9.6 将 A 中的约束变量（或自由变量）改名, 使得所有的约束变量均彼此不同而且也不同于 A 中的自由变量, 设改名后的公式为 A_1, 则 $A\Leftrightarrow A_1$. 下面我们只需证明 A_1 存在前束范式即可. 由于 $\{\neg,\to\}$ 为全功能集, 不妨设 A_1 中仅含有联结词 $\neg$ 和 $\to$. 下面用归纳法证明, 对 A_1 中联结词和量词的个数进行归纳.

当 A_1 中不含量词和联结词时, A_1 本身就是前束范式.

假设 A_1 中联结词和量词个数为 n 时结论成立, 要证联结词和量词个数为 $n+1$ 时成立, 下面分情况说明:

(1) $A_1=\neg B$, B 中联结词和量词的个数为 n . 根据归纳假设, 有

$$B \Leftrightarrow \Delta_1 x_1 \Delta_2 x_2 \cdots \Delta_k x_k B_0,$$

其中 Δ_i 为 $\forall$ 或 $\exists$，B_0 中无量词．根据量词转换律，有

$$\begin{aligned} A_1 &\Leftrightarrow \neg B \Leftrightarrow \neg \Delta_1 x_1 \Delta_2 x_2 \cdots \Delta_k x_k B_0 \\ &\Leftrightarrow \Delta_1^* x_1 (\neg \Delta_2 x_2 \cdots \Delta_k x_k B_0) \Leftrightarrow \cdots \\ &\Leftrightarrow \Delta_1^* x_1 \Delta_2^* x_2 \cdots \Delta_k^* x_k (\neg B_0). \end{aligned}$$

其中 Δ_i^*（$1 \le i \le k$）与 Δ_i 正好相反：若 Δ_i 为 $\forall$，则 Δ_i^* 为 $\exists$；若 Δ_i 为 $\exists$，则 Δ_i^* 为 $\forall$．

(2) $A_1 = B \to C$，其中 B 和 C 中的联结词和量词个数不超过 n．设

$$B \Leftrightarrow \Delta_1 x_1 \Delta_2 x_2 \cdots \Delta_k x_k B_0,\ C \Leftrightarrow \nabla_1 y_1 \nabla_2 y_2 \cdots \nabla_m y_m C_0,$$

其中 Δ_i, ∇_j 为 $\forall$ 或 $\exists$，B_0, C_0 中无量词．由量词转换律，有

$$\begin{aligned} A_1 &\Leftrightarrow B \to C \\ &\Leftrightarrow (\Delta_1 x_1 \Delta_2 x_2 \cdots \Delta_k x_k B_0) \to (\nabla_1 y_1 \nabla_2 y_2 \cdots \nabla_m y_m C_0) \\ &\Leftrightarrow \Delta_1^* x_1 (\Delta_2 x_2 \cdots \Delta_k x_k B_0 \to \nabla_1 y_1 \nabla_2 y_2 \cdots \nabla_m y_m C_0) \Leftrightarrow \cdots \\ &\Leftrightarrow \Delta_1^* x_1 \Delta_2^* x_2 \cdots \Delta_k^* x_k (B_0 \to \nabla_1 y_1 \nabla_2 y_2 \cdots \nabla_m y_m C_0) \Leftrightarrow \cdots \\ &\Leftrightarrow \Delta_1^* x_1 \Delta_2^* x_2 \cdots \Delta_k^* x_k \nabla_1 y_1 \nabla_2 y_2 \cdots \nabla_m y_m (B_0 \to C_0). \end{aligned}$$

(3) $A_1 = \forall x B$，B 中的联结词和量词个数为 n，由归纳假设，

$$B \Leftrightarrow \Delta_1 x_1 \Delta_2 x_2 \cdots \Delta_k x_k B_0,$$

于是有 $A_1 \Leftrightarrow \forall x \Delta_1 x_1 \Delta_2 x_2 \cdots \Delta_k x_k B_0$．

(4) $A_1 = \exists x B$，与(3)类似，有 $A_1 \Leftrightarrow \exists x \Delta_1 x_1 \Delta_2 x_2 \cdots \Delta_k x_k B_0$．

由归纳原理知定理成立． ▌

上面定理的证明本身就提供了求前束范式的一般方法．

说明 谓词公式的前束范式并不一定唯一，所以不能像命题公式的主范式那样直接用于解决问题，它只是将谓词公式形式的范围缩小了一点，能够给研究工作提供一定的方便．

掌握前束范式的概念以及把谓词公式化成与之等价的前束范式的方法．求解某个谓词公式的前束范式时，特别在给变量改名时一定要注意：在对量词及其作用域中的约束变量进行改名时，一定要更改为作用域中没有出现的变量名称．由于 $\neg$ 不能出现在前束范式的前面，故经常用定理 9.1 中(1),(2)等式子．

例 9.13 求谓词公式 $\forall x(F(x)\to G(x))\to(\exists xF(x)\to\exists xG(x))$ 的前束范式.

解 $\forall x(F(x)\to G(x))\to(\exists xF(x)\to\exists xG(x))$

$$\Leftrightarrow \forall x(\neg F(x)\vee G(x))\to(\neg\exists xF(x)\vee\exists xG(x))$$

$$\Leftrightarrow \neg\forall x(\neg F(x)\vee G(x))\vee(\neg\exists xF(x)\vee\exists xG(x))$$

$$\Leftrightarrow \exists x(F(x)\wedge\neg G(x))\vee\neg\exists xF(x)\vee\exists xG(x)$$

$$\Leftrightarrow \exists x(F(x)\vee G(x))\vee\forall x\neg F(x)$$

$$\Leftrightarrow \exists x(F(x)\vee G(x))\vee\forall y\neg F(y)$$

$$\Leftrightarrow \exists x\forall y(F(x)\vee G(x)\vee\neg F(y)).$$

此即为所求前束范式.

例 9.14 求公式 $(\neg\exists xF(x)\vee\forall yG(y))\wedge(F(a)\to\forall zH(z))$ 的前束范式.

解 $(\neg\exists xF(x)\vee\forall yG(y))\wedge(F(a)\to\forall zH(z))$

$$\Leftrightarrow(\forall x\neg F(x)\vee\forall yG(y))\wedge(\neg F(a)\vee\forall zH(z))$$

$$\Leftrightarrow\forall x\forall y\forall z((\neg F(x)\vee G(y))\wedge(\neg F(a)\vee H(z))).$$

此为所求的前束范式.

9.4 重言蕴含式与推理规则

同命题逻辑一样, 谓词逻辑的一个正确的推理也应该是由前提和结论构成的重言蕴含式, 下面我们讨论谓词逻辑的重言蕴含式.

9.4.1 重言蕴含式

由于命题公式也是谓词公式, 不难理解命题逻辑中的重言蕴含式模式也是谓词逻辑中的重言蕴含式, 并且用任何一个谓词公式代替命题逻辑中的某个重言蕴含式都能得到谓词逻辑中的重言蕴含式的一个代入实例.

除了上述蕴含式外, 谓词逻辑中还有一些其他的逻辑蕴含式, 它们也可以看成一种模式, 下面给出几个常用的关于量词的逻辑蕴含式. 证明请读者自己给出.

定理 9.8 设 $A(x), B(x)$ 均为含有自由变量 x 的任意谓词公式, 则有

(20) $\forall xA(x)\vee\forall xB(x)\Rightarrow\forall x(A(x)\vee B(x))$;

(21) $\exists x\big(A(x)\wedge B(x)\big)\Rightarrow\exists xA(x)\wedge\exists xB(x)$；

(22) $\forall x\big(A(x)\to B(x)\big)\Rightarrow\forall xA(x)\to\forall xB(x)$；

(23) $\forall x\big(A(x)\to B(x)\big)\Rightarrow\exists xA(x)\to\exists xB(x)$；

(24) $\forall x\big(A(x)\leftrightarrow B(x)\big)\Rightarrow\forall xA(x)\leftrightarrow\forall xB(x)$.

例 9.15 判断下列公式是否为永真式：

(1) $\big(\forall xA(x)\to\exists xB(x)\big)\to\exists x\big(A(x)\to B(x)\big)$；

(2) $\big(\exists xA(x)\to\exists xB(x)\big)\to\exists x\big(A(x)\to B(x)\big)$.

解 (1)
$$\begin{aligned}\forall xA(x)\to\exists xB(x)&\Leftrightarrow\neg\forall xA(x)\vee\exists xB(x)\\&\Leftrightarrow\exists x\neg A(x)\vee\exists xB(x)\Leftrightarrow\exists x\big(\neg A(x)\vee B(x)\big)\\&\Leftrightarrow\exists x\big(A(x)\to B(x)\big),\end{aligned}$$

故 $\big(\forall xA(x)\to\exists xB(x)\big)\leftrightarrow\exists x\big(A(x)\to B(x)\big)$ 为永真式，从而
$$\big(\forall xA(x)\to\exists xB(x)\big)\to\exists x\big(A(x)\to B(x)\big)$$
为永真式.

(2)
$$\begin{aligned}&\big(\exists xA(x)\to\exists xB(x)\big)\to\exists x\big(A(x)\to B(x)\big)\\&\Leftrightarrow\big(\neg\exists xA(x)\vee\exists xB(x)\big)\to\exists x\big(\neg A(x)\vee B(x)\big)\\&\Leftrightarrow\neg\big(\neg\exists xA(x)\vee\exists xB(x)\big)\vee\exists x\big(\neg A(x)\vee B(x)\big)\\&\Leftrightarrow\big(\exists xA(x)\wedge\neg\exists xB(x)\big)\vee\exists x\neg A(x)\vee\exists xB(x)\\&\Leftrightarrow\big(\exists xA(x)\vee\exists x\neg A(x)\vee\exists xB(x)\big)\wedge\big(\neg\exists xB(x)\vee\exists x\neg A(x)\vee\exists xB(x)\big)\\&\Leftrightarrow\big(\exists xA(x)\vee\exists x\neg A(x)\vee\exists xB(x)\big)\wedge 1\\&\Leftrightarrow\big(\exists x(A(x)\vee\neg A(x))\vee\exists xB(x)\big)\wedge 1\\&\Leftrightarrow\big(1\vee\exists xB(x)\big)\wedge 1\Leftrightarrow 1.\end{aligned}$$

所以该公式为永真式.

定理 9.9 设 $A(x)$ 为含有自由变量 x 的任意谓词公式，则有

(25) $\forall xA(x)\Rightarrow A(x)$；

(26) $A(x)\Rightarrow\exists xA(x)$；

(27) $\forall xA(x)\Rightarrow\exists xA(x)$.

证 (27) 只需证明 $\forall xA(x)\to\exists xA(x)\Leftrightarrow 1$. 事实上，
$$\forall xA(x)\to\exists xA(x)\Leftrightarrow\neg\forall xA(x)\vee\exists xA(x)\Leftrightarrow\exists x\neg A(x)\vee\exists xA(x)$$

$$\Leftrightarrow \exists x\big(\neg A(x)\vee A(x)\big)\Leftrightarrow \exists x(1)\Leftrightarrow 1.$$

定理 9.10 设 $A(x,y)$ 为含有自由变量 x,y 的任意谓词公式，则有

(28) $\forall x\forall y A(x,y)\Rightarrow \exists y\forall x A(x,y)$；

(29) $\exists x\forall y A(x,y)\Rightarrow \forall y\exists x A(x,y)$；

(30) $\forall x\exists y A(x,y)\Rightarrow \exists y\exists x A(x,y)$；

(31) $\forall x\forall y A(x,y)\Rightarrow \forall x A(x,x)$；

(32) $\exists x A(x,x)\Rightarrow \exists x\exists y A(x,y)$.

例 9.16 证明：$\forall x\forall y\big(G(x)\leftrightarrow H(y)\big)\Rightarrow \forall x G(x)\leftrightarrow \forall x H(x)$.

证 $\forall x\forall y\big(G(x)\leftrightarrow H(y)\big)$

$\Rightarrow \forall x\big(G(x)\leftrightarrow H(x)\big)$

$\Leftrightarrow \forall x\big((G(x)\to H(x))\wedge(H(x)\to G(x))\big)$ (联结词化归律)

$\Leftrightarrow \forall x\big(G(x)\to H(x)\big)\wedge\forall x\big(H(x)\to G(x)\big)$ (作用域的收缩与扩张)

$\Rightarrow \big(\forall x G(x)\to\forall x H(x)\big)\wedge\big(\forall x H(x)\to\forall x G(x)\big)$

$\Leftrightarrow \forall x G(x)\leftrightarrow\forall x H(x)$, (联结词化归律)

所以有 $\forall x\forall y\big(G(x)\leftrightarrow H(y)\big)\Rightarrow \forall x G(x)\leftrightarrow \forall x H(x)$.

9.4.2 推理规则

每一个谓词公式的逻辑蕴含式都是一条规则. 设 A 和 B 是任意的谓词公式，如果 $A\Rightarrow B$，我们便说由 A 可推出 B，记为 $A\vdash B$，$A\vdash B$ 称为**谓词逻辑的推理规则**.

在推理过程中，上面给出的一些等值式和重言蕴含式可以作为推理依据使用，并将推理过程中使用的等值式和重言蕴含式分别称为 **E 规则**和 **I 规则**. 除此之外，常用的一些推理规则还有：

(1) 前提引入规则：也称为 **P 规则**，即前提在推理过程中随时可引入使用.

(2) 结论引用规则：也称为 **T 规则**，即在推理过程中产生的中间结论可以作为后面推理的前提使用.

(3) 全称量词规定规则（US）：如果对个体域中的所有变量 x，$P(x)$ 成立，则对个体域中的某个变量 c，$P(c)$ 成立，表示为 $\forall x P(x)\vdash P(c)$.

(4) 全称量词推广规则（UG）：如果对个体域中的每个个体变量 c，$P(c)$ 成立，则可得到结论 $\forall x P(x)$，表示为 $P(x)\vdash \forall x P(x)$.

(5) 存在量词规定规则（ES）：如果对个体域中的某个个体 $P(x)$ 成立，则必有某个特定的个体 c，$P(c)$ 成立，表示为 $\exists xP(x)\vdash P(c)$.

(6) 存在量词推广规则（EG）：如果对个体域中的某个个体 c，$P(c)$ 成立，则在个体域中，必存在 x，使得 $P(x)$ 成立，表示为 $P(c)\vdash \exists xP(x)$.

例 9.17 证明下列蕴含式：$\exists x\forall yA(x,y)\Rightarrow \forall y\exists xA(x,y)$.

证 可以用推理的方式证明：

①	$\exists x\forall yA(x,y)$	P，前提引入
②	$\forall yA(c,y)$	ES，①
③	$A(c,y)$	US，②
④	$\exists xA(x,y)$	EG，③
⑤	$\forall y\exists xA(x,y)$	UG，④

例 9.18 证明苏格拉底三段论.

证 设 $M(x)$：x 是人，$G(x)$：x 是要死的；a：苏格拉底. 则前提符号化为 $\forall x(M(x)\rightarrow G(x))$ 和 $M(a)$，结论为 $G(a)$. 下面是推理过程：

(1)	$\forall x(M(x)\rightarrow G(x))$	P
(2)	$M(a)\rightarrow G(a)$	T; US 规则
(3)	$M(a)$	P
(4)	$G(a)$	T; (2), (3), I

例 9.19 $\forall x(F(x)\rightarrow \neg S(x))$ 是 $\exists x(F(x)\wedge S(x))\rightarrow \forall y(M(y)\rightarrow W(y))$ 和 $\exists y(M(y)\wedge \neg W(y))$ 的有效结论.

证 推理过程如下：

(1)	$\exists y(M(y)\wedge \neg W(y))$	P
(2)	$\exists y\neg(\neg M(y)\vee W(y))$	E
(3)	$\exists y\neg(M(y)\rightarrow W(y))$	E
(4)	$\neg\forall y(M(y)\rightarrow W(y))$	E
(5)	$\exists x(F(x)\wedge S(x))\rightarrow \forall y(M(y)\rightarrow W(y))$	P
(6)	$\neg\exists x(F(x)\wedge S(x))$	I, (4), (5), 拒取式
(7)	$\forall x\neg(F(x)\wedge S(x))$	E (量词否定等值式)
(8)	$\forall x(\neg F(x)\vee \neg S(x))$	E
(9)	$\forall x(F(x)\rightarrow \neg S(x))$	E

例 9.20 试找出下列推理过程中的错误，写出正确的推导过程，说明理由：

① $\forall x(P(x) \to Q(x))$ 条件引入（P）

② $P(y) \to Q(y)$ 全称规定（US）

③ $\exists x P(x)$ 条件引入（P）

④ $P(y)$ 存在规定（ES）

⑤ $Q(y)$ 由条件②,④

⑥ $\exists x Q(x)$ 存在推广（EG）

解 ④是错误的，只能存在某个特定的个体 c，使得 $P(c)$ 成立，不能是一个自由变量 y．正确的推理过程为：

① $\exists x P(x)$ 条件引入（P）

② $P(c)$ 存在规定（ES）

③ $\forall x(P(x) \to Q(x))$ 条件引入（P）

④ $P(c) \to Q(c)$ 全称规定（US）

⑤ $Q(c)$ 由②,④

⑥ $\exists x Q(x)$ 存在推广（EG）

例 9.21 将下列推理形式化，并对正确的推理给出推理过程，要求指明所设命题或谓词的含义．

每个喜欢步行的人都不喜欢坐汽车，每个人或者喜欢坐汽车或者喜欢骑自行车，并非每个人都喜欢骑自行车，因而有人不喜欢步行．

解 论域：全体人的集合．设谓词 $A(x)$：x 喜欢步行；$B(x)$：x 喜欢坐汽车；$C(x)$：x 喜欢骑自行车，则推理形式化为：

前提：$\forall x(A(x) \to \neg B(x))$；$\forall x(B(x) \vee C(x))$；$\neg \forall x C(x)$；

结论：$\exists x \neg A(x)$．

下面给出证明：

① $\neg \forall x C(x)$ 前提引入

② $\exists x \neg C(x)$ ①, E

③ $\neg C(c)$ ②, ES

④ $\forall x(B(x) \vee C(x))$ 前提引入

⑤ $B(c) \vee C(c)$ ④, US

⑥ $B(c)$ ③, ⑤, I

⑦ $\forall x(A(x)\to\neg B(x))$ 前提引入

⑧ $A(c)\to\neg B(c)$ ⑦, US

⑨ $\neg A(c)$ ⑥, ⑧, T, I

⑩ $\exists x\neg A(x)$ ⑨, EG

9.5 本章小结

1．引入了个体、个体变量、个体域、谓词、全称量词、存在量词等概念. 要学会利用它们符号化一些命题并构成一些较复杂的命题.

2．在谓词公式的演算中, 注意量词的作用域.

3．理解、记住主要的等值式, 即量词否定等值式、量词作用域扩张与收缩等值式、量词分配等值式、在有限个体域内消去量词等值式等.

4．理解约束变量和自由变量的形式及意义. 会用约束变量和自由变量改名规则进行等值演算, 掌握前束范式的概念以及把谓词公式化成与之等价的前束范式的方法.

5．要求掌握谓词演算中推理的概念, 特别是全称规定、全称推广、存在规定、存在推广规则等, 并能利用正确的方法判断一个推理过程是否正确.

习 题 9

1．在谓词逻辑中, 将下列命题符号化:

(1) 有人爱看电影;

(2) 任何金属都会在某种温度下熔化;

(3) 并非每个实数都是有理数;

(4) 并不是外语学得好的学生都是三好生, 但外语学得不好的学生一定不是三好生;

(5) 对所有自然数 x,y, 均有 $x+y\geq x$;

(6) 对任意 x, 存在 y, 使 $x+y=5$, 个体域是实数集;

(7) 所有实数不是大于零, 就是小于零, 或等于零.

2．令 $S(x,y,z)$ 表示“$x+y=z$”, $G(x,y)$ 表示“$x=y$”, $L(x,y)$ 表

示“$x<y$”，其中个体域为自然数集，用以上符号表示下列命题：

(1) 没有$x<0$，且若$x>0$当且仅当有这样的y，使得$x\geq y$.

(2) 并非对一切x，都存在y，使得$x\leq y$.

(3) 对任意的x，若$x+y=x$，当且仅当$y=0$.

3．设f,g,h是二元运算符号，E,L是二元谓词符号，考查的个体域为有理数集．给出解释如下：

$$f(x,y)=x\cdot y\text{；}\ g(x,y)=x+y\text{；}\ h(x,y)=x^2-y^2\text{；}\ a=0\text{；}\ b=1\text{；}$$

$$E(x,y)\text{: }x=y\text{；}\ L(x,y)\text{: }x<y .$$

根据上面的解释以下公式中哪些为真，哪些为假？

(1) $E\big(f(x,y),g(x,y)\big)$；

(2) $E\big(f(x,x),h(x,a)\big)$；

(3) $L(x,y)\rightarrow L(y,x)$；

(4) $\exists xE\big(f(x,y),b\big)$；

(5) $\neg E(x,a)\wedge E\big(g(y,x),y\big)$.

4．设解释T为：个体域为$D=\{-2,3,6\}$，谓词$F(x)$：$x\leq 3$，$G(x)$：$x>5$，$R(x)$：$x\leq 7$. 根据解释T求下列各式的真值：

(1) $\forall x\big(F(x)\wedge G(x)\big)$；

(2) $\forall x\big(R(x)\rightarrow F(x)\big)\vee G(5)$；

(3) $\exists x\big(F(x)\vee G(x)\big)$.

5．假设论域为正整数集$\mathbf{P}=\{1,2,3,\cdots\}$，$a=2$，$P$为命题“$2>1$”；$A(x)$表示“$x>1$”；$B(x)$表示“$x$是某个自然数的平方”．请在此基础上，求下面公式的真值：

$$\forall x\big(A(x)\rightarrow\big(A(a)\rightarrow B(x)\big)\big)\rightarrow\big(\big(P\rightarrow\forall xA(x)\big)\rightarrow B(a)\big).$$

6．设下面谓词的个体域都是$\{a,b,c\}$，试将下列谓词公式的量词消去，写成与之等价的命题公式：

(1) $\forall xR(x)\wedge\exists xS(x)$；

(2) $\forall x\big(P(x)\rightarrow Q(x)\big)$；

(3) $\forall x\neg P(x)\vee\forall xP(x)$.

7．分别对约束变量、自由变量改名，使每个变量在公式中只呈现一种形式：

(1) $\forall x\big(P(x,z)\rightarrow Q(y)\big)\rightarrow\exists yS(x,y)$；

(2) $\forall x\big(P(x)\rightarrow Q(x)\big)\wedge\big(R(x)\rightarrow\exists yS(x,y)\big)$.

8．下面公式是否有效，对有效的公式加以证明，对无效的公式加以反驳：

(1) $\neg\forall xA(x)\Rightarrow\forall x\neg A(x)$；

(2) $\exists x(A(x)\to B(x))\Rightarrow\exists xA(x)\to\exists xB(x)$；

(3) $\forall x\exists yA(x,y)\Rightarrow\exists x\exists yA(x,y)$；

(4) $\exists xA(x)\wedge\exists xB(x)\Rightarrow\exists x(A(x)\wedge B(x))$.

9．证明：

(1) $\forall xG(x)\to\exists xH(x)\Leftrightarrow\exists x(G(x)\to H(x))$；

(2) $\forall x\forall y(P(x)\to Q(y))\Leftrightarrow\exists xP(x)\to\forall yQ(y)$；

(3) $\exists xP(x)\to\forall xQ(x)\Rightarrow\forall x(P(x)\to Q(x))$.

10．下列各式是否是永真式？试证明你的判断（对非永真式构造一个使其为假的解释）.

(1) $(A\to\exists xB(x))\leftrightarrow\exists x(A\to B(x))$；

(2) $\exists x(A(x)\to B(x))\leftrightarrow(\forall xA(x)\to\exists xB(x))$；

(3) $(\forall xA(x)\to\forall xB(x))\to\forall x(A(x)\to B(x))$；

(4) $\forall x(P(x)\vee Q(x))\to(\forall xP(x)\vee\forall xQ(x))$；

(5) $(\forall xP(x)\vee\forall xQ(x))\to\forall x(P(x)\vee Q(x))$；

(6) $\forall x(P(x)\vee Q(x))\to(\forall xP(x)\vee\exists xQ(x))$.

11．求下面谓词公式的前束范式：

(1) $\forall x(P(x)\to(\exists yQ(y)\to\exists yR(x,y)))$；

(2) $(\neg\exists xP(x)\vee\forall yQ(y))\to\forall zR(z)$；

(3) $\exists xP(x,y)\leftrightarrow\forall zQ(z)$；

(4) $\exists xP(x)\to(Q(y)\to\neg(\exists yR(y)\to\forall xS(x)))$；

(5) $\forall x\forall y(\exists z(P(x,z)\wedge P(y,z))\to\exists uQ(x,y,u))$；

(6) $\forall x\forall y(\exists zP(x,y,z)\wedge(\exists uQ(x,u)\to\exists vQ(y,v)))$；

(7) $\forall x(P(x)\to\exists yQ(x,y))\vee\forall zR(z)$；

(8) $\forall x(P(x)\to Q(x))\to(\exists xP(x)\to\exists xQ(x))$.

12.将下列推理形式化，并对正确的推理给出推理过程，要求指明所设命题或谓词的含义：

大学里的学生不是本科生就是研究生，有的学生是高材生，王明不是研究生但是高材生，从而如果王明是学生必是本科生．

13．指出下列推理中的错误：

(1) ① $\forall xF(x)\to G(x)$ 前提引入

② $F(y)\to G(y)$ ①, US

(2) ① $\forall x(F(x)\vee G(x))$ 前提引入

② $F(a)\vee G(b)$ ①, US

(3) ① $F(a)\to G(b)$ 前提引入

② $\exists x(F(x)\to G(x))$ ①, EG

(4) ① $\exists x(F(x)\wedge G(x))$ 前提引入

② $\exists y(H(y)\wedge R(y))$ 前提引入

③ $F(c)\wedge G(c)$ ①, ES

④ $F(c)$ ③, 化简

⑤ $H(c)\wedge R(c)$ ②, ES

⑥ $H(c)$ ⑤, 化简

⑦ $F(c)\wedge H(c)$ ④, ⑥, 合取

⑧ $\exists x(F(x)\wedge H(x))$ ⑦, EG

14. A_1,A_2和A_3三个前提分别为

$$A_1:\ \forall x\forall y(Q(x,y)\vee Q(y,x)),$$

$$A_2:\ \forall x\forall y(E(x,y)\leftrightarrow(Q(x,y)\wedge Q(y,x))),$$

$$A_3:\ \forall x\forall y(P(x,y)\leftrightarrow\neg Q(y,x)).$$

B_1,B_2两个结论分别为

$$B_1:\ \forall xE(x,x),\quad B_2:\ \forall x\forall y(P(x,y)\to\neg P(y,x)).$$

写出推导过程.

15. 证明如下推理:

(1) 前提: $\forall z((F(x)\wedge\forall x\exists yQ(x,y))\to\forall y(R(x)\to T(y)))$ $\exists xF(x)$, $\exists x(R(x)\wedge\neg T(x))$,

结论: $\forall y\exists x\neg Q(x,y)$.

(2) 前提: $(\forall x)(G(x)\to\neg F(x))$, $(\forall x)(S(x)\to G(x))$,

结论: $(\forall x)(S(x)\to\neg F(x))$.

16. 证明:

(1) $\forall x(F(x)\to\forall y((F(y)\vee G(y))\to R(y)))$, $\exists xF(x)\vdash\exists x(F(x)\wedge R(x))$.

(2) $\forall x(P(x)\to Q(x))\vdash\exists xP(x)\to\exists y(P(y)\wedge Q(y))$.

(3) $\forall x(P(x) \to (Q(y) \land R(x)))$, $\forall x P(x) \vdash Q(y) \land \exists x(P(x) \land R(x))$.

17．证明下式为重言式：

$$\exists x(A(x) \to B) \to (\forall x A(x) \to B).$$

18．证明下列命题：

(1) $\forall x(A(x) \to B(x)) \Rightarrow \forall x A(x) \to \exists x B(x)$;

(2) $\forall x(P(x) \lor Q(x)) \land \forall x(Q(x) \to \neg R(x)) \Rightarrow \exists x(R(x) \to P(x))$;

(3) $\forall x(P(x) \lor Q(x)) \land \forall x(Q(x) \to \neg R(x)) \land \forall x R(x) \Rightarrow \forall x P(x)$.

习题答案

习题 1

5. (1) $\varnothing\cap\{\varnothing\}=\varnothing$. (2) $\{\varnothing,\{\varnothing\}\}-\varnothing=\{\varnothing,\{\varnothing\}\}$. (3) $\{\varnothing,\{\varnothing\}\}-\{\varnothing\}=\{\{\varnothing\}\}$.

6. (4) 一定成立，其他不一定.

8. (1) $((A\cup B)\cap B)-(A\cup B)=\varnothing$. (2) $((A\cup B\cup C)-(B\cup C))\cup A=A$.

   (3) $(B-(A\cap C))\cup(A\cap B\cap C)=B$. (4) $(A\cap B)-(C-(A\cup B))=A\cap B$.

   (5) $(A-B-C)\cup((A-B)\cap C)\cup(A\cap B-C)\cup(A\cap B\cap C)=A$.

9. (1),(2),(4)错误，(3),(5)正确.

11. (1),(2),(3)均正确.

12. (1),(3),(4)正确，(2)错误.

18. (1),(2)均不是划分，(3)是划分.

23. 做对 C 题的学生有 52 个.

24. (1) 452. (2) 52.

习题 2

1. 这里只给出关系矩阵.

(1) $\boldsymbol{M}_{R_1}=\begin{pmatrix}0&0&0&0&0\\0&0&0&0&0\\1&1&1&0&0\\1&1&1&0&0\\1&1&1&0&0\end{pmatrix}$. (2) $\boldsymbol{M}_{R_2}=\begin{pmatrix}1&0&0&0&0\\1&1&0&0&0\\1&1&1&0&0\\1&1&1&1&0\\0&1&1&1&1\end{pmatrix}$.

(3) $\boldsymbol{M}_{R_3}=\begin{pmatrix}0&0&0&0&0\\0&1&1&1&1\\0&1&0&1&0\\0&1&1&0&1\\0&1&0&1&0\end{pmatrix}$. (4) $\boldsymbol{M}_{R_4}=\begin{pmatrix}0&1&1&1&1\\0&0&1&1&1\\1&1&1&1&1\\1&1&1&1&1\\0&0&0&0&0\end{pmatrix}$.

(5) $M_{R_5}=\begin{pmatrix}0&0&0&1&0\\0&0&0&1&0\\0&0&0&1&0\\1&1&1&1&0\\0&0&0&0&0\end{pmatrix}$.

2. (1) $R=\{\langle 0,0\rangle,\langle 0,2\rangle,\langle 2,0\rangle,\langle 2,2\rangle\}$. (2) $R=\{\langle 1,1\rangle,\langle 4,2\rangle\}$.

3. $R(0)=\{1,2,3,4\}$, $R(1)=\{2,3,4\}$, $S(0)=\{0,1\}$, $S(-1)=\{-1,0\}$,

$T(0)=\{0,1,2,3,4\}$, $T(-1)=\{1,2,3,4\}$.

4. $R_1\circ R_2=\{\langle a,c\rangle,\langle a,d\rangle,\langle a,b\rangle\}$; $R_2\circ R_1=\{\langle c,d\rangle\}$; $R_1^2=\{\langle a,d\rangle\}$; $R_2^2=\{\langle b,b\rangle,\langle c,c\rangle\}$.

5. 关系矩阵分别为

① $\begin{pmatrix}1&1&1\\1&1&1\\1&1&1\end{pmatrix}$; ② $\begin{pmatrix}1&0&1\\0&1&0\\1&0&1\end{pmatrix}$; ③ $\begin{pmatrix}0&0&0\\0&1&0\\0&0&0\end{pmatrix}$.

7. (1) 反对称、传递. (2) 自反、反对称. (3) 对称. (4) 都不具有. (5) 对称.

8. R 对称，S 自反、对称、传递.

10. $M\left((\widetilde{R\circ S})^2\right)=\begin{pmatrix}0&0&0&0\\0&0&0&0\\0&0&0&0\\0&0&0&0\end{pmatrix}$.

由矩阵可知 $\left(\widetilde{R\circ S}\right)^2$ 是空关系,从而可知它是反自反、反对称、对称、传递的.

13. 这个推论不正确.

16. 其传递闭包如图 1 所示.

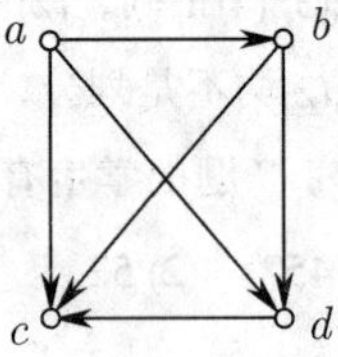

图 1

17. $M(r(R))=\begin{pmatrix}1&1&0\\0&1&0\\0&0&1\end{pmatrix}$, $M(s(R))=\begin{pmatrix}0&1&0\\1&0&0\\0&0&1\end{pmatrix}$, $M(rs(R))=\begin{pmatrix}1&1&0\\1&1&0\\0&0&1\end{pmatrix}$,

$M(sr(R))=\begin{pmatrix}1&1&0\\1&1&0\\0&0&1\end{pmatrix}$, $M(tsr(R))=\begin{pmatrix}1&1&0\\1&1&0\\0&0&1\end{pmatrix}$.

18. $M_{r(R)}=\begin{pmatrix}1&1&0&0\\1&1&1&0\\0&0&1&1\\0&0&0&1\end{pmatrix}$, $M_{s(R)}=\begin{pmatrix}0&1&0&0\\1&0&1&0\\0&1&0&1\\0&0&1&0\end{pmatrix}$, $M_{t(R)}=\begin{pmatrix}1&1&1&1\\1&1&1&1\\0&0&0&1\\0&0&0&0\end{pmatrix}$.

图 2 分别是 R 对应的自反闭包 $r(R)$ 、对称闭包 $s(R)$ 和传递闭包 $t(R)$.

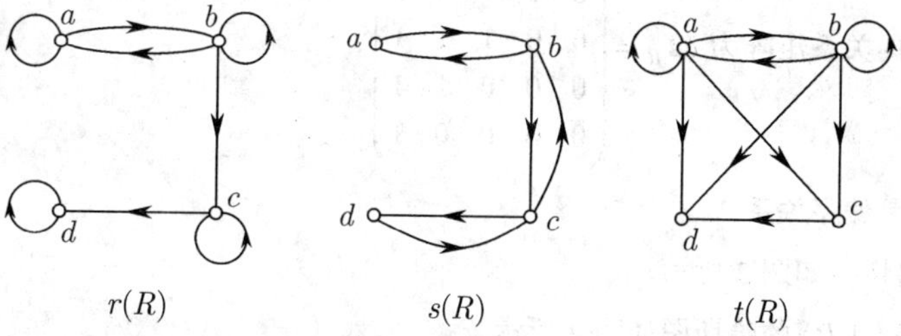

图 2

19. ① $\boldsymbol{M}_{t(R)}=\begin{pmatrix}1&1&1&0&1&0\\1&1&1&0&1&0\\1&1&1&0&1&0\\0&0&0&0&0&0\\0&0&0&0&1&0\\1&1&1&0&1&0\end{pmatrix}$. ② $\boldsymbol{M}_{rst(R)}=\begin{pmatrix}1&1&1&0&1&1\\1&1&1&0&1&1\\1&1&1&0&1&1\\0&0&0&1&0&0\\1&1&1&0&1&1\\1&1&1&0&1&1\end{pmatrix}$.

20. (2) 关系 R 的等价类有：$[1]_R=\{1,3,5,\cdots\}$ ，$[0]_R=\{0,2,4,6,\cdots\}$.

(3) 设 f：$\mathbf{N}\to\mathbf{N}$ ，$f(x)=\begin{cases}0, & x\text{为偶数},\\1, & x\text{为奇数},\end{cases}$ 则 f 所诱导的等价关系是 R .

21. $[\langle1,1\rangle]_R=\{\langle1,1\rangle,\langle2,2\rangle,\langle3,3\rangle\}$ ；$[\langle1,2\rangle]_R=\{\langle1,2\rangle,\langle2,1\rangle,\langle2,3\rangle,\langle3,2\rangle,\langle3,4\rangle\}$ ；
$[\langle1,3\rangle]_R=\{\langle1,3\rangle,\langle3,1\rangle,\langle2,4\rangle\}$ ；$[\langle1,4\rangle]_R=\{\langle1,4\rangle\}$.
划分 $\Pi=\{[\langle1,1\rangle]_R,[\langle1,2\rangle]_R,[\langle1,3\rangle]_R,[\langle1,4\rangle]_R\}$.

22. (2) $A/R=\left\{[\langle1,1\rangle]_R,[\langle1,2\rangle]_R,[\langle1,3\rangle]_R,[\langle1,4\rangle]_R,[\langle2,4\rangle]_R,[\langle3,4\rangle]_R,[\langle4,4\rangle]_R\right\}$.

25. R 是等价关系．A 的关于 R 的等价类为

$$[1]_R=\{1,4\}\text{，}\ [2]_R=\{2,3,6\}\text{，}\ [5]_R=\{5\}\ .$$

26. $A/(R\cap S)=\left\{\{a,c\},\{b\},\{d,e\},\{f\},\{g\}\right\}$.

27. $X/R=\{\{p,t\},\{q,r,u\},\{s,w,z\},\{y,v\}\}$.

28. (1) 有 15 个不同的划分，有 15 个不同的等价关系.

(2) 有 52 个不同的等价关系.

30. 图(1)中的极大相容类为 $\{\{5,6\},\{1,2,3,4\},\{3,6\},\{2,5\}\}$.

图(2)中的极大相容类为 $\{\{1,2,3\},\{1,3,6\},\{3,5,6\},\{4\}\}$.

31. 完全覆盖为 $\{\{x_1,x_2,x_5\},\{x_3,x_4\},\{x_2,x_4\}\}$.

32. (1) 不是偏序关系．因为 R 不传递(事实上，R 也不自反).

(2) 是偏序关系.

33. (1) R的关系矩阵为$M_R=\begin{pmatrix}1&1&1&1&1\\0&1&1&0&1\\0&0&1&1&1\\0&0&0&1&1\\0&0&0&0&1\end{pmatrix}$.

(2) 不是偏序关系.

34. R的哈斯图如图 3 所示.

35. 偏序集$\langle A,R\rangle$的哈斯图如图 4 所示.

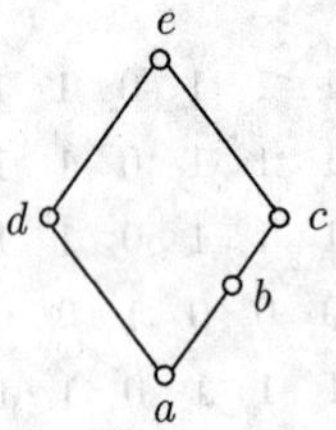

图 3

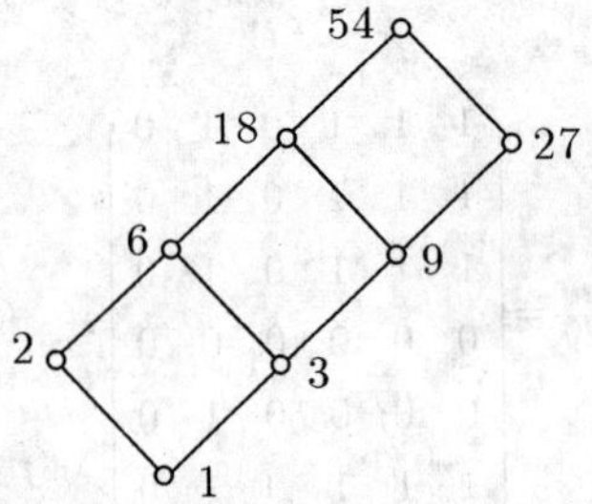

图 4

36. 不是偏序.

39. (1) 所对应的哈斯图如图 5 所示．它的最大元不存在、极大元为 5,24、最小元为 1、极小元为 1.

(2) 所对应的哈斯图如图 6 所示．它的最大元不存在、极大元为 8,9,10,11、最小元不存在、极小元为 2,3,11.

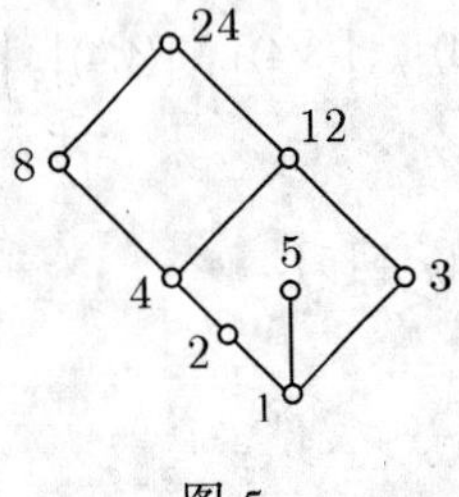

图 5

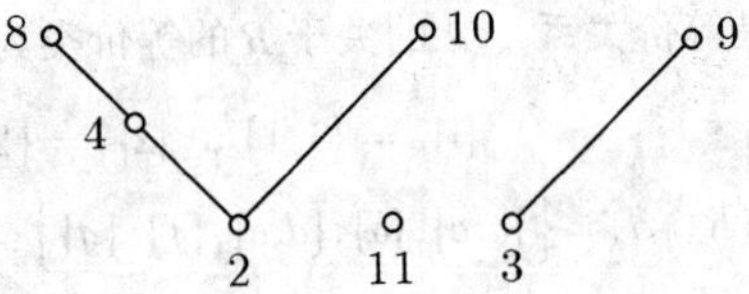

图 6

40. (1) (A,R)的哈斯图如图 7 所示.

(2) 集合 A 中的最大元 24、最小元不存在、极大元 24、极小元 2 和 3.

(3) $B=\{2,3,6,12\}$的上界有 12,24、下界不存在、最小上界为 12、最大下界不存在.

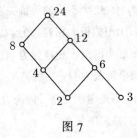

图 7

41. 由 $B \neq \varnothing$ 可知 A 非空且至少含有 2 个元素．$\forall x \in A$，$\{x\}$ 为极小元，$A-\{x\}$ 为极大元．不存在最小元和最大元．

42. (1) $\leqslant$是偏序关系．

(2) $<$是拟序关系．

(3) 以原点为圆心，5 为半径的圆面，圆周上只含 $\langle 3,4 \rangle$ 点．

(4) 以原点为圆心，5 为半径的圆面，包括整个圆周．

43. 它们的哈斯图分别如图 8 所示．其中(2)是全序，也是良序．

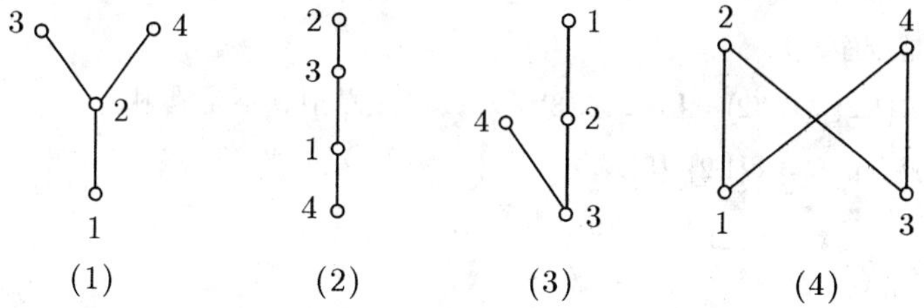

图 8

44. 所有不同的偏序集的哈斯图有 5 个，如图 9 中(1)至(5)所示．

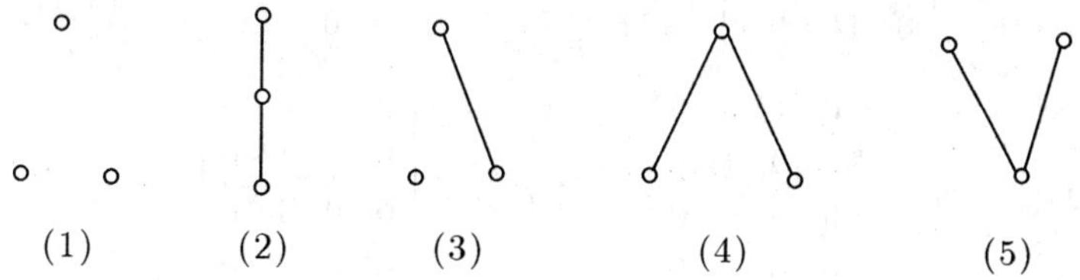

图 9

习 题 3

1． (1),(3)是函数．

2． (1) $I_S=\{\langle 1,1\rangle,\langle 2,2\rangle,\langle 3,3\rangle,\langle 4,4\rangle,\langle 5,5\rangle\}$，$f=\{\langle 1,5\rangle,\langle 2,4\rangle,\langle 3,3\rangle,\langle 4,2\rangle,\langle 5,1\rangle\}$，

$g=\{\langle 1,3\rangle,\langle 2,3\rangle,\langle 3,3\rangle,\langle 4,4\rangle,\langle 5,5\rangle\}$，$h=\{\langle 1,1\rangle,\langle 2,1\rangle,\langle 3,2\rangle,\langle 4,3\rangle,\langle 5,4\rangle\}$．

(3) I_S 和 f 是单射，也是满射．g,h 不是单射也不是满射．

3． (1) $f(x)=x$ 是单射、满射和双射，函数的像为 $\mathbf{R}$，集合 S 的原像为{8}，$f^{-1}(x)=x$．

(2) $f(x)=2^x$ 是单射、满射和双射，函数的像为 $\mathbf{R}^+$，集合 S 的原像为{0}，$f^{-1}(x)=\log_2 x$．

(3) $f(n)=\langle n,n+1\rangle$ 是单射，函数的像为 $\{\langle n,n+1\rangle \mid n\in\mathbf{N}\}$，集合 S 的原像为空集．

(4) $f(n)=2n+1$ 是单射，函数的像为全体正奇数，集合 S 的原像为$\{1\}$.

(5) $f(x)=|x|$ 是满射，函数的像为 $\mathbf{N}$，集合 S 的原像为$\{0,1,-1\}$.

(6) $f(x)=\dfrac{x}{2}+\dfrac{1}{4}$ 是单射，函数的像为$\left[\dfrac{1}{4},\dfrac{3}{4}\right]$，集合 S 的原像为$\left[0,\dfrac{1}{2}\right]$.

(7) $f(x)=3$ 不是单射, 也不是满射、双射，函数的像为$\{3\}$，集合 S 的原像为 $\mathbf{R}$.

(8) $f(x)=\dfrac{1}{1+x}$ 是单射，函数的像为 $(0,1]$，集合 S 的原像为 $\{1\}$.

(9) $f(x)=\dfrac{1}{x}$ 是单射，函数的像为 $(1,+\infty)$，集合 S 的原像为空集.

6. S 不是全序.

8. $G(1)=\{1,2\}$，$G(2)=\{3\}$，$G(3)=\varnothing$，G 是单射，不是满射.

其值域 $\operatorname{ran} G=\{\{1,2\},\{3\},\varnothing\}$.

9. (3) $f^{-1}(\langle x,y\rangle)=\left\langle\dfrac{x+y}{2},\dfrac{x-y}{2}\right\rangle$.

(4) $(f^{-1}\circ f)(\langle x,y\rangle)=\langle x,y\rangle$；$(f\circ f)(\langle x,y\rangle)=\langle 2x,2y\rangle$.

10. (1) $\boldsymbol{M}(R_f)=\begin{pmatrix}0&0&1&0\\0&1&0&0\\0&1&0&0\\0&1&0&0\end{pmatrix}$，$\boldsymbol{M}(R_g)=\begin{pmatrix}0&0&0&1\\0&0&1&0\\0&1&0&0\\1&0&0&0\end{pmatrix}$.

(2) $\boldsymbol{M}(R_f\circ R_g)=\begin{pmatrix}0&1&0&0\\0&0&1&0\\0&0&1&0\\0&0&1&0\end{pmatrix}$，$\boldsymbol{M}(R_{g\circ f})=\begin{pmatrix}0&1&0&0\\0&0&1&0\\0&0&1&0\\0&0&1&0\end{pmatrix}$.

(3) 对应矩阵的转置即为所求：

$$\boldsymbol{M}(\tilde{R}_f)=\begin{pmatrix}0&0&0&0\\0&1&1&1\\1&0&0&0\\0&0&0&0\end{pmatrix},\quad \boldsymbol{M}(\tilde{R}_g)=\begin{pmatrix}0&0&0&1\\0&0&1&0\\0&1&0&0\\1&0&0&0\end{pmatrix}.$$

$\tilde{R}_f$ 不是函数，$\tilde{R}_g$ 是函数.

11. 三者之间的关系是 $f(f^{-1}(B))\subseteq B\subseteq f^{-1}(f(B))$.

13. 3 个命题均错误.

14. (2) 例如：$S=\{1\}$，$T=\{a,b\}$，$U=\{0\}$，$f(x)=0$；$g(1)=a$；$h(1)=b$. 则 $g\circ f(x)=f(g(x))=0$，$h\circ f(x)=f(h(x))=0$，但 $g\neq h$.

(3) f 为满射时，结论成立.

15. (1) f 不是单射，f 不是满射. $f(\mathbf{N}\times\{1\})=\{n+1+1|n\in\mathbf{N}\}=\{n\in\mathbf{N}|n\geq 2\}$.

(2) f 是单射，f 不是满射．$f(\{0,1,2\})=\{\langle 0,1\rangle,\langle 1,2\rangle,\langle 2,3\rangle\}$．

(3) f 不是单射，f 是满射．$f(\mathbf{N}\times\{1\})=\{n\cdot 1|n\in\mathbf{N}\}=\mathbf{N}$；

$f^{-1}(\{0\})=\{\langle x,y\rangle|xy=0\}=(\mathbf{N}\times\{0\})\cup(\{0\}\times\mathbf{N})$．

16. (1) 正确． (2) 正确． (3) 错误． (4) 正确．

习 题 4

1. (2),(5),(6)对运算可结合.

2. f_1,f_2,f_3 可交换；f_4 满足幂等律；f_2 有单位元；f_1 有零元.

3. 给出的例子如下所示：

①,②,⑩

*	a
a	a

③

*	0	1
0	0	0
1	0	1

④

*	a	b
a	a	b
b	b	a

⑤

*	a	b
a	a	a
b	a	a

⑥,⑦ $b*(a*b)\neq(b*a)*b$

*	a	b
a	a	b
b	a	a

⑧ 0,1 均为左零元

*	0	1
0	0	0
1	1	1

⑨ 1 为右单位元

*	0	1
0	1	0
1	1	1

4. (1) * 可交换．a 是单位元．a,b,c,d 均可逆，且 $a^{-1}=a,\ b^{-1}=d,\ c^{-1}=c,\ d^{-1}=b$.

(2) * 不可交换．b 是单位元．b 可逆，且 $b^{-1}=b$，a,c,d 均不可逆.

5. S_1,S_3 是子代数.

6. $\{0\},\{0,2\},\{0,1,2,3\}$ 共有 3 个子代数.

7. (2) 2 是零元，3 是单位元.

(3) 当 $x\neq 2$ (即不为零元)时，有逆元为 $y=\dfrac{2x-3}{x-2}$.

8. (1) $(\mathbf{Q},*)$ 是半群．$*$ 可交换.

(2) 单位元为 0.

(3) 当 $a\neq 1$ 时，有逆元为 $a^{-1}=\dfrac{a}{a-1}$；当 $a=1$ 时，没有逆元.

10. (1) $\{1\}^+=\mathbf{N}$ (自然数集).

(2) $\{0\}^+=\{0\}$.

(3) $\{-1,2\}^+=\mathbf{Z}$.

(4) $\mathbf{Z}^+=\mathbf{Z}$.

(5) $\{2,3\}^+=\{2,3,4,\cdots\}$.

(6) $\{6\}^+\cap\{9\}^+=18\mathbf{N}$ (正整数集).

11. (1) $\begin{pmatrix}0&1&0\\1&0&0\\0&0&1\end{pmatrix}$, $\begin{pmatrix}1&0&0\\0&1&0\\0&0&1\end{pmatrix}$.

(2) $\begin{pmatrix}0&1&0\\1&0&0\\0&0&1\end{pmatrix}$, $\begin{pmatrix}0&0&1\\1&0&0\\0&1&0\end{pmatrix}$, $\begin{pmatrix}1&0&0\\0&1&0\\0&0&1\end{pmatrix}$, $\begin{pmatrix}0&1&0\\0&0&1\\1&0&0\end{pmatrix}$.

12. (1) 是． (2) 不是．因为当 $n>0$ 时，n 在 P 中无逆元．

(3) 是． (4) 不是．结合律不成立．

(5) 不是．结合律不成立．

(6) 是． (7) 不是．除零次多项式外，均没有逆元．

(8) 是．

13. (2)是不可结合，不是半群．除(2)外运算均满足结合律．对(1)，存在单位元 1，但不是每个元素均存在逆元，故是含幺半群．对(3)，不存在单位元，故是半群．对(4)，存在单位元 1，但不是每个元素均存在逆元，故是含幺半群．对(5)，存在单位元 $\begin{pmatrix}1&0\\0&1\end{pmatrix}$，元素 $\begin{pmatrix}1&x\\0&1\end{pmatrix}\in G$，存在逆元 $\begin{pmatrix}1&-x\\0&1\end{pmatrix}$，是群．

14. (3),(4)构成群．

15. 由 A 生成的子群为 $\{\varnothing,\{1,4,5\}\}$，方程 $A\oplus X=\{2,3,4\}$ 的解为 $X=\{1,2,3,5\}$．

17. M 对运算 $\circ$ 构成群．

21. x 的阶为 3．

23. (1),(4)是子群．

29. (1) $\mathrm{Ker}(h)=\{0\}$． (2) $\mathrm{Ker}(h)=\mathbf{Z}$． (3) $\mathrm{Ker}(h)=5\mathbf{Z}$． (4) $\mathrm{Ker}(h)=\{0\}$．

30. (1) 同态．$\mathrm{Im}\, f=R^+$，$\mathrm{Ker}(f)=\{1,-1\}$． (2) 不是同态．

(3) 同态．$\mathrm{Im}\, f=R^+$，$\mathrm{Ker}(f)=\{1,-1\}$．

(4) 同态．$\mathrm{Im}\, f=G$，$\mathrm{Ker}(f)=\{1\}$．f 是 G 的自同构．

(5) 不是同态． (6) 不是同态．

33. (1) $|K|=4$． (2) 4． (3) $|G/K|=3$．

34. (4) $\mathrm{Ker}(h)=H$．

38. C 构成环．

39. C 不构成环．

40. A 构成整环．

习 题 5

1. 都不是格.

2. (1) 是格. (2) 不是格，因为 12,14 没有最小上界.

(3) 不是格，因为 9,10 没有最小上界.

3. A,B,D,F 是格.

9. A,F 是分配格.

12. c,e 是 a 的补元；c 是 d 的补元；1 是 0 的补元；b 不存在补元；L 既不是有补格，也不是分配格.

14. (1) 如图 10 所示. (2) 是分配格.

(3) 不是有补格(2,3,6,12,18 均无补元).

15. (2) 其哈斯图如图 11 所示. 由于任意两个元素均有最大下界和最小上界，故是格.

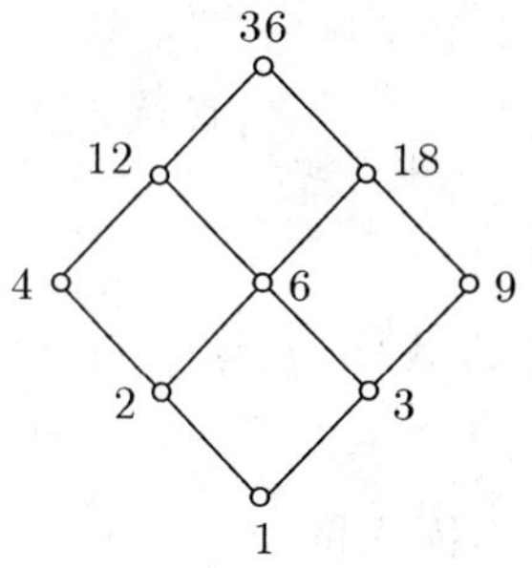

图 10

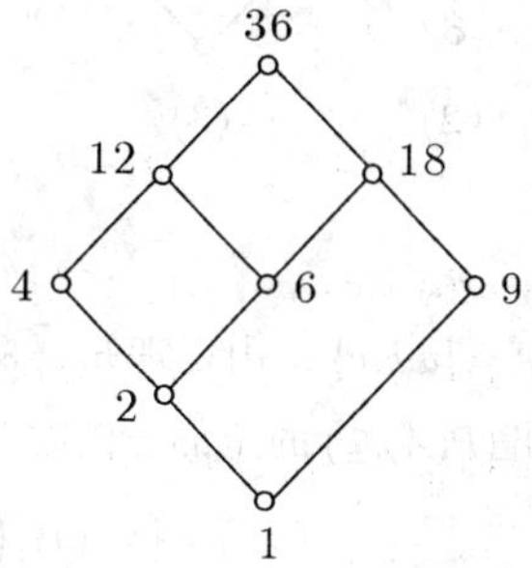

图 11

(3) D 不是分配格.

(4) 集合{2,4,6,12,18}的下界为 1 和 2，最大下界为 2，最小元为 2；上界为 36，最小上界为 36；最大元不存在.

(5) $\langle S,D\rangle$ 中有 5 个元素的子格共有如下 12 个：

{2,6,12,18,36}；{2,4,6,12,36}；{1,6,12,18,36}；{1,6,9,18,36}；

{1,4,9,12,36}；{1,2,9,18,36}；{1,2,6,18,36}；{1,2,6,12,36}；

{1,2,6,9,18}；{1,2,4,18,36}；{1,2,4,12,36}；{1,2,4,6,12}.

16. $\langle S_{12},|\rangle$ 不是有补格，从而不是布尔代数. $\langle S_{30},|\rangle$ 是布尔代数.

21. 含有 5 个元素的互不同构的格有 5 个，如图 12 所示. 其中(1),(2),(3)是分配格，(4),(5)是有补格，无布尔格.

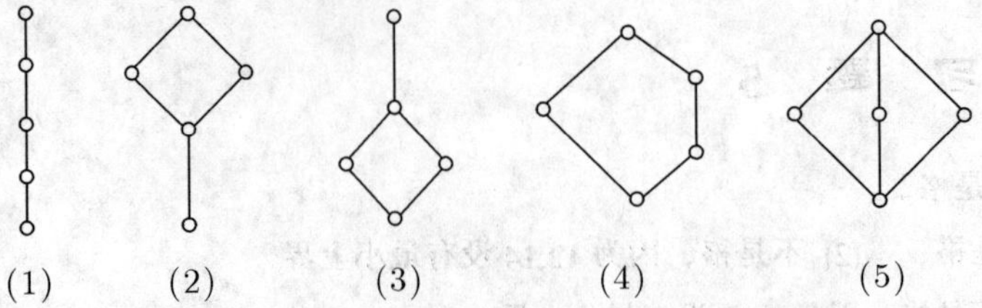

图 12

22. 6 元素的格有多种，其中有部分是分配格，从而是模格，例如图 13 中，(1),(2),(3)是分配格，从而是模格，但(4),(6),(7)不是分配格，也不是模格．(5)不是分配格，是模格．

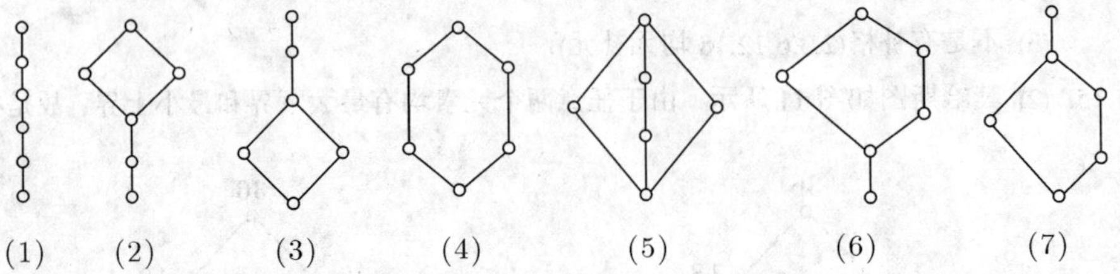

图 13

23. 令 $A=\{a,b,c\}$，由定理知，$8=2^3$ 个元素的布尔代数必同构于 $(P(A),\subseteq)$．故只需给出 $(P(A),\subseteq)$ 的全部子代数．

$$P(A)=\{\varnothing,\{a\},\{b\},\{c\},\{a,b\},\{a,c\},\{b,c\},\{a,b,c\}\}.$$

注意到它的子代数必含有最小元 $\varnothing$ 和最大元 A 以及 $\{a\}$ 和 $\{b,c\}$，$\{b\}$ 和 $\{a,c\}$，$\{c\}$ 和 $\{a,b\}$ 互为补元，故全部子代数为：$\{\varnothing,A\}$，$\{\varnothing,A,\{a\},\{b,c\}\}$，$\{\varnothing,A,\{b\},\{a,c\}\}$，$\{\varnothing,A,\{c\},\{a,b\}\}$ 及 $P(A)$ 本身．

习题 6

2. (1)可构成二部图．(2),(3)不能画出图．(4)能画出图但不是二部图．
3. 4 个．
4. K_4 中含 3 条边的不同构生成子图有 3 个；K_4 的生成子图中，有 6 个非同构的连通图．
5. G_1 与 G_2 同构，G_3 与 G_4 不同构．
7. 同构．
8. (1) 图中(1),(5),(6)是强连通图．

(2) 图中(2),(4)都是单向连通图.

(3) 图中的 6 个图都是弱连通图.

(4) 设 $\langle b,c\rangle=e_1$，$\langle c,b\rangle=e_2$，(4)中最长的基本回路为 e_1e_2，其长为 2.

10. 均为 $n-1$.

11. 图(1)中，$k(G)=1$，$\lambda(G)=2$，$\delta(G)=3$，$\Delta(G)=4$. 图(2)中，$k(G)=1$，$\lambda(G)=1$，$\delta(G)=1$，$\Delta(G)=4$.

12. 图(1)的点连通度 $\kappa_1=3$，(1)是 1–连通的，2–连通的，3–连通的. 边连通度 $\lambda_1=3$，图(1)是 1–边连通的，2–边连通的，3–边连通的. 图(2)的点连通度 $\kappa_2=1$，边连通度 $\lambda_2=1$，(2)是 1–连通的，又是 1–边连通的.

15. (1) 邻接矩阵为 $\boldsymbol{A}=\begin{pmatrix}0&1&0&1\\0&0&1&1\\0&1&0&1\\0&1&0&0\end{pmatrix}$.

(2) 从 v_1 到 v_4 长度为1,2,3 和 4 的路径分别为1,1,2,3 条.

(3) $\boldsymbol{A}^{\mathrm{T}}=\begin{pmatrix}0&0&0&0\\1&0&1&1\\0&1&0&0\\1&1&1&0\end{pmatrix}$，$\boldsymbol{A}^{\mathrm{T}}\boldsymbol{A}=\begin{pmatrix}0&0&0&0\\0&3&0&2\\0&0&1&1\\0&2&1&3\end{pmatrix}$，$\boldsymbol{A}\boldsymbol{A}^{\mathrm{T}}=\begin{pmatrix}2&1&2&1\\1&2&1&0\\2&1&2&1\\1&0&1&1\end{pmatrix}$.

$\boldsymbol{A}\boldsymbol{A}^{\mathrm{T}}$ 中第(2,3)个元素为 1，说明从 v_2 到 v_3 引出的边能共同终止于同一节点的只有一个，即 v_4. $\boldsymbol{A}\boldsymbol{A}^{\mathrm{T}}$ 中第(2,2)个元素为 2，说明 v_2 的出度为 2. $\boldsymbol{A}^{\mathrm{T}}\boldsymbol{A}$ 中第(2,3)个元素为 0，说明没有节点引出的边同时终止于 v_2 和 v_3. $\boldsymbol{A}^{\mathrm{T}}\boldsymbol{A}$ 中第(2,2)个元素为 3，说明 v_2 的入度为 3.

(4) $\boldsymbol{P}=\boldsymbol{A}\vee\boldsymbol{A}^2\vee\boldsymbol{A}^3\vee\boldsymbol{A}^4=\begin{pmatrix}0&1&1&1\\0&1&1&1\\0&1&1&1\\0&1&1&1\end{pmatrix}$.

16. (1) 邻接矩阵为

$$\boldsymbol{A}=\begin{pmatrix}0&1&1&0&1\\1&0&0&1&1\\1&0&0&1&1\\0&1&1&0&1\\1&1&1&1&0\end{pmatrix}.$$

关联矩阵为

$$\boldsymbol{B}=\begin{matrix} & e_1 & e_2 & e_3 & e_4 & e_5 & e_6 & e_7 & e_8 \\ v_1 \\ v_2 \\ v_3 \\ v_4 \\ v_5 \end{matrix}\begin{pmatrix} 1 & 1 & 1 & 0 & 0 & 0 & 0 & 0 \\ 1 & 0 & 0 & 1 & 1 & 0 & 0 & 0 \\ 0 & 1 & 0 & 0 & 0 & 1 & 0 & 1 \\ 0 & 0 & 0 & 0 & 1 & 0 & 1 & 1 \\ 0 & 0 & 1 & 1 & 0 & 1 & 1 & 0 \end{pmatrix}.$$

(2) 在关联矩阵中去掉节点（或该边）所在的行（列），若所得矩阵比原关联矩阵的秩小，则该节点（该边）为割点（割边）.

19. 不唯一.

20. 最短路径 $uDCGFv$，权为 15.

23. (1) 一般情况下，我们不考虑平凡图 K_1．$n\ (n\geq 2)$ 为奇数时，完全图 K_n 是欧拉图．K_n 各节点的度均为 $n-1$，若使 K_n 为欧拉图，$n-1$ 必为偶数，因而 n 必为奇数．除了 n 为奇数的 K_n 外，K_n 也是半欧拉图.

(2) 设 $K_{r,s}$ 为完全二部图，当 r,s 均为偶数时，$K_{r,s}$ 为欧拉图.

(3) 设 $W_n(n\geq 4)$ 为轮图，在 W_n 中，有 $n-1$ 个节点的度为 3，因而对于任何取值的 $n\ (n\geq 4)$，轮图 W_n 都不是欧拉图.

24. 有向欧拉图一定是强连通图．强连通图不一定是有向欧拉图.

25. (1),(2)能够，(3),(4)不能够.

27. 图(1)不存在，图(2)存在欧拉回路.

28. 当 $n=1$ 时，K_n 为平凡图；当 $n\neq 1$ 且为奇数时，对任一节点 u，$\deg(u)=n-1$ 为偶数．所以 K_n 为欧拉图，可一笔画出；当 n 为偶数时，K_n 中每个节点均为奇度节点，故 K_n 中有 $n/2$ 对奇度节点，因此可 $n/2$ 笔画出.

29. 正确.

34. (2) 如果 G 的边数 $m=\frac{1}{2}(n-1)(n-2)+1$，则 G 不一定为哈密尔顿图.

37. K_n 中有 $\frac{1}{2}(n-1)!$ 条不同的哈密尔顿回路．K_3 中只有一条哈密尔顿回路，K_4 中有 3 条不同的哈密尔顿回路，K_5 中有 12 条不同的哈密尔顿回路.

40. 最小权的哈密尔顿回路为 $adcba$，它的权为 47.

41. 分别有 4 个面和 3 个面.

42. 是平面图，并且是极大平面图，可以用欧拉公式证明.

52. (2) 十二面体图有 12 个面，每个节点均为 3 度，每个面由 5 条边围成，并没有 4 条边围成的面.

54. 均存在平面图解.

56. (1) $\chi(N_n)=1$.　　(2) $\chi(K_n)=n$.

(3) n 为奇数时 $\chi(W_n)=3$ ，n 为偶数时 $\chi(W_n)=4$.

(4) $\chi(G)=2$.　　(5) $\chi(G)=3$.

57. (1) 需要 2 种颜色.　　(2) 需要 3 种颜色.

(3) 需要 4 种颜色.

58. $\chi(G)=3$.

59. 点连通度 κ 为 2；边连通度 λ 为 3；点色数 χ 为 4.

习题 7

1. 可以作为树的定义的有：(1) A,B；(2) A,C；(3) B,C；(4) D；(5) E；(6) F.

2. (1) T 中有 5 个 1 度节点.

(2) 图 14 中所示的两棵树均满足要求，但它们是非同构的.

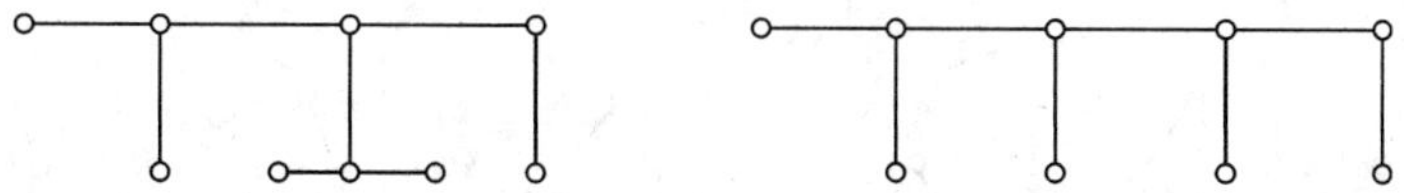

(1)　　(2)

图 14

3. 至少应添加 $k-1$ 条边.

7. (1) $n_1=\sum_{i=2}^{k}(i-2)n_i+2$.

(2) 对 $r\geq 3$ ，$n_r=\dfrac{1}{r-2}\left[\sum_{i=1,\ i\neq r}^{k}(2-i)n_i-2\right]$.

8. (1) 在 G 的任何生成树中的边应为 G 中的桥.

(2) 不在 G 的任何生成树中的边应为 G 中的环.

9. 图(1)中共有两棵非同构的生成树. 图(2)中共有三棵非同构的生成树.

10. G 中共有 8 棵生成树，如图 15 (1)~(8)图所示，其中 T_2 和 T_5 是 G 中的最小生成树，它们的权 $W(T_2)=W(T_5)=6$.

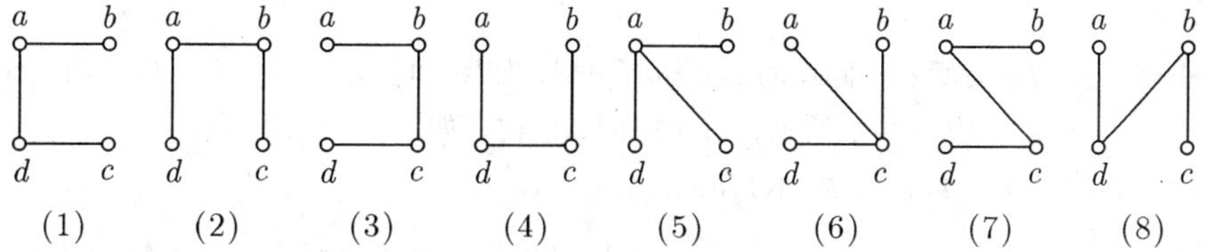

图 15

11. $W(T_1)=13$；$W(T_2)=23$.

12. 图的最小生成树即为所求的通信线路图，如图 16 所示. 其权即是最小总造价，其权为 $w(T)=48$.

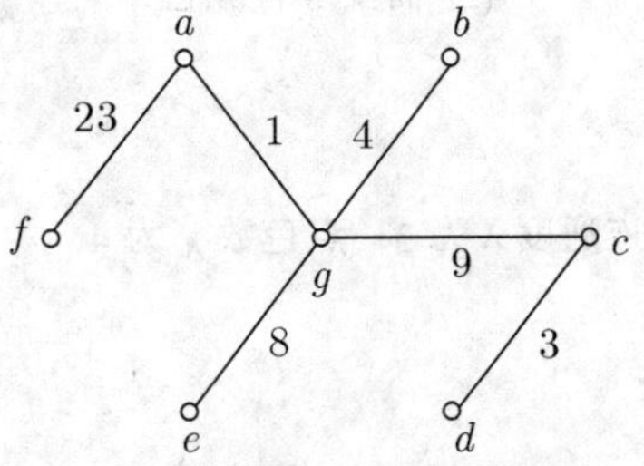

图 16

13. 仅一个节点的入度为 0，其余节点的入度均为 1 的有向图不一定为有向树.

15. (1) 高为 3 的所有正则二元树有 6 棵，如图 17 所示.

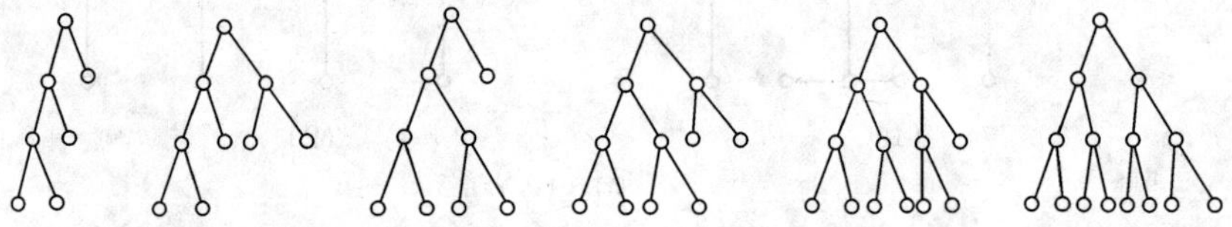

图 17

(2) 4 个节点的非同构的无向树有两棵，如图 18 (1),(2)所示.

(3) 5 个节点的非同构的无向树有 3 棵，如图 18 (3),(4),(5)所示.

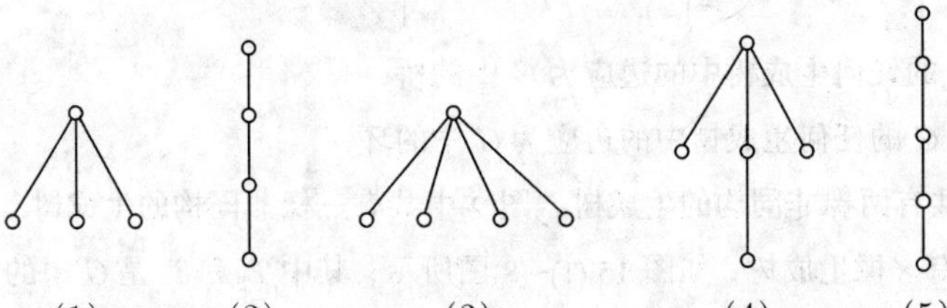

图 18

(4) 高为 2 的所有不同构的二元树有 7 棵，如图 19 所示. 其中有 2 棵正则二元树，如图 19 中(5)和(7)所示，有 1 棵满二元树，如图 19 中(7)所示.

16. B_1 和 B_2 是前缀码. B_3 不是前缀码.

17. 前序：$v_0v_1v_3v_4v_6v_2v_5v_7v_8v_9$；中序：$v_3v_1v_6v_4v_0v_5v_8v_7v_9v_2$；后序：$v_3v_6v_4v_1v_8v_9v_7v_5v_2v_0$.

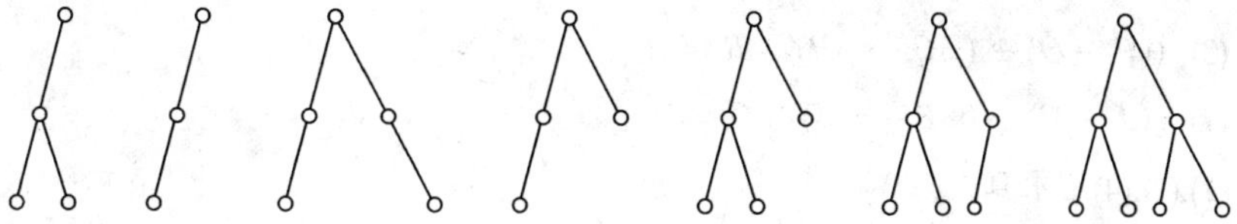

(1) (2) (3) (4) (5) (6) (7)

图 19

18. 产生的现前缀码分别为

$$B_1=\{0000,0001,001,0100,01010,01011,011,1\},$$

$$B_2=\{00,0100,01010,011,11\}.$$

19. 只写出遍历结果.

前序：$+ + \times 2\ a - 3 \times 4\ b \times x\ /\ 3\ 4$；

中序：$2 \times a + 3 - 4 \times b + x \times 3\ /\ 4$；

后序：$2\ a \times 3\ 4\ b \times - + x\ 3\ 4\ / \times +$.

20. 0：01　1：11　2：001　3：100　4：101　5：0001　6：00000　7：00001

至少要用 27400 个二进制数字.

习 题 8

1．(1),(2),(3),(4),(8)是命题.

2．T，F，T，T.

3．F，T，F，T.

4．(1) $(\neg P \leftrightarrow Q) \wedge (P \leftrightarrow R)$．其中 P：上午下雨；Q：我去看电影；R：我在家里读书或看报.

(2) $\neg P \to Q$．其中 P：今天下雨；Q：今天我进城.

(3) $Q \to P$．其中 Q：我留下；P：你走.

(4) $P \leftrightarrow (Q \wedge R \wedge \neg S)$．其中 P：一个数是素数；Q：一个数能被 1 整除；R：一个数能被它本身整除；S：一个数能被除 1 和它自身以外的数整除.

5．(1) $P \wedge Q$．　(2) $\neg P \wedge \neg Q \wedge \neg R$．

(3) $(\neg P \wedge \neg Q) \to \neg R$．　(4) $P \leftrightarrow Q$．

(5) $(P \vee Q) \wedge \neg (P \wedge Q)$．

6．公式 G 的真值表略去. G 仅在 P,Q,R 在三组赋值为 001;110;111 时为真，其余为假.

7．(1) $A \vee (\neg A \vee (B \wedge \neg B)) \Leftrightarrow A \vee (\neg A \vee 0) \Leftrightarrow A \vee \neg A \Leftrightarrow 1$．

(2) $(A \wedge B \wedge C) \vee (\neg A \wedge B \wedge C) \Leftrightarrow B \wedge C$．

(3) $((P \to Q) \leftrightarrow (\neg Q \to \neg P)) \wedge R \Leftrightarrow R$.

(4) $((A \to B) \leftrightarrow (\neg B \to \neg A)) \vee C \Leftrightarrow 1$.

9. (1),(2),(4)是永真式.

12. (1) 重言式. (2) 可满足式. (3) 重言式. (4) 重言式.

14. (1) 不一定. (2) 不一定. (3) 一定.

15. (1) 主析取范式 $(\neg P \wedge \neg Q) \vee (\neg P \wedge Q) \vee (P \wedge \neg Q) \vee (P \wedge Q)$；主合取范式为 1. 为真赋值：00，01，10，11.

(2) 主合取范式 $(P \vee \neg Q \vee \neg R) \wedge (\neg P \vee \neg Q \vee R)$；主析取范式：$(\neg P \wedge \neg Q \wedge \neg R) \vee (\neg P \wedge \neg Q \wedge R) \vee (\neg P \wedge Q \wedge \neg R) \vee (P \wedge \neg Q \wedge \neg R) \vee (P \wedge \neg Q \wedge R) \vee (P \wedge Q \wedge R)$，为真赋值：000，001，010，100，101，111.

(3) 主析取范式：

$(\neg P \wedge \neg Q \wedge R) \vee (\neg P \wedge Q \wedge R) \vee (P \wedge \neg Q \wedge \neg R) \vee (P \wedge \neg Q \wedge R) \vee (P \wedge Q \wedge \neg R)$

主合取范式为：$(\neg P \vee \neg Q \vee \neg R) \wedge (P \vee \neg Q \vee R) \wedge (P \vee Q \vee R)$，为真赋值：001，011，100，101，110.

(4) 主合取范式：$\neg P \vee Q \vee R$，主析取范式为

$$(\neg P \wedge \neg Q \wedge \neg R) \vee (\neg P \wedge \neg Q \wedge R) \vee (\neg P \wedge Q \wedge \neg R) \vee (\neg P \wedge Q \wedge R)$$
$$\vee (P \wedge \neg Q \wedge R) \vee (P \wedge Q \wedge \neg R) \vee (P \wedge Q \wedge R),$$

为真赋值：000，001，010，011，101，110，111.

16. $(\neg A \to B) \to (C \to D)$.

18. 主析取范式为 $m_{0001} \vee m_{0110} \vee m_{1000} \vee m_{1001} \vee m_{1010} \vee m_{1100} \vee m_{1101} \vee m_{1111}$，主合取范式为 $M_{0000} \wedge M_{0010} \wedge M_{0011} \wedge M_{0100} \wedge M_{0101} \wedge M_{0111} \wedge M_{1011} \wedge M_{1110}$.

19. $G \Leftrightarrow (\neg p \wedge \neg q \wedge r) \vee (p \wedge \neg q \wedge \neg r) \vee (\neg p \wedge q \wedge r) \vee (p \wedge q \wedge \neg r)$.

(1) G 的主合取范式为 $(\neg p \vee \neg q \vee \neg r) \wedge (\neg p \vee q \vee \neg r) \wedge (p \vee \neg q \vee r) \wedge (p \vee q \vee r)$，也可写为 $M_{000} \wedge M_{010} \wedge M_{101} \wedge M_{111}$.

(2) 由 $G \Leftrightarrow (\neg p \wedge r) \vee (p \wedge \neg r)$，若要求进一步减少联结词，则有

$$G \Leftrightarrow \neg(p \vee \neg r) \vee \neg(\neg p \vee r),$$

只有两个联结词.

20. 派两人去完成工作的派法有 3 种，分别为：① B,D 去，A,C 不去；② A,C 去，B,D 不去；③ A,D 去，B,C 不去.

22. (1) 推理不成立.

(2) 推理成立.

23. 推理过程有错误，第②步不对.

习题 9

1. (1) $\exists x(P(x)\wedge F(x))$，其中 $P(x)$：x 是人；$F(x)$：x 爱看电影.

   (2) $\forall x(P(x)\to\exists y(Q(y)\to R(x,y)))$，其中 $P(x)$:x 是金属；$Q(y)$:y 是温度；$R(x,y)$：x 在 y 下熔化.

   (3) $\neg\forall x(R(x)\to Q(x))$，其中 $R(x)$：x 是实数；$Q(x)$：x 是有理数.

   (4) $\neg\forall x(P(x)\to Q(x))\wedge\forall x(\neg P(x)\to\neg Q(x))$. 其中 $P(x)$：x 是外语学得好的学生，$Q(x)$:x 是三好学生.

   (5) $\forall x\forall y((R(x)\wedge R(y))\to G(x,y))$，其中 $R(x)$:x 是自然数，$G(x,y)$：$x+y>x$.

   (6) $\forall x\exists yG(x,y)$，其中 $G(x,y)$：$x+y=5$.

   (7) $\forall x(R(x)\to(G(x)\vee L(x)\vee E(x))$，其中 $R(x)$：x 是实数；$G(x)$：x 大于零；$L(x)$：x 小于零；$E(x)$：x 等于零.

2. (1) $\neg\exists xL(x,0)\wedge\forall x(L(0,x)\leftrightarrow\exists y\neg L(x,y))$.

   (2) $\neg\forall x\exists y(G(x,y)\vee L(x,y))$.

   (3) $\forall x(S(x,y,x)\leftrightarrow G(y,0))$.

3. (1) 不真也不假. (2) 真. (3) 不真也不假. (4) 不真也不假. (5) 假.

4. (1) 假. (2) 假. (3) 真.

5. 真值为 1.

6. (1) $R(a)\wedge R(b)\wedge R(c)\wedge(S(a)\vee S(b)\vee S(c))$.

   (2) $(P(a)\to Q(a))\wedge(P(b)\to Q(b))\wedge(P(c)\to Q(c))$.

   (3) $(\neg P(a)\wedge\neg P(b)\wedge\neg P(c))\vee(P(a)\wedge P(b)\wedge P(c))$.

7. (1) 对约束变量改名：$\forall s(P(s,z)\to Q(y))\to\exists tS(x,t)$；

   对自由变量改名：$\forall x(P(x,z)\to Q(s))\to\exists yS(t,y)$.

   (2) 对约束变量改名：$\forall s(P(s)\to Q(s))\wedge(R(x)\to\exists yS(x,y))$；

   对自由变量改名：$\forall x(P(x)\to Q(x))\wedge(R(s)\to\exists yS(s,y))$.

8. (1),(4)无效，(2),(3)有效.

10. (1),(2),(5),(6)是重言式.

11. (1) $\forall x\exists y\exists z(P(x)\to(Q(z)\to R(x,y)))$.

   (2) $\exists x\exists y\forall z((\neg P(x)\vee Q(y))\to R(z))$.

   (3) $\forall x\forall z\forall s\forall t((P(x,y)\to R(z))\wedge(P(s,y)\to R(t)))$.

   (4) $\forall x\exists z\exists u(\neg P(x)\vee\neg Q(y)\vee(R(z)\wedge\neg S(u)))$.

(5) $\forall x\forall y\forall z\exists u(\neg P(x,z)\vee\neg P(y,z)\vee Q(x,y,u))$.

(6) $\forall x\forall y\exists z\forall u\exists v(P(x,y,z)\wedge(Q(x,u)\to Q(y,v)))$.

(7) $\forall x\exists y\forall z((P(x)\to Q(x,y))\vee R(z))$.

(8) $\exists x\forall y\exists z((P(x)\to Q(x))\to(P(y)\to Q(z)))$.

13. (1) ②错．使用 US，UG，ES，EG 规则应对前束范式，而①中公式不是前束范式，故不能使用 US 规则．

(2) ②错．①中公式为 $\forall xA(x)$，这里 $A(x)=F(x)\vee G(x)$，因而使用 US 规则时，应得 $A(a)$ (或 $A(y)$)，故应有 $F(a)\vee G(a)$，而不是 $F(a)\vee G(b)$．

(3) ②错．①中公式含两个不同的个体常量，不能使用 EG 规则．

(4) ⑤错．对①使用 ES 规则 $F(c)\wedge G(c)$，此 c 使 $F(c)\wedge G(c)$ 真，但不一定使 $H(c)\wedge R(c)$ 为真．

附　　录

(在此附录中我们给出了一些客观题，并给出相应答案供读者练习.)

一、选择题

1. 已知 $A\oplus B=\{1,2,3\}$，$A\oplus C=\{2,3,4\}$，若 $2\in B$，则(　　).

A. $1\in C$　　B. $2\in C$　　C. $3\in C$　　D. $4\in C$

2. 下列集合运算中，(　　)对 $\oplus$ 满足分配律.

A. $\cup$　　B. $\cap$　　C. $-$　　D. $\oplus$

3. A,B 是集合，$P(A),P(B)$ 为其幂集，且 $A\cap B=\varnothing$，则 $P(A)\cap P(B)=$(　　).

A. $\varnothing$　　B. $\{\varnothing\}$　　C. $\{\{\varnothing\}\}$　　D. $\{\varnothing,\{\varnothing\}\}$

4. 设 $A=\{a,b,c\}$，$B=\{b,c,d,e\}$，$C=\{b,c\}$，则 $(A\cup B)\oplus C$ 为(　　).

A. $\{a,b\}$　　B. $\{b,c\}$　　C. $\{a,d,e\}$　　D. $\{a,b,c\}$

5. 对任意集合 A,B,C，下述论断正确的为(　　).

A. $A\in B\wedge B\subseteq C\Rightarrow A\in C$　　B. $A\in B\wedge B\subseteq C\Rightarrow A\subseteq C$

C. $A\subseteq B\wedge B\in C\Rightarrow A\in C$　　D. $A\subseteq B\wedge B\in C\Rightarrow A\subseteq C$

6. A,B 是集合，以下各式除(　　)之外，均与 $A\subseteq B$ 等价.

A. $A\oplus B\subseteq B$　　B. $A\cup B=B$

C. $A\cap B=A$　　D. $A\times B\subseteq B^2$

7. 设 $A-B=\varnothing$，则有(　　).

A. $B=\varnothing$　　B. $B\neq\varnothing$　　C. $A\subseteq B$　　D. $A\supseteq B$

8. 如图 1 为集合的文氏图，则阴影部分区域所表示的集合表达式是(　　).

A. $(\bar{A}\cap\bar{B}\cap\bar{C})\cup(A\cap B\cap C)$

B. $(\bar{A}\cap\bar{B}\cap\bar{C})\cup(\bar{A}\cap B\cap C)$

C. $(\bar{A}\cap\bar{B}\cap\bar{C})\cup(A\cap\bar{B}\cap C)$

D. $(\bar{A}\cap\bar{B}\cap\bar{C})\cup(A\cap B\cap\bar{C})$

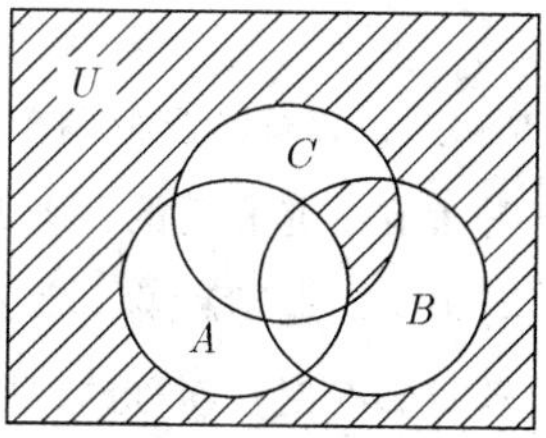

图 1

9. 设 $A=\{a,\{a\}\}$，下列选项错误的是(　　).

A．$\{a\}\in P(A)$　　B．$\{a\}\subseteq P(A)$　　C．$\{\{a\}\}\in P(A)$　　D．$\{\{a\}\}\subseteq P(A)$

10. 设 $A=\{\varnothing\}$，$B=P(P(A))$，下列选项错误的是(　　).

A．$\varnothing\in B$　　B．$\{\varnothing\}\in B$　　C．$\{\{\varnothing\}\}\in B$　　D．$\{\varnothing,\{\varnothing\}\}\in P(A)$

11. 空集 $\varnothing$ 的幂集 $P(\varnothing)$ 的基数是(　　).

A．0　　B．1　　C．3　　D．4

12. A,B,C,D 为任意集合，下列各式成立的为(　　).

A．$(A-B)\times C=(A\times C)-(B\times C)$　　B．$(A\cup B)\times(C\cup D)=(A\times C)\cup(B\times D)$

C．$(A-B)\times(C-D)=(A\times C)-(B\times D)$　　D．$(A\oplus B)\times(C\oplus D)=(A\times C)\oplus(B\times D)$

13. A,B,C 为任意集合，(　　)推理正确.

A．若 $A\subseteq B$，$B\subseteq C$，则 $A\in C$　　B．若 $A\subseteq B$，$B\in C$，则 $A\in C$

C．若 $A\in B$，$B\subseteq C$，则 $A\in C$　　D．若 $A\in B$，$B\subseteq C$，则 $A\subseteq C$

14. 下列命题中(　　)为假.

A．$x\in\{x\}-\{\{x\}\}$　　B．$\{x\}\subseteq\{x\}-\{\{x\}\}$

C．$A=\{x\}\cup x$，则 $x\in A$ 且 $x\subseteq A$　　D．$A-B=\varnothing\Leftrightarrow A=B$

15. 下列各式中，(　　)不成立.

A．$A\cup(B\oplus C)=(A\cup B)\oplus(A\cup C)$　　B．$A\cap(B\oplus C)=(A\cap B)\oplus(A\cap C)$

C．$(A\oplus B)\times C=(A\times C)\oplus(B\times C)$　　D．$(A-B)\times C=(A\times C)-(B\times C)$

16. 对任何二元关系 R，在 $R\cap\widetilde{R},R\cup\widetilde{R},R\circ\widetilde{R},\widetilde{R}\oplus R$ 中，有(　　)个一定是对称关系.

A．1　　B．2　　C．3　　D．4

17. R 是可传递的二元关系，则在 $R\cap\widetilde{R},R\cup\widetilde{R},R-\widetilde{R},\widetilde{R}-R$ 中，有(　　)个一定是可传递的.

A．1　　B．2　　C．3　　D．4

18. $R=\{\langle1,4\rangle,\langle2,3\rangle,\langle3,1\rangle,\langle4,3\rangle\}$，则(　　)$\notin t(R)$.

A．$\langle1,1\rangle$　　B．$\langle1,2\rangle$　　C．$\langle1,3\rangle$　　D．$\langle1,4\rangle$

19. 整数集合 $\mathbf{Z}$ 上 $<$ 关系的自反闭包是(　　)关系.

A．$=$　　B．$\neq$　　C．$>$　　D．$\leq$

20. 若 R 和 S 是集合 A 上的两个关系，则下述结论正确的是(　　).

A．若 R 和 S 是自反的，则 $R\cap S$ 是自反的

B．若 R 和 S 是对称的，则 $R\circ S$ 是对称的

C．若 R 和 S 是反对称的，则 $R\circ S$ 是反对称的

D．若 R 和 S 是传递的，则 $R\cup S$ 是传递的

21. 若 R 和 S 是集合 A 上的两个关系，则下述论断正确的是(　　).

A. 若 R 和 S 是自反的，则 $R\circ S$ 是自反的

B. 若 R 和 S 是对称的，则 $R\circ S$ 是对称的

C. 若 R 和 S 是反对称的，则 $R\circ S$ 是反对称的

D. 若 R 和 S 是传递的，则 $R\circ S$ 是传递的

22. 设 R 是集合 A 上的偏序关系，$\widetilde{R}$ 是 R 的逆关系，则 $R\cup\widetilde{R}$ 是(　　).

A. 偏序关系　　B. 等价关系　　C. 相容关系　　D. 都不是

23. 设集合 A 中有 4 个元素，则 A 上的不同的等价关系的个数为(　　).

A. 11 个　　B. 14 个　　C. 15 个　　D. 17 个

24. 集合 A 有 n 个元素，则 A 上共有(　　)个既对称又反对称的关系.

A. 0　　B. $2n$　　C. n^2　　D. 2^n

25. 集合 $\{1,2,3\}$ 上共有(　　)个不同的等价关系.

A. 3　　B. 4　　C. 5　　D. 6

26. R 是集合 A 上的自反关系，则(　　).

A. $R\circ R\subseteq R$　　B. $R\subseteq R\circ R$　　C. $R\cap\widetilde{R}=I_A$　　D. $R\circ\widetilde{R}=I_A$

27. 下列集合 $X=\{a,b,c\}$ 上的关系中，不具传递性的是(　　).

A. $R=\{\langle a,b\rangle\}$　　B. $R=\{\langle a,b\rangle,\langle b,c\rangle\}$

C. $R=\{\langle a,b\rangle,\langle a,a\rangle\}$　　D. $R=\{\langle a,b\rangle,\langle a,c\rangle\}$

28. R 是二元关系且 $R=R\circ R\circ R\circ R$，则(　　)一定是传递的.

A. R　　B. $R\circ R$　　C. $R\circ R\circ R$　　D. $R\circ R\circ R\circ R$

29. 设 R 是非空集 A 上的二元关系，则 R 的对称闭包 $s(R)=$(　　).

A. $R\cup I_A$　　B. $R\cup\widetilde{R}$　　C. $R-I_A$　　D. $R\cap\widetilde{R}$

30. 关系 R 的传递闭包 $t(R)$ 可由(　　)来定义.

A. $t(R)$ 是包含 R 的二元关系　　B. $t(R)$ 是包含 R 的最小的传递关系

C. $t(R)$ 是包含 R 的一个传递关系　　D. $t(R)$ 是任何包含 R 的传递关系

31. 设 $S=\{1,2,3\}$，图 2 给出了 S 上的两个关系 R_1,R_2，则 $R_1\circ R_2$ 是(　　).

A. 自反的　　B. 传递的　　C. 对称的　　D. 等价的

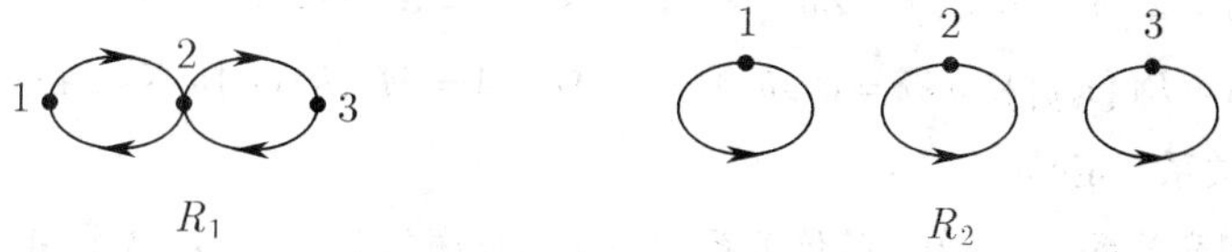

图 2

32. 设 $S=\{1,2,\cdots,10\}$，$\leq$ 是 S 上的二元关系，则 $\langle S,\leq\rangle$ 的哈斯图是(　　).

A．一棵树　　B．一二部图但不是树

C．一平面图但不是二部图　　D．以上都不对

33. 设 $A=\{0,1,2\}$，$B=\{a,b\}$，则从 A 到 B 的函数共有(　　)个.

A．2　　B．3　　C．4　　D．8

34. 集合 $\{1,2,3\}$ 到 $\{1,2\}$ 共有(　　)个满射.

A．2　　B．6　　C．9　　D．12

35. 函数 $f: A\to B$ 可逆的充要条件是(　　).

A．$A=B$　　B．A 与 B 有相同的基数

C．f 为满射　　D．f 为双射

36. f,g,h 均为实数 $\mathbf{R}$ 上的函数，且 $g\circ f=h\circ f$，则若 $f=$(　　)一定能推出 $g=h$.

A．$f(x)=x^2$　　B．$f(x)=x^3-x$

C．$f(x)=2^x$　　D．$f(x)=|x|$

37. 函数 f：$\mathbf{R}\to\mathbf{R}$，其中 $\mathbf{R}$ 为实数集合，下列 4 个命题中(　　)为真.

A．$f(x)=5$ 是单射　　B．$f(x)=5$ 是满射

C．$f(x)=5$ 是双射　　D．A,B,C 都不真

38. 集合 A 到 B 共有 64 个不同的函数，则 B 中元素个数不可能是(　　).

A．4　　B．8　　C．16　　D．64

39. 设 $S=\{a,b\}$，则 S 上总共可定义的二元运算的个数是(　　).

A．4　　B．8　　C．16　　D．32

40. 设 $\mathbf{N}$ 为自然数集合．$\langle\mathbf{N},\circ\rangle$ 在(　　)运算下不构成代数系统.

A．$X\circ Y=X+Y-2*X*Y$　　B．$X\circ Y=X*Y$

C．$X\circ Y=X+Y$　　D．$X\circ Y=|X|+|Y|$

其中，$*,+,-$ 分别为普通乘法，加法和减法.

41. 下列集合 A 和运算 $*$，(　　)不能构成半群.

A．$A=R,\ a*b=a+b+2ab$　　B．$A=R,\ a*b=|a-b|$

C．$A=P(\{x,y\}),\ a*b=a\cup b$　　D．$A=\{1,-2,3,2,4\},\ a*b=|b|$

42. 下列代数系统中，(　　)无单位元.

A．$A=R,\ a*b=a+b+2ab$　　B．$A=\mathbf{R},\ a*b=|a-b|$

C．$A=P(\{x,y\}),\ a*b=a\cup b$　　D．$A=\boldsymbol{M}_n(R)$ (n 阶实矩阵), $*$ 是矩阵乘法

43. 同余关系一定是(　　).

A．相容关系　　B．等价关系　　C．良序关系　　D．A 和 B

44. 设 $\langle A,\circ\rangle$ 是二元代数，元素 $a\in A$ 有左逆元 a_L^{-1} 和右逆元 a_r^{-1}，若运算“$\circ$”满足(　　)律，则 $a_L^{-1}=a_r^{-1}$.

A．结合　　B．交换　　C．等幂　　D．分配

45. 二元运算 $*$ 有两左零元，则 $*$ 一定(　　).

A．不满足交换律　　B．满足交换律

C．不满足结合律　　D．满足结合律

46. *运算如下表所示，哪个能使 $(\{a,b\},*)$ 成为独异点(　　).

A．

*	a	b
a	a	b
b	a	b

B．

*	a	b
a	a	a
b	b	b

C．

*	a	b
a	a	a
b	a	a

D．

*	a	b
a	a	b
b	b	a

47. 设 $\langle G,*\rangle$ 是阶大于 1 的群，则下列命题中(　　)不真.

A．存在零元　　B．存在幺元

C．G 中每个元素都有逆元　　D．运算 $*$ 是可结合的

48. 半群、群及独异点的关系是(　　).

A．{群}⊂{独异点}⊂{半群}　　B．{独异点}⊂{半群}⊂{群}

C．{独异点}⊂{群}⊂{半群}　　D．{半群}⊂{群}⊂{独异点}

49. $*_k$ 是 $\mathbf{N}_k=\{1,2,\cdots,k-1\}$ 是的模 k 乘法，则当 $k=$(　　)时，$\langle \mathbf{N}_k,*_k\rangle$ 是群.

A．19　　B．20　　C．21　　D．22

50. $\langle \mathbf{N}_{12},+_{12}\rangle$ 共有（　　）个生成元.

A．2　　B．4　　C．6　　D．8

51. 具有如下定义的代数系统 $(G,*)$，哪个不构成群(　　).

A．$G=\{1,10\}$，*是模 11 乘法　　B．$G=\{1,3,4,5,9\}$，*是模 11 乘法

C．$G=\mathbf{Q}$，*是普通加法　　D．$G=\mathbf{Q}$，*是普通乘法

52. 下列集合对于指定运算，构成群的为(　　).

A．非负整数集关于数的加法运算　　B．整数集关于数的减法运算

C．正实数集关于数的除法运算　　D．一元实系数多项式集合,关于多项式加法

53. 下列代数 $\langle S,*\rangle$ 中，哪一个是群(　　).

A．$S=\{0,1,3,5\}$，$*$ 是模 7 加法

B．$S=\mathbf{Q}$（有理数集），$*$ 是普通乘法

C．$S=\mathbf{Z}$（整数集合），$*$ 是一般减法

D．$S=\{1,3,4,5,9\}$，$*$ 是模 11 乘法

54. 设 x,y 是群 $\langle G,*\rangle$ 的任意两个元素，n 是大于 0 的整数，x^n 表示 $\overbrace{x*x*\cdots*x}^{n\text{ 个 }x}$，则下述等式中哪一个不成立：(　　).

A．$(x*y)^n=x^n*y^n$　　B．$(x*y)^{n+1}=x*(y*x)^n*y$

C．$y*(x*y)^n=(y*x)^n*y$　　D．$(x*y)^n*x=x*(y*x)^n$

55. 群 $\langle \mathbf{N}_{12}, +_{12} \rangle$ 总共有(　　)个子群.

A. 4　　B. 6　　C. 8　　D. 12

56. 任何一个有限群在同构的意义下可以看做是(　　).

A. 循环群　　B. 置换群　　C. 变换群　　D. 阿贝尔群

57. 设 $\mathbf{Z}$ 是整数集合，+是一般加法，则下述函数中哪一个不是群 $(\mathbf{Z}, +)$ 的自同态(　　).

A. $f(x)=2x$　　B. $f(x)=1000x$　　C. $f(x)=|x|$　　D. $f(x)=0$

58. 6 阶群的任何非平凡子群一定不是(　　).

A. 2 阶　　B. 3 阶　　C. 4 阶　　D. 6 阶

59. $\langle \mathbf{I}, + \rangle$ 是整数加法群，$\langle A, + \rangle$ 为其子群，且 $36, 48 \in A$，则(　　).

A. $8 \in A$　　B. $10 \in A$　　C. $12 \in A$　　D. $14 \in A$

60. 设 $\mathbf{R}_+, \mathbf{I}_+$ 分别是正实数集合和正整数集合，$+, -, \times, /$ 分别为普通的实数加法、减法、乘法、除法，则(　　)是半群.

A. $\langle \mathbf{I}_+, - \rangle$　　B. $\langle \mathbf{R}_+, - \rangle$　　C. $\langle \mathbf{R}_+, \times \rangle$　　D. $\langle \mathbf{R}_+, / \rangle$

61. 下列集合对于整除关系都构成偏序集，(　　)不是格.

A. $L=\{1,2,3,6,12\}$　　B. $L=\{1,2,3,4,5\}$

C. $L=\{1,2,3,4,6,9,12,18,36\}$　　D. $L=\{1,2,2^2,\cdots,2^n\}$，n 为正整数

62. 在布尔格 $\langle A, | \rangle$，中，$A=\{X \mid X$ 是 5 的整数倍数且是 210 的正因子$\}$，| 为整除关系. 则 30 的补元为(　　).

A. 15　　B. 30　　C. 35　　D. 70

63. 图 3 所示哈斯图所对应的偏序集中能构成格的是(　　).

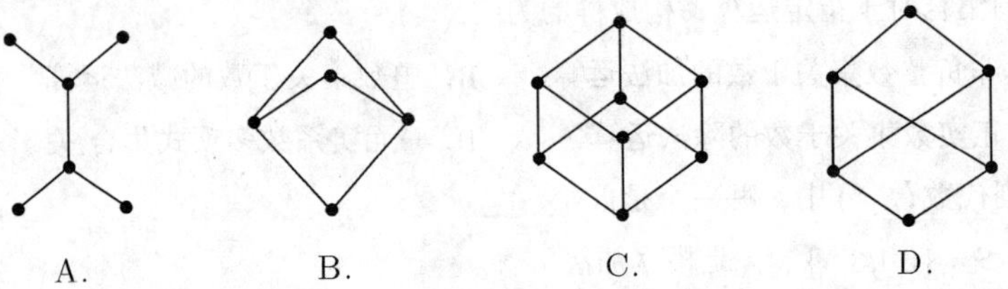

图 3

64. 模格与分配格的关系是：模格(　　).

A. 一定是分配格　　B. 不是分配格　　C. 不一定是分配格

65. 在布尔格 $\langle A, \leq \rangle$ 中有 3 个原子 a_1, a_2, a_3，则 $\overline{a}_1=$(　　).

A. $a_2 \wedge a_3$　　B. $a_2 \vee a_3$　　C. $\overline{a}_2 \wedge \overline{a}_3$　　D. $\overline{a}_2 \vee \overline{a}_3$

66. 图 4 表示 4 个格所对应的哈斯图，哪个是分配格(　　).

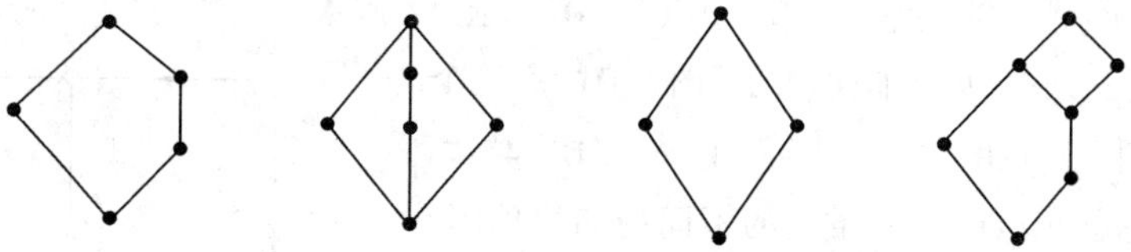

A. B. C. D.

图 4

67. 图 5 哪个哈斯图表示的关系构成有补格( ).

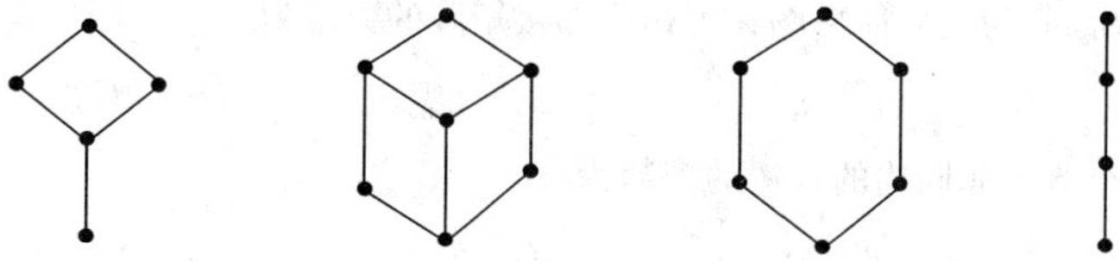

A. B. C. D.

图 5

68. 如图 6 给出的哈斯图表示的格中哪个元素无补元( ).

A. a B. c C. e D. f

69. 下列命题中，( )是正确的.

A. 欧拉图是哈密尔顿图

B. 哈密尔顿图是欧拉图

C. 平面图是树

D. 树是平面图

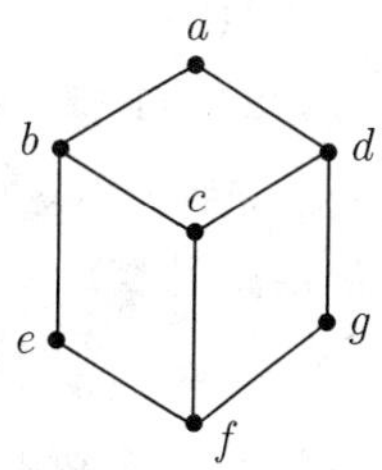

图 6

70. n 个节点的无向完全图的边数是( ).

A. $n(n-1)$ B. n^2 C. $2n$ D. $n(n-1)/2$

71. 下列三元组为图的节点数，边数和面数，则哪一个不能构成连通平面图( ).

A. $(4,4,2)$ B. $(4,5,3)$ C. $(9,6,6)$ D. $(7,8,3)$

72. 一个无向图有 4 个节点，其中 3 个度数为 2,3,3，则第四个节点度数不可能是( ).

A. 0 B. 1 C. 2 D. 4

73. 连通简单无向图有 17 条边，则该图至少有( )个节点.

A. 5 B. 6 C. 7 D. 8

74. 下列节点度数序列能构成简单无向图的是( ).

A. $(1,1,2,2,3)$ B. $(1,3,4,4,5)$ C. $(4,3,2,2,1)$ D. $(0,1,3,3,3)$

75. 已知有向图如图 7 所示，在其可达矩阵 $P=\left(p_{ij}\right)_{6\times 6}$ 中，( )$\neq 1$.

A. p_{15}　B. p_{25}　C. p_{35}　D. p_{45}

76. 含有三条边的 K_4 非同构的子图，有(　　)个.

A. 1　B. 2　C. 3　D. 4

77. 含 5 个节点、3 条边的不同构的简单图有(　　).

A. 2个　B. 3个　C. 4个　D. 5个

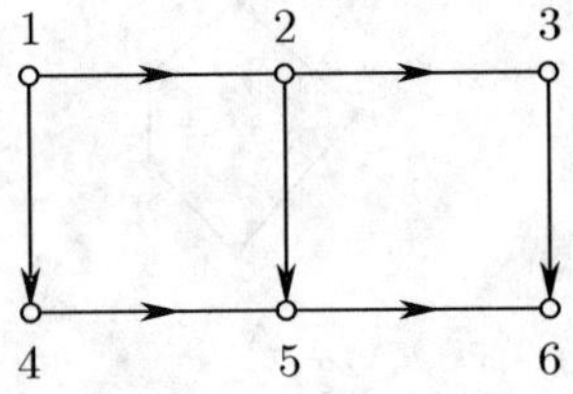

图 7

78. 二部图 $K_{2,3}$ 是(　　).

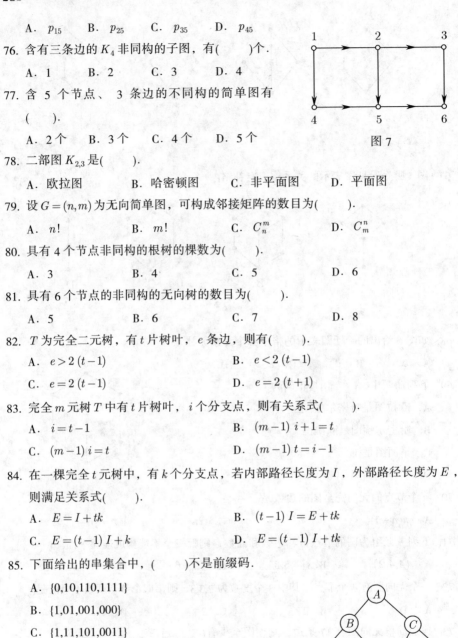

A. 欧拉图　B. 哈密顿图　C. 非平面图　D. 平面图

79. 设 $G=(n,m)$ 为无向简单图，可构成邻接矩阵的数目为(　　).

A. $n!$　B. $m!$　C. C_n^m　D. C_m^n

80. 具有 4 个节点非同构的根树的棵数为(　　).

A. 3　B. 4　C. 5　D. 6

81. 具有 6 个节点的非同构的无向树的数目为(　　).

A. 5　B. 6　C. 7　D. 8

82. T 为完全二元树，有 t 片树叶，e 条边，则有(　　).

A. $e>2(t-1)$　B. $e<2(t-1)$

C. $e=2(t-1)$　D. $e=2(t+1)$

83. 完全 m 元树 T 中有 t 片树叶，i 个分支点，则有关系式(　　).

A. $i=t-1$　B. $(m-1)i+1=t$

C. $(m-1)i=t$　D. $(m-1)t=i-1$

84. 在一棵完全 t 元树中，有 k 个分支点，若内部路径长度为 I，外部路径长度为 E，则满足关系式(　　).

A. $E=I+tk$　B. $(t-1)I=E+tk$

C. $E=(t-1)I+k$　D. $E=(t-1)I+tk$

85. 下面给出的串集合中，(　　)不是前缀码.

A. {0,10,110,1111}

B. {1,01,001,000}

C. {1,11,101,0011}

D. {b,c,aa,ac,abb,abc}

86. 按图 8 所示的二元树做后序周游遍历得到的符号序列为(　　).

A. DBKHEIFLMJGCA　B. BDEHKCFIJLMGA

C. GCFIJLDKHEMBA　D. DKHEBILMJFGCA

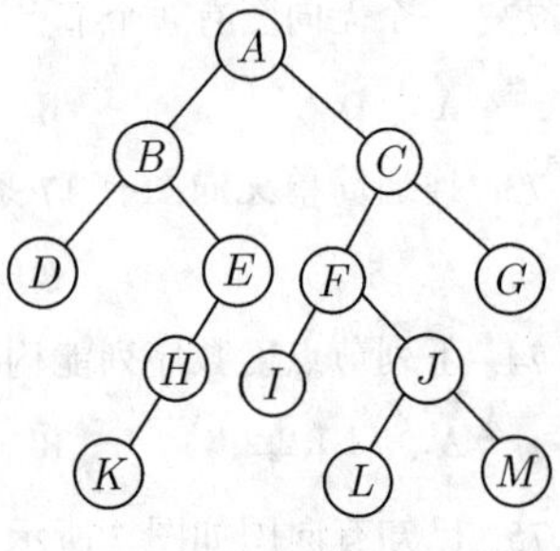

图 8

87. 带权为 10，15，20，25，30 的最优二元树的权为(　　).

A．100　　B．225　　C．400　　D．625

88. 下列命题公式中，(　　)为永假.

A．$p \to (p \vee q \vee r)$

B．$((p \to q) \wedge (q \to r)) \to (p \to r)$

C．$(p \vee \neg p) \to ((q \wedge \neg r) \wedge \neg q)$

D．$(\neg p \to q) \to (q \to \neg p)$

89. 命题公式 $(P \to Q) \wedge (P \to R)$ 的主析取范式中包含极小项(　　).

A．$P \wedge Q \wedge R$

B．$P \wedge Q \wedge \neg R$

C．$P \wedge \neg Q \wedge R$

D．$P \wedge \neg Q \wedge \neg R$

90. E：我学英语；J：我学日语；G：我学德语. 则在英、日、德三种语言中公式 $(E \wedge \neg J \wedge \neg G) \vee (\neg E \wedge J \wedge \neg G) \vee (\neg E \wedge \neg J \wedge G) \vee (\neg E \wedge \neg J \wedge \neg G)$ 表示(　　).

A．至少学一种

B．至多学一种

C．至少学两种

D．至多学两种

91. 下列推理定律中，(　　)不正确.

A．$Q \Rightarrow P \vee Q$

B．$Q \Rightarrow P \to Q$

C．$\neg Q \wedge (P \to Q) \Rightarrow P$

D．$\neg(P \to Q) \Rightarrow \neg Q$

92. 命题公式 $(\neg p \wedge q) \wedge (\neg p \vee r)$ 在 p,q 分别为(　　)时真值为 T.

A．T，T　　B．T，F　　C．F，T　　D．F，F

93. A,B,C 为任意命题公式，当(　　)成立时，有 $A \Leftrightarrow B$.

A．$\neg A \Leftrightarrow \neg B$

B．$A \vee C \Leftrightarrow B \vee C$

C．$A \wedge C \Leftrightarrow B \wedge C$

D．$C \to A \Leftrightarrow C \to B$

94. 下列命题公式中，不是重言式的为(　　).

A．$p \to (p \vee q)$

B．$(p \to q) \wedge (q \to r) \to (p \to r)$

C．$\neg(p \to q) \wedge q \wedge r$

D．$q \vee \neg((\neg p \vee q) \wedge p)$

95. 下面 4 个推理定律，不正确的是(　　).

A．$A \Rightarrow (A \wedge B)$

B．$(A \vee B) \wedge \neg A \Rightarrow B$

C．$(A \to B) \wedge A \Rightarrow B$

D．$(A \to B) \wedge \neg B \Rightarrow \neg A$

96. 下列式子(　　)是永真的.

A．$Q \to (P \wedge Q)$　　B．$P \to (P \wedge Q)$　　C．$(P \wedge Q) \to P$　　D．$(P \vee Q) \to Q$

97. 命题公式 $P \to Q \wedge R$ 的对偶式为(　　).

A．$P \to (Q \vee R)$

B．$P \wedge (Q \vee R)$

C．$\neg P \vee (Q \wedge R)$

D．$\neg P \wedge (Q \vee R)$

98. $\forall x \exists y P(x,y)$ 的否定是(　　).

A．$\forall x \forall y \neg P(x,y)$

B．$\exists x \forall y \neg P(x,y)$

C. $\forall x\exists y\neg P(x,y)$　　D. $\exists x\exists y\neg P(x,y)$

99. $L(x,y): x<y$. 当个体域为(　　)时，公式 $\forall x\exists yL(y,x)$ 不是有效的.

A. 自然数集　　B. 整数集　　C. 有理数集　　D. 实数集

100. 公式 $\forall xP(x)\to\forall xQ(x)$ 的前束范式为(　　).

A. $\forall x\forall y\big(P(x)\to Q(y)\big)$　　B. $\forall x\exists y\big(P(x)\to Q(y)\big)$

C. $\exists x\forall y\big(P(x)\to Q(y)\big)$　　D. $\exists x\exists y\big(P(x)\to Q(y)\big)$

101. $\forall x\big(P(x)\leftrightarrow Q\big)\Leftrightarrow$(　　).

A. $\big(\forall xP(x)\to Q\big)\wedge\big(Q\to\forall xP(x)\big)$　　B. $\big(\forall xP(x)\to Q\big)\wedge\big(Q\to\exists xP(x)\big)$

C. $\big(\exists xP(x)\to Q\big)\wedge\big(Q\to\forall xP(x)\big)$　　D. $\big(\exists xP(x)\to Q\big)\wedge\big(Q\to\exists xP(x)\big)$

102. 令 $F(x)$：x 是火车；$G(y)$：y 是汽车；$H(x,y)$：y 比 x 快. 则语句“某些汽车比所有的火车快”的符号化为(　　).

A. $\exists y\big(G(y)\to\forall x\big(F(x)\wedge H(x,y)\big)\big)$　　B. $\exists y\big(G(y)\wedge\forall x\big(F(x)\to H(x,y)\big)\big)$

C. $\forall x\exists y\big(G(y)\to\big(F(x)\wedge H(x,y)\big)\big)$　　D. $\exists y\big(G(y)\to\forall x\big(F(x)\to H(x,y)\big)\big)$

103. 设 $Z(x)$: x 是整数，$N(x)$: x 是负数，$S(x,y)$: y 是 x 的平方，则“任何整数的平方非负”可表示为下述谓词公式：(　　).

A. $\forall x\forall y\big(Z(x)\wedge S(x,y)\to\neg N(y)\big)$　　B. $\forall x\exists y\big(Z(x)\wedge S(x,y)\to\neg N(y)\big)$

C. $\forall x\forall y\big(Z(x)\to S(x,y)\wedge\neg N(y)\big)$　　D. $\forall x\big(Z(x)\wedge S(x,y)\to\neg N(y)\big)$

104. 在谓词演算中，下列各式哪个是正确的(　　).

A. $\exists x\forall yA(x,y)\Leftrightarrow\forall y\exists xA(x,y)$　　B. $\exists x\exists yA(x,y)\Leftrightarrow\exists y\exists xA(x,y)$

C. $\exists x\forall yA(x,y)\Leftrightarrow\forall x\exists yA(x,y)$　　D. $\forall x\forall yA(x,y)\Leftrightarrow\forall y\forall xB(x,y)$

105. 下列各式中不正确的是(　　).

A. $\forall x\big(P(x)\vee Q(x)\big)\Leftrightarrow\forall xP(x)\vee\forall xQ(x)$

B. $\forall x\big(P(x)\wedge Q(x)\big)\Leftrightarrow\forall xP(x)\wedge\forall xQ(x)$

C. $\exists x\big(P(x)\vee Q(x)\big)\Leftrightarrow\exists xP(x)\vee\exists xQ(x)$

D. $\forall x\big(P(x)\wedge Q\big)\Leftrightarrow\forall xP(x)\wedge Q$

二、填空题

1. 设 $A=\{1,2\}$，则 $A\oplus A=$ ________，$|A|=$ ________.
2. $P\big(\varnothing\cup\{\varnothing\}\big)$ 的幂集为________.
3. 设 A,B,C,D 为 4 个非空集合，则 $A\times B\subseteq C\times D$ 的充分必要条件是________.
4. 设 $A=\{\{x,y\},\varnothing,x,y\}$，求下列各式的结果：

$A-\{x,y\}=$ ________；$A-\{\varnothing\}=$ ________；$\{\{x,y\}\}-A=$ ________；

$\varnothing - A =$ ________；A 的幂集 $P(A) =$ ________.

5. 集合 $A = \{\{1,2\},\{3\}\}$，$B = \{\{1\},\{2\},\{3\}\}$，试写出
$A \cup B =$ __________，$A \cap B =$ __________，$P(A) =$ __________.
6. 某班有学生 50 人，有 26 人在第一次考试中得优，有 21 人在第二次考试中得优，有 17 人两次考试都没有得优，那么两次考试都得优的学生人数是________.
7. S 是集合，$P(S) - \{\varnothing\}$ 是划分的条件为：S 是________.
8. 设 $A = \{1,2\}$，则 A 上可定义_____个二元关系，其中有_____个自反关系，有_____个反自反关系，有______个对称关系，有______个反对称关系，有______个等价关系，有______个偏序关系.
9. 已知集合 A 且 $|A| = 3$，则 A 上有______个自反关系，有______个商集基数为 2 的等价关系.
10. 设 $A = \{a,b,c\}$，R 是 A 上的二元关系，且给定 $R = \{\langle a,b\rangle,\langle b,c\rangle,\langle c,a\rangle\}$，则 R 的对称闭包 $s(R) =$ __________.
11. R 是 A 上的二元关系，若 R 是等价关系，则 $tsr(R) =$ __________.
12. 整数集上的小于关系“$<$”具有__________、__________和___________关系.
13. $A = \{1,2,3,4,5,6,8,10,24,36\}$，$R$ 是 A 上的整除关系．子集 $B = \{1,2,3,4)$，那么 B 的上界是________；B 的下界是________；B 的上确界是________；B 的下确界是________.
14. 设 $A = \{a,b,c,d\}$，$B = \{\alpha,\beta,\gamma\}$，则 $A \to B$ 中共有______个满射函数.
15. 已知集合 A 和 B，且 $|A| = n$，$|B| = m$，则 A 到 B 间有______个不同的二元关系，A 到 B 间有______个函数.
16. 若 $A = \{a,b,c\}$，$B = \{1,2,3\}$，则 A 到 B 可产生______个不同的双射函数.
17. 设 $A = \{1,2\}$，则 A^A 有______个函数，其中有______个满射，有______个单射，有______个双射.
18. 设 A, B 为集合，且 $|A| = n$，$|B| = m$，n,m 均为正整数，则当 $n \le m$ 时，共可产生______个不同的从 A 到 B 的单射函数；当 $m \le n$ 时，共可产生______个不同的从 A 到 B 的满射函数.
19. f,g 是函数，若 $g \circ f$ 是双射，则 f 是______射的，而 g 是______射的函数．$g \circ f$ 是 f 与 g 的复合函数.
20. $f: A \to B$，$g: B \to A$ 都是可逆函数，$f^{-1} = g$ 的充分且必要条件是________．f^{-1} 是 f 的逆函数.
21. 设 $A = \{1,2\}$，则 A 上可定义______个一元运算，______个二元运算．以 A 中元素作为群内元素，可以构成______个不同构的群，以 A 中元素作为格的元素，可

构成______个不同构的格.

22. 集合 $S=\{a,b,c\}$ 上总共可定义的二元运算的个数为______个.

23. 设 $S=\mathbf{Q}\times\mathbf{Q}$，$\mathbf{Q}$ 为有理数集合，$*$ 为 S 上的二元运算，对于任意的 $\langle a,b\rangle,\langle x,y\rangle\in S$，$\langle a,b\rangle*\langle x,y\rangle=\langle ax,ay+b\rangle$. 则 $*$ 的单位元是______，存在逆元的元素 $\langle a,b\rangle$ 的逆元是______，$\langle a,b\rangle$ 可逆的条件是______.

24. $\langle G,*\rangle$ 是 7 阶循环群，则 G 中有______个生成元.

25. 若 $A=\{1,2,3\}$，$\forall x,y\in A$，$x*y=\min\{x,y\}$，则 $*$ 的运算表为____________.

26. 令 $A=\{a,b,c\}$，$\langle A,*\rangle$ 是群，a 是单位元，则 $b^2=$______，c 的阶是______.

27. 在下面运算表中空白处填入适当符号，使 $(\{a,b,c\},\circ)$ 成为群.

$\circ$	a	b	c
a	(1)	a	(2)
b	a	b	c
c	(3)	c	(4)

28. 设 $H=\{0,4,8\}$，$(H,+_{12})$ 是群 $(\mathbf{N}_{12},+_{12})$ 的子群，其中 $\mathbf{N}_{12}=\{0,1,2,\cdots,11\}$，$+_{12}$ 是模 12 加法，则 $(\mathbf{N}_{12},+_{12})$ 有______个真子群，H 的左陪集 $3H=$______，$4H=$______.

29. 已知 $\langle L_1,|\rangle$，$\langle L_2,|\rangle$，$\langle L_3,|\rangle$ 为三个偏序集，其中 $L_1=\{1,2,3,5,6,15,30\}$，$L_2=\{2,3,6,12,24,36\}$，$L_3=\{1,2,3,6,18,54\}$，$|$ 为整除. 则其中________是格.

30. 设 $G=(n,m)$ 是简单图，v 是 G 中度数为 k 的节点，e 是 G 中一条边，则 $G-v$ 中有______个节点，______条边. $G-e$ 中有______个节点，______条边.

31. 3 个节点可构成______个不同构的简单无向图，可构成______个不同构的简单有向图.

32. 仅当 n______时，K_n 为平面图.

33. 设 $G=(7,15)$ 为简单平面图，则 G 一定是______，且每个面均为______.

34. 6 个顶点 13 条边的非同构的非平面的简单连通图有______个.

35. n 个顶点的简单无向图 G 至多有______条边.

36. 有桥连通无向图 G 的点连通度为______.

37. 无向图 G 如图 9 所示. G 的点连通度 κ 为______，边连通度 λ 为______，点色数 χ 为______，它的生成树中有条树枝和______条弦.

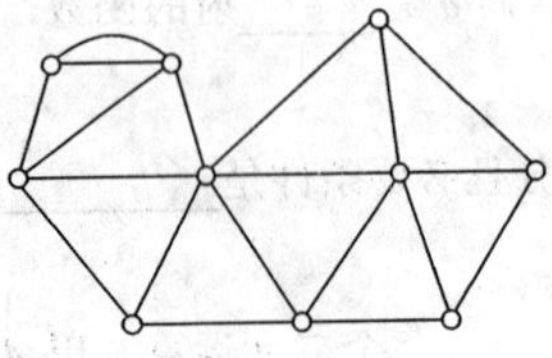

图 9

38. K_4 的生成子图中，有______个非同构的连通图.

39. 平面图 G 的对偶图 G^* 同构于 G，则称 G 为自对偶图，若一个 (n,m) 图是自对偶的，则其节点数 n 与边数 m 的关系为 ______________.

40. 设 D 是 n $(n\geq 2)$ 阶有向简单连通（弱连通）图，则 D 的可达矩阵的所有元素之和至少为________.

41. 完全二部图 $K_{n,m}$ 的点覆盖数 $\alpha_0=$________.

42. 设 $W_n(n=2k,\ k\geq 2)$ 为轮图，则 W_n 的点色数 $\chi(W_n)=$________.

43. 无向图 G 具有生成树，当且仅当________，若 G 为 (n,m) 连通图，要确定 G 的一棵生成树必删去 G 的________条边.

44. 一棵树有 n_i 个 i 度分支点，$i=2,3,\cdots,k$，则它有________片树叶.

45. 5 个节点可以构成________棵非同构的无向树，又可构成________棵非同构的根树.

46. 如图 10 所示的赋权图，其最小生成树的权为______________.

47. 命题公式 $(\neg P\wedge Q)\wedge(\neg P\vee R)$ 在 P,Q 分别为________时真值为 T.

48. n 个命题变元生成的命题公式，本质上是一个由________→________的函数.

49. 命题公式 $(\neg P\vee\neg Q)\to(P\leftrightarrow\neg Q)$ 的主合取范式为________.

50. $P\wedge Q\vee\neg P\wedge Q\wedge R$ 的主析取范式为 ______________.

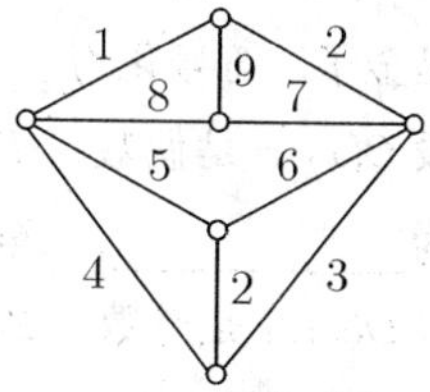

图 10

51. 一个命题公式 $A(p,q,r)$ 的成真指派为 000，001，010，100，110，则其主合取范式为________.

52. 公式 $p\to((q\wedge r)\wedge(\neg p\to(\neg q\wedge\neg r)))$ 的主合取范式中含______个极大项.

53. n 个命题变元可生成______个不等价的命题公式.（提示：可从主析取式的角度考虑.）

54. 前提 $(P\wedge Q)\to R$，$\neg R\vee S$，$\neg S$ 的有效结论是________.

55. 对于下列各式，是永真式的有__________.

(1) $(P\wedge(P\to Q))\to Q$　　(2) $P\to(P\vee Q)$

(3) $Q\to(P\wedge Q)$　　(4) $(\neg P\wedge(P\vee Q))\to Q$

(5) $(P\to Q)\to Q$

56. 对于下列各式

(1) $(\neg P\wedge Q)\vee(\neg P\wedge\neg Q)$ 可化简为__________.

(2) $Q\to(P\vee(P\wedge Q))$ 可化简为__________.

(3) $((\neg P\vee Q)\leftrightarrow(\neg Q\to\neg P))\wedge P$ 可化简为__________.

57. 命题公式 $P\vee(Q\wedge\neg R)$ 的成真赋值为________，成假赋值为________.

58. 个体域为 $\{1,2\}$，命题 $\forall x\exists y(x+y=4)$ 的真值为__________.

59. 若个体域为非负数集，$A(x,y)$ 表示 $x+y=y$，则 $\exists x\forall yA(x,y)$ 的真值是__________.

60. $\forall xF(x)\to\exists yG(x,y)$ 的前束范式为__________.

61. $\forall xF(x)\wedge\exists xG(x)$ 的前束范式是__________.

62. 前提为 $\forall x\big(F(x)\to G(x)\big)$，$\exists x\big(F(x)\wedge H(x)\big)$，则与 $G(x)$ 和 $H(x)$ 相关的有效结论为__________.

63. 令 $R(x)$：x 是实数，$Q(x)$：x 是有理数.

(1) 命题“并非每个实数都是有理数”. 其符号化为________________________.

(2) 命题“虽然有些实数是有理数，但并非一切实数都是有理数”. 则其符号化可表示为__________________.

64. 设 $G(x)$: x 是金子，$F(x)$: x 是闪光的，则命题“金子是闪光的，但闪光的不一定是金子”符号化为____________________________.

65. 设 $Q(x)$: x 是偶数，$P(x)$: x 是素数，则命题“存在惟一一个偶素数”可符号化为____________，“至多存在一个偶素数”可符号化为____________.

66. 设 $O(x)$: x 是奇数，$Z(x)$: x 是整数，则语句“不是所有整数都是奇数”所对应的谓词公式为____________________.

67. $\forall x\forall y\big(P(x,y)\wedge Q(y,z)\big)\wedge\exists xP(x,y)$ 中 $\forall x$ 的作用域为____________，$\forall y$ 的作用域为______________，$\exists x$ 的作用域为______________.

68. 下列谓词公式

① $\neg\big(\exists xA(x)\big)$ 与 $\forall x\neg A(x)$；

② $\forall x\big(A(x)\vee B(x)\big)$ 与 $\forall xA(x)\vee\forall xB(x)$；

③ $\forall x\big(A(x)\wedge B(x)\big)$ 与 $\forall xA(x)\wedge\forall xB(x)$；

④ $\exists x\forall yD(x,y)$ 与 $\forall y\exists xD(x,y)$

中________是等值的.

69. 下列各式

(1) $\forall x\big(P(x)\vee Q(x)\big)\to\big(\forall xP(x)\vee\exists xQ(x)\big)$；

(2) $\big(\forall x\big(A(x)\to B(x)\big)\wedge A(c)\big)\to B(c)$；

(3) $\big(\forall x\big(\neg A(x)\to B(x)\big)\wedge\forall x\neg B(x)\big)\to\exists xA(x)$；

(4) $\big(\exists x\big(P(x)\wedge Q(x)\big)\big)\to\big(\exists xP(x)\to\neg Q(x)\big)$，

其中________是永真式.

70. 只用联结词 $\neg,\forall,\rightarrow$，表示以下的公式：

(1) $\exists x(P(x)\wedge Q(x))=$________________;

(2) $\exists x(P(x)\leftrightarrow\forall yQ(y))=$________________;

(3) $\forall y(\forall xP(x)\vee\neg Q(y))=$________________.

71. 给定下面谓词公式：

(1) $\forall x(\neg F(x)\rightarrow\neg F(x))$;

(2) $\forall xF(x)\rightarrow\exists xF(x)$;

(3) $\neg\big(F(x)\rightarrow(\forall yG(x,y)\rightarrow F(x))\big)$;

(4) $\forall x\exists yF(x,y)\rightarrow\exists x\forall yF(x,y)$;

(5) $\neg\forall xF(x)\leftrightarrow\exists x\neg F(x)$;

(6) $\forall x(F(x)\wedge G(x))\rightarrow(\forall xF(x)\vee\forall xG(x))$;

(7) $\exists x\exists yF(x,y)\rightarrow\forall x\forall yF(x,y)$;

(8) $\forall x(F(x)\vee G(x))\rightarrow(\forall xF(x)\vee\forall xG(x))$;

(9) $(\forall xF(x)\vee\forall xG(x))\rightarrow\forall x(F(x)\vee G(x))$;

(10) $\forall x\forall yF(x,y)\leftrightarrow\forall y\forall xF(x,y)$;

(11) $\neg(\forall xF(x)\rightarrow\forall yG(y))\wedge\forall yG(y)$.

上面 11 个公式中，为重言式的有__________，为矛盾式的有__________.

72. 给定下列各公式：

(1) $(\neg\exists xF(x)\vee\forall yG(y))\wedge(F(u)\rightarrow\forall zH(z))$;

(2) $\exists xF(y,x)\rightarrow\forall yG(y)$;

(3) $\forall x(F(x,y)\rightarrow\forall yG(x,y))$.

则________是(1)的前束范式，________是(2)的前束范式；________是(3)的前束范式. 供选择的答案有：

① $\exists x\forall y\forall z((\neg F(x)\vee G(y))\wedge(F(u)\rightarrow H(z)))$;

② $\forall x\forall y\forall z((\neg F(x)\vee G(y))\wedge(F(u)\rightarrow H(z)))$;

③ $\exists x\forall y(F(y,x)\rightarrow G(y))$; ④ $\forall x\forall y(F(z,x)\rightarrow G(y))$;

⑤ $\forall x\forall y(\neg F(z,x)\vee G(y))$; ⑥ $\forall x\exists y(F(x,z)\rightarrow G(x,y))$;

⑦ $\forall x\forall y(F(x,z)\rightarrow G(x,y))$; ⑧ $\forall y\forall x(F(x,z)\rightarrow G(x,y))$;

⑨ $\forall y\forall x(\neg F(x,z)\vee G(y))$.

73. 谓词公式 $\forall xP(x)\rightarrow\forall xQ(x)\vee\exists yR(y)$ 的前束范式为____________.

74. 谓词公式 $\forall x(P(x)\rightarrow Q(x,y)\vee\exists zR(y,z))\rightarrow S(x)$ 的前束范式为____________.

75. $\neg\exists x(\neg\forall yG(y,b)\to H(x))$ 的前束范式是________________.

三、判断题

1. A,B 是集合，命题 $A\subseteq B$ 和 $A\in B$ 不可能同时成立. ( )
2. $\{\varnothing\}\subseteq\{x\}-\{\{x\}\}$. ( )
3. $\{\varnothing\}\in\{\varnothing,\{\varnothing\}\}$ 且 $\{\varnothing\}\subseteq\{\varnothing,\{\varnothing\}\}$. ( )
4. 设 A,B 为集合，$A\cap B=B$ 的充要条件是 B 为全集. ( )
5. 若 $A\cup B=A\cup C$，则必有 $B=C$. ( )
6. 若 $A\times B=A\times C$，则 $B=C$. ( )
7. $A-B=A$ 当且仅当 $B=\varnothing$. ( )
8. 若 $A-B\subseteq B$，则 $B\subseteq A$. ( )
9. A,B 是集合，$(A-B)\cup(A-C)=A$ 仅当 $B=C=\varnothing$. ( )
10. 若 $A\oplus B=A\oplus C$，则 $B=C$. ( )
11. $A=\{\varnothing,\{\varnothing\}\}$，则 $P(A)-A=\{\varnothing,\{\varnothing\},\{\{\varnothing\}\}\}$，其中 $P(A)$ 是 A 的幂集. ( )
12. $2^A\cap 2^B=2^{A\cap B}$. ( )
13. 若 $\langle 2x+y,6\rangle=\langle 5,x+y\rangle$，则 $x=-1,\ y=7$. ( )
14. $(A\times C)-(B\times D)=(A-B)\times(C-D)$. ( )
15. 设 A,B 是两个任意集合，若 $\{A\cap B,A-B,B-A\}$ 是 $A\cup B$ 的一个划分，则有 $A\cap B=\varnothing$，$A-B=\varnothing$, $B-A=\varnothing$. ( )
16. R 是 A 上的关系，则 $R=R^2$ 的充要条件是 $R=I_A$ 或 $R=\varnothing$. ( )
17. 设 $|A|=5$，则 A 上恰有 31 个不同的等价关系. ( )
18. 设 R 非空集合 A 上的关系，R 是 A 上可传递的，当且仅当 $R\circ R\subseteq R$. ( )
19. 若 R 和 S 是集合 A 上的等价关系，则 $R\cup S$ 也是集合 A 上的等价关系. ( )
20. 集合 A 上的二元关系 R_1,R_2 是对称的，则 $R_1\circ R_2$ 是对称的. ( )
21. 若 R_1,R_2 均为非空集合 A 上的等价关系，那么 $R_1\circ R_2$ 也为 A 上的等价关系. ( )
22. 设 $R\subseteq X\times X$，如果 R 是反自反的，并且 $R\circ R\subseteq R$，那么 R 一定是反对称的. ( )
23. 若 R 是集合 A 上的传递关系，则 R^2 也是集合 A 上的传递关系. ( )
24. 若 R 为集合 A 上的反对称关系，则 $t(R)$ 一定是反对称的. ( )
25. 设 R 和 S 是集合 A 上的关系，则有 $t(R\cup S)=t(R)\cup t(S)$. ( )
26. 非空集合 A 上存在二元关系 R，使得 R 既是 A 上的等价关系，又是 A 上的偏序关系.

27. 设$\langle P,\leq\rangle$为偏序集，$\varnothing\neq S\subseteq P$，若$S$有上界，则$S$必有上确界. ( )
28. 若$(A,\leq)$为全序集，则对非空集$B\subseteq A$，B中必存在最大元和最小元. ( )
29. 设A是一个集合，R是A的幂集$P(A)$上的二元关系，对所有$S,T\in P(A)$，$(S,T)\in R$当且仅当$|S|\leq|T|$，则R是偏序关系. ( )
30. 设A和B为集合，若存在A到B的满射函数，则$|B|\leq|A|$. ( )
31. 函数$f:A\to B$是单射，则$f^{-1}:B\to A$也是单射. ( )
32. 设f为A到A的函数，A_1,A_2为A的两个子集，则$f(A_1\cup A_2)=f(A_1)\cup f(A_2)$. ( )
33. 任何代数系统都存在子代数. ( )
34. 令$M_n(R)$是所有n阶实矩阵的集合，则$M_n(R)$关于矩阵的乘法构成群. ( )
35. 四阶群中必有4阶元. ( )
36. 非循环群的每一个子群必是非循环群. ( )
37. 设$(H,*)$为$(G,*)$的子群，$a,b\in G$，则当$b\in Ha$时，必有$Hb=Ha$. ( )
38. 如果群中有零元，则它的所有元素都是零元. ( )
39. 设$(G,*)$是群，则G中至少有一个2阶元素. ( )
40. f是群G到群H的群同态映射，若G是交换群，则H也是交换群. ( )
41. 若半群有左单位元，则左单位元惟一. ( )
42. 有单位元且适合消去律的有限半群一定是群. ( )
43. $(G,*)$是独异点，e是单位元，若对任意的$a\in G$，有$a*a=e$，则$(G,*)$是 Abel 群. ( )
44. 设$(G,*)$是一个半群，若存在单位元且每个元素都有右逆元，则$(G,*)$是群. ( )
45. 任何一个 Abel 群一定是循环群. ( )
46. 若H，K是群G的子群，则$H\cup K$也是G的子群. ( )
47. $(R,+,\circ)$和$(S,+,*)$是两个同构的环，若$(R,+,\circ)$不是交换环时，$(S,+,*)$也可能是交换环. ( )
48. 整环的积代数一定是整环. ( )
49. $\langle A,\leq\rangle$是格，若$|A|=3$，则$\langle A,\leq\rangle$不是有补格；若$|A|<5$，则$\langle A,\leq\rangle$必是分配格. ( )
50. 在有补分配格中，每个元素有惟一的补元. ( )
51. 有补格一定是有界格. ( )
52. 分配格必是模格. ( )
53. 具有3个节点的有向完全图，含4条边的不同构的子图有4个. ( )

54. 3个(4,2)无向简单图中，至少有两个同构． ( )

55. 若图 G 不连通，则 $\overline{G}$ 必连通． ( )

56. K_n 是哈密尔顿图． ( )

57. $K_{5,3}$ 不是哈密尔顿图． ( )

58. 设 $G=\langle V,E\rangle$，$|V|\geq 11$，则 G 或 $\overline{G}$ 是非平面图． ( )

59. 设 $G=\langle V,E\rangle$ 为连通的简单平面图，若 $|V|\geq 3$，则所有节点 v，有 $\deg(v)\leq 5$． ( )

60. 若完全二元树有 i 个分支点，且内部路径长度为 I，外部路径长度为 E，则 $I=E+2i$． ( )

61. 若完全 k 元树有 i 个分支点，且内部路径长度为 I，外部路径长度为 E，则 $E=(k-1)I+ki$． ( )

62. T 为完全 m 元树，有 t 片树叶，i 个分支点，则有关系式：$(m-1)i=t-1$． ( )

63. 在完全二元树中，若有 t 片树叶，则其边的总数 $e=2t-1$． ( )

64. 在完全二元树中，若有 t 片树叶，则其分支点数 $i=t-1$． ( )

65. 一个有向图 D 中仅有一个顶点的入度为零，其余顶点的入度均为1，则 D 为根树． ( )

66. 设带权连通简单图 G 中边权互不相同，则 G 中边权最小的边必在 G 的任一棵最小生成树中． ( )

67. 非平凡的无向连通图 G 是树当且仅当 G 的每条边都是割边． ( )

68. 若无向图 G 中有 n 个节点，$n-1$ 条边，则 G 为树． ( )

69. 设无向图 G 中有 n 个节点，$n-1$ 条边，则 G 为连通图当且仅当 G 中无回路． ( )

70. $\forall x\big(A(x,y)\to\neg\forall yA(x,y)\big)$ 的前束范式为 $\forall x\exists y\big(A(x,y)\to\neg A(x,y)\big)$． ( )

客观题答案

一、选择题

1．B	2．B	3．B	4．C	5．A	6．D	7．C	8．B	9．B	10.D
11.B	12.A	13.C	14.D	15.A	16.D	17.A	18.B	19.D	20.A
21.A	22.C	23.C	24.D	25.C	26.B	27.B	28.C	29.B	30.B
31.C	32.D	33.D	34.B	35.D	36.B	37.D	38.C	39.C	40.A
41.B	42.B	43.D	44.A	45.A	46.D	47.A	48.A	49.A	50.B

51.D	52.D	53.D	54.A	55.B	56.B	57.C	58.C	59.C	60.C
61.B	62.C	63.C	64.C	65.B	66.C	67.C	68.B	69.D	70.D
71.C	72.B	73.C	74.C	75.C	76.C	77.C	78.D	79.A	80.B
81.B	82.C	83.B	84.D	85.C	86.D	87.B	88.C	89.A	90.B
91.C	92.C	93.A	94.C	95.A	96.C	97.D	98.B	99.A	100.C
101.C	102.B	103.A	104.B	105.A					

二、填空题

1． $\varnothing$；2

2． $\{\varnothing,\{\varnothing\}\}$

3． $A\subseteq C\wedge B\subseteq D$

4． $\{\varnothing,\{x,y\}\}$；$\{x,y,\{x,y\}\}$；$\varnothing$；$\varnothing$；略（共16个元素）

5． $\{\{1\},\{2\},\{3\},\{1,2\}\}$；$\{3\}$；$\{\varnothing,\{\{1,2\}\},\{\{3\}\},\{\{1,2\},\{3\}\}\}$

6． 14

7． 单元素集

8． 16；4；4；8；8；2；3

9． 64；3

10． $\{\langle a,b\rangle,\langle b,a\rangle,\langle b,c\rangle,\langle c,b\rangle,\langle c,a\rangle,\langle a,c\rangle\}$

11． R

12． 反自反;反对称;传递

13． 24,36;1;不存在;1

14． 36

15． 2^{mn}；m^n

16． 3!

17． 4；2；2；2

18． P_n^m；$m!S(n,m)$

19． 单；满

20． $f\circ g=I_B$

21． 4；16；1；2

22． 3^9

23. $\langle 1,0\rangle$; $\langle a^{-1},-a^{-1}b\rangle$; $a\neq 0$

24． 6

25．

*	1	2	3
1	1	1	1
2	1	2	2
3	1	2	3

26． c；3

27． c；b；b；a

28． 5；{3,7,11}；{4,8,0}

29． L_3

30. $n-1$; $m-k$; n; $m-1$

31． 4；16

32． ≤ 4

33． 连通的；K_3

34． 1

35． $\frac{1}{2}n(n-1)$

36． 1

37． 2;3;4;9;7

38． 6

39． $m=2n-2$

40． $n-1$

41． $\min\{n,m\}$

42． 4

43. G 是连通的;$m-n+1$

44． $n_3+2n_4+\cdots+(k-2)n_k+2$

45． 3；9

46． 15

47． F，T

48． $\{0,1\}^n$；$\{0,1\}$

49． $P\vee Q$

50． $(\neg P\wedge Q\wedge R)\vee(P\wedge Q\wedge R)$

51． $(p\vee\neg q\vee\neg r)\wedge(p\vee\neg q\vee r)\wedge(p\vee q\vee r)$

52． 5

53． 2^n

54． $\neg(P\wedge Q)$

55． (1)；(2)；(4)

56． $\neg P$；$Q\to P$；P

57． 010，100，101，110，111；000,001,011

58. F　　59. T　　60. $\exists z\exists y\big(F(z)\rightarrow G(x,y)\big)$

61. $\forall x\exists y\big(F(x)\wedge G(y)\big)$　　62. $\exists x\big(G(x)\wedge H(x)\big)$

63. $\neg\forall x\big(R(x)\rightarrow Q(x)\big)$；$\exists x\big(R(x)\wedge Q(x)\big)\wedge\neg\forall x\big(R(x)\rightarrow Q(x)\big)$

64. $\forall x\big(G(x)\rightarrow F(x)\big)\wedge\exists y\big(F(y)\wedge\neg G(y)\big)$

65. $\exists x\Big(Q(x)\wedge P(x)\wedge\forall y\big(P(y)\wedge Q(y)\rightarrow(x=y)\big)\Big)$；$\forall x\forall y\big(Q(x)\wedge P(x)\wedge Q(y)\wedge P(y)\rightarrow(x=y)\big)$

66. $\neg\forall x\big((Z(x)\rightarrow O(x)\big)$　　67. $\forall y\big(P(x,y)\wedge Q(y,z)\big)$；$\big(P(x,y)\wedge Q(y,z)\big)$；$P(x,y)$

68. ①，③　　69.（1）（2）（3）

70. $\neg\forall x\big(P(x)\rightarrow\neg Q(x)\big)$；$\neg\forall x\neg\Big(\big(P(x)\rightarrow\forall yQ(y)\big)\rightarrow\neg\big(\forall yQ(y)\rightarrow P(x)\big)\Big)$；$\forall y\big(Q(y)\rightarrow\forall xP(x)\big)$

71. (1),(2),(5),(6),(9),(10)；(3),(11)　　72. ②；④⑤⑨；⑦⑧

73. $\exists x\forall z\exists y\big(P(x)\rightarrow Q(z)\vee R(y)\big)$

74. $\exists x\forall z\Big(\big(P(x)\rightarrow Q(x,y)\vee R(y,z)\big)\rightarrow S(u)\Big)$　　75. $\forall x\exists y\big(G(y,b)\rightarrow\neg H(x)\big)$

三、判断题

1. ×　2. ×　3. √　4. ×　5. ×　6. ×　7. ×　8. ×　9. ×　10. √

11. √　12. √　13. √　14. ×　15. ×　16. ×　17. ×　18. √　19. ×　20. ×

21. ×　22. √　23. √　24. ×　25. ×　26. √　27. ×　28. ×　29. ×　30. √

31. ×　32. √　33. √　34. ×　35. ×　36. ×　37. √　38. √　39. ×　40. ×

41. ×　42. √　43. √　44. √　45. ×　46. ×　47. ×　48. √　49. √　50. √

51. √　52. √　53. √　54. √　55. √　56. √　57. √　58. √　59. ×　60. ×

61. √　62. √　63. ×　64. √　65. ×　66. √　67. √　68. ×　69. √　70. ×

参 考 文 献

1 胡新启编著. 离散数学习题与解析[M]. 2 版. 北京：清华大学出版社，2004.

2 胡新启编著. 离散数学考研指导[M]. 北京：清华大学出版社，2003.

3 田文成，周禄新. 离散数学[M]. 天津：天津大学出版社，2001.

4 同济大学应用数学系. 离散数学[M]. 上海：同济大学出版社，2002.

5 倪子伟，蔡经球. 离散数学[M]. 北京：科学出版社，2001.

6 左孝凌，李为鉴，刘永才. 离散数学[M]. 上海：上海科技文献出版社，1982.

7 李鸣山，张银洲. 离散数学[M]. 武汉：湖北科技出版社，1994.

8 KOLMAN B, ROBERT C. Busby and Sharon Ross, Discrete Mathematical Structure. 4th ed. Prentice Hall，Beijing: Higher Education Press, 2001.